MATHÉMATIQ[...]

Term

TC·E

GÉOMÉTRIE ALGÈBRE

DIMATHÈME

Nathalie NAKATANI
Jean-Claude PERRINAUD
Daniel PORTÉ

Didier

13, rue de l'Odéon - 75006 Paris

PRÉSENTATION DU MANUEL

Les chapitres de ce manuel comportent plusieurs parties marquant diverses phases d'acquisition du savoir.

ACTIVITÉS

Les activités jouent un rôle essentiel dans l'acquisition des connaissances et des méthodes. Elles sont conçues pour permettre une découverte progressive des notions du cours. Dans certains chapitres, la première activité courte et simple a pour but de faire le point sur des résultats antérieurs. Les autres proposent une approche, des notions nouvelles par des manipulations, l'étude d'exemples et parfois des démonstrations partielles ou complètes.

INFORMATION

C'est un cours dans lequel les résultats importants et les démarches générales sont dégagés et illustrés par des exemples et des exercices résolus.

EXERCICES ET PROBLÈMES

Leur rôle est de consolider les acquisitions par leur mise en œuvre sur des sujets variés et de découvrir de nouveaux champs d'application.

Une grille d'objectifs, qui précède les exercices, sert à en guider le choix.

Pour savoir-faire : ce sont des exercices d'application immédiate, classés par thème ou objectif. Certains sont corrigés pour faciliter le travail autonome des élèves.

Pour chercher : ces exercices demandent un peu de réflexion. Ils sont répertoriés par rubrique. Certains revêtent un caractère historique.

À la fin des exercices sont regroupés des **problèmes** variés ; leur résolution fait appel à plusieurs notions ou types de raisonnement et permet de réinvestir des résultats des chapitres antérieurs.

À la fin du manuel, on trouve
un index des mots-clés pour une recherche facile et rapide à travers l'ouvrage.

Conception de maquette : Jehanne-Marie HUSSON
Réalisation en P.A.O. : STUDIO 115

 Printed in France ISBN 2.278.04208-4

SOMMAIRE

1

NOMBRES COMPLEXES

CONTENU

- Présentation et définition des nombres complexes
- Opérations sur les nombres complexes
- Conjugué, module et argument d'un nombre complexe
- Représentation géométrique d'un nombre complexe
- Équations du second degré à coefficients réels
- Forme algébrique et trigonométrique
- Notation exponentielle

ACTIVITÉS

ACTIVITÉ 1 i le nombre des situations impossibles

"Dieu fit le nombre entier, le reste est l'œuvre de l'homme."

Cette phrase, attribuée au mathématicien allemand **Kronecker** (1823-1891), met en valeur l'idée qu'il est possible de construire, à partir des entiers naturels, de nouveaux ensembles de nombres.

1° De $\mathbb{N}$ vers $\mathbb{Z}$.

Résoudre dans $\mathbb{N}$, *puis dans* $\mathbb{Z}$, *l'équation* : $5 + x = 1$.

2° De $\mathbb{Z}$ vers $\mathbb{Q}$.

Résoudre dans $\mathbb{Z}$, *puis dans* $\mathbb{Q}$, *l'équation* : $3x = 2$.

3° De $\mathbb{Q}$ vers $\mathbb{R}$.

Résoudre dans $\mathbb{Q}$, *puis dans* $\mathbb{R}$, *l'équation* : $x^2 = 2$.

4° De $\mathbb{R}$ vers $\mathbb{C}$.

Vous savez que l'équation $x^2 = -1$ n'a pas de solution réelle.
Pour abolir cette injustice criante, Bombelli, mathématicien du XVIe siècle, crée de nouveaux nombres : les nombres complexes.
Ainsi fut créé le nombre i vérifiant l'égalité $i^2 = -1$.
En fait, comme l'indique le texte suivant, la notation i mit plusieurs décennies avant de s'imposer à tous.

NOTATIONS DES NOMBRES IMAGINAIRES

Jusqu'au début du XIXe siècle, les racines carrées de -1 furent souvent notées $\sqrt{-1}$ et $-\sqrt{-1}$.

Malheureusement, cette notation conduit à d'épouvantables contradictions.

Effectuer le produit $(\sqrt{-1}) \times (\sqrt{-1})$.

— d'une part en appliquant la définition d'une racine carrée ;

— d'autre part en appliquant la règle

$$\sqrt{a} \times \sqrt{b} = \sqrt{a \times b}.$$

La présence du symbole $\sqrt{\ }$ incite à appliquer une règle uniquement valable pour des réels positifs. Pour ne pas succomber à cette tentation, et pour en éviter les conséquences fâcheuses, **Euler** proposa en 1777 de remplacer les symboles $\sqrt{-1}$ et $-\sqrt{-1}$ par i et $-$i.

Ainsi

$$\mathbf{i^2 = -1 \text{ et } (-i)^2 = -1.}$$

Cette notation, reprise par **Gauss**, est toujours utilisée.

En utilisant l'égalité $i^2 = -1$, *résoudre les équations suivantes* :

a) $z^2 = -2$.

Indication : $-2 = (-1) \times 2$ et $(\sqrt{2})^2 = 2$.

b) $z^2 = -25$.

Les solutions obtenues sont des nombres appelés nombres complexes.

ACTIVITÉ 2 Opérations sur les nombres complexes

On appelle nombre complexe un nombre de la forme $a + b$i, avec $a \in \mathbb{R}$ et $b \in \mathbb{R}$, tel que $i^2 = -1$.

On convient que l'addition et la multiplication des nombres complexes ont les mêmes propriétés que celles dans $\mathbb{R}$.

1° *Compléter le tableau suivant.*

×	1	−1	i	−i
1				
−1				
i				
−i				

2° *Calculer les expressions suivantes* (on mettra le résultat sous la forme $a + b$i avec $a \in \mathbb{R}$ et $b \in \mathbb{R}$) :

$A = (3 + 5i) + (1 - 2i)$, $B = (7 - i) + (-1 + i)$,

$C = i + (3 - 4i)$, $D = (-1 + 8i) + (1 - 7i)$,

$E = 2(2 + 7i)$, $F = i(2 + 9i)$,

$G = (1 + i)(3 + 4i)$, $H = (2 + 5i)^2$,

$I = (1 - 3i)^2$, $K = (3 - i)(3 + i)$.

ACTIVITÉ 3 Quotient de deux nombres complexes

1° *Calculer* $(a+b\text{i})(a-b\text{i})$ (a et b étant deux réels non nuls).

En déduire l'expression de $\dfrac{1}{a+bi}$ *sous la forme* $x+yi$ *avec* x *et* y *réels.*

2° *Utiliser ce qui précède pour mettre sous la forme* $a+b\text{i}$ ($a \in \mathbb{R}$ et $b \in \mathbb{R}$) *les nombres complexes suivants* :

$$z_1 = \frac{1}{1+\text{i}}, \qquad z_2 = \frac{1}{-3+\text{i}}, \qquad z_3 = \frac{1}{-1+3\text{i}},$$

$$z_4 = \frac{5}{2-5\text{i}}, \qquad z_5 = \frac{2+3\text{i}}{1-2\text{i}}, \qquad z_6 = \frac{-3+2\text{i}}{2-3\text{i}}.$$

3° *Dans chacun des cas suivants les nombres complexes* z_1 et z_2 *sont-ils égaux ?*

a) $z_1 = \dfrac{2+3\text{i}}{1-3\text{i}}$ et $z_2 = \dfrac{11+16\text{i}}{17\text{i}}$.

b) $z_1 = \dfrac{1+2\text{i}}{1-2\text{i}}$ et $z_2 = \dfrac{-1+3\text{i}}{3-\text{i}}$.

c) $z_1 = \dfrac{4+\text{i}}{3-2\sqrt{2}\text{i}}$ et $z_2 = \dfrac{3+2\sqrt{2}\text{i}}{4-\text{i}}$.

ACTIVITÉ 4 Lecture sur les nombres imaginaires

Depuis **Gauss**, on appelle « **nombre complexe** » un nombre de la forme

$a+b\text{i}$ où $a \in \mathbb{R}, b \in \mathbb{R}$ et $\text{i}^2 = -1$.

Dans le passage suivant, Gauss situe l'invention des nombres complexes dans le cadre des extensions successives des ensembles numériques.

« Notre arithmétique générale, qui dépasse si largement la géométrie antique, est dans sa totalité la création de l'époque moderne. Partie du concept de nombres entiers, elle a progressivement élargi son domaine. Aux nombres entiers sont venus s'ajouter les nombres fractionnaires, aux nombres rationnels les nombres irrationnels, aux nombres positifs, les nombres négatifs, aux nombres réels, les nombres imaginaires. Cette progression s'est cependant toujours effectuée d'un pas craintif et hésitant. Les premiers algébristes appelaient encore fausses racines les racines négatives des équations (et elles le sont effectivement là où le problème auquel elles réfèrent, est présenté de telle façon que la nature de la grandeur cherchée n'admet pas d'opposé). Mais de même qu'on a peu de scrupules à accueillir les nombres fractionnaires au sein de l'arithmétique générale, alors qu'il existe une multitude de choses dénombrables pour lesquelles un nombre fractionnaire est dénué de sens, de même on ne devrait pas refuser aux nombres négatifs des droits identiques à ceux des nombres positifs, sous prétexte qu'une infinité de choses n'admettent pas d'opposés. La réalité des nombres négatifs est amplement justifiée, puisqu'ils trouvent en mille autres occasions un support adéquat. En vérité, depuis longtemps, un fait est désormais établi : seules les grandeurs imaginaires qui s'opposent aux grandeurs réelles (grandeurs imaginaires jadis, et parfois encore aujourd'hui appelées de façon maladroite impossibles) n'ont toujours pas acquis droit de cité ; elles sont seulement tolérées ; elles ressemblent donc davantage à un jeu de signes vides de contenu réel, auxquels on refuse résolument un support imaginable, sans vouloir pour autant dédaigner le riche tribut que ce jeu de signes verse en fin de compte au trésor des relations entre grandeurs réelles. »

(Texte traduit de l'allemand
par A. Dubuc et D. Reisz
et diffusé par l'I.R.E.M. de Dijon)

ACTIVITÉ 5 Représentation géométrique des nombres complexes

Depuis **Bombelli**, les mathématiciens ont appris à calculer formellement avec les nombres complexes, nombres que l'on écrit :

$a + b\mathrm{i}$ avec $a \in \mathbb{R}, b \in \mathbb{R}$ et $\mathrm{i}^2 = -1$.

À la fin du XVIIIe siècle et au début du XIXe, l'idée se répand progressivement de représenter un nombre $a + b\mathrm{i}$ par un point M de coordonnées (a, b) dans un plan muni d'un repère orthonormal.

Le Norvégien **Wessel** en 1797 et le Genevois **Argand** en 1806 ont publié chacun un essai sur ce sujet. De son côté, Gauss écrit dans une lettre datée de 1811 :

« ... de même qu'on peut se représenter tout le domaine des quantités réelles au moyen d'une ligne droite indéfinie, de même on peut se représenter le domaine complet de toutes les quantités, les réelles et les imaginaires, au moyen d'un plan indéfini ; où chaque point déterminé par son abscisse *a* et par son ordonnée *b* représente au même temps la quantité $a + b\mathrm{i}$. »

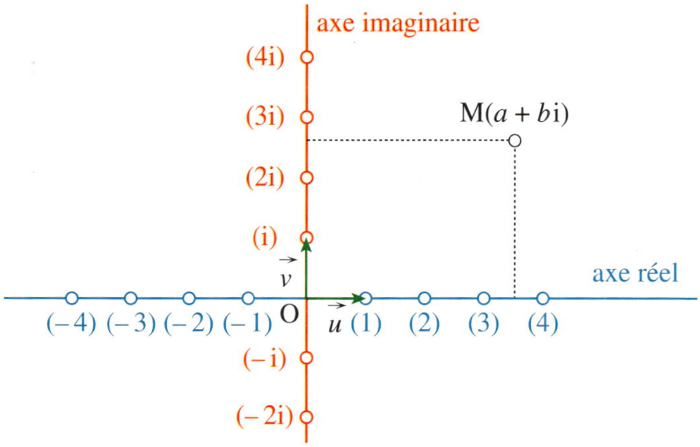

Les points marqués en couleur représentent les nombres complexes indiqués entre parenthèses.

1° *Reproduire le graphique ci-dessus et construire les points* A, B, C *et* D *représentant respectivement les nombres complexes* $z_A = 1 + i$; $z_B = 2 - i$; $z_C = -3 + 2i$; $z_D = -4 - 3i$.

2° *Calculer* $z_A + z_B$ *et représenter cette somme par le point* M.
Comment construire M *à partir de* A *et* B ?

3° *Reprendre le* 2° *avec* $z_A + z_C$; $z_A + z_D$; $z_B + z_C$; $z_B + z_D$.

ACTIVITÉ 6 Module et argument

On a vu dans l'activité précédente que le nombre complexe $z = a + bi$ se représente dans un repère orthonormal $(O, \vec{u}, \vec{v})$ par le point de coordonnées (a, b). On dit que z est l'affixe du point M.

On peut également repérer le point M par sa distance à l'origine et l'angle de vecteurs $(\widehat{\vec{u}, \overrightarrow{OM}})$.
La distance OM est appelée module de z, noté $|z|$ et l'angle $(\widehat{\vec{u}, \overrightarrow{OM}})$ est appelé argument de z, noté arg z.

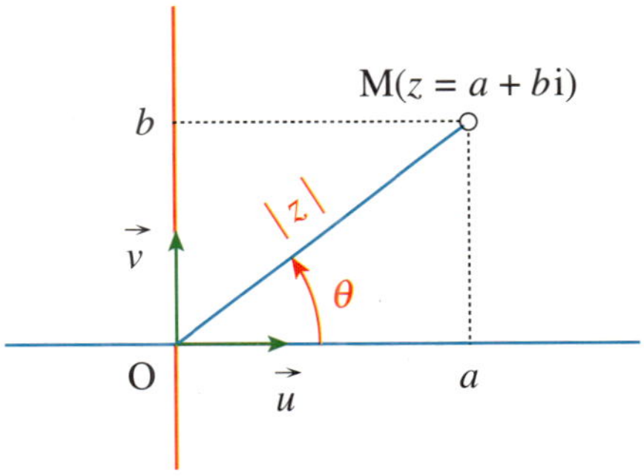

1° *Placer les points* N, P, Q *et* R *d'affixes respectives* z_N, z_P, z_Q *et* z_R *tels que* :

$|z_N| = |z_P| = |z_Q| = |z_R| = 1$ et

$\arg z_N = \frac{\pi}{2}$; $\arg z_P = \frac{2\pi}{3}$; $\arg z_Q = -\frac{\pi}{4}$; $\arg z_R = -\frac{5\pi}{6}$.

2° *Déterminer l'ensemble des points* M *du plan d'affixe* z *tels que* :

a) $|z| = 1$;

b) $\arg z = 0$;

c) $\arg z = 0$ ou $\arg z = \pi$;

d) $\arg z = \frac{2\pi}{3}$;

e) $|z - 1| = 1$.

NOMBRES COMPLEXES

INFORMATION

1. PRÉSENTATION DES NOMBRES COMPLEXES

a Introduction

Nous admettons que l'on peut construire un sur-ensemble de $\mathbb{R}$, noté $\mathbb{C}$, dont les éléments sont appelés ***nombres complexes***, et qui vérifie :

(1) $\mathbb{C}$ est muni d'une addition et d'une multiplication qui prolongent celles de $\mathbb{R}$ et qui suivent les mêmes règles de calcul.

(2) $\mathbb{C}$ contient un élément noté **i** tel que $\mathbf{i^2 = -1}$.

(3) Tout nombre complexe z s'écrit de ***façon unique*** $z = a + b\text{i}$ où a et b sont des réels.

Définition

Un nombre complexe est un nombre de la forme $a + b\text{i}$, où a et b sont des nombres réels quelconques et i est un nombre nouveau vérifiant $\text{i}^2 = -1$.

Pour le nombre complexe $z = a + b\text{i}$,
a est appelé la **partie réelle** de z, et b **la partie imaginaire** de z.

Notations : $a = \text{Re}(z)$ et $b = \text{Im}(z)$.

Un nombre complexe dont la partie réelle est nulle est appelé **imaginaire pur**.

EXEMPLES

Si $z = 2 - 3\text{i}$, alors $\text{Re}(z) = 2$ et $\text{Im}(z) = -3$.
Si $z = 5\text{i}$, alors $\text{Re}(z) = 0$ et $\text{Im}(z) = 5$; 5i est un imaginaire pur.
Si $z = 1$, alors $\text{Re}(z) = 1$ et $\text{Im}(z) = 0$.

b Égalité de deux complexes

Nous avons vu que tout nombre complexe z s'écrit de façon unique $z = a + b\text{i}$, $a \in \mathbb{R}$ et $b \in \mathbb{R}$.
On en déduit :

Deux nombres complexes sont égaux si et seulement si, ils ont la même partie réelle et la même partie imaginaire.

CONSÉQUENCE

$a + b\text{i} = 0 \Leftrightarrow a = b = 0.$

c Les opérations dans $\mathbb{C}$

L'addition et la multiplication suivent dans $\mathbb{C}$ les mêmes règles que dans $\mathbb{R}$.

Pour l'addition

$$(a + bi) + (c + di) = (a + c) + (b + d)i.$$

Pour la multiplication

$$(a + bi) \times (c + di) = ac + adi + bci + bdi^2.$$

Puisque $i^2 = -1$, on obtient :

$$(a + bi)(c + di) = (ac - bd) + (ad + bc)i.$$

En particulier, $(a + bi)^2 = a^2 - b^2 + 2abi$.

Si $z = 2 + 3i$ alors $\bar{z} = 2 - 3i$.

Inverse et conjugué

À tout nombre complexe $z = a + bi$, on associe le nombre complexe $\bar{z} = a - bi$ (on lit "z barre").

On a $z\bar{z} = (a + bi)(a - bi) = a^2 + b^2$ (car $i^2 = -1$).

Si $z \neq 0$, c'est-à-dire si $(a, b) \neq (0, 0)$, on a $a^2 + b^2 \neq 0$ et

$$\frac{(a+bi)(a-bi)}{a^2+b^2} = 1,$$

soit $(a+bi)\times\dfrac{(a-bi)}{a^2+b^2} = 1$, ou encore $z \times \dfrac{\bar{z}}{z\bar{z}} = 1$.

Tout nombre complexe non nul z admet donc un inverse :

$$\frac{1}{z} = \frac{a}{a^2+b^2} - \frac{b}{a^2+b^2}i.$$

Une étude détaillée des propriétés de $\bar{z}$ est faite au paragraphe 3.

> ***Définition***
> **Le conjugué d'un nombre complexe $z = a + bi$ est le complexe $\bar{z} = a - bi$.**

$z\bar{z}$ est un nombre réel.

> ***Propriété***
> **Tout nombre complexe non nul z admet un inverse $\frac{1}{z}$ et**
> $$\frac{1}{z} = \frac{\bar{z}}{z\bar{z}}.$$

Cette propriété permet de mettre $\dfrac{1}{z}$ sous la forme $a + bi$ ($a \in \mathbb{R}$ et $b \in \mathbb{R}$).

EXEMPLE

$$\frac{1}{5-3i} = \frac{5+3i}{(5-3i)(5+3i)} = \frac{5+3i}{34} = \frac{5}{34} + \frac{3}{34}i.$$

2. REPRÉSENTATION GÉOMÉTRIQUE DES NOMBRES COMPLEXES

a Image d'un nombre complexe

Tout complexe $z = a + b\mathrm{i}$ peut se représenter par le point M de coordonnées (a, b) dans le plan muni d'un repère orthonormal $(\mathrm{O}, \vec{u}, \vec{v})$.

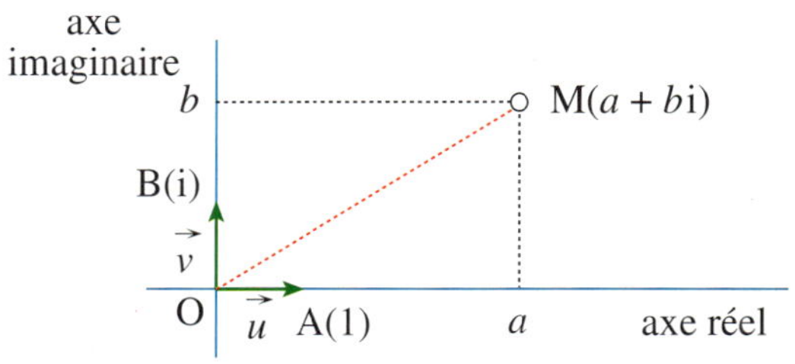

Réciproquement, tout point du plan est l'image d'un nombre complexe unique.

On dit que

M est *l'image* du nombre complexe z et

z est *l'affixe* du point M.

On note M(z).

Les points O, A et B de la figure ont pour affixes respectives 0, 1 et i.

L'image d'un nombre réel est un point de **l'axe réel**.

L'image d'un nombre imaginaire pur est un point de **l'axe imaginaire**.

EXEMPLE

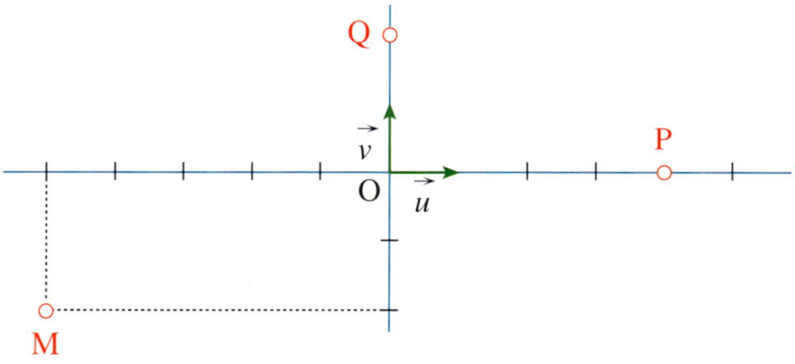

Les affixes des points M, P et Q sont respectivement $-5-2\mathrm{i}$; 4 ; $2\mathrm{i}$.

Propriétés

Les images d'un complexe $z = a + b\mathrm{i}$ et de son opposé $-z = -a - b\mathrm{i}$ sont symétriques par rapport à l'origine O.

Les images d'un complexe $z = a + b\mathrm{i}$ et de son conjugué $\bar{z} = a - b\mathrm{i}$ sont symétriques par rapport à l'axe des abscisses.

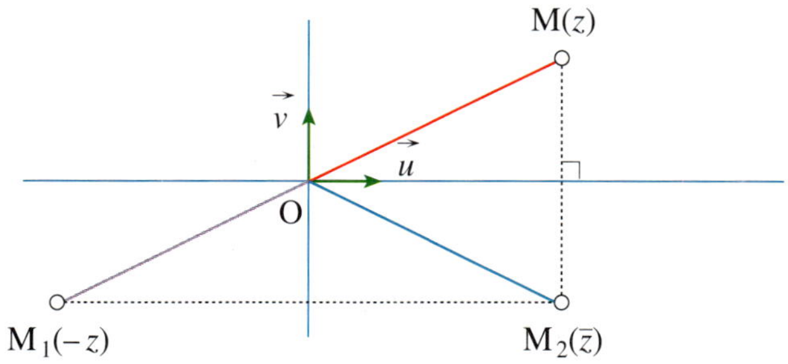

b Affixe d'un vecteur

Soit $\vec{V} = a\vec{u} + b\vec{v}$ un vecteur du plan.
Par définition, **l'affixe de $\vec{V}$** est le nombre complexe $z = a + bi$.

$\vec{V}$ est alors **le vecteur image** de z.

Si $\vec{V} = \overrightarrow{AB}$, on a : $\vec{V} = (x_B - x_A)\vec{u} + (y_B - y_A)\vec{v}$.
L'affixe de $\overrightarrow{AB}$ est donc $(x_B - x_A) + i(y_B - y_A)$,
c'est-à-dire $(x_B + y_B i) - (x_A + y_A i)$

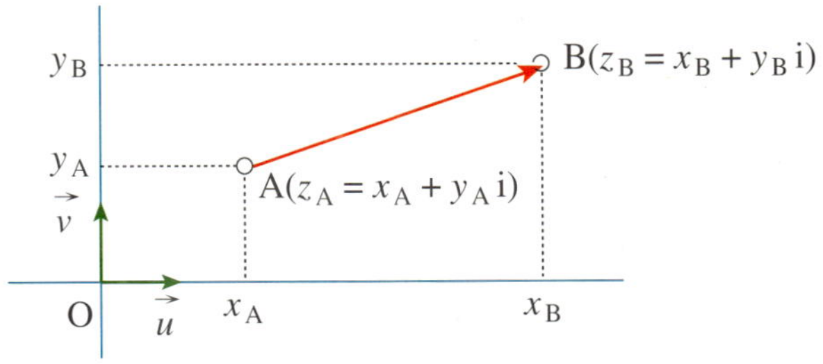

Donc :

L'affixe de $\overrightarrow{AB}$ est $z_B - z_A$ où z_B et z_A sont les affixes respectives de B et de A.

c Représentation géométrique de la somme de deux complexes

Pour deux complexes $z_1 = a + bi$ et $z_2 = c + di$ d'images respectives M et N, nous avons :

complexes : $(a + bi) + (c + di) = (a + c) + (b + d)i$

vecteurs : $\overrightarrow{OM} + \overrightarrow{ON} = \overrightarrow{OS}$.

L'interprétation géométrique du produit de deux complexes sera traitée au paragraphe 8.

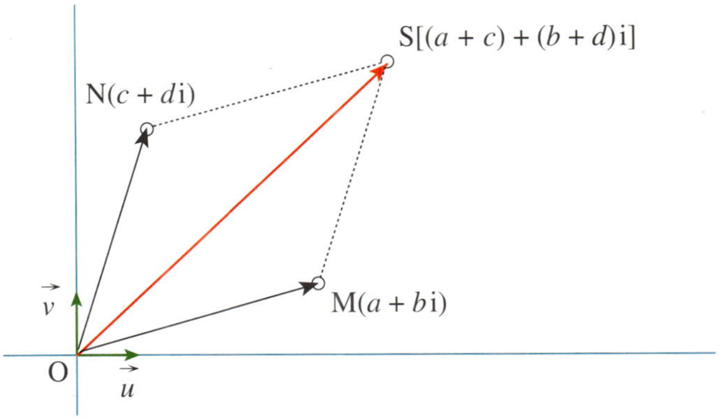

L'image S de $z_1 + z_2$ est donc le quatrième sommet du parallélogramme OMSN.

3. NOMBRES COMPLEXES CONJUGUÉS

► Indiquer les conjugués de : $3-2i$; $7i-9$; 8 ; $3i$.

Rappelons que le conjugué d'un nombre complexe quelconque $z = a + bi$ est le complexe $\bar{z} = a - bi$.

a Premières propriétés

Pour tout complexe z : $\overline{(\bar{z})} = z$. On peut donc dire que z et $\bar{z}$ sont **conjugués** (l'un de l'autre).

► Vérifier ces propriétés.

Propriétés

z est réel si et seulement si $\bar{z} = z$.

z est imaginaire pur si et seulement si $\bar{z} = -z$.

Si $z = a + bi$, alors $\bar{z} \times z = a^2 + b^2$.

b Conjugué et opérations

On démontre que :

L'application $z \mapsto \bar{z}$ « se comporte bien » avec l'addition et avec la multiplication. Dans tous les cas, on peut dire que « Le conjugué du truc est le truc du (ou des) conjugué (s) ».

Les démonstrations font l'objet des exercices n° 83 et n° 84.

Pour tous z_1 et z_2 de $\mathbb{C}$, $\overline{z_1 + z_2} = \overline{z_1} + \overline{z_2}$.

$\overline{z_1 \times z_2} = \overline{z_1} \times \overline{z_2}$.

Pour tout z non nul, $\overline{\left(\frac{1}{z}\right)} = \frac{1}{\bar{z}}$.

CONSÉQUENCES

z, z_1 et z_2 étant des nombres complexes quelconques,

$\overline{(-z)} = -\bar{z}$; $\overline{z_1 - z_2} = \overline{z_1} - \overline{z_2}$;

si $z_2 \neq 0$, $\overline{\left(\frac{z_1}{z_2}\right)} = \frac{\overline{z_1}}{\overline{z_2}}$.

Pour $\lambda \in \mathbb{R}$, $\overline{\lambda z} = \lambda \bar{z}$.

Pour $n \in \mathbb{Z}$, $\overline{z^n} = (\bar{z})^n$.

EXEMPLES

$\overline{\left(\frac{3-2i}{1-i}\right)} = \frac{3+2i}{1+i}$.

$\overline{z\bar{z}} = \bar{z}\,\bar{\bar{z}} = \bar{z}z$ (une autre façon de voir que $z\bar{z}$ est réel).

4. ÉQUATIONS DU SECOND DEGRÉ À COEFFICIENTS RÉELS

a Racines carrées des réels

On sait que tout réel x strictement positif possède deux racines carrées, qui sont $\sqrt{x}$ et $-\sqrt{x}$.

Que se passe-t-il pour un réel négatif, par exemple -2 ?

$$-2 = \mathrm{i}^2 \times 2, \text{ donc } -2 = (\mathrm{i}\sqrt{2})^2 = (-\mathrm{i}\sqrt{2})^2.$$

Par conséquent, le nombre -2 a deux racines carrées complexes : $\mathrm{i}\sqrt{2}$ et $-\mathrm{i}\sqrt{2}$. (On admet que ce sont les seules.)

Tout réel x strictement négatif possède dans $\mathbb{C}$ deux racines carrées qui sont $\mathrm{i}\sqrt{|x|}$ et $-\mathrm{i}\sqrt{|x|}$.

EXEMPLE

L'équation $z^2 = -3$ a deux solutions dans $\mathbb{C}$: $\mathrm{i}\sqrt{3}$ et $-\mathrm{i}\sqrt{3}$.
Ainsi $z^2 + 3$ non factorisable dans $\mathbb{R}$, l'est dans $\mathbb{C}$:

$$z^2 + 3 = (z - \mathrm{i}\sqrt{3})(z + \mathrm{i}\sqrt{3}).$$

b Équations du second degré à coefficients réels

Soit une équation du second degré, d'inconnue complexe z :

$$az^2 + bz + c = 0, \text{ avec } a \neq 0.$$

On se limite ici au cas où a, b et c sont des réels.

En procédant de la même façon qu'en classe de Première (où z était réel), on montre que :

$$az^2 + bz + c = a\left[\left(z + \frac{b}{2a}\right)^2 - \frac{\Delta}{4a^2}\right]$$

avec $\Delta = b^2 - 4ac$.

- **Cas où $\Delta = 0$**

L'équation a une solution double : $\dfrac{-b}{2a}$.

- **Cas où $\Delta > 0$**

L'équation a deux solutions réelles :

$$z' = \frac{-b - \sqrt{\Delta}}{2a} \quad \text{et} \quad z'' = \frac{-b + \sqrt{\Delta}}{2a}.$$

- **Cas où $\Delta < 0$**

L'équation n'a pas de solution réelle. Mais, alors :

$$\Delta = -1 \times (-\Delta) = \mathrm{i}^2 \times (-\Delta) = (\mathrm{i}\sqrt{|\Delta|})^2.$$

$\mathrm{i}\sqrt{|\Delta|}$ et $-\mathrm{i}\sqrt{|\Delta|}$ sont les racines carrées de Δ dans $\mathbb{C}$.

Alors :

$$az^2 + bz + c = a\left(z + \frac{b + \mathrm{i}\sqrt{|\Delta|}}{2a}\right)\left(z + \frac{b - \mathrm{i}\sqrt{|\Delta|}}{2a}\right).$$

L'équation a deux solutions complexes :

$$z' = \frac{-b - \mathrm{i}\sqrt{|\Delta|}}{2a} \quad \text{et} \quad z'' = \frac{-b + \mathrm{i}\sqrt{|\Delta|}}{2a}.$$

Ces deux solutions sont conjuguées.

Propriété

Une équation du second degré à coefficients réels admet dans $\mathbb{C}$:
- **une ou deux solutions réelles, si $\Delta \geqslant 0$**
- **deux solutions complexes conjuguées, si $\Delta < 0$.**

Exercice résolu

Résoudre dans $\mathbb{C}$ l'équation $2z^2 + 2z + 5 = 0$.

On calcule le discriminant :

$\Delta = 4 - 4 \times 10 = -36.$

Δ est négatif. On écrit : $\Delta = \mathrm{i}^2 \times 36 = (\mathrm{i} \times 6)^2$.

Les racines carrées de Δ sont 6i et $-$6i.

L'équation a deux solutions complexes conjuguées :

$$z' = \frac{-2 - 6\mathrm{i}}{4} = -\frac{1}{2} - \frac{3}{2}\mathrm{i} \quad \text{et} \quad z'' = \frac{-2 + 6\mathrm{i}}{4} = -\frac{1}{2} + \frac{3}{2}\mathrm{i}.$$

5. MODULE D'UN NOMBRE COMPLEXE

a Définition. Exemple

Définition

Le module d'un complexe z, dont l'image est M, est la distance OM.

On note $|z| = \mathrm{OM}$.

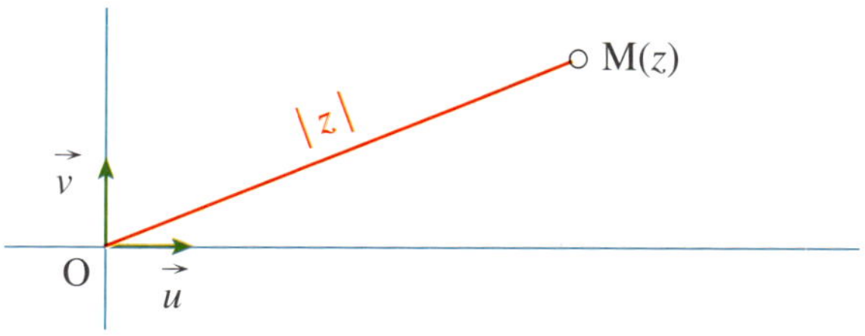

Calcul du module de z :

Prenons $z = a + b\mathrm{i}$, alors $\overrightarrow{\mathrm{OM}} = a\vec{u} + b\vec{v}$;

$$|z| = \mathrm{OM} = \sqrt{a^2 + b^2} = \sqrt{z\bar{z}}.$$

Cas particulier :

Si $b = 0$, alors z est réel et $|z| = \sqrt{a^2} = |a|$.

Dans ce cas le module de z est la valeur absolue de z.

En posant $z = a + b\mathrm{i}$, on obtient $|z| = \mathrm{OM} = \sqrt{a^2 + b^2} = \sqrt{z\bar{z}}$.

b Module et distance de deux points

Soit A et B deux points d'affixes respectives z_A et z_B.

On note M le point tel que $\overrightarrow{OM} = \overrightarrow{AB}$.

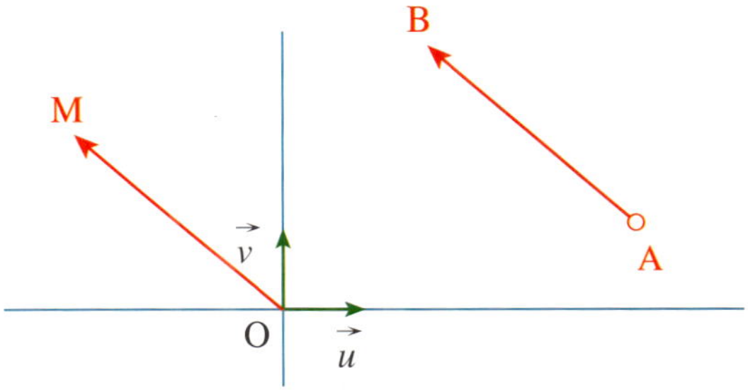

Le complexe $z_B - z_A$ a pour image $\overrightarrow{OM}$ (ou $\overrightarrow{AB}$).

Par conséquent $\mathrm{OM} = \mathrm{AB} = |z_B - z_A|$.

Pour tous points A et B, $\mathrm{AB} = |z_B - z_A|$.

Exercice résolu

On note A, B, C et I les points d'affixes respectives $5 + \mathrm{i}$, $4 + (1 - \sqrt{5})\,\mathrm{i}$, $2 - 2\sqrt{2}$ et $2 + \mathrm{i}$. Montrer que les points A, B et C sont sur un même cercle de centre I.

Calculons les distances IA, IB et IC :

$\mathrm{IA} = |z_A - z_I|$

$\mathrm{IA} = |5 + \mathrm{i} - (2 + \mathrm{i})| = |3| = 3,$

$\mathrm{IB} = |z_B - z_I|$

$\mathrm{IB} = |2 - \mathrm{i}\sqrt{5}| = \sqrt{4 + 5} = 3,$

$\mathrm{IC} = |z_C - z_I|$

$\mathrm{IC} = |-2\sqrt{2} - \mathrm{i}| = \sqrt{8 + 1} = 3.$

A, B et C sont donc des points du cercle de centre I, de rayon 3.

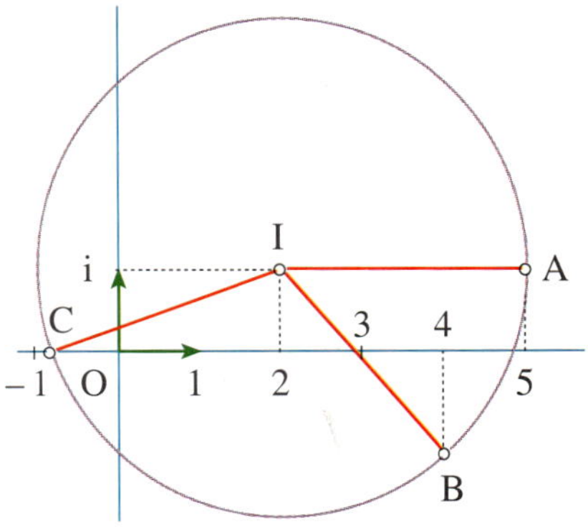

c Module d'une somme : inégalité triangulaire

Soit $\overrightarrow{OM}$ et $\overrightarrow{MN}$ des vecteurs d'affixes respectives z_1 et z_2.
Nous savons que $z_1 + z_2$ est l'affixe de $\overrightarrow{ON}$ et que, d'après l'inégalité triangulaire étudiée en géométrie, $ON \leqslant OM + MN$.

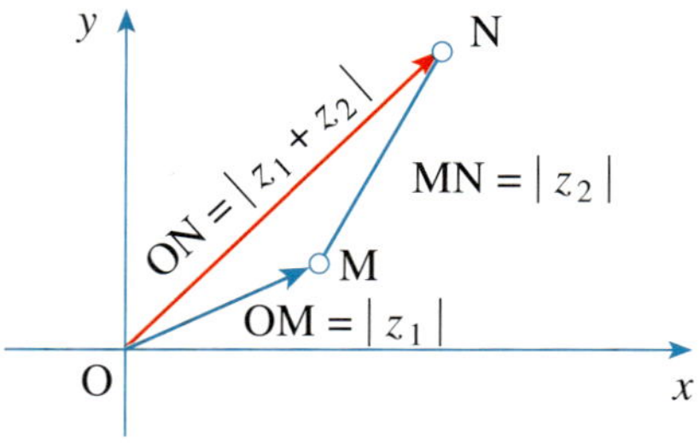

Donc :

Pour tous z_1 et z_2 de $\mathbb{C}$, $|z_1 + z_2| \leqslant |z_1| + |z_2|$.

d Module d'un produit

La fonction :
$\mathbb{C} \to \mathbb{R}^+$
$z \mapsto |z|$
« se comporte » bien avec la multiplication, et assez mal avec l'addition : exactement comme la fonction valeur absolue définie sur $\mathbb{R}$.

Les démonstrations font l'objet des exercices 86 et 87.

z, z_1 et z_2 étant des nombres complexes quelconques, on démontre que :

$|z_1 \times z_2| = |z_1| \times |z_2|$. (1)

Pour $z \neq 0$, $\left|\dfrac{1}{z}\right| = \dfrac{1}{|z|}$. (2)

Pour $z_2 \neq 0$, $\left|\dfrac{z_1}{z_2}\right| = \dfrac{|z_1|}{|z_2|}$. (3)

Pour $n \in \mathbb{Z}$ et pour $z \neq 0$, $|z^n| = |z|^n$. (4)

6. ARGUMENT D'UN NOMBRE COMPLEXE NON NUL

Le plan est orienté et rapporté à un repère orthonormal direct $(O, \overrightarrow{OA}, \overrightarrow{OB})$.

a Nombres complexes de module 1

L'image d'un complexe z de module 1 est un point M du cercle trigonométrique.

Si θ désigne une mesure de l'angle $(\overrightarrow{OA}, \overrightarrow{OM})$, alors

$z = \cos\theta + i\sin\theta$.

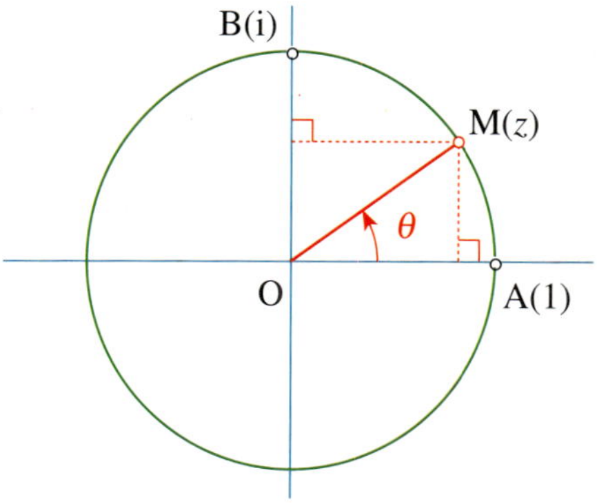

Réciproquement, un complexe de la forme $\cos\theta + \mathrm{i}\sin\theta$ a pour module

$$\sqrt{\cos^2\theta + \sin^2\theta} = 1.$$

Théorème

Un nombre complexe z est de module 1 si et seulement si il existe un réel θ tel que $z = \cos\theta + \mathrm{i}\sin\theta$.

Le réel θ est appelé argument de z.

b Définition

Soit z un complexe non nul. Alors $\frac{z}{|z|}$ a pour module 1.

En effet, $|z| \in \mathbb{R}^*$, donc $\left|\frac{z}{|z|}\right| = \frac{1}{|z|} \times |z| = 1$.

En conséquence, il existe un réel θ tel que $\frac{z}{|z|} = \cos\theta + \mathrm{i}\sin\theta$.

Soit M l'image de z et N l'image de $\frac{z}{|z|}$. N appartient au cercle trigonométrique et $(\overrightarrow{OA}, \overrightarrow{ON}) = \theta$.

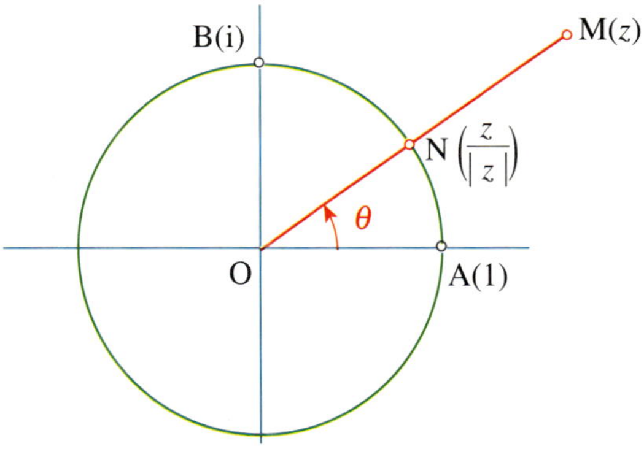

Sachant que $\overrightarrow{OM} = |z|\,\overrightarrow{ON}$ et que $|z| > 0$, on a :

$$(\overrightarrow{OA}, \overrightarrow{OM}) = (\overrightarrow{OA}, \overrightarrow{ON}) = \theta.$$

Le mot argument a été introduit en 1848 par Cauchy.

Le réel θ, argument de $\frac{z}{|z|}$, est aussi un argument de z.

Définition

Soit z un complexe non nul d'image M dans le plan muni d'un repère orthonormal direct $(O, \overrightarrow{OA}, \overrightarrow{OB})$.

On note $\arg(z)$ ou $\arg z$.

Une mesure de $(\overrightarrow{OA}, \overrightarrow{OM})$ est appelé *argument* de z et noté $\arg(z)$.

REMARQUES

- Le complexe 0 a un module nul mais son argument n'est pas défini.
- $\arg(z)$ est défini à 2π près.

De l'étude précédente, il résulte que tout nombre complexe z non nul peut s'écrire sous la forme :

$z = |z|(\cos\theta + i\sin\theta)$ (cette forme est la ***forme trigonométrique*** de z), ou encore en posant $\rho = |z|$, $z = \rho(\cos\theta + i\sin\theta)$.

Tout nombre complexe z non nul peut s'écrire : $z = \rho(\cos\theta + i\sin\theta)$, avec $\rho > 0$.
ρ est le module de z et θ un argument de z.

EXEMPLE

Soit $z = 1 + i$, on a $|z| = \sqrt{2}$, donc

$$z = \sqrt{2}\left(\frac{1}{\sqrt{2}} + \frac{1}{\sqrt{2}}i\right) = \sqrt{2}\left(\frac{\sqrt{2}}{2} + \frac{\sqrt{2}}{2}i\right).$$

D'où $z = \sqrt{2}\left(\cos\dfrac{\pi}{4} + i\sin\dfrac{\pi}{4}\right)$,

$$|z| = \sqrt{2} \quad \text{et} \quad \arg z = \frac{\pi}{4} + 2k\pi,\ k \in \mathbb{Z}.$$

Dans les cas simples on peut trouver le module et l'argument par des considérations géométriques élémentaires.

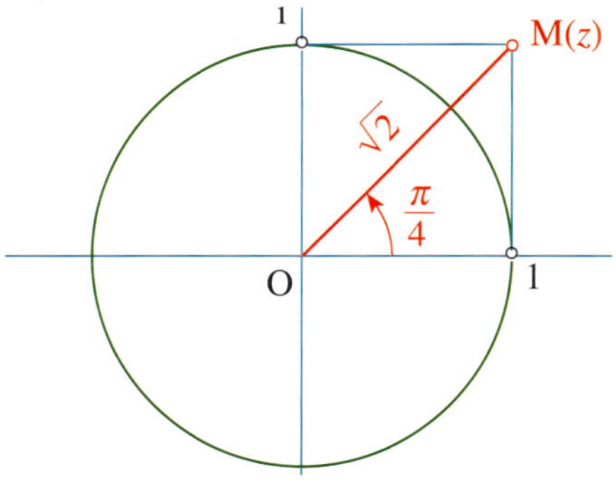

Exercice résolu

Soit $z = -2\left(\dfrac{1}{2} + i\dfrac{\sqrt{3}}{2}\right)$. Calculer le module et l'argument de z.

Attention : on a bien $z = -2\left(\cos\dfrac{\pi}{3} + i\sin\dfrac{\pi}{3}\right)$ mais -2 ne saurait être le module de z !

En fait, $z = 2\left(-\dfrac{1}{2} - \dfrac{i\sqrt{3}}{2}\right) = 2\left[\cos\left(-\dfrac{2\pi}{3}\right) + i\sin\left(-\dfrac{2\pi}{3}\right)\right]$.

On obtient $|z| = 2$ et $\arg z = -\dfrac{2\pi}{3} + 2k\pi$ $(k \in \mathbb{Z})$.

On écrit aussi

$|z| = 2$ et $\arg z = -\dfrac{2\pi}{3}$ (2π).

C Propriétés

1° Égalité de deux complexes

Deux complexes non nuls sont égaux si et seulement si ils ont même module et même argument.

2° Complexes de même argument

Deux complexes non nuls ont le même argument $\theta + 2k\pi$ si et seulement si leurs images respectives appartiennent à la même demi-droite [Ot) telle que $(\widehat{\mathrm{O}x, \mathrm{O}t})$ mesure $\theta + 2k\pi$.

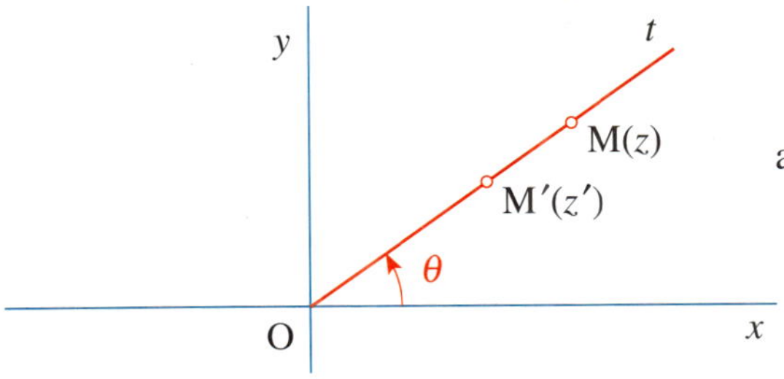

$\arg z = \arg z' = \theta + 2k\pi$

CONSÉQUENCE

Si $\arg z = \arg z'$ alors $\dfrac{z}{z'} = \dfrac{\rho(\cos\theta + \mathrm{i}\sin\theta)}{\rho'(\cos\theta' + \mathrm{i}\sin\theta')} = \dfrac{\rho}{\rho'}$ donc $\dfrac{z}{z'} \in \mathbb{R}^+$.

Si $\arg z = \arg z'$ alors $\theta = \theta' + 2k\pi$.

3° Conjugués et opposés

- Deux nombres complexes non nuls sont conjugués si et seulement si ils ont le même module et des arguments opposés.
- Deux nombres complexes non nuls sont opposés si et seulement si ils ont le même module et des arguments de différence $\pi + 2k\pi$ ($k \in \mathbb{Z}$).

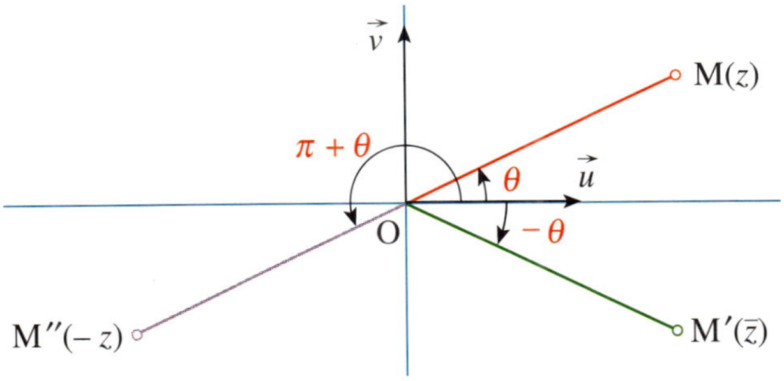

$|z| = |\bar{z}| = |-z|$

$\arg \bar{z} = -\arg z$

$\arg(-z) = \arg z + \pi$.

d Argument d'une différence

Soit deux points A et B d'affixes z_A et z_B.

On note M le point tel que $\overrightarrow{\mathrm{OM}} = \overrightarrow{\mathrm{AB}}$.

L'affixe du vecteur $\overrightarrow{\mathrm{OM}}$ est l'affixe du vecteur $\overrightarrow{\mathrm{AB}}$, c'est-à-dire $z_B - z_A$.

On a donc

$\arg(z_B - z_A) = (\widehat{\vec{u}, \overrightarrow{\mathrm{OM}}}) = (\widehat{\vec{u}, \overrightarrow{\mathrm{AB}}})$.

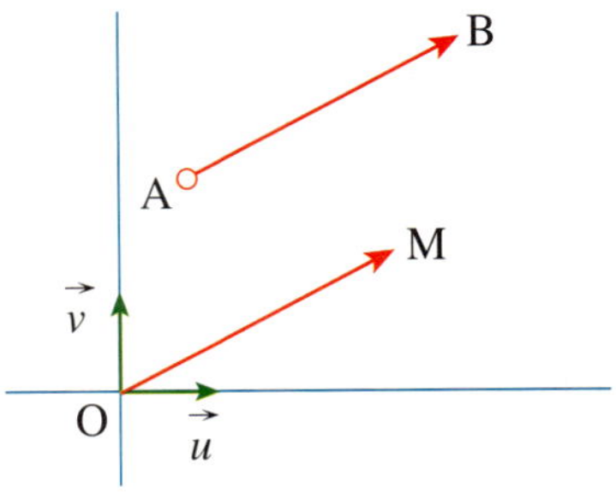

$$\arg(z_B - z_A) = (\widehat{\vec{u}, \overrightarrow{\mathrm{AB}}}).$$

7. FORME ALGÉBRIQUE ET FORME TRIGONOMÉTRIQUE

Soit z un nombre complexe non nul.

La ***forme algébrique*** de z est $z = a + \mathrm{i}b$ avec $\mathrm{Re}(z) = a$ et $\mathrm{Im}(z) = b$.

La ***forme trigonométrique*** de z est $z = \rho(\cos\theta + \mathrm{i}\sin\theta)$
avec $\rho = |z|$ et $\arg z = \theta + 2k\pi$.

a De la forme trigonométrique à la forme algébrique

Soit $z = \rho(\cos\theta + \mathrm{i}\sin\theta)$.
Il est clair que $\mathrm{Re}(z) = \rho\cos\theta$ et $\mathrm{Im}(z) = \rho\sin\theta$.

b De la forme algébrique à la forme trigonométrique

Méthode

Soit $z = a + b\mathrm{i}, z \neq 0$.

1° On calcule $|z| = \sqrt{a^2+b^2}$.

2° On met $|z|$ en facteur.

Ainsi $z = \sqrt{a^2+b^2}\left(\dfrac{a}{\sqrt{a^2+b^2}} + \dfrac{b\mathrm{i}}{\sqrt{a^2+b^2}}\right)$.

On obtient $z = |z|\left(\dfrac{a}{\sqrt{a^2+b^2}} + \dfrac{b\mathrm{i}}{\sqrt{a^2+b^2}}\right)$.

Donc $\rho = |z| = \sqrt{a^2+b^2}$, $\cos\theta = \dfrac{a}{\sqrt{a^2+b^2}}$ **et** $\sin\theta = \dfrac{b}{\sqrt{a^2+b^2}}$.

Les deux dernières égalités déterminent θ à $2k\pi$ près.

EXEMPLE 1

Soit $z = 3 - 2\mathrm{i}$.

$$|z| = \sqrt{3^2+2^2} = \sqrt{13},$$

$$z = \sqrt{13}\left[\frac{3}{\sqrt{13}} - \frac{2}{\sqrt{13}}\mathrm{i}\right].$$

$$\cos\theta = \frac{3}{\sqrt{13}} \quad \text{et} \quad \sin\theta = \frac{-2}{\sqrt{13}}.$$

On obtient $\theta \approx -0{,}588$ rad.
$\theta \approx -33{,}69°$.

EXEMPLE 2

$$z = \frac{3}{2} - \mathrm{i}\frac{3\sqrt{3}}{2}.$$

$$|z|^2 = \frac{9}{4} + \frac{27}{4} = 9, \ |z| = 3 \ \text{et} \ z = 3\left(\frac{1}{2} - i\frac{\sqrt{3}}{2}\right). \ \cos\theta = \frac{1}{2} \ \text{et} \ \sin\theta = -\frac{\sqrt{3}}{2}.$$

On obtient $\theta = -\dfrac{\pi}{3}$.

8. ARGUMENT D'UN PRODUIT

a Formules

Soit z_1 et z_2 deux complexes non nuls.
Posons $\arg z_1 = \theta_1 + 2k\pi$ et $\arg z_2 = \theta_2 + 2k\pi$.
Alors

$$\begin{aligned} z_1 \times z_2 &= |z_1| \times (\cos\theta_1 + \mathrm{i}\sin\theta_1) \times |z_2| \times (\cos\theta_2 + \mathrm{i}\sin\theta_2) \\ &= |z_1| \times |z_2| \times [(\cos\theta_1 \times \cos\theta_2 - \sin\theta_1 \times \sin\theta_2) \\ &\qquad + \mathrm{i}\,(\sin\theta_1 \times \cos\theta_2 + \cos\theta_1 \times \sin\theta_2)] \\ &= |z_1| \times |z_2| \times [\cos(\theta_1 + \theta_2) + \mathrm{i}\sin(\theta_1 + \theta_2)]. \end{aligned}$$

Il en résulte que $|z_1 \times z_2| = |z_1| \times |z_2|$ (déjà vu !), mais également :

(1) $\quad \mathbf{arg}\,(z_1 \times z_2) = \mathbf{arg}\,(z_1) + \mathbf{arg}\,(z_2).$

En conséquence, on montre que :
z, z_1 et z_2 étant des complexes non nuls,

Les démonstrations font l'objet des exercices 88 et 89.

(2) $\quad \mathbf{arg}\left(\dfrac{1}{z}\right) = -\,\mathbf{arg}(z).$

(3) $\quad \mathbf{arg}\left(\dfrac{z_1}{z_2}\right) = \mathbf{arg}(z_1) - \mathbf{arg}(z_2).$

(4) $\quad$ **Pour** $n \in \mathbb{Z}$, $\mathbf{arg}\,(z^n) = n \times \mathbf{arg}\,(z).$

Ce dernier résultat peut aussi s'écrire sous la forme suivante, dite **formule de Moivre** :

Pour $n \in \mathbb{Z}$, $(\cos\theta + \mathrm{i}\sin\theta)^n = \cos(n\theta) + \mathrm{i}\sin(n\theta).$

En particulier, pour $n = -1$:
$(\cos\theta + \mathrm{i}\sin\theta)^{-1} = \cos(-\theta) + \mathrm{i}\sin(-\theta)$, donc

$$\frac{1}{\cos\theta + \mathrm{i}\sin\theta} = \cos\theta - \mathrm{i}\sin\theta = \overline{\cos\theta + \mathrm{i}\sin\theta}.$$

b Conseil pratique

Le plus souvent, les opérations dans $\mathbb{C}$ s'effectuent commodément si l'on adopte de préférence :
— **la forme algébrique pour les additions et soustractions ;**
— **la forme trigonométrique pour les multiplications, divisions et puissances.**

Exercice résolu

Déterminer le module et l'argument du complexe $z = \left(\dfrac{1+i\sqrt{3}}{1-i}\right)^{19}$.

On vérifie d'abord que $|1+i\sqrt{3}| = 2$ et que $\arg(1+i\sqrt{3}) = \dfrac{\pi}{3} + 2k\pi$.

De même $|1-i| = \sqrt{2}$ et $\arg(1-i) = -\dfrac{\pi}{4} + 2k\pi$.

En conséquence, $\left|\dfrac{1+i\sqrt{3}}{1-i}\right| = \dfrac{2}{\sqrt{2}} = \sqrt{2}$

et $\arg\left(\dfrac{1+i\sqrt{3}}{1-i}\right) = \left(\dfrac{\pi}{3} - \left(-\dfrac{\pi}{4}\right)\right) + 2k\pi = \dfrac{7\pi}{12} + 2k\pi$.

Donc $|z| = \left(\sqrt{2}\right)^{19} = 512\sqrt{2}$

et $\arg z = 19 \times \left(\dfrac{7\pi}{12} + 2k\pi\right) = \dfrac{13\pi}{12} + 2k'\pi$.

c Image du produit de 2 complexes non nuls

► Par quelles phrases traduirait-on les formules relatives au quotient ?

Les formules

$$|z_1 \times z_2| = |z_1| \times |z_2| \quad \text{et} \quad \arg(z_1 \times z_2) = \arg(z_1) + \arg(z_2)$$

se traduisent en disant que :

— le module d'un produit est le produit des modules,
— l'argument d'un produit est la somme des arguments.

D'où la représentation géométrique d'un produit :

$$z = z_1 \times z_2.$$

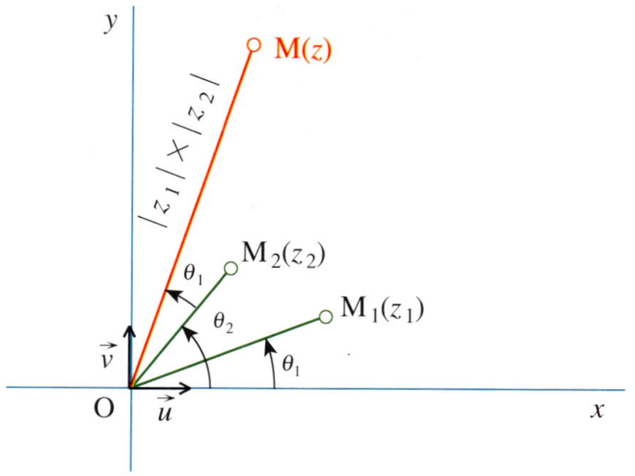

9. NOTATION EXPONENTIELLE DES NOMBRES COMPLEXES

a Introduction de la notation exponentielle

Cette notation a été introduite par **Euler** en 1748.

Définition

Pour tout réel θ, on pose $e^{i\theta} = \cos\theta + i\sin\theta$.

EXEMPLE

Un nombre complexe de module 1 a son image sur le cercle trigonométrique.

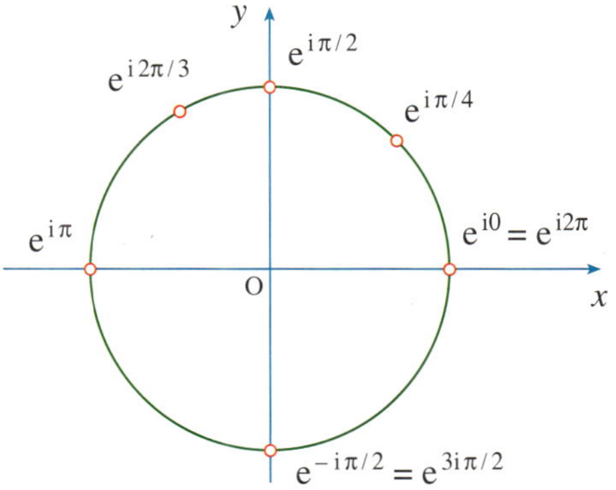

REMARQUE

Pour tous réels θ et θ',

$$\begin{aligned} e^{i\theta} \times e^{i\theta'} &= (\cos\theta + i\sin\theta) \times (\cos\theta' + i\sin\theta') \\ &= \cos(\theta + \theta') + i\sin(\theta + \theta') \\ &= e^{i(\theta+\theta')} \\ &= e^{i\theta + i\theta'}. \end{aligned}$$

On retrouve ce résultat en utilisant formellement la règle de calcul sur les exposants ($a^n \times a^m = a^{n+m}$), ou en généralisant les propriétés de la fonction exponentielle ($e^a \times e^b = e^{a+b}$). Ceci montre la commodité et la cohérence de la notation exponentielle.

b Utilisation de la notation exponentielle

Soit z et z' deux complexes non nuls écrits sous forme trigonométrique :

$$z = \rho \times (\cos\theta + i\sin\theta) \text{ et } z' = \rho' \times (\cos\theta' + i\sin\theta').$$

La notation exponentielle donne $z = \rho\, e^{i\theta}$ et $z' = \rho'\, e^{i\theta'}$.

D'où en appliquant les règles de calcul sur les exposants :

(1) $z \times z' = (\rho e^{i\theta}) \times (\rho' e^{i\theta'}) = \rho\rho' e^{i(\theta+\theta')}$.

(2) $\dfrac{1}{z} = \dfrac{1}{\rho e^{i\theta}} = \dfrac{1}{\rho} e^{-i\theta}$.

(3) $\dfrac{z}{z'} = \dfrac{\rho e^{i\theta}}{\rho' e^{i\theta'}} = \dfrac{\rho}{\rho'} e^{i(\theta-\theta')}$.

(4) Pour $n \in \mathbb{Z}$, $z^n = (\rho e^{i\theta})^n = \rho^n e^{in\theta}$.

Attention :
La formule $(e^{i\theta})^n = e^{in\theta}$ n'a de sens que si n est entier.

Ces formules, très naturelles, résument celles qui concernent le module et l'argument.

c Formules d'Euler

Pour tout réel θ, on a $e^{i\theta} = \cos\theta + i\sin\theta$; $e^{-i\theta} = \cos\theta - i\sin\theta$.
Par addition et soustraction membre à membre, il vient :

$$\cos\theta = \frac{e^{i\theta} + e^{-i\theta}}{2} \quad \text{et} \quad \sin\theta = \frac{e^{i\theta} - e^{-i\theta}}{2i}.$$

d Application : linéarisation d'un polynôme trigonométrique

Pour trouver une primitive d'une fonction ou pour résoudre certaines équations, il peut être utile de « linéariser » des expressions contenant des sinus, cosinus ou tangentes. Une expression est « linéarisée » si elle ne comporte aucun produit de fonctions circulaires. Par exemple, lorsqu'on écrit que :

$\cos^2 x = \frac{1}{2} + \frac{1}{2}\cos 2x$, on a linéarisé $\cos^2 x$.

Exercice résolu

Linéariser $\sin^3 x$.

1ere méthode : on utilise les formules d'Euler.

$$\sin^3 x = \left(\frac{e^{ix} - e^{-ix}}{2i}\right)^3 = \frac{e^{3ix} - 3e^{2ix}e^{-ix} + 3e^{ix}e^{-2ix} - e^{-3ix}}{-8i}$$

$$\sin^3 x = \frac{-e^{3ix} + e^{-3ix} + 3e^{ix} - 3e^{-ix}}{8i}$$

$$\sin^3 x = -\frac{1}{4}\,\frac{e^{3ix} - e^{-3ix}}{2i} + \frac{3}{4}\,\frac{e^{ix} - e^{-ix}}{2i} = -\frac{1}{4}\sin 3x + \frac{3}{4}\sin x.$$

2e méthode : on utilise la formule de Moivre.

$$(\cos x + i\sin x)^3 = (\cos 3x + i\sin 3x).$$

D'où $\cos^3 x + 3i\cos^2 x\sin x - 3\cos x\sin^2 x - i\sin^3 x = \cos 3x + i\sin 3x$.

$$\cos^3 x - 3\cos x\sin^2 x + i(3\cos^2 x\sin x - \sin^3 x) = \cos 3x + i\sin 3x.$$

On obtient $3(1 - \sin^2 x)\sin x - \sin^3 x = \sin 3x$

$$3\sin x - 3\sin^3 x - \sin^3 x = \sin 3x.$$

On retrouve $\sin^3 x = \frac{3}{4}\sin x - \frac{1}{4}\sin 3x$.

NOMBRES COMPLEXES

EXERCICES ET PROBLÈMES

POUR SAVOIR FAIRE ***Objectifs à atteindre***	**Exercices appropriés**
Calculer dans $\mathbb{C}$	1 à 12 29
Résoudre une équation du premier degré dans $\mathbb{C}$	13 à 17
Utiliser des propriétés du conjugué d'un complexe	18 à 22 29
Calculer le module d'un complexe	23 à 26
Utiliser la définition et les propriétés du module d'un complexe	27 à 29
Résoudre une équation du second degré dans $\mathbb{C}$ (à coefficients réels)	30 à 32
Résoudre diverses équations dans $\mathbb{C}$	33 à 46
Représenter graphiquement un nombre complexe et reconnaître des figures élémentaires	47 à 52
Déterminer des ensembles de points	53 à 57
Utiliser la définition et les propriétés de l'argument et du module d'un nombre complexe	29 58 à 76
Utiliser la notation exponentielle	77 à 82

POUR CHERCHER ***Sujets abordés***	**Exercices appropriés**
Démonstration de formules	83 à 89
Équations du second degré	90 à 95
Équations du 3e degré	96 à 98
Équations du 4e degré	99 à 103
Problèmes divers	104 à 116

POUR SAVOIR FAIRE

Opérations dans $\mathbb{C}$

1 Soit $z = 2 - 3i$ et $z' = -4 + i$.
Mettre les nombres suivants sous la forme $a + bi$.

a) $z + z'$. *b*) $3z - 2z'$.

c) $z \times z'$. *d*) z^2.

e) z'^3. *f*) $(1 - z) \times (5 + z')$.

2 Effectuer $(1 + i)^2$, $(1 - i)^2$, $(1 + i) \times (1 - i)$.

3 *a*) Effectuer le produit :
$(z - 1 - i) \times (z - 1 + i) \times (z + 1 + i) \times (z + 1 - i)$.

b) En déduire les solutions dans $\mathbb{C}$ de l'équation :

$z^4 + 4 = 0$.

4 Soit $j = -\dfrac{1}{2} + i\dfrac{\sqrt{3}}{2}$. Calculer j^2 et j^3.

5 *a*) Calculer i^2, i^3, i^4, i^5. En déduire i^{24} et i^{25}.

b) Effectuer $1 + i + i^2 + i^3$, puis $i^{75} + i^{76} + i^{77} + i^{78}$.

6 Montrer que le nombre :

$(1 + 2i)(2 - 3i)(2 + i)(3 - 2i)$ est réel.

7 Déterminer le couple de réels (x, y) tel que :

$2i(x + yi) = 3 - 4i$.

Conseil

Il est souvent utile de **rendre réel le dénominateur** d'une expression complexe (en multipliant haut et bas par le conjugué de ce dénominateur). Ceci permet de mettre l'expression sous la forme $a + bi$.

8 On donne $z = 3 - 2i$.
Quelles sont les parties réelle et imaginaire de l'inverse de z ?

9 Quelles sont les parties réelle et imaginaire de :
$$z = \frac{1-4i}{1+5i} \ ?$$

10 Soit $z = 2 + i$ et $z' = -4 + 3i$.
Mettre les nombres suivants sous la forme $a + bi$:

a) $\frac{1}{z}$. *b*) $\frac{1}{z'}$. *c*) $\frac{z}{z'}$.

d) $\frac{z'}{z}$. *e*) $\frac{1}{z^2}$. *f*) $\frac{1-z}{5+z'}$.

11 Mettre les nombres suivants sous la forme $a + bi$:
$$\frac{1+i\sqrt{3}}{\sqrt{3}-i}\ ;\quad \left(\frac{1-i}{1+i}\right)^2;\quad i+\frac{1}{i}.$$

12 Établir que : « Diviser par i » revient à « multiplier par $-i$ ».

Équations et systèmes du premier degré dans $\mathbb{C}$

Pour les exercices 13 à 17
Les solutions seront présentées avec un dénominateur rationnel.

13 Résoudre dans $\mathbb{C}$ l'équation $az + b = 0$, avec :
$$a = 1 + 2i \text{ et } b = -3 + 5i.$$

14 Résoudre dans $\mathbb{C}$ l'équation
$$(1 + 2i)z + 3 + 5i = 0.$$

15 Résoudre dans $\mathbb{C}^2$ le système :
$$\begin{cases}(1+i)x+(1+2i)y=1+5i\\ (3-i)x+(4-2i)y=2-i.\end{cases}$$

16 Résoudre dans $\mathbb{C}^2$ le système :
$$\begin{cases}2ix-y=1+2i\\ x+(1+i)y=2-3i.\end{cases}$$

17 Déterminer deux réels x et y tels que :
$$(x + 2i) \times (5 + yi) = 4 + 16i.$$

Conjugué

18 Calculer le conjugué de :
$$z = \frac{(3-2i)(5+i)}{3i(7+2i)}.$$

19 Montrer que $\overline{z+\frac{1}{z}} - \overline{\frac{1+z}{\bar{z}}} = \bar{z} - 1.$

20 Montrer que :
$[z = a + bi$ où $a \in \mathbb{R}, b \in \mathbb{R}]$ équivaut à :
$$\left[a = \frac{1}{2}(z+\bar{z}) \text{ et } b = \frac{1}{2i}(z-\bar{z})\right].$$

21 Montrer, sans effectuer de calcul, que :
$$\frac{(1+2i)(1-2i)-(3-5i)-(3+5i)}{(7+3i)+(7-3i)}$$
est réel.

22 Soit $z = \frac{3-7i}{9+2i}$ et $z' = \frac{3+7i}{9-2i}$.
Montrer sans calcul que $z + z'$ est réel et que $z - z'$ est imaginaire pur.

Module

23 Calculer les modules des nombres suivants.

a) $3 - 7i$. *b*) $\frac{3}{2}i$. *c*) -5.

d) $\frac{1}{2} + i\frac{\sqrt{3}}{2}$. *e*) $1 + i\sqrt{3}$. *f*) $(1 - i\sqrt{3})^6$.

24 Quel est le module de $\left(\frac{1+i\sqrt{3}}{1-i}\right)^2$?

25 Quel est le module de $\cos 37° + i \sin 37°$?

26 Soit $z_1 = 2 - i$ et $z_2 = 3 + 2i$.
Calculer $z_1 + z_2$ et z_1z_2, puis $|z_1|$, $|z_2|$, $|z_1 + z_2|$ et $|z_1z_2|$.
Vérifier sur cet exemple que :
— le module de la somme est inférieure à la somme des modules ;
— le module du produit est égal au produit des modules.

27 Montrer que : $|z| = 1$ si et seulement si $\bar{z} = \frac{1}{z}$.

28 Montrer que : si $|z_1| = 1$ et si $|z_2| = 1$, alors

$\frac{z_1 + z_2}{1 + z_1 \times z_2}$ est réel.

Indication : on pourra utiliser le résultat de l'exercice précédent.

Vrai ou Faux ?

29 Dire si chacune des 17 affirmations suivantes est vraie, fausse ou dénuée de signification. Rectifier celles qui sont fausses.

a) $(3 + 2\mathrm{i}) + (4 + 8\mathrm{i}) = 7 + 10\mathrm{i}$.

b) $(3 + 2\mathrm{i}) \times (4 + 8\mathrm{i}) = 12 + 16\mathrm{i}$.

c) $\frac{1}{2+3\mathrm{i}} = \frac{1}{2} + \frac{1}{3}\mathrm{i}$.

d) $2 + 3\mathrm{i} < 4 + 5\mathrm{i}$.

Pour tout complexe z :

e) $z \times \bar{z} \in \mathbb{R}_+$.

f) $z + \bar{z} = 2 \times \mathrm{Re}\,(z)$.

g) $z - \bar{z} = 2 \times \mathrm{Im}\,(z) \times \mathrm{i}$.

h) $z \in \mathbb{R} \Leftrightarrow z = \bar{z}$.

i) z est imaginaire pur $\Leftrightarrow \bar{z} = -z$.

j) $|z|^2 = z \times \bar{z}$.

k) $|z| \geqslant \mathrm{Re}\,(z)$ et $|z| \geqslant \mathrm{Im}\,(z)$.

l) $|z| = |\mathrm{Re}\,(z)| + |\mathrm{Im}\,(z)|$.

m) Pour tout $z \in \mathbb{C}^*$, $\frac{1}{z} = \frac{\bar{z}}{|z|^2}$.

Pour tous complexes z_1 et z_2 :

n) $\overline{z_1 + z_2} = \overline{z_1} + \overline{z_2}$.

o) $|z_1 + z_2| = |z_1| + |z_2|$.

p) $\overline{z_1 \times z_2} = \overline{z_1} \times \overline{z_2}$.

q) $|z_1 \times z_2| = |z_1| \times |z_2|$.

Équations du second degré

Pour les exercices 30 à 33

Résoudre dans $\mathbb{C}$ chacune des équations.

30 *a*) $z^2 = -9$. *b*) $z^2 = 7$. *c*) $z^2 = -3$.

31 *a*) $z^2 - 4z + 5 = 0$. *b*) $\frac{1}{z} = 1 - 2z$.

32 *a*) $-3z^2 + 6z + 1 = 0$. *b*) $z^2 + z + 1 = 0$.

33 *a*) $(z - 2\mathrm{i})(2z^2 - 37 + 5) = 0$.

b) $z(z^2 + 1)(z^2 - 3) = 0$.

34 Soit l'application $f : \mathbb{C} \to \mathbb{C}$

$z \mapsto 13z^2 - 24z + 13$.

a) Résoudre dans $\mathbb{C}$ l'équation $f(z) = 0$.

b) Écrire $f(z)$ sous la forme d'un produit de facteurs complexes.

35 *a*) Résoudre dans $\mathbb{C}$ l'équation : $z^4 + 7z^2 + 12 = 0$.

b) Écrire $z^4 + 7z^2 + 12$ sous la forme d'un produit de facteurs du premier degré à coefficients dans $\mathbb{C}$, puis du second degré à coefficients dans $\mathbb{R}$.

36 Même exercice que le précédent avec :

$$2z^4 + \frac{9}{2}z^2 + 1 = 0.$$

37 *a*) Résoudre dans $\mathbb{C}$ l'équation $2z^2 - 3z + 3 = 0$.

b) Soit z' et z'' les solutions de l'équation précédente, calculer les modules de :

$$z' ; z'' ; z' + z'' ; z'z'' \text{ et } \frac{1}{z'} + \frac{1}{z''}.$$

Équations diverses

Conseil

De nombreux problèmes portant sur les nombres complexes se résolvent en « séparant la partie réelle et la partie imaginaire ». Par exemple pour certaines équations, on remplace l'inconnue z par $x + y\mathrm{i}$ et on cherche à écrire l'équation sous la forme :

$a + b\mathrm{i} = c + d\mathrm{i}$, équivalente à $\begin{cases} a = c \\ b = d. \end{cases}$

38 Résoudre dans $\mathbb{C}$ l'équation :

$$2z + 3\bar{z} = 5.$$

39 Résoudre dans $\mathbb{C}$ l'équation :

$$\bar{z}^2 + 2|z|^2 - 3 = 0.$$

40 Quels sont les nombres complexes dont le carré est égal au conjugué ?

41 Dans l'ensemble $\mathbb{C}$ des nombres complexes, résoudre l'équation :

$$z^2 - 2\bar{z} + 1 = 0.$$

42 Dans l'ensemble des nombres complexes résoudre l'équation :

$$iz^2 + 2\bar{z} - i = 0.$$

43 Résoudre dans $\mathbb{C}$ l'équation $z^2 = -2i$.

44 Résoudre dans $\mathbb{C}$ l'équation $z^2 = 4i$.

45 Déterminer les nombres complexes non nuls z tels que z, $\frac{1}{z}$ et $1 - z$ aient le même module.

46 Résoudre dans $\mathbb{C}$ l'équation

$$z + 3\bar{z} = (2 + i\sqrt{3})|z|^2.$$

Représentation géométrique

Pour les exercices 47 à 59
Le plan est orienté et muni d'un repère orthonormal $(O, \vec{u}, \vec{v})$.

47 Les vecteurs $\vec{a}$ et $\vec{b}$ ont pour affixes respectives :

$2 - 3i$ et $-5 + 4i$.

Quelles sont les affixes de $\vec{a} + \vec{b}$, $2\vec{a}$, $\vec{a} - 3\vec{b}$?

48 Les points A et B ont pour affixes respectives :

$2 - 7i$ et $1 + 3i$.

Quelle est l'affixe du milieu M de [AB] ?

49 Les points A et B ont pour affixes respectives :

$-1 + 3i$ et $2 - i$.

Quelle est la distance AB ?

50 Les points A, B, C ont pour affixes respectives :

$2 + i$, -1 et $3 - 2i$.

Quelle particularité présente le triangle ABC ?

51 Même énoncé que l'exercice **50** :

$z_A = 1 + 3i$, $z_B = -1 - i$ et $z_C = 3 + 2i$.

52 Les points A, B, C, D ont pour affixes respectives

$-2 + i$, $4i$, $\frac{7}{2} + 2i$, $\frac{3}{2} - i$.

Quelle est la nature du quadrilatère ABCD ?

Ensemble de points

53 ***Équidistance***

a) Montrer que l'ensemble des points D des points M du plan dont l'affixe z vérifie :

$$|z - i| = |z + i|$$

est une droite dont on donnera une équation.

b) Retrouver sans calcul que l'ensemble D est une droite en utilisant le point A d'affixe $z_A = i$ et le point B d'affixe $z_B = -i$.

54 Quel est l'ensemble des points M du plan dont l'affixe z vérifie $z + \bar{z} = |z|$?

Représenter cet ensemble.

55 Déterminer et représenter l'ensemble des points M dont l'affixe z vérifie l'égalité $z + \bar{z} + z\bar{z} = 0$.

56 Quel est l'ensemble des points M d'affixe z tels que $(z - 1)^2$ soit :

a) réel ? *b*) imaginaire pur ?

57 Trouver l'ensemble des points M d'affixe z tels que :

a) z^2 ait pour partie réelle 0 ;

b) z^2 ait pour partie imaginaire 2 ;

c) z^2 soit égal à 2i.

Argument et module

58

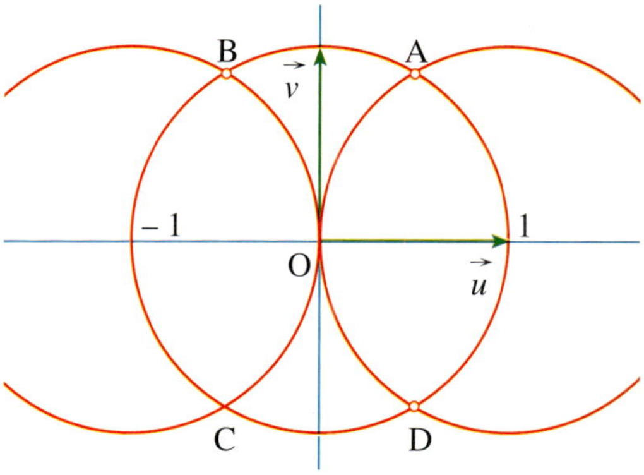

On note z_A, z_B, z_C et z_D les affixes respectives des points A, B, C et D.
Par des considérations graphiques seulement, déterminer le module et l'argument de chacun de ces nombres complexes.

59 A est le point d'affixe $2 + 2\,\mathrm{i}$.
Le triangle OAM est équilatéral.
Donner le module et l'argument de l'affixe z de M.

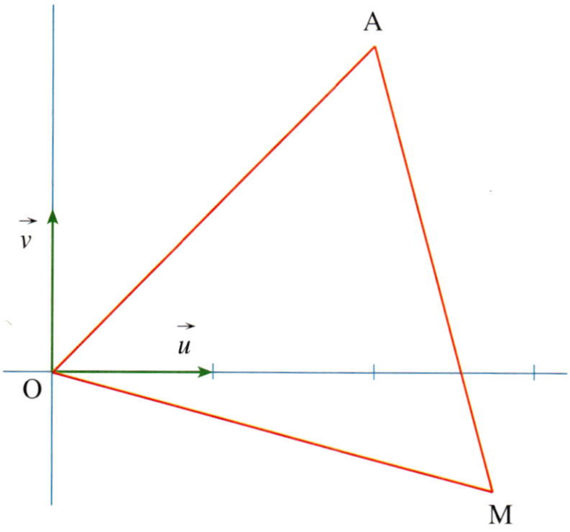

Pour les exercices 60 à 63
Calculer le module de z, puis à l'aide d'une calculatrice déterminer l'argument de z en degrés et donner la valeur exacte en radians.

60 $z = \dfrac{\sqrt{10+2\sqrt{5}}}{4} + \mathrm{i}\dfrac{\sqrt{5}-1}{4}$.

61 $z = \dfrac{\sqrt{2+\sqrt{2}}}{2} + \mathrm{i}\dfrac{\sqrt{2-\sqrt{2}}}{2}$.

62 $z = -\dfrac{1+\sqrt{5}}{4} - \mathrm{i}\dfrac{\sqrt{10-2\sqrt{2}}}{4}$.

63 Justifier sans calcul, que :
$$\left(\frac{\sqrt{3}}{2} + \frac{1}{2}\mathrm{i}\right)^2 = \frac{1}{2} + \frac{\mathrm{i}\sqrt{3}}{2}.$$

64 Déterminer le module et l'argument des complexes suivants :

$z_1 = \cos\theta - \mathrm{i}\sin\theta$;

$z_2 = -\sin\theta + \mathrm{i}\cos\theta$;

$z_3 = \sin\theta + \mathrm{i}\cos\theta$;

$z_4 = -\sin\theta - \mathrm{i}\cos\theta$;

$z_5 = -\cos\theta - \mathrm{i}\sin\theta$.

65 Déterminer les parties réelles et imaginaires des complexes suivants dont on donne le module ρ et un argument θ :

a) $\rho = 10$ et $\theta = 2\pi$.   *c*) $\rho = \sqrt{2}$ et $\theta = \dfrac{3\pi}{4}$.

b) $\rho = 1$ et $\theta = \dfrac{\pi}{4}$.   *d*) $\rho = 2$ et $\theta = -\dfrac{\pi}{2}$.

66 Calculer le module et l'argument des nombres complexes suivants :

$a = \dfrac{1}{2} + \dfrac{\sqrt{3}}{2}\mathrm{i}$; $d = 25\left(\cos\dfrac{\pi}{37} + \mathrm{i}\sin\dfrac{\pi}{37}\right)$;

$b = \dfrac{\sqrt{2}}{2} - \dfrac{\sqrt{2}}{2}\mathrm{i}$; $e = 3 + 4\mathrm{i}$.

$c = -1 - \mathrm{i}\sqrt{3}$.

67 *a*) Quel est l'ensemble des points M dont l'affixe z vérifie $|z| = 3$?

b) Quel est l'ensemble des points M dont l'affixe z vérifie $\arg(z) = \dfrac{\pi}{4} + 2k\pi$?

68 On définit un point M en indiquant que la distance $\mathrm{OM} = \sqrt{2}$ et que l'angle $(\widehat{\vec{u}, \overrightarrow{\mathrm{OM}}})$ mesure $\dfrac{\pi}{4} + 2k\pi$.
On désigne par z l'affixe de M.

a) Indiquer les formes trigonométrique et algébrique de z.

b) Donner les formes trigonométrique et algébrique de $\bar{z}$ et $-z$.

69 *a*) On donne $z = \cos\dfrac{2\pi}{5} + \mathrm{i}\sin\dfrac{2\pi}{5}$. Calculer le module et l'argument de $1 + z$, puis de $1 - z$.

b) Mêmes questions avec $z = \cos\dfrac{6\pi}{5} + \mathrm{i}\sin\dfrac{6\pi}{5}$.

70 Soit $z_1 = 1 + \mathrm{i}$ et $z_2 = \sqrt{3} - \mathrm{i}$.

a) Calculer les modules et arguments de z_1 et z_2.

b) Donner la forme algébrique et la forme trigonométrique du produit $z_1 \times z_2$.

c) En déduire les valeurs exactes de
$$\cos\frac{\pi}{12} \text{ et } \sin\frac{\pi}{12}.$$

71 *a*) Calculer le module et l'argument de chacun des nombres complexes :
$$z_1 = \frac{\sqrt{6} - \mathrm{i}\sqrt{2}}{2}\ ;\quad z_2 = 1 - \mathrm{i}.$$

En déduire le module et l'argument de $z = \dfrac{z_1}{z_2}$.

b) Déduire du *a*) les valeurs de $\cos\dfrac{\pi}{12}$ et $\sin\dfrac{\pi}{12}$.

72 Calculer le module et l'argument de $z = \dfrac{1 + \mathrm{i}\sqrt{3}}{\sqrt{3} + \mathrm{i}}$.

En déduire z^6.

73 Si n est un entier, montrer que :

$$(1+\mathrm{i})^n = 2^{n/2}\left(\cos\frac{n\pi}{4}+\mathrm{i}\sin\frac{n\pi}{4}\right).$$

74 Soit dans $\mathbb{C}$ le nombre $z=\sqrt{3}+\mathrm{i}$.
Comment faut-il choisir l'entier relatif n pour que z^n soit imaginaire pur ?

75 Montrer que $(-1+\mathrm{i})^{11} = 32+32\mathrm{i}$.

76 Montrer que $(-1-\mathrm{i})^{15} = -128+128\mathrm{i}$.

Notation exponentielle des nombres complexes

77 Mettre sous forme algébrique les nombres complexes suivants :

$$a = \mathrm{e}^{-\mathrm{i}\frac{\pi}{4}}\ ;\quad b = \mathrm{e}^{2\mathrm{i}\frac{\pi}{3}}\ ;\quad c = 50\mathrm{e}^{\mathrm{i}\pi}\ ;$$

$$d = \mathrm{e}^{\mathrm{i}\frac{\pi}{2}}\ ;\quad e = \mathrm{e}^{\mathrm{i}\frac{\pi}{3}} + \mathrm{e}^{-\mathrm{i}\frac{\pi}{3}}.$$

78 Donner la forme exponentielle des nombres complexes suivants :

$$a=\sqrt{3}-\mathrm{i}\ ;\qquad b=-1+\mathrm{i}\ ;$$

$$c=-1-\mathrm{i}\sqrt{3}\ ;\qquad d=\sqrt{3}-3\mathrm{i}.$$

79 Quel est le conjugué de $x+\mathrm{e}^{\mathrm{i}\alpha}$, où x et α sont réels ?

80 Effectuer $\left(\dfrac{\mathrm{e}^{\mathrm{i}\theta}+\mathrm{e}^{-\mathrm{i}\theta}}{2}\right)^2+\left(\dfrac{\mathrm{e}^{\mathrm{i}\theta}-\mathrm{e}^{-\mathrm{i}\theta}}{2\mathrm{i}}\right)^2.$

Le résultat était-il prévisible ?

81 À l'aide des formules d'Euler retrouver la forme linéarisée de $\sin^2 x$.

82 Soit la fonction $f : \mathbb{R} \to \mathbb{R}$

$$x \mapsto \cos^4 x.$$

a) À l'aide des formules d'Euler linéariser $f(x)$.

b) En déduire une fonction F dont la dérivée est égale à f.

Résultats des exercices dont le numéro est en couleur

1. *a)* $z+z' = -2-2\mathrm{i}$.

b) $3z-2z' = 14-11\mathrm{i}$.

c) $z\times z' = -5+14\mathrm{i}$.

d) $z^2 = -5-12\mathrm{i}$.

e) $z'^3 = -52+47\mathrm{i}$.

f) $(1-z)\times(5+z') = -4+2\mathrm{i}$.

2. $2\mathrm{i},\ -2\mathrm{i}$ et 2.

3. *a)* z^4+4.

b) Utiliser le théorème donnant la condition nécessaire et suffisante pour qu'un produit de facteurs soit nul.

5. *a)* $\mathrm{i}^{24} = (\mathrm{i}^4)^6 = 1$ et $\mathrm{i}^{25} = \mathrm{i}$.

b) Zéro dans les deux cas.

6. 65.

7. $x=-2,\quad y=-\dfrac{3}{2}$.

8. $\dfrac{1}{z} = \dfrac{\bar{z}}{z\times\bar{z}} = \dfrac{3}{13}+\dfrac{2}{13}\mathrm{i}$.

$\mathrm{Re}\left(\dfrac{1}{z}\right) = \dfrac{3}{13},\ \mathrm{Im}\left(\dfrac{1}{z}\right) = \dfrac{2}{13}$.

9. Multiplier haut et bas par $1-5\mathrm{i}$.

$z = -\dfrac{19}{26}-\dfrac{9}{26}\mathrm{i}$.

10. *a)* $\dfrac{1}{z} = \dfrac{2}{5}-\dfrac{\mathrm{i}}{5}$.

b) $\dfrac{1}{z'} = \dfrac{-4}{25}-\dfrac{3\mathrm{i}}{25}$.

c) $\dfrac{z}{z'} = -\dfrac{1}{5}-\dfrac{2\mathrm{i}}{5}$.

d) $\dfrac{z'}{z} = -1+2\mathrm{i}$.

e) $\dfrac{1}{z^2} = \dfrac{3}{25}-\dfrac{4\mathrm{i}}{25}$.

f) $\dfrac{1-z}{5+z'} = -\dfrac{2}{5}+\dfrac{\mathrm{i}}{5}$.

12. $\frac{z}{i} = -iz$.

13. $z = -\frac{7}{5} - \frac{11}{5}i$.

15. $x = -3{,}5 + 4{,}5i$; $y = 3{,}4 - 2{,}8i$.

17. On obtient le système :

$$\begin{cases} 5x - 2y = 4 \\ 10 + xy = 16 \end{cases}$$

dont les solutions sont (2, 3) et $\left(-\frac{6}{5}, -5\right)$.

18. $\bar{z} = \frac{(3+2i)(5-i)}{-3i(7-2i)} = \frac{-83+105i}{159}$.

21. Voir que ce nombre est égal à son conjugué.

23. *a*) $\sqrt{58}$; *b*) $\frac{3}{2}$; *c*) 5 ;

d) 1 ; *e*) 2 ; *f*) $64 = 2^6$.

24. $\left(\frac{2}{\sqrt{2}}\right)^2 = 2$.

25. $\sqrt{\cos^2 37° + \sin^2 37°} = 1$.

28. Montrons que $\frac{z_1 + z_2}{1 + z_1 \times z_2}$ est égal à son conjugué.

$$\overline{\left(\frac{z_1 + z_2}{1 + z_1 \times z_2}\right)} = \frac{\bar{z}_1 + \bar{z}_2}{1 + \bar{z}_1 \times \bar{z}_2} = \frac{\frac{1}{z_1} + \frac{1}{z_2}}{1 + \frac{1}{z_1} \times \frac{1}{z_2}} = \frac{z_2 + z_1}{z_2 z_1 + 1}.$$

29. *a*) V. *b*) F (effectuer). *c*) F (effectuer).

d) Il n'y a pas de relation d'ordre dans $\mathbb{C}$.

e) V. *f*) V. *g*) V. *h*) V. *i*) V. *j*) V.

k) V. *l*) F, $|z| \leqslant |\text{Re}(z)| + |\text{Im}(z)|$.

m) V. *n*) V. *o*) F, $|z_1 + z_2| \leqslant |z_1| + |z_2|$.

p) V. *q*) V.

30. *a*) $\{-3i, 3i\}$. *b*) $\{-\sqrt{7}, \sqrt{7}\}$. *c*) $\{-i\sqrt{3}, i\sqrt{3}\}$.

31. *a*) $\{2 - i, 2 + i\}$. *b*) $\left\{\frac{1 - i\sqrt{7}}{4}, \frac{1 + i\sqrt{7}}{4}\right\}$.

34. *a*) $\mathscr{S} = \left\{\frac{12 - 5i}{13}, \frac{12 + 5i}{13}\right\}$.

b) $f(z) = 13\left(z - \frac{12 - 5i}{13}\right)\left(z - \frac{12 + 5i}{13}\right)$.

35. *a*) $\mathscr{S} = \{-2i\,;2i\,;-i\sqrt{3}\,;i\sqrt{3}\}$.

b) $(z^2 + 4)(z^2 + 3)$, ou

$(z - 2i)(z + 2i)(z - i\sqrt{3})(z + i\sqrt{3})$.

39. $\mathscr{S} = \{1\,;-1\,;i\sqrt{3}\,;-i\sqrt{3}\}$.

40. $\frac{-1 + i\sqrt{3}}{2}, \frac{-1 - i\sqrt{3}}{2}$, 1 et 0.

43. Poser $z = x + iy$; $\mathscr{S} = \{1 - i\,;-1 + i\}$.

45. $|z| = \frac{1}{|z|} \Rightarrow |z| = 1$ (1).

En posant $z = x + iy$, l'équation $|z| = |1 - z|$ donne $x = \frac{1}{2}$ (2).

D'après (1) et (2), on a

$z = \frac{1}{2} + i\frac{\sqrt{3}}{2}$ ou $z = \frac{1}{2} - i\frac{\sqrt{3}}{2}$.

46. L'équation donnée équivaut au système :

$$\begin{cases} x^2 + y^2 - 2x = 0 \\ (x^2 + y^2)\sqrt{3} + 2y = 0 \end{cases}$$

dont les solutions sont (0, 0) et $\left(\frac{1}{2}, -\frac{\sqrt{3}}{2}\right)$.
Donc pour l'équation donnée,

$$\mathscr{S} = \left\{0, \frac{1}{2} - i\frac{\sqrt{3}}{2}\right\}.$$

47. $-3 + i$; $4 - 6i$; $17 - 15i$.

49. $AB = |z_B - z_A| = 5$.

50. Le triangle ABC est isocèle et rectangle. (Utiliser module et théorème de Pythagore, par exemple.)

54. Équation de l'ensemble :
($y = x\sqrt{3}$ ou $y = -x\sqrt{3}$) et $x > 0$.
Il s'agit donc de deux demi-droites.

55. Cercle de centre A (– 1 ; 0), de rayon 1.

58. $|z_A| = |z_B| = |z_C| = |z_D| = 1$.

$\arg z_A = \dfrac{\pi}{3} + 2k\pi$; $\arg z_B = \dfrac{2\pi}{3} + 2k\pi$;

$\arg z_C = -\dfrac{2\pi}{3} + 2k\pi$; $\arg z_D = -\dfrac{\pi}{3} + 2k\pi$.

60. $|z| = 1$, $\arg z = \dfrac{\pi}{10}$.

64. $z_1 = \cos\theta - \mathrm{i}\sin\theta = \cos(-\theta) + \mathrm{i}\sin(-\theta)$.

D'où $\arg(z_1) = -\theta + 2k\pi$.

$z_2 = -\sin\theta + \mathrm{i}\cos\theta = \mathrm{i}(\cos\theta + \mathrm{i}\sin\theta)$.

D'où $\arg(z_2) = \dfrac{\pi}{2} + \theta + 2k\pi$.

$z_3 = \sin\theta + \mathrm{i}\cos\theta$

$= \cos\left(\dfrac{\pi}{2} - \theta\right) + \mathrm{i}\sin\left(\dfrac{\pi}{2} - \theta\right)$.

D'où $\arg(z_3) = \dfrac{\pi}{2} - \theta + 2k\pi$.

$z_4 = -\sin\theta - \mathrm{i}\cos\theta$

$= -\mathrm{i}(\cos(-\theta) + \mathrm{i}\sin(-\theta))$.

D'où $\arg(z_4) = -\dfrac{\pi}{2} - \theta + 2k\pi$.

$z_5 = -\cos\theta - \mathrm{i}\sin\theta$

$= \cos(\theta + \pi) + \mathrm{i}\sin(\theta + \pi)$,

D'où $\arg(z_5) = \theta + \pi + 2k\pi$.

65. *a*) $10 + 0\mathrm{i}$. *b*) $\dfrac{\sqrt{2}}{2} + \mathrm{i}\dfrac{\sqrt{2}}{2}$.

c) $-1 + \mathrm{i}$. *d*) $-2\mathrm{i}$.

> Pour déterminer rapidement l'argument d'un complexe, il faut reconnaître à quel quadrant du plan appartient son image ; un dessin est donc très utile.

67. *a*) Cercle de centre O et de rayon 3.

b) Demi-droite bissectrice du premier quadrant, privée de l'origine.

68. *a*) $z = \sqrt{2}\left(\cos\dfrac{\pi}{4} + \mathrm{i}\sin\dfrac{\pi}{4}\right) = 1 + \mathrm{i}$.

b) $\bar{z} = \sqrt{2}\left(\cos\left(-\dfrac{\pi}{4}\right) + \mathrm{i}\sin\left(-\dfrac{\pi}{4}\right)\right) = 1 - \mathrm{i}$.

$-z = \sqrt{2}\left(\cos\left(\dfrac{5\pi}{4}\right) + \mathrm{i}\sin\left(\dfrac{5\pi}{4}\right)\right) = -1 - \mathrm{i}$.

69. *a*) $|1 + z| = 2\cos\dfrac{\pi}{5}$; $\arg(1 + z) = \dfrac{\pi}{5}$.

$|1 - z| = 2\sin\dfrac{\pi}{5}$; $\arg(1 - z) = \dfrac{-3\pi}{10}$.

b) $|1 + z| = -2\cos\dfrac{3\pi}{5}$; $\arg(1 + z) = \dfrac{8\pi}{5}$.

70. *a*) $|z_1| = \sqrt{2}$; $\arg(z_1) = \dfrac{\pi}{4} + 2k\pi$.

$|z_2| = 2$; $\arg(z_2) = -\dfrac{\pi}{6} + 2k\pi$.

b) $z_1 \times z_2 = 1 + \sqrt{3} + \mathrm{i}(-1 + \sqrt{3})$

$= 2\sqrt{2}\left(\cos\dfrac{\pi}{12} + \mathrm{i}\sin\dfrac{\pi}{12}\right)$.

c) $\cos\dfrac{\pi}{12} = \dfrac{\sqrt{2} + \sqrt{6}}{4}$; $\sin\dfrac{\pi}{12} = \dfrac{\sqrt{6} - \sqrt{2}}{4}$.

74. $\sqrt{3} + i = 2\left(\cos\dfrac{\pi}{6} + \mathrm{i}\sin\dfrac{\pi}{6}\right)$

$z^n = 2^n\left(\cos\dfrac{n\pi}{6} + \mathrm{i}\sin\dfrac{n\pi}{6}\right)$.

Les dessins apportent une aide efficace à la résolution de tels exercices :
z^n est imaginaire pur si et seulement si

$\dfrac{n\pi}{6} = \dfrac{\pi}{2} + k\pi$

$n = 3 + 6k \quad k \in \mathbb{Z}$.

75. Pour ce calcul la forme trigonométrique est beaucoup plus efficace que la forme algébrique.

$-1 + \mathrm{i} = \sqrt{2}\left(\cos\dfrac{3\pi}{4} + i\sin\dfrac{3\pi}{4}\right)$;

d'où $(-1 + \mathrm{i})^{11} = 32(1 + \mathrm{i})$.

77. $a = \dfrac{\sqrt{2}}{2} - \mathrm{i}\dfrac{\sqrt{2}}{2}$; $b = -\dfrac{1}{2} + \mathrm{i}\dfrac{\sqrt{2}}{2}$;

$c = -50$; $d = \mathrm{i}$; $z = 1$.

79. $x + \mathrm{e}^{-\mathrm{i}\alpha}$.

80. 1, c'est-à-dire $\cos^2\theta + \sin^2\theta$.

82. *a*) Développer, réduire, regrouper les termes ayant des exposants opposés. On trouve :

$$f(x) = \frac{1}{8}(\cos(4x) + 4\cos(2x) + 3).$$

b) $\mathrm{F}(x) = \dfrac{1}{8}\left(\dfrac{1}{4}\sin(4x) + 2\sin(2x) + 3x\right) + k \ (k \in \mathbb{R})$.

POUR CHERCHER

Démonstration de formules

83 ***Conjugué d'une somme***

On désigne par z, z_1 et z_2 des nombres complexes quelconques.

a) En écrivant : $z_1 = x_1 + y_1\,\mathrm{i}$ et $z_2 = x_2 + y_2\,\mathrm{i}$, démontrer que : $\overline{z_1 + z_2} = \overline{z_1} + \overline{z_2}$.

b) En déduire que :

$$\overline{(-z)} = -\bar{z} \quad \text{et} \quad \overline{z_1 - z_2} = \overline{z_1} - \overline{z_2}.$$

84 ***Conjugué d'un produit***

z, z_1 et z_2 sont des complexes quelconques.

a) Démontrer que : $\overline{z_1 \times z_2} = \overline{z_1} \times \overline{z_2}$.

b) En déduire que :

pour $z \neq 0$, $\overline{\left(\dfrac{1}{z}\right)} = \dfrac{1}{\bar{z}}$, et pour $z_2 \neq 0$, $\overline{\left(\dfrac{z_1}{z_2}\right)} = \dfrac{\overline{z_1}}{\overline{z_2}}$.

85 ***Conjugué d'une puissance***

Démontrer par récurrence que, pour tout complexe z et pour tout naturel n, $\overline{(z^n)} = (\bar{z})^n$.
Démontrer ensuite cette propriété pour $z \neq 0$ et pour des exposants entiers négatifs.

86 ***Module d'un produit***

a) Démontrer que, pour tous complexes z_1 et z_2,

$$|z_1 \times z_2| = |z_1| \times |z_2|.$$

b) En déduire que, pour z et z_2, non nuls :

$$\left|\frac{1}{z}\right| = \frac{1}{|z|} \quad \text{et} \quad \left|\frac{z_1}{z_2}\right| = \frac{|z_1|}{|z_2|}.$$

87 ***Module d'une puissance***

Démontrer par récurrence que, pour tout complexe z et pour tout naturel n, $|z^n| = |z|^n$.
Démontrer ensuite cette propriété pour $z \neq 0$ et pour des exposants entiers négatifs.

88 ***Argument d'un quotient***

On sait que pour tous complexes non nuls z_1 et z_2 :

$$\arg(z_1 \times z_2) = \arg(z_1) + \arg(z_2).$$

a) En utilisant que pour tout $z \in \mathbb{C}^*$: $\dfrac{1}{z} \times z = 1$, montrer que $\arg\left(\dfrac{1}{z}\right) = -\arg(z)$.

b) En déduire que, pour tous complexes z_1 et z_2 non nuls :

$$\arg\left(\frac{z_1}{z_2}\right) = \arg(z_1) - \arg(z_2).$$

89 ***Argument d'une puissance***

a) Démontrer par récurrence que, pour tout $z \in \mathbb{C}^*$, pour tout $n \in \mathbb{N}$:

$$\arg(z^n) = n \times \arg(z).$$

b) Démontrer ensuite cette propriété pour $z \neq 0$ et pour des exposants entiers négatifs.

Équations du second degré

90 1° Résoudre dans $\mathbb{C}$, l'équation :

$$z^2 + 2z + 10 = 0.$$

Placer les points A et B, images des solutions, dans le plan muni d'un repère orthonormal $(O, \vec{e}_1, \vec{e}_2)$ (unité : 1 cm), A étant le point d'ordonnée positive.

2° Déterminer les nombres complexes u et v tels que :

$$\begin{cases} -2u + v = 1 + 13\mathrm{i} \\ -u + v = 4 + 8\mathrm{i}. \end{cases}$$

Placer sur la figure les images C et D de u et v.

3° Démontrer que le triangle (BAD) est rectangle en A, et le triangle (BCD) est rectangle en C.
En déduire que les quatre points A, B, C, D, sont sur un même cercle (Γ) dont on précisera le centre Ω et le rayon. Placer (Γ) sur la figure.

4° Démontrer que les points C′ et D′, images des nombres complexes conjugués de u et v, sont sur le cercle (Γ).

91 Soit f la fonction définie sur $\mathbb{C}$ par :

pour tout $z \in \mathbb{C}$, $f(z) = z^2 + z + 1$.

a) Quels sont les éléments de $\mathbb{C}$ invariants par f ? Quels sont les éléments de $\mathbb{C}$ dont l'image par f est un réel ?

b) Dans le plan, on note A le point d'affixe 1, et au point M d'affixe z, on associe le point M′ d'affixe $f(z) = z^2 + z + 1$.

Quel est l'ensemble des points M pour lesquels A, M et M′ sont alignés ?

92 A est le point du plan complexe d'affixe $a + bi$ ($a \in \mathbb{R}$, $b \in \mathbb{R}$). On considère l'équation :

$$z^2 + (1 - b)z + a = 0.$$

a) Déterminer une condition nécessaire et suffisante portant sur a et b, pour que l'équation admette une racine double.
Représenter dans le plan complexe l'ensemble (Γ) des points A (d'affixe $a + \mathrm{i}b$) correspondants.

b) Préciser suivant la position du point A dans le plan la nature des racines de l'équation.

93 *a*) Démontrer que l'équation suivante, où z est l'inconnue et a un paramètre réel, n'admet pas de racines réelles.

$$2z^2 - 2(1 - \cos 2a)z + 1 - \cos 2a = 0,\ a \in \left]0\,;\frac{\pi}{2}\right[.$$

b) Déterminer alors les racines complexes de cette équation.

c) Calculer, en fonction de a, le module et l'argument de ces racines.

94 1° Résoudre dans $\mathbb{C}$, l'ensemble des nombres complexes, l'équation :

$$z^2 - 2z + 26 = 0$$

(on notera z_1 la solution dont la partie imaginaire est positive, et z_2 l'autre solution).

2° On considère maintenant le complexe

$$f(z) = \frac{\bar{z}}{2 - \mathrm{i}}.$$

a) On pose $z = x + \mathrm{i}\,y$ (où x et y désignent deux réels).
Calculer en fonction de x et y la partie réelle X et la partie imaginaire Y du complexe $f(z)$.

b) Résoudre l'équation $f(z) = \frac{1}{3}(13 - \mathrm{i})$.

3° On se place dans le plan complexe muni d'un repère orthonormal $(\mathrm{O}, \vec{u}, \vec{v})$ (unité graphique : 1 cm).

On considère le point A d'affixe z_1, le point B d'affixe z_2, et le point C d'affixe $5 + 3\mathrm{i}$.

a) Faire une figure.

b) Calculer les distances AB, BC, CA et en déduire que le triangle ABC est rectangle.

95 1° Soit θ un nombre réel.

a) On note u le nombre complexe $e^{\mathrm{i}\theta}$ et $\bar{u}$ son conjugué.

Calculer $u\bar{u}$, $u + \bar{u}$.

b) Déterminer sous forme trigonométrique les solutions complexes des équations suivantes :

$$z^2 - 2z\cos\theta + 1 = 0 \qquad (\mathrm{E}_1)$$

$$z^2 - 2z\sin\theta + 1 = 0 \qquad (\mathrm{E}_2).$$

2° Déterminer les solutions complexes de l'équation :

$$\left(z^2 - \sqrt{3}z + 1\right)\left(z^2 + z + 1\right) = 0$$

et placer leurs images dans le plan complexe.

Équations du troisième degré

96 Dans le plan complexe, on considère le point A de coordonnées $(-1\,;0)$.

1° Montrer que l'affixe z_A du point A est solution de l'équation

$$z^3 - 5z^2 + 19z + 25 = 0. \quad (\mathrm{E})$$

2° Résoudre dans $\mathbb{C}$ l'équation (E).

3° On appelle z_B et z_C les deux autres solutions de l'équation (E).

a) Construire les points B et C du plan d'affixes z_B et z_C.

b) Montrer que le triangle ABC est rectangle et isocèle.

97 Soit le polynôme de variable complexe

$$\mathrm{P}(z) = z^3 - \mathrm{i}\,z^2 + az - 3(2 + \mathrm{i}).$$

a) Déterminer le nombre complexe a pour que

$$\mathrm{P}(2 + \mathrm{i}) = 0.$$

b) Vérifier qu'alors :

$$\mathrm{P}(z) = (z - 2 - \mathrm{i})(z^2 + 2z + 3),$$

puis résoudre l'équation $\mathrm{P}(z) = 0$.

Soit le polynôme P défini dans $\mathbb{C}$ par

$$\mathrm{P}(z) = z^3 + (-2 - 3\mathrm{i})z^2 + 3(1 + 2\mathrm{i})z - 9\mathrm{i}.$$

a) Montrer que P admet une racine imaginaire pure (c'est-à-dire de la forme $\mathrm{i}x$ où x est réel).

b) Factoriser $\mathrm{P}(z)$.

c) En déduire les solutions de l'équation $\mathrm{P}(z) = 0$.

98 On considère l'application f de $\mathbb{C}$ dans $\mathbb{C}$ définie par :

$$f(z) = z^3 + 9\mathrm{i}z^2 + 2(6\mathrm{i} - 11)z - 3(4\mathrm{i} + 12).$$

a) Démontrer que l'équation $f(z) = 0$ admet une solution réelle z_1 et une solution imaginaire pure z_2.
Factoriser $f(z)$.

b) Résoudre dans $\mathbb{C}$ l'équation $f(z) = 0$.

c) Dans le plan complexe (P), on considère les points A, B, C d'affixes respectives z_1, z_2, z_3 (z_3 est la troisième solution de l'équation). Montrer que ces trois points sont alignés.

Équations du quatrième degré

99 On s'intéresse dans cet exercice aux solutions de l'équation :

$$z^4 - 16z^3 + 90z^2 - 16z + 89 = 0 \quad (E)$$

dans l'ensemble des nombres complexes .

1° *a*) Vérifier l'égalité :

$$z^4 - 16z^3 + 90z^2 - 16z + 89 = (z^2 + 1)(z^2 - 16z + 89).$$

b) Déterminer les quatre solutions de l'équation (E).

2° Le plan est rapporté à un repère orthonormal $(O, \vec{u}, \vec{v})$.
Soit A, B, C, et D les points dont les affixes sont dans l'ordre :

$$8 + 5i, i, -i \text{ et } 8 - 5i.$$

a) Représenter les points A, B, C, D.

b) Montrer que le quadrilatère ABCD admet un axe de symétrie.

c) Calculer les longueurs AC, BD et AD.

100 On donne le nombre complexe $z_1 = 2 - i$.

a) Calculer $z_2 = iz_1$; $z_3 = iz_2$; $z_4 = iz_3$.

b) Exprimer z_3 et z_4 à l'aide de z_1.

c) Calculer z_1^4.

2° On veut résoudre dans $\mathbb{C}$ l'équation :

$$z^4 + 7 + 24i = 0. \quad (E)$$

a) Montrer que l'équation (E) est équivalente à :

$$z^4 - z_1^4 = 0. \quad (E')$$

b) Vérifier que : $z^2 + z_1^2 = (z + iz_1)(z - iz_1)$.
Écrire $z^4 - z_1^4$ sous la forme d'un produit de 4 facteurs. En déduire les solutions de (E).

3° Représenter dans le plan complexe P rapporté à un repère orthonormal, les images des nombres complexes z_1, z_2, z_3, z_4.
Démontrer qu'elles constituent un carré.

101 1° Soit $P(z) = z^4 + 2z^3 + 3z^2 + 2z + 2, \quad z \in \mathbb{C}$.

a) Déterminer les nombres réels *a*, *b*, *c* tels que pour tout nombre complexe *z* :

$$P(z) = (z^2 + 1)(az^2 + bz + c).$$

b) Résoudre $P(z) = 0$ dans $\mathbb{C}$ et construire les images des solutions trouvées dans le plan complexe.

2° Soit la fonction définie sur $I = [-10 ; 10]$ par :

$$f(z) = \frac{x^5}{5} + \frac{x^4}{2} + x^3 + x^2 + 2x.$$

a) Étudier le sens de variation de la fonction *f*.

b) En déduire que 0 est la seule solution, dans l'intervalle I, de l'équation $f(x) = 0$. (Justifier.)

102 *a*) Résoudre dans $\mathbb{C}$ l'équation

$$(E) \quad 25z^2 - 14z + 25 = 0.$$

Quel est le module de chacune des solutions ?

b) On considère l'équation dans $\mathbb{C}$:

$$(E') \quad 25z^4 - 14z^2 + 25 = 0.$$

Si (E′) a des solutions, quel est leur module ?
Résoudre (E′).

c) Représenter dans le plan complexe les solutions de (E) et (E′).
Comment sont disposés les points obtenus ?

103 *a*) Résoudre dans l'ensemble $\mathbb{C}$ des nombres complexes l'équation :

$$8z^4 + 8z^3 - z - 1 = 0.$$

b) Résoudre dans $\mathbb{R}$ l'équation :

$$8\sin^3\theta - 2\sin\theta\sin 3\theta - \sin\theta - 3\cos 2\theta + 2 = 0.$$

Problèmes divers

104 Le plan complexe $\mathscr{P}$ est rapporté au repère orthonormal direct $(O, \vec{u}, \vec{v})$.
On désigne par A et B les points d'affixes respectives $-i$ et $2i$.

On note $\mathscr{P}^*$ l'ensemble des points de $\mathscr{P}$ distincts de A.

Soit *f* l'application de $\mathscr{P}^*$ dans $\mathscr{P}$ qui, à tout point M de $\mathscr{P}^*$ d'affixe *z*, associe le point $f(M)$ d'affixe Z telle que :

$$Z = i\left(\frac{z - 2i}{z + i}\right).$$

1° *a*) Soit M_1 le point d'affixe i, soit M_2 le point d'affixe $\frac{3}{2} + \frac{1}{2}i$.

Déterminer $f(M_1)$ et $f(M_2)$.

b) Déterminer le point M de $\mathscr{P}^*$ tel que $f(M) = N$, où N est le point d'affixe $2 - i$.

2° Déterminer et construire :

a) l'ensemble $\mathscr{E}$ des points M de $\mathscr{P}^*$ dont les images ont pour affixe un nombre imaginaire pur ;

b) l'ensemble $\mathscr{F}$ des points M de $\mathscr{P}^*$ dont les images ont pour affixe un nombre réel ;

c) l'ensemble $\mathscr{G}$ des points M de $\mathscr{P}^*$ dont les images appartiennent au cercle de centre O et de rayon 1.

105 Soit P le plan complexe rapporté au repère orthonormal $(O, \vec{u}, \vec{v})$. à chaque point m d'affixe z non nulle, on associe le point M d'affixe :

$$Z = \frac{1}{\bar{z}}.$$

1° Montrer que quel que soit le point m distinct de O, on a :

$$Om \times OM = 1.$$

2° Dans cette question, le point m appartient à la droite D d'équation :

$$y = -x + \frac{1}{2}.$$

a) Montrer que l'affixe z de m s'écrit alors :

$$z = x + \left(\frac{1}{2} - x\right)\mathrm{i},$$

où x est l'abscisse de m.

b) Montrer que lorsque m appartient à la droite D, l'affixe z de m vérifie l'égalité :

$$|\bar{z}(1+i) - 1| = \sqrt{2}\,|\bar{z}|$$

et donc aussi : $\left|\frac{1}{\bar{z}} - (1+\mathrm{i})\right| = \sqrt{2}.$

c) Déduire de la question précédente que lorsque le point m appartient à la droite D, le point M appartient à un cercle $\mathscr{C}$ dont on déterminera le centre et le rayon.

d) Tracer D et $\mathscr{C}$.

106 On définit l'application Φ de $\mathbb{C} - \{\mathrm{i}\}$ dans $\mathbb{C}$ par :

$$\Phi(z) = \frac{\mathrm{i}\bar{z} - 1}{z - \mathrm{i}},$$

où $\bar{z}$ désigne le conjugué de z.

On désigne par A le point d'affixe i.

1° *a*) Écrire sous forme algébrique puis sous forme trigonométrique le nombre complexe $\Phi(\sqrt{3} + 2\mathrm{i})$.

b) Résoudre dans $\mathbb{C} - \{\mathrm{i}\}$ l'équation

$$\Phi(z) = 1 + \mathrm{i}.$$

2° Déterminer l'ensemble F des points M d'affixe z tel que $\Phi(z)$ soit réel.

107 Déterminer les nombres complexes non nuls z tels que z, $\frac{1}{z}$ et $z - \frac{1}{\bar{z}}$ aient le même module.

108 Pour deux complexes quelconques z et z' démontrer l'identité :

$$|z + z'|^2 + |z - z'|^2 = 2|z|^2 + 2|z'|^2.$$

Donner une interprétation géométrique.

109 *a*) Montrer analytiquement que l'ensemble D des points M du plan dont l'affixe z vérifie

$$|z - 1 - 2\mathrm{i}| = |z - 7 + 2\mathrm{i}|$$

est une droite dont on donnera une équation.

b) Retrouver sans calcul que l'ensemble D est une droite en utilisant le point A d'affixe $z_A = 1 + 2\mathrm{i}$ et le point B d'affixe $z_B = 7 - 2\mathrm{i}$.

110 *a*) Quel est, dans le plan, l'ensemble des images M de tous les nombres complexes z tels que $z + \frac{4}{z}$ soit réel ?

b) Résoudre dans l'ensemble $\mathbb{C}$ des nombres complexes les équations suivantes :

$$z + \frac{4}{z} = 5\,; \quad z + \frac{4}{z} = 2.$$

et vérifier que les images de leurs solutions appartiennent bien à l'ensemble trouvé.

111 M est le point d'affixe $z = x + \mathrm{i}y$.

À tout $z \neq -1$ on associe $Z = \frac{\mathrm{i}z^2}{z+1}$.

Déterminer et représenter graphiquement l'ensemble des points M tels que Z soit un imaginaire pur.

112 On considère les nombres complexes :

$$j = -\frac{1}{2} + \mathrm{i}\frac{\sqrt{3}}{2} \quad \text{et} \quad u = 1 + j.$$

a) Établir les deux égalités suivantes :

$$1 + j + j^2 = 0 \quad \text{et} \quad j^3 = 1.$$

b) Démontrer que, pour tout entier naturel n,

$$u^{2n+1} = -j^{n+2}.$$

On peut, par exemple, procéder par récurrence.

c) Pour tout entier naturel n, exprimer u^{2n} en fonction de n et j.

d) Application : calculer u^{24} et u^{31} (donner ces nombres sous la forme $x + \mathrm{i}\,y$ avec x et y réels).

113 Soit α un nombre réel appartenant à $\left]-\frac{\pi}{2}\,;\frac{\pi}{2}\right[$.

On considère l'équation d'inconnue complexe z :

(E) $(1 + \mathrm{i}z)^3\,(1 - \mathrm{i}\tan\alpha) = (1 - \mathrm{i}z)^3\,(1 + \mathrm{i}\tan\alpha)$.

1° Soit z une solution de (E).

a) Montrer que $|1 + \mathrm{i}z| = |1 - \mathrm{i}z|$.

b) En déduire que z est réel.

2° *a*) Exprimer $\frac{1 + \mathrm{i}\tan\alpha}{1 - \mathrm{i}\tan\alpha}$ en fonction de $e^{\mathrm{i}\alpha}$.

b) Soit z un nombre réel ; on pose $z = \tan \varphi$ où $-\frac{\pi}{2} < \varphi < \frac{\pi}{2}$.
Écrire l'équation portant sur φ traduisant (E) et la résoudre.

c) Déterminer les solutions z_1, z_2, z_3 de (E).

114 Le but de l'exercice est le calcul de $\cos\frac{\pi}{5}$.

1° Au nombre complexe z on associe le nombre complexe

$$Z = 1 + z + z^2 + z^3 + z^4.$$

a) Vérifier que si $z \neq 1$ alors $Z = \frac{1-z^5}{1-z}$.

b) On pose $z = e^{2\pi i/5}$; calculer Z. En déduire la valeur de

$$S = 1 + \cos\frac{2\pi}{5} + \cos\frac{4\pi}{5} + \cos\frac{6\pi}{5} + \cos\frac{8\pi}{5}.$$

2° Montrer que

$$\cos\frac{2\pi}{5} + \cos\frac{8\pi}{5} = 4\cos^2\left(\frac{\pi}{5}\right) - 2$$

$$\cos\frac{4\pi}{5} + \cos\frac{6\pi}{5} = -2\cos\frac{\pi}{5}.$$

Utiliser ces égalités et la valeur trouvée pour S au 1° *b*) et pour calculer $\cos\frac{\pi}{5}$.

115 *a*) Résoudre dans $\mathbb{R}$ l'équation $\cos 3x = \frac{1}{2}$ (1).

b) Vérifier que lorsque x décrit l'ensemble des solutions de (1), $\cos x$ ne prend que trois valeurs distinctes que l'on précisera.

c) Exprimer, pour tout réel x, $\cos 3x$ en fonction de $\cos x$.

d) Déduire de ce qui précède les racines du polynôme

$$X^3 - \frac{3}{4}X - \frac{1}{8}$$

et le factoriser.
Donner la valeur exacte des réels

$$A = \cos\frac{\pi}{9} + \cos\frac{7\pi}{9} + \cos\frac{13\pi}{9}$$

$$B = \cos\frac{\pi}{9}\cos\frac{7\pi}{9} + \cos\frac{13\pi}{9}\cos\frac{\pi}{9} + \cos\frac{7\pi}{9}\cos\frac{13\pi}{9}$$

$$C = \cos\frac{\pi}{9}\cos\frac{7\pi}{9}\cos\frac{13\pi}{9}.$$

116 On considère l'application f de $\mathbb{C}$ dans $\mathbb{C}$ définie par :

$$f(z) = \frac{2z}{1+z\bar{z}}.$$

On désigne par F l'application du plan complexe qui au point M d'affixe z associe le point M′ d'affixe $f(z)$.

1° Soit g la restriction de f à l'ensemble des nombres réels $\mathbb{R}$.

a) Montrer que, pour $x \geqslant 0$, on a $g(x) \in [0, 1]$.

b) Montrer que, pour $x > 0$, on a $g(x) = g\left(\frac{1}{x}\right)$.

c) Soit b un réel de l'intervalle [0, 1]. Déterminer le nombre d'antécédents de b par g.

2° *a*) Calculer $f(-1+i)$ et $f\left(\frac{-1+i}{2}\right)$.

Placer les points correspondants dans le plan complexe.

b) Déterminer et construire l'ensemble E des points invariants par F.

3° *a*) Soit $z = x + iy$, $(x, y) \in \mathbb{R}^2$. Écrire $f(z)$ sous forme algébrique.

b) Déterminer et construire l'ensemble E′ des points M dont l'image M′ a pour abscisse $\frac{1}{3}$.

c) Déterminer et construire l'ensemble E″ des points M dont l'image M′ a pour ordonnée $\frac{2}{3}$.

d) Déterminer les antécédents éventuels du point d'affixe $\frac{1+2i}{3}$.

4° *a*) Soit z un nombre complexe de module r et d'argument θ. Calculer en fonction de r et de θ le module et l'argument de $f(z)$.

b) Montrer que pour tout point du plan, on a

$$OM' \leqslant 1.$$

5° Soit N un point du plan d'affixe z'.

a) Montrer que si $|z'| > 1$ alors N n'a pas d'antécédent par F.

b) Montrer que si $|z'| = 1$ ou si $z' = 0$ alors N a un unique antécédent par F.

c) Montrer que si $0 < |z'| < 1$ alors N a deux antécédents par F. Que sait-on de la disposition de ces deux points ?

2

UTILISATION DES NOMBRES COMPLEXES

CONTENU

- Translation, rotation et angle de vecteurs
- Racines $n^{\text{ièmes}}$ de l'unité
- Équation du type $a\cos x + b\sin x = c$

Activités

ACTIVITÉ 1 Module et argument de 1 + z et 1 – z, pour $|z| = 1$

On considère un nombre complexe $z = \cos\theta + \mathrm{i}\sin\theta$ ($\theta \in\ ]0\ ;\ \pi[$).

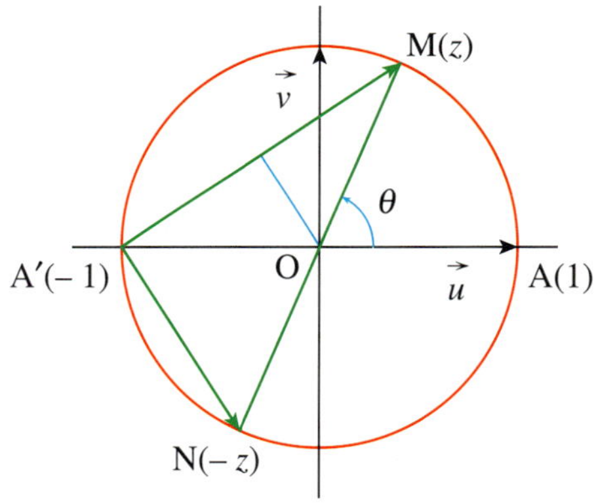

1° *Déterminer par des considérations géométriques le module et l'argument de* 1 + z *et* de 1 – z *en fonction de* $\dfrac{\theta}{2}$.

Indication : on pourra utiliser l'affixe des vecteurs $\overrightarrow{A'M}$ et $\overrightarrow{A'N}$.

2° *Retrouver les résultats du* 1° *par le calcul.*

Indication : on pourra utiliser les formules $\cos 2\theta = \ldots$ et $\sin 2\theta = \ldots$

ACTIVITÉ 2 Transformations

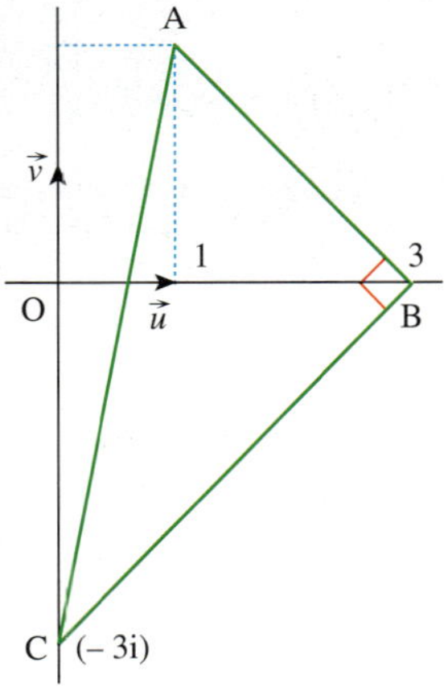

Sur la figure ci-contre les points A, B et C ont pour affixes respectives $1 + 2i$; 3 ; $-3i$.

1° *Montrer que le triangle* ABC *est rectangle en* B.

2° On considère l'application f_1 de $\mathbb{C}$ dans $\mathbb{C}$ définie par $f_1(z) = z + i$.
Déterminer les images par f_1 *de* z_A, z_B *et* z_C. *Placer les points* A_1, B_1, C_1 *dont les affixes respectives sont* $f_1(z_A)$, $f_1(z_B)$ *et* $f_1(z_C)$.
Quelle est la transformation géométrique que l'on peut associer à f_1 *?*
Justifier la réponse.

3° *Même énoncé que le* 2° *avec* $f_2(z) = iz$. *On note* A_2, B_2, C_2 *les images respectives des complexes* $f_2(z_A)$, $f_2(z_B)$ *et* $f_2(z_C)$.

4° *Même énoncé que le* 2° *avec* $f_3(z) = \left(\frac{\sqrt{2}}{2} + i\frac{\sqrt{2}}{2}\right)z$.

ACTIVITÉ 3 Les racines cinquièmes de 1

Le plan est muni d'un repère orthonormal direct $(O, \vec{u}, \vec{v})$.

On donne $\alpha = \cos\frac{2\pi}{5} + i\sin\frac{2\pi}{5}$.

1° *Calculer* α^2, α^3, α^4 et α^5.

On désigne par A, B, C, D et E respectivement les points d'affixes 1, α, α^2, α^3 et α^4.
Que peut-on dire du pentagone ABCDE *?*

2° *Montrer que* 1, α, α^2, α^3 et α^4 *sont les racines de* $z^5 = 1$ (on dit que ce sont des racines cinquièmes de 1).
Factoriser dans $\mathbb{C}$ *puis dans* $\mathbb{R}$ *le polynôme* $z^5 - 1$.

3° *Exprimer en fonction de* 1, α, α^2, α^3 *ou* α^4, *les puissances de* α *suivantes :* α^6, α^7, α^{10}, α^{54}, α^{743}, α^{-1}, α^{-2}, α^{-4}, α^{-5}, α^{-18}, α^{-31}.

4° *Calculer* $1 + \alpha + \alpha^2 + \alpha^3 + \alpha^4$ *et*
$\overrightarrow{OA} + \overrightarrow{OB} + \overrightarrow{OC} + \overrightarrow{OD} + \overrightarrow{OE}$.

5° *Calculer le module et l'argument du complexe* $4 + 4i$ *et le mettre sous forme trigonométrique.*

On se propose de résoudre l'équation

$$z^5 = 4 + 4i \quad (1).$$

Quelles relations doivent vérifier le module et l'argument de z *pour être solution de* (1) ? *Déterminer une solution* z_0 *de cette équation. Montrer que* $z_0\alpha$, $z_0\alpha^2$, $z_0\alpha^3$, $z_0\alpha^4$ *sont aussi solutions de* (1).

Quelle est la figure formée par les points d'affixe z_0, $z_0\alpha$, $z_0\alpha^2$, $z_0\alpha^3$ *et* $z_0\alpha^4$?

UTILISATION DES NOMBRES COMPLEXES

INFORMATION

Le plan est muni d'un repère orthonormal direct $(\mathrm{O}, \vec{u}, \vec{v})$.

1. TRANSLATION

Soit M et M′ deux points d'affixes respectives z et z' et $\vec{\mathrm{T}}$ un vecteur d'affixe t.
M′ est l'image de M par la translation de vecteur $\vec{\mathrm{T}}$ si et seulement si $\overrightarrow{\mathrm{MM}'} = \vec{\mathrm{T}}$, c'est-à-dire si et seulement si $z' - z = t$, ou encore $z' = z + t$.

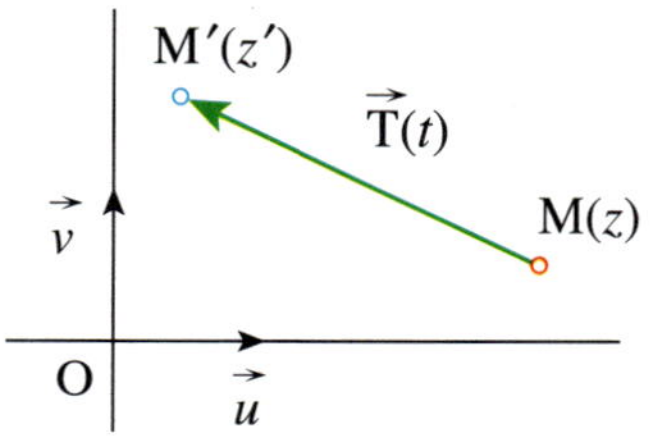

$$\overrightarrow{\mathrm{MM}'} = \vec{\mathrm{T}} \Leftrightarrow z' = z + t$$

Soit $\vec{\mathrm{T}}$ un vecteur d'affixe t.
L'image d'un point M d'affixe z par la translation de vecteur $\vec{\mathrm{T}}$ est le point M′ d'affixe $z + t$.

L'application $f : \mathbb{C} \to \mathbb{C}$
$z \mapsto z + t$
est dite *associée à la translation de vecteur* $\vec{\mathrm{T}}$.

2. ANGLE DE VECTEURS

Soit A, B et C trois points d'affixes respectives a, b et c.

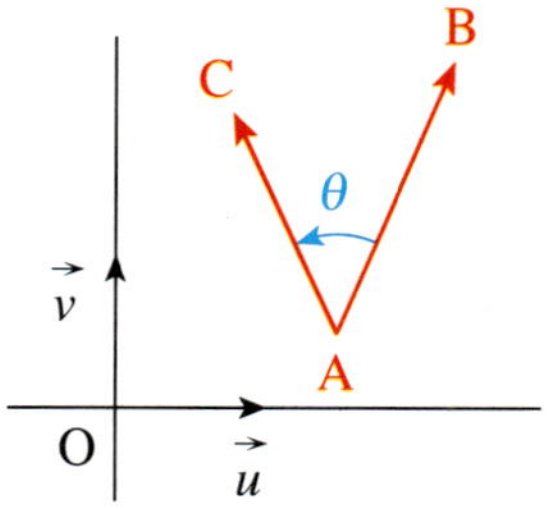

Si $b \neq a$ et $c \neq a$, alors

$$\arg \frac{c-a}{b-a} = \arg(c-a) - \arg(b-a).$$

$\arg(c-a) = (\widehat{\vec{u}, \overrightarrow{\mathrm{AC}}})$

$\arg(b-a) = (\widehat{\vec{u}, \overrightarrow{\mathrm{AB}}})$.

On obtient $\arg \dfrac{c-a}{b-a} = (\overrightarrow{u}, \overrightarrow{AC}) - (\overrightarrow{u}, \overrightarrow{AB}) = (\overrightarrow{AB}, \overrightarrow{AC}) = \theta$.

Soit trois points A, B et C tels que B ≠ A et C ≠ A.

$$(\overrightarrow{AB}, \overrightarrow{AC}) = \arg \frac{c-a}{b-a}.$$

Exercice résolu 1

Déterminer l'ensemble $\mathscr{E}$ des points M d'affixe z tels que

$$\arg \frac{i-z}{1-z} = 0 + k\pi,\ k \in \mathbb{Z}.$$

Soit A et B d'affixes respectives i et 1.

Pour $z \neq i$ et $z \neq 1$ on a $\arg \dfrac{i-z}{1-z} = (\overrightarrow{MB}, \overrightarrow{MA})$.

On a donc $M \in \mathscr{E} \iff (\overrightarrow{MB}, \overrightarrow{MA}) = 0 + k\pi,\ k \in \mathbb{Z}$ avec M ≠ A et M ≠ B.

L'ensemble $\mathscr{E}$ est donc la droite (AB) privée de A et B.

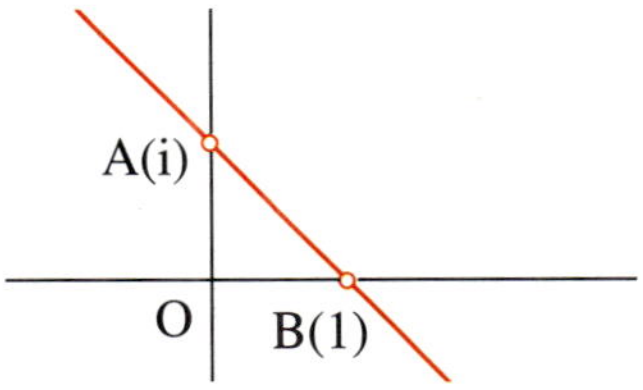

Exercice résolu 2

Déterminer l'ensemble $\mathscr{C}$ des points M d'affixe z tels que

$$\arg \frac{z-1-i}{z-5-4i} = \frac{\pi}{2} + k\pi,\ k \in \mathbb{Z}.$$

Soit A et B d'affixes respectives $1 + i$ et $5 + 4i$.

Pour $z \neq 1 + i$ et $z \neq 5 + 4i$ on a $\arg \dfrac{z-1-i}{z-(5+4i)} = (\overrightarrow{MB}, \overrightarrow{MA})$.

Pour M ≠ A et M ≠ B, $M \in \mathscr{C} \iff (\overrightarrow{MB}, \overrightarrow{MA}) = \dfrac{\pi}{2} + k\pi,\ k \in \mathbb{Z}$.

On en déduit que $\mathscr{C}$ est le cercle de diamètre [AB] privé de A et de B.

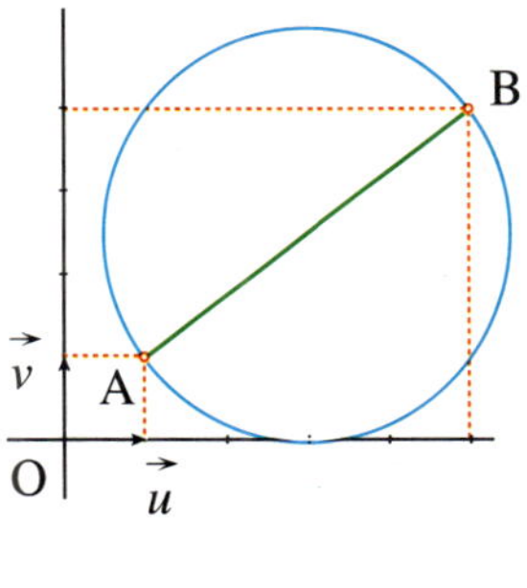

3. ROTATION

Considérons la rotation r de centre A et d'angle θ. Soit un point M différent de A, et M′ son image par r. Alors

$$\begin{cases} \bullet\ AM' = AM & (1) \\ \bullet\ (\overrightarrow{AM}, \overrightarrow{AM'}) = \theta + 2k\pi & (2). \end{cases}$$

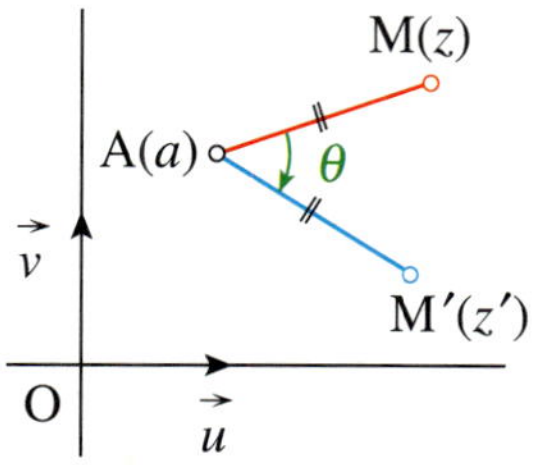

Désignons par a, z et z' les affixes respectives de A, M et M′.

L'affixe de $\overrightarrow{AM}$ est $z - a$, celle de $\overrightarrow{AM'}$ est $z' - a$. Les relations (1) et (2) ci-dessus se traduisent par :

M ≠ A donc $z \neq a$ et $z' \neq a$.

$$\begin{cases} \bullet\ |z' - a| = |z - a|, \text{ et donc } \left|\dfrac{z' - a}{z - a}\right| = 1 \\ \bullet\ \arg\left(\dfrac{z' - a}{z - a}\right) = \theta + 2k\pi. \end{cases}$$

Le complexe $\dfrac{z' - a}{z - a}$ a pour module 1 et pour argument $\theta + 2k\pi$. Donc :

$$\frac{z' - a}{z - a} = \cos\theta + \mathrm{i}\sin\theta \text{ c'est-à-dire } z' - a = (\cos\theta + \mathrm{i}\sin\theta)(z - a).$$

Si M = A alors A est invariant.

> ***Propriété***
> **Soit un réel θ et soit un point A d'affixe a.**
> **L'image d'un point M d'affixe z par la rotation de centre A et d'angle θ est le point M′ d'affixe z' telle que :**
> $$z' - a = (\cos\theta + \mathrm{i}\sin\theta)(z - a).$$

L'application $f : \mathbb{C} \to \mathbb{C}$, $z \mapsto z'$
est dite *associée à la rotation de centre* A *et d'angle* θ.

Cas particuliers :

- L'application $f : \mathbb{C} \to \mathbb{C}$, $z \mapsto z' = (\cos\theta + \mathrm{i}\sin\theta)z$
est associée à la rotation de centre O et d'angle θ.

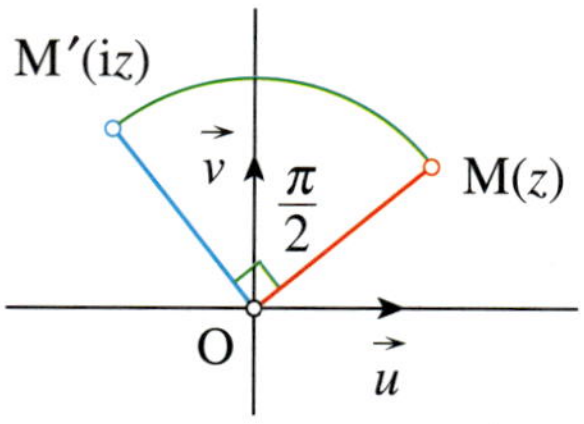

- Le complexe i a pour argument $\dfrac{\pi}{2} + 2k\pi$. Donc :

l'application $f : \mathbb{C} \to \mathbb{C}$, $z \mapsto \mathrm{i}z$
est l'application associée à la rotation de centre O et d'angle $\dfrac{\pi}{2}$.

Cette rotation est le **quart de tour direct**.

Exercice résolu

Les points A et B ont pour affixes respectives 2 + i et 3 – 2i. Déterminer l'affixe d'un point C tel que le triangle ABC soit équilatéral.

ABC est équilatéral si et seulement si C est l'image de B par la rotation de centre A et d'angle $\frac{\pi}{3}\left(\text{ou} -\frac{\pi}{3}\right)$.

On note a, b et c les affixes respectives des points A, B et C.
L'application f de $\mathbb{C}$ dans $\mathbb{C}$ associée à la rotation de centre A et d'angle $\frac{\pi}{3}$ est définie par $f(z) = z'$

$$\text{avec} \begin{cases} z' - a = \left(\cos\frac{\pi}{3} + \text{i}\sin\frac{\pi}{3}\right)(z-a) \\ a = 2 + \text{i}. \end{cases}$$

Par conséquent : $z' - a = \left(\frac{1}{2} + \text{i}\,\frac{\sqrt{3}}{2}\right)(z-a)$.

On a donc :

$$c = \left(\frac{1}{2} + \text{i}\,\frac{\sqrt{3}}{2}\right)(b-a) + a.$$

Tous calculs faits, on trouve

$$c = \frac{5+3\sqrt{3}}{2} + \frac{\sqrt{3}-1}{2}\text{i}.$$

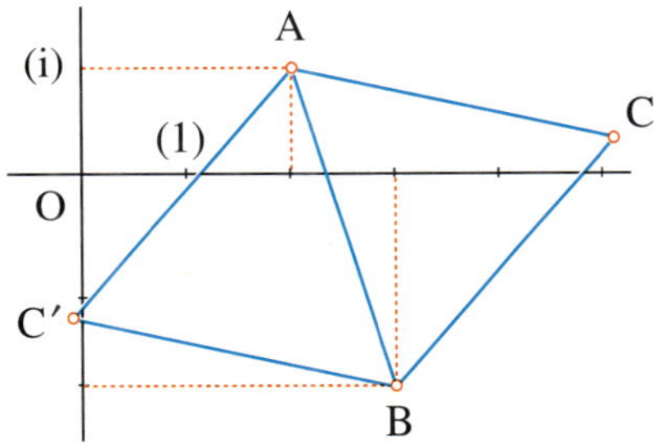

En procédant de la même façon avec la rotation de centre A et d'angle $-\frac{\pi}{3}$, on trouve une deuxième solution

$$c' = \frac{5-3\sqrt{3}}{2} - \frac{\sqrt{3}+1}{2}\text{i}.$$

4. RACINES $n^{\text{ièmes}}$ D'UN NOMBRE COMPLEXE

a Racines $n^{\text{ièmes}}$ de l'unité

Définition

On appelle racine $n^{\text{ième}}$ de l'unité toute solution dans $\mathbb{C}$ de l'équation $z^n = 1$ ($n \in \mathbb{N}^*$).

EXEMPLE
1, i, – 1 et – i sont les racines quatrièmes de l'unité.

Résolution de l'équation $z^n = 1$ (1).

Soit z_0 une solution de l'équation (1).

- On a $|z_0| = 1$.
- $z_0{}^n = 1 \Rightarrow \arg(z_0{}^n) = \arg 1 \Rightarrow \arg(z_0{}^n) = 2k\pi,\ k \in \mathbb{Z}$.

D'où, si $z_0{}^n = 1$, alors $n \arg z_0 = 2k\pi$, $k \in \mathbb{Z}$, c'est-à-dire $\arg z_0 = \dfrac{2k\pi}{n}$, $k \in \mathbb{Z}$.

Donc si z_0 est solution de (1), on a d'une part $|z_0| = 1$, et d'autre part $\arg z_0 = \dfrac{2k\pi}{n}$, $k \in \mathbb{Z}$.

Réciproquement, soit z un complexe tel que $|z| = 1$ et $\arg z = \dfrac{2k\pi}{n}$, $k \in \mathbb{Z}$.

On a alors $z = \cos\dfrac{2k\pi}{n} + \mathrm{i}\sin\dfrac{2k\pi}{n}$, c'est-à-dire

$z^n = \cos 2k\pi + \mathrm{i}\sin 2k\pi$ (d'après la formule de Moivre).

On obtient bien $z^n = 1$.

L'équation (1) admet donc n solutions distinctes obtenues pour $k = 0, 1, 2, \ldots, n-1$.

> ***Théorème***
> **L'équation $z^n = 1$ admet exactement n racines appelées racines $n^{\text{ièmes}}$ de l'unité.**
> **Ces racines s'écrivent**
>
> $$z_p = \cos\frac{p2\pi}{n} + \mathrm{i}\sin\frac{p2\pi}{n} \text{ avec } p \in \{0\,;1\,;2 \ldots n-1\}.$$

CONSÉQUENCES

Représentation des racines de l'équation $z^6 = 1$.

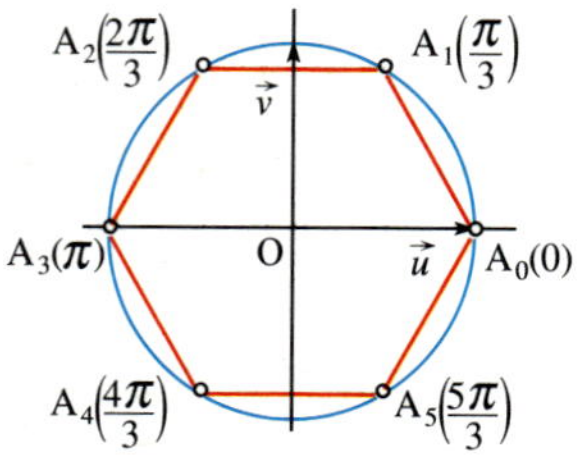

1° $z_0 = 1$ est une solution de $z^n = 1$.

2° $z_0, z_1, \ldots, z_{n-1}$ sont les affixes des points $M_0, M_1, \ldots, M_{n-1}$ du cercle trigonométrique, et $M_0 M_1 M_2 \ldots M_{n-1}$ est un polygone régulier convexe à n côtés.

3° $z_1 = \cos\dfrac{2\pi}{n} + \mathrm{i}\sin\dfrac{2\pi}{n}$, donc $z_1^p = \cos\dfrac{p2\pi}{n} + \mathrm{i}\sin\dfrac{p2\pi}{n}$.

On a donc $\boxed{z_1^p = z_p.}$

4° $z_0 + z_1 + \ldots + z_{n-1} = z_1^0 + z_1^1 + z_1^2 + \ldots + z_1^{n-1} = \dfrac{1 - z_1^n}{1 - z_1} = 0$, car $z_1^n = 1$.

La somme des n racines $n^{\text{ièmes}}$ de l'unité est nulle.

b Racines $n^{\text{ièmes}}$ d'un complexe non nul Z_0

Soit $Z_0 = \rho(\cos \alpha + i \sin \alpha)$, $Z_0 \neq 0$.

$\sqrt[n]{\rho}$ a un sens car $\rho = |Z_0|$.

De la même manière qu'au ***a***) on montre que l'équation $z^n = Z_0$ admet dans $\mathbb{C}$ n racines z_p, $p \in \{0, 1, \dots, n-1\}$ définies par :

$$z_p = \sqrt[n]{\rho}\left[\cos\left(\frac{\alpha}{n} + \frac{p2\pi}{n}\right) + i \sin\left(\frac{\alpha}{n} + \frac{p2\pi}{n}\right)\right].$$

Si on connait une racine particulière z_0 de $z^n = Z_0$, alors $z^n = z_0^n$ ou encore $\left(\frac{z}{z_0}\right)^n = 1$. C'est-à-dire que $\frac{z}{z_0}$ est une racine $n^{\text{ième}}$ de l'unité.

Théorème

Les racines $n^{\text{ièmes}}$ de l'équation $z^n = Z_0$ ($Z_0 \neq 0$) sont obtenues en multipliant une racine particulière de cette équation par les racines $n^{\text{ièmes}}$ de l'unité.

Exercice résolu

a) **Calculer $(1 + 2i)^4$.**

b) **Résoudre dans $\mathbb{C}$ l'équation $z^4 = -7 - 24i$ (1).**

a) $(1 + 2i)^4 = -7 - 24i$.

b) $z^4 = -7 - 24i \Leftrightarrow z^4 = (1 + 2i)^4 \Leftrightarrow \left(\frac{z}{1+2i}\right)^4 = 1$.

$(1 + 2i)$ est une solution particulière de l'équation (1).
Les racines quatrièmes de l'unité sont 1, i, –1 et – i.
On en déduit que les solutions de (1) sont :

$z_0 = 1 + 2i$, $z_1 = (1 + 2i) \times i = -2 + i$,
$z_2 = (1 + 2i) \times (-1) = -1 - 2i$, $z_3 = (1 + 2i) \times (-i) = 2 - i$.

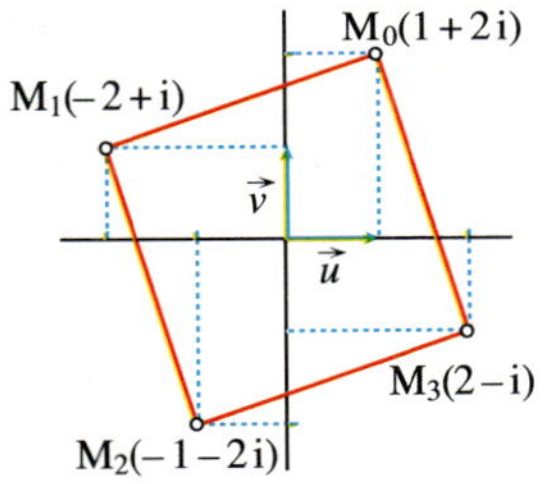

$M_0M_1M_2M_3$ est un carré.

5. RÉSOLUTION DE L'ÉQUATION $a \cos x + b \sin x = c$

Soit à résoudre dans $\mathbb{R}$ l'équation (1) :
$a \cos x + b \sin x = c$, avec $a \neq 0$ et $b \neq 0$,

$$(1) \Leftrightarrow \frac{a}{\sqrt{a^2+b^2}}\cos x + \frac{b}{\sqrt{a^2+b^2}}\sin x = \frac{c}{\sqrt{a^2+b^2}}.$$

Posons $z = \frac{a}{\sqrt{a^2+b^2}} + i\frac{b}{\sqrt{a^2+b^2}}$.

On a $|z|^2 = \frac{a^2}{a^2+b^2} + \frac{b^2}{a^2+b^2} = 1$.

Il existe donc un réel θ tel que $\begin{cases} \cos\theta = \dfrac{a}{\sqrt{a^2+b^2}} \\ \sin\theta = \dfrac{b}{\sqrt{a^2+b^2}}. \end{cases}$

L'équation (1) est donc équivalente à $\cos\theta\cos x + \sin\theta\sin x = \dfrac{c}{\sqrt{a^2+b^2}}$.

D'où (1) $\Leftrightarrow$ $\cos(x-\theta) = \dfrac{c}{\sqrt{a^2+b^2}}$.

Si $\dfrac{c}{\sqrt{a^2+b^2}} > 1$, ou si $\dfrac{c}{\sqrt{a^2+b^2}} < -1$, alors (1) n'a pas de solution.

Si $\dfrac{c}{\sqrt{a^2+b^2}} = 1$, alors (1) a pour solutions $x = \theta + 2k\pi,\ k \in \mathbb{Z}$.

Si $\dfrac{c}{\sqrt{a^2+b^2}} = -1$, alors (1) a pour solutions $x = \theta + \pi + 2k\pi,\ k \in \mathbb{Z}$.

Si $-1 < \dfrac{c}{\sqrt{a^2+b^2}} < 1$, alors $\cos(x-\theta) = \cos\varphi$ avec $\cos\varphi = \dfrac{c}{\sqrt{a^2+b^2}}$.

L'équation (1) a pour solutions $\begin{cases} \varphi + \theta + 2k\pi,\ k \in \mathbb{Z} \\ -\varphi + \theta + 2k\pi,\ k \in \mathbb{Z}. \end{cases}$

Exercice résolu

Résoudre l'équation (1) : $\sqrt{3}\cos x - \sin x = \sqrt{2}$.

Le complexe $\sqrt{3} - \mathrm{i}$ a pour module 2 et pour argument $-\dfrac{\pi}{6} + 2k\pi$.

On a donc $\sqrt{3} = 2 \times \cos\left(-\dfrac{\pi}{6}\right)$ et $-1 = 2\sin\left(-\dfrac{\pi}{6}\right)$.

L'équation (1) équivaut à : $2\cos\left(-\dfrac{\pi}{6}\right)\cos x + 2\sin\left(-\dfrac{\pi}{6}\right)\sin x = \sqrt{2}$.

Soit : $2\cos\left(x - \left(-\dfrac{\pi}{6}\right)\right) = \sqrt{2}$.

C'est-à-dire : $\cos\left(x + \dfrac{\pi}{6}\right) = \dfrac{\sqrt{2}}{2}$. Or $\dfrac{\sqrt{2}}{2} = \cos\dfrac{\pi}{4}$.

On obtient alors les solutions en écrivant :

$$x + \frac{\pi}{6} = \frac{\pi}{4} + 2k\pi \quad \text{ou} \quad x + \frac{\pi}{6} = -\frac{\pi}{4} + 2k\pi, \text{ avec } k \in \mathbb{Z}.$$

Soit : $x = \dfrac{\pi}{12} + 2k\pi$ ou $x = \dfrac{-5\pi}{12} + 2k\pi$, avec $k \in \mathbb{Z}$.

UTILISATION DES NOMBRES COMPLEXES

EXERCICES ET PROBLÈMES

POUR SAVOIR FAIRE ***Objectifs à atteindre***	**Exercices appropriés**
Utiliser les nombres complexes dans des problèmes de translation et de rotation	1 et 2 9 à 14
Calculer l'angle de deux vecteurs dont on connaît les affixes	3 à 8
Calculer les racines $n^{\text{ièmes}}$ d'un nombre complexe	15 à 29
Résoudre une équation du type $a\cos x + b\sin x = c$	30 à 34

POUR CHERCHER ***Sujets abordés***	**Exercices appropriés**
Trigonométrie	35 à 42 52 et 53
Module et argument	43 à 45
Racines $n^{\text{ièmes}}$ d'un complexe	46 à 51
Ensemble de points	54 à 59
Angles	60 à 63
Rectangle	64
Triangle équilatéral	65 et 68
Points cocycliques	66 et 67
Problèmes divers	69 à 81

POUR SAVOIR FAIRE

On suppose le plan orienté et éventuellement rapporté à un repère orthonormal direct.

Nombres complexes et géométrie

1 *a*) Quelle est la transformation géométrique F correspondant à l'application $f : \mathbb{C} \to \mathbb{C}$ telle que $f(z) = z + 3 + 4\text{i}$?

b) Quelle est l'image par F de la droite D d'équation $y = -x$?

c) Quelle est l'image par F du cercle trigonométrique ?

2 Le plan est muni d'un repère orthonormal direct $(O, \vec{i}, \vec{j})$. Quelle est l'application f de $\mathbb{C}$ dans $\mathbb{C}$ associée à la translation de vecteur $\vec{V} = 2\vec{i} - \vec{j}$?

3 Les vecteurs $\vec{u}$ et $\vec{v}$ ont pour affixes respectives

$$u = \cos\frac{\pi}{5} + \text{i}\sin\frac{\pi}{5} \text{ et } v = 3\left(\cos\frac{\pi}{4} + \text{i}\sin\frac{\pi}{4}\right).$$

Déterminer une mesure de l'angle $(\widehat{\vec{u}, \vec{v}})$.

4 Même énoncé que l'exercice **3** avec

$$u = \sqrt{3} - 2\text{i} \text{ et } v = \sqrt{3} + 5\text{i}.$$

5 Les points A et B ont pour affixes respectives $a = 2 - \text{i}$ et $b = 1 - 3\text{i}$.
Calculer une mesure de l'angle $(\widehat{\overrightarrow{OA}, \overrightarrow{OB}})$.

6 Les points A, B et C ont pour affixes respectives

$$a = \frac{5}{2}\mathrm{i}\,; \quad b = -2 \quad \text{et} \quad c = 2 + 3\mathrm{i}.$$

Donner une valeur approchée de la mesure principale, en degrés, des angles :

$$(\overrightarrow{AB}, \overrightarrow{AC}),\ (\overrightarrow{BC}, \overrightarrow{BA}) \text{ et } (\overrightarrow{CA}, \overrightarrow{CB}).$$

7 Soit trois points distincts A, B, C dont les affixes respectives a, b, c vérifient $b - a = 2\,\mathrm{i}\,(c - a)$.
Quel renseignement peut-on en tirer sur le triangle ABC ?

8 Même énoncé que l'exercice **7** avec

$$b - a = \frac{1}{\sqrt{2}}(1 + \mathrm{i})(c - a).$$

9 *a*) Quelle est la transformation géométrique F correspondant à l'application :

$$f : \mathbb{C} \to \mathbb{C}$$
$$z \mapsto \frac{\sqrt{2}}{2}(1 + \mathrm{i})z\ ?$$

b) Quelle est l'image par F de l'axe des abscisses ?

c) Quelle est l'image par F du cercle trigonométrique ?

10 Quelle est l'application f de $\mathbb{C}$ dans $\mathbb{C}$ associée à la rotation de centre O et d'angle $-\dfrac{3\pi}{4}$?

11 Quelle est l'application f de $\mathbb{C}$ dans $\mathbb{C}$ associée à la rotation de centre I (2 + i) et d'angle $-\dfrac{\pi}{3}$?

12 *a*) Quelle est la transformation géométrique F correspondant à l'application f de $\mathbb{C}$ dans $\mathbb{C}$ définie par $f(z) = z'$, avec :

$$z' - 3\mathrm{i} = \frac{-1 + \mathrm{i}\sqrt{3}}{2}(z - 3\mathrm{i}).$$

b) Quelle est l'image par F de l'axe des ordonnées ?

13 Quelle est l'application de $\mathbb{C}$ dans $\mathbb{C}$ associée à la rotation dont l'angle est $-\dfrac{\pi}{6}$, et dont le centre est le point A d'affixe 3 – 2i ?

14 On donne deux points A et B d'affixes respectives

$$z_A = 4 + 2\mathrm{i} \quad \text{et} \quad z_B = \sqrt{2} - \mathrm{i}.$$

Calculer les affixes des points C et D tels que ABCD soit un carré, avec

$$(\overrightarrow{AB}, \overrightarrow{AD}) = \frac{\pi}{2} + 2k\pi \quad (k \in \mathbb{Z}).$$

Racines $n^{\text{ièmes}}$ d'un complexe

15 Démontrer que les racines cubiques de 1 sont 1, j et j^2 avec $j = -\dfrac{1}{2} + \mathrm{i}\dfrac{\sqrt{3}}{2}$.

16 Avec les notations de l'exercice **15** développer et réduire l'expression

$$(a + b + c)(a + bj + cj^2)(a + bj^2 + cj).$$

Conseil

La recherche des n racines $n^{\text{ièmes}}$ d'un complexe non nul donné s'effectue souvent de la façon suivante :
— trouver l'une des racines par un procédé quelconque ;
— en déduire les autres en multipliant celle-ci par les racines $n^{\text{ièmes}}$ de l'unité.

17 Déterminer les racines cubiques de – 8. Donner leur forme algébrique.

18 Déterminer les racines cubiques de $\mathrm{i} - \sqrt{3}$.
Représenter leurs images dans le plan complexe.

19 Calculer les racines cubiques de $4\sqrt{2}(1 + \mathrm{i})$.

20 Calculer les racines cubiques de $32\sqrt{2}(\mathrm{i} - 1)$.
Placer leurs images dans le plan complexe.

21 *a*) Déterminer les racines cubiques de – i.
Donner leur forme trigonométrique et leur forme algébrique.

b) En déduire les solutions complexes de l'équation :

$$[(1 - \mathrm{i})z]^3 + \mathrm{i} = 0.$$

Donner ces solutions sous leur forme trigonométrique et sous leur forme algébrique.

22 Résoudre dans $\mathbb{C}$ l'équation : $z^6 - (1 - \mathrm{i})z^3 - \mathrm{i} = 0$.
(Chercher une solution évidente.)
Représenter géométriquement les solutions dans le plan complexe.

23 *a*) Effectuer $(1 - 2\mathrm{i})^4$.

b) Résoudre dans $\mathbb{C}$ l'équation $z^4 = -7 + 24\mathrm{i}$.

24 *a*) Déterminer les solutions complexes de l'équation

$$z^4 = 8(1 - i\sqrt{3}).$$

Les écrire sous forme trigonométrique.

b) Vérifier que $a = \dfrac{\sqrt{6} - \sqrt{2}}{2} + i\dfrac{\sqrt{6} + \sqrt{2}}{2}$ est une racine quatrième de $8(1 - i\sqrt{3})$.
En déduire la forme algébrique des solutions de l'équation précédente.

Racines cubiques et quatrièmes

25 On désigne par z_1 le nombre complexe $1 - i$.

a) Calculer z_1^3.

b) En déduire les racines cubiques dans $\mathbb{C}$ de $-2(1 + i)$.

c) Résoudre dans $\mathbb{C}$ l'équation

$$\left(\frac{z+i}{z-i}\right)^3 + 2 + 2i = 0.$$

26 Calculer le nombre complexe $(3 - 2i)^4$.
Résoudre dans $\mathbb{C}$ l'équation d'inconnue z :

$$z^4 = 4(119 + 120\,i),$$

et représenter les images des solutions.

27 Résoudre dans $\mathbb{C}$ l'équation (E) :

$$\left(\frac{2z+1}{z-i}\right)^4 = 1.$$

Placer, dans le plan complexe, les points images des solutions de (E) et démontrer que ces points sont situés sur un même cercle que l'on déterminera.

28 Résoudre dans $\mathbb{C}$ les équations suivantes :

(1) $z^4 - 1 = 0$;
(2) $z^4 + 1 = 0$;
(3) $1 + z^2 + z^4 + z^6 + z^8 + z^{10} + z^{12} + z^{14} = 0.$

(On montrera qu'il suffit de connaître $\cos\dfrac{\pi}{8}$ et $\sin\dfrac{\pi}{8}$ pour calculer les racines de l'équation (3).)

29 ***Une manière de calculer*** $\cos\dfrac{2\pi}{5}$

Soit $\omega = e^{2i\pi/5}$.

a) Montrer que $\cos\dfrac{2\pi}{5} = \dfrac{1}{2}\left(\omega + \dfrac{1}{\omega}\right)$.

b) Montrer que $\omega^5 - 1 = 0$ (1).

c) Montrer que $\omega^4 + \omega^3 + \omega^2 + \omega + 1 = 0$ (2).

d) Poser $X = \omega + \dfrac{1}{\omega}$. Montrer que

$$X^2 + X - 1 = 0 \quad (3).$$

e) Résoudre l'équation (3). En déduire la valeur exacte de $\cos\dfrac{2\pi}{5}$.

Équations du type $a\cos x + b\sin x = c$

30 Résoudre dans $\mathbb{R}$ l'équation :

$$\cos x + \sqrt{3}\sin x = \sqrt{3}.$$

31 Résoudre dans $\mathbb{R}$ l'équation :

$$\cos x - \sin x = 1.$$

32 Résoudre dans $\mathbb{R}$ les équations suivantes :

a) $\sin x + \cos x = 1.$

b) $\sin x + \cos x = 1{,}5.$

33 Résoudre dans $\mathbb{R}$ l'équation :

$$\cos x - 2\sin x = \sqrt{5}.$$

34 Soit les nombres complexes $z_1 = \dfrac{\sqrt{6} - i\sqrt{2}}{2}$ et $z_2 = 1 - i$.

1° Mettre sous forme trigonométrique z_1, z_2 et $Z = \dfrac{z_1}{z_2}$.

2° En déduire que :

$$\cos\frac{\pi}{12} = \frac{\sqrt{6} + \sqrt{2}}{4} \text{ et } \sin\frac{\pi}{12} = \frac{\sqrt{6} - \sqrt{2}}{4}.$$

3° On considère l'équation d'inconnue réelle x :

$$(\sqrt{6} + \sqrt{2})\cos x + (\sqrt{6} - \sqrt{2})\sin x = 2.$$

a) Résoudre cette équation dans $\mathbb{R}$.

b) Placer les points images des solutions sur le cercle trigonométrique.

Résultats des exercices dont le numéro est en couleur

1. *a*) Translation de vecteur $3\vec{i} + 4\vec{j}$.

b) L'image d'une droite par une translation est une droite parallèle. On peut donc déterminer l'image d'un point A de D puis trouver une équation de D′. Résultat : $y = -x + 7$.

c) Cercle de centre (3 ; 4) et de rayon 1.

3. $(\widehat{\vec{u}, \vec{v}}) = (\widehat{\vec{i}, \vec{v}}) - (\widehat{\vec{i}, \vec{u}})$. Donc :

$$(\widehat{\vec{u}, \vec{v}}) = \arg(v) - \arg(u) = \frac{\pi}{20} + 2k\pi.$$

4. $(\widehat{\vec{u}, \vec{v}}) = \arg(v) - \arg(u) = \arg\frac{v}{u}$.

$$\frac{v}{u} = -1 + i\sqrt{3} = 2\left(-\frac{1}{2} + i\frac{\sqrt{3}}{2}\right).$$

donc $(\widehat{\vec{u}, \vec{v}}) = \dfrac{2\pi}{3} + 2k\pi$.

6. $(\widehat{\overrightarrow{AB}, \overrightarrow{AC}}) = \arg\dfrac{c-a}{b-a}$; notons $z_1 = \dfrac{c-a}{b-a}$.

$$z_1 = \frac{4+i}{-4-5i} = \frac{-21+16i}{41}.$$

$|z_1| = 0{,}644$; si on appelle α la mesure principale en degrés de $(\overrightarrow{AB}, \overrightarrow{AC})$, on a :

$$\cos\alpha = -0{,}795,\ \sin\alpha \approx 0{,}606,$$

d'où $\alpha \approx 142°{,}7$.
On trouve de même :

$\beta \approx 14°{,}5$

et $\gamma \approx 22°{,}8$.
On a bien $\alpha + \beta + \gamma = 180°$.

7. $\dfrac{b-a}{c-a} = 2i$; $|2i| = 2$; $\arg(2i) = \dfrac{\pi}{2} + 2k\pi$.

donc $\overrightarrow{AB} \perp \overrightarrow{AC}$ et AB = 2AC.

9. *a*) $\dfrac{\sqrt{2}}{2}(1+i) = \cos\dfrac{\pi}{4} + i\sin\dfrac{\pi}{4}$.

F est donc la rotation de centre O et d'angle $\dfrac{\pi}{4}$.

b) La droite d'équation $y = x$.

c) Lui-même.

12. *a*) Rotation de centre A d'affixe 3i et d'angle $\dfrac{2\pi}{3}$.

b) La droite d'équation $y = \dfrac{1}{\sqrt{3}}x + 3$.

14. D est l'image de B par la rotation de centre A, d'angle $\dfrac{\pi}{2}$. Donc $z_D - z_A = i\,(z_B - z_A)$.
On trouve

$$z_D = 7 + (\sqrt{2} - 2)i \quad\text{et}\quad z_C = 3 + \sqrt{2} + (\sqrt{2} - 5)i.$$

15. Indication : Poser $1 = e^{2i\pi}$. Les racines cubiques de 1 sont donc de la forme $e^{(2k\pi/3)i}$.

16. $a^3 + b^3 + c^3 - 3abc$. (Utiliser $1 + j + j^2 = 0$.)

17. $-8 = (-2)^3$. Les racines cubiques de -8 sont :

$$-2 ;\quad -2j = 1 - i\sqrt{3} ;\quad -2j^2 = 1 + i\sqrt{3}$$

avec $j = -\dfrac{1}{2} + i\dfrac{\sqrt{3}}{2}$.

18. $i - \sqrt{3} = 2e^{5i\pi/6}$.
Les racines cubiques sont donc de la forme :

$$\sqrt[3]{2} \times e^{i(5\pi/18 + 2k\pi/3)}.$$

Ce sont

$$\begin{cases} \sqrt[3]{2}(\cos 50° + i\sin 50°), \\ \sqrt[3]{2}(\cos 170° + i\sin 170°), \\ \sqrt[3]{2}(\cos 290° + i\sin 290°). \end{cases}$$

19. $4\sqrt{2}(1+i) = 8e^{i\pi/4}$.
Les solutions sont $2e^{i\pi/12}$, $2e^{3i\pi/4}$, $2e^{17i\pi/12}$.

22. Poser $Z = z^3$ et résoudre $Z^2 - (1-i)Z - i = 0$ (1).
1 est racine évidente de (1), l'autre racine est $-i$, d'où

$$\mathscr{S} = \left\{1, j, j^2, i, \frac{\sqrt{3}}{2} - \frac{i}{2}, -\frac{\sqrt{3}}{2} - \frac{i}{2}\right\}$$

avec $j = -\dfrac{1}{2} + i\dfrac{\sqrt{3}}{2}$.

24. *a*) $8(1 - i\sqrt{3}) = 16e^{-i\pi/3}$.

$z_0 = 2e^{-i\pi/12}$;
$z_1 = 2e^{5i\pi/12}$;
$z_2 = 2e^{11i\pi/12}$;
$z_3 = 2e^{17i\pi/12}$.

b) $a^2 = -2\sqrt{3} + 2i$ et $a^4 = 8 - 8i\sqrt{3}$.
D'autre part, les racines quatrièmes de l'unité sont 1, i, – 1 et – i. Les solutions de l'équation précédente (qui sont les racines quatrièmes de $8(1 - i\sqrt{3})$) sont donc :

$$a = \frac{\sqrt{6} - \sqrt{2}}{2} + i\frac{\sqrt{6} + \sqrt{2}}{2} ;\ ia ;\ -a ;\ -ia.$$

29. *c)* $\omega^5 - 1 = (\omega - 1)(\omega^4 + \omega^3 + \omega^2 + \omega + 1)$.

d) $\omega^4 + \omega^3 + \omega^2 + \omega + 1 = 0$.

$$\Leftrightarrow \omega^2 + \omega + 1 + \frac{1}{\omega} + \frac{1}{\omega^2} = 0$$

$$\Leftrightarrow \left(\omega^2 + \frac{1}{\omega^2}\right) + \left(\omega + \frac{1}{\omega}\right) + 1 = 0$$

$$\Leftrightarrow \left(\omega + \frac{1}{\omega}\right)^2 - 2 + \left(\omega + \frac{1}{\omega}\right) + 1 = 0$$

$$\Leftrightarrow X^2 + X - 1 = 0.$$

e) $X' = \dfrac{-1-\sqrt{5}}{2} < 0$ et $X'' = \dfrac{-1+\sqrt{5}}{2} > 0$.

$$\cos\frac{2\pi}{5} = \frac{1}{2}X'' = \frac{\sqrt{5}-1}{4}.$$

30. $x = \dfrac{\pi}{2} + 2k\pi$ ou $x = \dfrac{\pi}{6} + 2k\pi$.

31. $x = 2k\pi$ ou $x = -\dfrac{\pi}{2} + 2k\pi$.

32. *a)* $\sqrt{2}\left(\dfrac{1}{\sqrt{2}} \times \sin x + \dfrac{1}{\sqrt{2}} \times \cos x\right) = 1$;

d'où $\cos\left(x - \dfrac{\pi}{4}\right) = \dfrac{1}{\sqrt{2}} = \cos\dfrac{\pi}{4}$.

D'où $x - \dfrac{\pi}{4} = \dfrac{\pi}{4} + 2k\pi$ ou $x - \dfrac{\pi}{4} = -\dfrac{\pi}{4} + 2k\pi$. .

Donc $x = \dfrac{\pi}{2} + 2k\pi$ ou $x = 2k\pi$.

b) L'équation devient $\cos\left(x - \dfrac{\pi}{4}\right) = \dfrac{1{,}5}{\sqrt{2}}$.

Elle n'a pas de solution puisque $\dfrac{1{,}5}{\sqrt{2}} > 1$.

33. $\sqrt{5}\left(\dfrac{1}{\sqrt{5}}\cos x - \dfrac{2}{\sqrt{5}}\sin x\right) = \sqrt{5}$;

d'où $\cos(x + \varphi) = 1$ avec $\cos\varphi = \dfrac{1}{\sqrt{5}}$, $-\dfrac{\pi}{2} \leqslant \varphi \leqslant 0$.

Les solutions sont donc de la forme $x = \varphi + 2k\pi$.

POUR CHERCHER

Trigonométrie

Formules de linéarisation et de factorisation

1° Transformation de produit en somme, ou linéarisation.

(1) $2\cos a \times \cos b = \cos(a+b) + \cos(a-b)$

(2) $2\sin a \times \sin b = \cos(a-b) - \cos(a+b)$

(3) $2\sin a \times \cos b = \sin(a+b) + \sin(a-b)$

(4) $2\cos a \times \sin b = \sin(a+b) - \sin(a-b)$.

2° Transformation de somme en produit, ou factorisation.

(5) $\cos p + \cos q = 2\cos\dfrac{p+q}{2} \times \cos\dfrac{p-q}{2}$

(6) $\cos p - \cos q = -2\sin\dfrac{p+q}{2} \times \sin\dfrac{p-q}{2}$

(7) $\sin p + \sin q = 2\sin\dfrac{p+q}{2} \times \cos\dfrac{p-q}{2}$

(8) $\sin p - \sin q = 2\sin\dfrac{p-q}{2} \times \cos\dfrac{p+q}{2}$.

35 En utilisant les formules d'Euler :

$$\cos a = \frac{e^{ia} + e^{-ia}}{2}, \sin a = \frac{e^{ia} - e^{-ia}}{2i},$$

démontrer les formules (1), (2), (3) et (4).

36 Démontrer les formules (5), (6), (7) et (8) en posant

$(a+b) = p$ et $(a-b) = q$

dans les formules (1), (2), (3) et (4).

Pour les exercices 37 à 41

Résoudre dans $\mathbb{R}$ les équations, en utilisant les formules de factorisation.

37 $1 + \cos 2x + \cos 4x = 0$.

38 $\cos x - \cos 3x + \cos 5x = 0$.

39 $\sin x + 2\sin 2x + \sin 3x = 0$.

40 $\sin\left(2x + \dfrac{\pi}{3}\right) + \sin 2x = \dfrac{\sqrt{3}}{2}$.

41 $\cos 2x + \cos 6x = \sin 3x - \sin 5x$.

42 Des formules de transformation du produit en somme, déduire les formules de duplication :

$$\cos a = 2\cos^2 a - 1 = 1 - 2\sin^2 a$$
$$\sin 2a = 2\sin a \cos a.$$

Module et argument

Pour les exercices 43 à 45
*Utiliser la transformation mise en œuvre dans **l'activité 1**.*

43 Pour $\theta \in]0 ; 2\pi[$, calculer le module et l'argument du complexe :

$$z = \frac{1+\cos\theta + \mathrm{i}\sin\theta}{1-\cos\theta - \mathrm{i}\sin\theta}.$$

44 *a*) u désigne un nombre complexe différent de -1, de module 1 et d'argument θ.

Calculer le module et l'argument du nombre complexe $\frac{1-u}{1+u}$.

b) En déduire le module et l'argument du nombre complexe z tel que $\frac{2+\mathrm{i}z}{2-\mathrm{i}z} = u$.

c) Résoudre dans $\mathbb{C}$ l'équation

$(2 + \mathrm{i}z)^5 = (2 - \mathrm{i}z)^5$.

45 Soit le nombre complexe $z = 1 + \cos\varphi - \mathrm{i}\sin\varphi$ où φ désigne un nombre réel de l'intervalle $[0 ; 2\pi[$.

a) Calculer en fonction de φ le module et l'argument de z et du nombre $z' = \frac{1}{\bar{z}}$ lorsqu'il est défini.

b) Préciser les ensembles (Γ) et (Γ') des images respectives de z et z' construites dans le plan complexe rapporté au repère orthonormal $(O, \vec{u}, \vec{v})$.

Racines $n^{\text{ièmes}}$ d'un complexe

46 1° Résoudre dans $\mathbb{C}$ l'équation $z^6 + 1 = 0$.

On pose $\alpha = \frac{\sqrt{3}}{2} + \frac{1}{2}\mathrm{i}$; montrer que les solutions de l'équation précédente sont les six premiers termes d'une suite géométrique de premier terme α.

2° On désigne par A, B, C, D, E, F respectivement les points d'affixes $2\alpha, 4\alpha^3, 4\alpha^5, \frac{1}{\alpha}, \frac{1}{\alpha^3}, \frac{2}{\alpha^5}$, et par O le point d'affixe zéro.

Représenter sur un dessin la figure formée par les sept points A, B, C, D, E, F, O.

Montrer que les points A, B, C, D, E, F appartiennent au cercle de diamètre [BF].
On pourra, par exemple, montrer que les triangles OEF, OFC, ODA et OAB sont rectangles.

47 1° *a*) Déterminer le module et un argument des nombres complexes :

$$z_1 = -1 + \mathrm{i}\sqrt{3} \quad \text{et} \quad z_2 = \sqrt{3} + \mathrm{i},$$

puis de $\frac{z_1}{z_2}$.

b) Exprimer $\frac{z_1}{z_2}$ sous la forme $a + \mathrm{i}b$.

c) Calculer : $\left(\frac{z_1}{z_2}\right)^{1993}$.

2° Résoudre, dans $\mathbb{C}$, l'équation : $z^4 = \mathrm{i}$, en posant $z = r\mathrm{e}^{\mathrm{i}\varphi}$. Représenter graphiquement les solutions.

48 Résoudre le système d'inconnues complexes z et Z

$$\begin{cases} z^2 = Z \\ Z^2 = z. \end{cases}$$

49 *a*) Résoudre dans $\mathbb{C}$ l'équation : $z^2 + z + 1 = 0$.
Calculer le module et l'argument de ses racines z_1 et z_2.

b) Soit les nombres complexes :

$$Z = \frac{1}{z_1} + \frac{1}{z_2}, \quad Z' = z_1^2 + z_1 z_2 + z_2^2,$$

$$Z'' = z_1^3 + z_2^3.$$

Calculer ces trois nombres complexes.

c) Factoriser le polynôme $P(z) = z^3 - 1$.
En déduire rapidement la valeur de Z''.

BAC

50 1° Résoudre dans $\mathbb{C}$ les équations d'inconnue z :

a) $z^4 = 1$.

b) $\left(\frac{z-\mathrm{i}}{z+\mathrm{i}}\right)^4 = 1$.

2° Soit n un entier naturel non nul et A un nombre complexe.
Soit (E) l'équation d'inconnue complexe z :

$$\left(\frac{z-\mathrm{i}}{z+\mathrm{i}}\right)^n = \mathrm{A}.$$

On appelle P et Q les points du plan complexe d'affixes respectives i et – i, et M le point d'affixe z.

a) Montrer que si z vérifie l'équation (E), alors $\frac{MP}{MQ} = \sqrt[n]{|A|}$.

b) Prouver que si l'équation (E) a au moins une racine réelle, alors $|A| = 1$.

c) En conclure que si l'équation (E) a au moins une racine réelle, alors toutes ses racines sont réelles.

BAC

51 On désigne par $\mathbb{C}$ l'ensemble des nombres complexes.

a) Montrer pour tout nombre complexe z différent de 1 l'égalité :

$$\frac{z^4 - 1}{z - 1} = z^3 + z^2 + z + 1.$$

b) Résoudre l'équation dans $\mathbb{C}$: $z^4 = 1$.

c) En déduire l'ensemble des solutions de l'équation dans $\mathbb{C}$:

$$\left(\frac{z+i}{z-i}\right)^3 + \left(\frac{z+i}{z-i}\right)^2 + \left(\frac{z+i}{z-i}\right) + 1 = 0.$$

52 On veut calculer les sommes :

$X = 1 + \cos a + \cos 2a + \ldots + \cos na$;
$Y = \sin a + \sin 2a + \ldots + \sin na$

où a est un réel.

a) Calculer X et Y dans le cas où a est un multiple entier de 2π.

b) Dans le cas où a n'est pas un multiple entier de 2π, calculer X + iY en faisant apparaître une suite géométrique. En déduire que :

$$X = \cos\frac{n\theta}{2} \times \frac{\sin\frac{n+1}{2}\theta}{\sin\frac{\theta}{2}}$$

$$\text{et } Y = \sin\frac{n\theta}{2} \times \frac{\sin\frac{n+1}{2}\theta}{\sin\frac{\theta}{2}}.$$

53 On considère le nombre complexe :

$$z = \cos\frac{2\pi}{7} + i\sin\frac{2\pi}{7}.$$

a) On pose $S = z + z^2 + z^4$ et $T = z^3 + z^5 + z^6$. Montrer que S et T sont conjugués et que la partie imaginaire de S est positive.

b) Calculer S + T, ST puis en déduire S et T.

Ensemble de points

54 Soit le nombre complexe $z = x + iy$ où x et y sont réels, et M le point image de z dans le plan complexe (P). On désigne par $\bar{z}$ le conjugué de z. On considère un nombre complexe Z tel que :

$$Z = \frac{z+3}{\bar{z}+3}.$$

1° *a*) Calculer la partie réelle de Z, notée Re(Z).

b) Calculer la partie imaginaire de Z, notée Im(Z).

2° Construire l'ensemble des points M du plan (P) tels que Z soit imaginaire pur.

55 On considère les suites (u_n) et (v_n) définies par :

$$u_n = \left(\frac{1}{2}\right)^n \quad \text{et} \quad v_n = n\frac{\pi}{3}, \ n \in \mathbb{N}.$$

On désigne par M_n le point du plan complexe d'affixe z_n définie par :

$$z_n = u_n e^{i v_n} = u_n(\cos v_n + i\sin v_n).$$

1° Déterminer les valeurs de n pour lesquelles z_n est réel.

2° Le plan complexe (P) est rapporté au repère orthonormal direct $(O, \vec{u}, \vec{v})$ (unité : 4 cm).

a) Représenter dans (P) les points M_0, M_1, M_2, M_3, M_4.

b) Calculer en fonction de u_n les longueurs des trois côtés du triangle $OM_n M_{n+1}$.
Quelle est la nature de ce triangle ?

3° Soit la suite (a_n) définie par :

$$a_n = |z_{n+1} - z_n|.$$

Montrer que cette suite est une suite géométrique dont on précisera le premier terme et la raison. Déterminer sa limite.

56 On considère l'application f de $\mathbb{C} - \{-i\}$ dans $\mathbb{C}$ définie par :

$$Z = f(z) = \frac{z-i}{iz-1}.$$

On note m l'image de z, A celle de i, et B celle de – i.

1° Interpréter géométriquement le module et l'argument de $\frac{z-i}{iz-1}$.

2° Déterminer et construire l'ensemble $(\mathscr{E}_1)$ des points m tel que Z soit réel.

3° Déterminer et construire l'ensemble $(\mathscr{E}_2)$ des points m tel que $|Z| = 1$.

57 Soit f l'application de $E = \mathbb{C} - \{-i\}$ dans $\mathbb{C}$ définie par :

$$z \mapsto f(z) = \frac{iz}{z+i}.$$

Dans le plan complexe rapporté au repère orthonormal direct $(O, \vec{u}, \vec{v})$ on note M le point d'affixe z.

1° Déterminer les coordonnées du point B dont l'affixe z_0 est telle que :

$$f(z_0) = 1 + 2i.$$

2° Soit z un élément de E. On note r le module de $z + i$ et α une mesure de son argument.
Exprimer la forme trigonométrique de $f(z) - i$ en fonction de r et α.

3° Soit A le point d'affixe $-i$.
a) Déterminer l'ensemble $\mathscr{C}$ des points M vérifiant $|f(z) - i| = \sqrt{2}$ et l'ensemble $\mathscr{D}$ des points M tels que $\frac{\pi}{4}$ soit une mesure de l'argument $f(z) - i$.

b) Montrer que B appartient à $\mathscr{C}$ et $\mathscr{D}$ et construire $\mathscr{C}$ et $\mathscr{D}$.

58 $\mathbb{C}$ désigne l'ensemble des nombres complexes.
On considère l'application f de $\mathbb{C} - \{1\}$ dans $\mathbb{C}$ définie par :

$$f(Z) = \frac{1+Z}{1-Z}.$$

1° Déterminer les complexes Z tels que $f(Z) = Z$.

2° Dans un plan P rapporté à un repère orthonormal direct $(O, \vec{u}, \vec{v})$, on désigne par :

M le point d'affixe Z,
A le point d'affixe 1,
A′ le point d'affixe -1.

a) Donner une interprétation géométrique des arguments de $1 + Z$ et de $1 - Z$.
En déduire une interprétation géométrique de l'argument de $f(Z)$.

b) Déterminer l'ensemble des points M du plan P tel que $f(Z)$ soit un réel.
Dessiner cet ensemble.

c) Déterminer l'ensemble des points M du plan P tels que $f(Z)$ soit un imaginaire pur.
Dessiner cet ensemble.

59 À tout complexe $z \neq 2i$ on associe le complexe

$$Z = \frac{z+1}{z-2i}, \text{ avec } z = x + iy.$$

a) Déterminer l'ensemble des points M, images de z, tels que Z soit réel.
b) Déterminer l'ensemble des points M, images de z, tels que Z soit imaginaire pur.
c) Déterminer l'ensemble des points M, images de z, tels que l'argument de Z soit égal à $\frac{\pi}{2}$.

Angles

60 On considère dans $\mathbb{C}$ les complexes z_1 et z_2 de module 1 et d'arguments respectifs α et β.

1° Montrer que $\frac{(z_1 + z_2)^2}{z_1 z_2}$ est un réel positif ou nul. Dans quel cas est-il nul ?

2° Soit deux points A et B d'un plan complexe d'origine O d'affixes respectives a et b (on supposera O, A et B non alignés).
Calculer en fonction de a et b l'affixe z du point I barycentre de $(A, |a|)$ et $(B, |b|)$.

3° À l'aide du 1° montrer que $\frac{z^2}{ab}$ est un réel strictement positif.
Exprimer arg z en fonction de arg a et arg b.
En déduire que $\overrightarrow{OI}$ est un vecteur directeur de la bissectrice de l'angle des demi-droites de vecteurs directeurs $\overrightarrow{OA}$ et $\overrightarrow{OB}$.

61 Le plan est muni d'un repère orthonormal $(O, \vec{e}_1, \vec{e}_2)$.
Soit A (1, 0) et B(− 1, 0). À tout point M d'affixe $z \neq 0$ on associe le point M′ d'affixe z' défini par $z \times z' = 1$.

1° *a*) Construire M′ quand $z = 2(1 + i)$.

b) Dans le cas général, montrer que la droite (AB) est bissectrice de l'angle $(\widehat{\overrightarrow{OM}, \overrightarrow{OM'}})$ et que $OM \times OM' = OA^2$.

2° *a*) Vérifier que pour tout $z \in \mathbb{C}^*$,

$$\left(\frac{z+z'}{2} - 1\right)\left(\frac{z+z'}{2} + 1\right) = \left(\frac{z-z'}{2}\right)^2.$$

b) Soit I le milieu de [MM′]. En utilisant *a*) montrer que $IA \times IB = IM^2$ et que pour $M \neq A$ et $M \neq B$ la droite (MM′) est bissectrice de l'angle $(\overrightarrow{IA}, \overrightarrow{IB})$

BAC

62 Soit les quatre nombres complexes :

$a = 2 - 2i$, $b = -1 + 7i$,
$c = 4 + 2i$, $d = -4 - 2i$.

1° Dans le plan complexe muni d'un repère orthonormal $(O, \vec{u}, \vec{v})$, représenter les points :
A d'affixe a ; B d'affixe b ; C d'affixe c et D d'affixe d. Vérifier que C et D sont symétriques par rapport à O.

2° Soit Ω le point d'affixe $\omega = -1 + 2i$. Démontrer que les points A, B, C et D appartiennent à un même cercle de centre Ω dont on précisera le rayon.

3° Soit M le point d'affixe $m = \dfrac{a+b}{2}$.

Comparer les nombres complexes $\dfrac{a-m}{d-m}$ et $\dfrac{c-m}{a-m}$.

Que représente la droite (MA) pour l'angle de vecteurs $(\overrightarrow{MD}, \overrightarrow{MC})$?

63 Dans un plan muni d'un repère orthonormal $(O, \vec{u}, \vec{v})$, on considère les points A, B, C dont les affixes respectives sont :

$$z_1 = 3\sqrt{2}(1+i)\ ;\ z_2 = 3\sqrt{2}i\ ;$$

$$z_3 = 3\frac{\sqrt{2}}{2}(-1+i).$$

1° Placer les points A, B, C. (On prendra 1 cm pour unité graphique.)

2° *a*) Calculer $\dfrac{z_2 - z_3}{z_1}$ et $\dfrac{z_3}{z_1}$.

b) Démontrer que le quadrilatère (OABC) est un trapèze rectangle.

64 ***Diagonales d'un rectangle***

Soit ABCD un rectangle « orienté » comme celui de la figure.

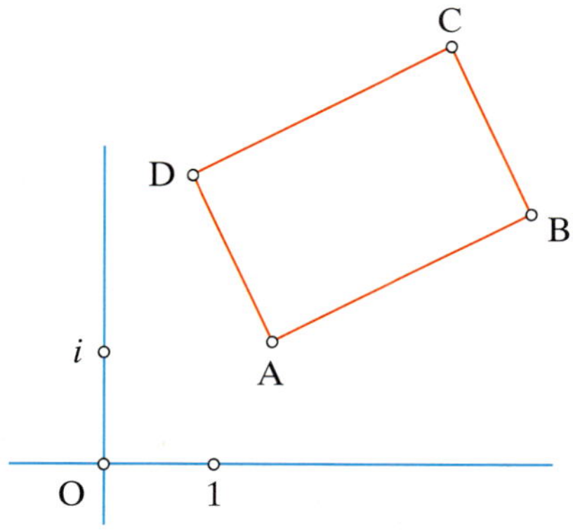

Soit z l'affixe de $\overrightarrow{AB}$ et z' l'affixe de $\overrightarrow{AD}$.

a) Expliquer pourquoi l'on peut poser $z' = \rho i z$ avec $\rho \in \mathbb{R}^+$.

b) Montrer que $|z + z'| = |z - z'|$.

c) Quelle propriété des diagonales d'un rectangle est ainsi démontrée ?

65 Dans un plan muni d'un repère orthonormal direct $(O, \vec{u}, \vec{v})$, on considère les points A, B, C deux à deux distincts dont les affixes respectives sont les nombres complexes a, b, c.

1° M étant le point d'affixe le nombre complexe z, exprimer en fonction de z :

a) l'affixe z' du point M′ image de M par la rotation de centre A et d'angle de mesure $+\dfrac{\pi}{3}$ (en radians) ;

b) l'affixe z'' du point M″ image de M par la rotation de centre A et d'angle de mesure $-\dfrac{\pi}{3}$ (en radians) ;

2° Que peut-on dire du triangle ABC si les nombres complexes a, b, c vérifient :

a) $\dfrac{c-a}{b-a} = \cos\dfrac{\pi}{3} + i\sin\dfrac{\pi}{3}$;

b) $\dfrac{c-a}{b-a} = \cos\dfrac{\pi}{3} - i\sin\dfrac{\pi}{3}$.

3° Établir que le triangle ABC est un triangle équilatéral si, et seulement si :

$$a^2 + b^2 + c^2 = ab + bc + ca.$$

66 Dans un plan muni d'un repère orthonormal direct $(O, \vec{u}, \vec{v})$, tout point M de coordonnées (x, y) est repéré par son affixe $z = x + iy$.

On désigne par A, B, C et D les points d'affixes respectives -1 ; 1 ; $\dfrac{1}{2}$ et 2.

À tout point m du plan d'affixe $z \neq 2$, on associe le point M d'affixe Z tel que :

$$Z = \frac{2z-1}{2-z}.$$

1° Déterminer l'ensemble E des points m d'affixe z tels que $|Z| = 1$.

2° Déterminer l'ensemble F des points m d'affixe z tels que

$$\arg Z = \frac{\pi}{2} + 2k\pi,\ k \in \mathbb{Z}.$$

3° Tracer les ensembles E et F dans le repère $(O, \vec{u}, \vec{v})$, unité graphique : 2 cm.

4° Exprimer, en fonction de z, le complexe

$$U = \frac{Z-1}{Z+1}.$$

En déduire que les quatre points A, B, m, M sont cocycliques ou alignés.

BAC

67 On considère le plan complexe rapporté à un repère orthonormal $(O, \vec{u}, \vec{v})$. Soit U le point d'affixe 1 et V le point d'affixe i. On notera $\arg z$ un argument du nombre complexe non nul z.

1° Démontrer que si A, B, C sont trois points du plan, deux à deux distincts, d'affixes respectives a, b, c, on a :

$$(\overrightarrow{AB}, \overrightarrow{AC}) = \arg\left(\frac{c-a}{b-a}\right) + 2k\pi,\ k \in \mathbb{Z}.$$

2° Quel est l'ensemble des points M du plan, d'affixe z, tels que $\dfrac{z-i}{z-1}$ soit un imaginaire pur non nul ?

3° On considère dans le planles points U d'affixe 1, M d'affixe z, M′ d'affixe z' et P d'affixe zz' où z et z' sont deux nombres complexes distincts et différents de 0 et 1.

a) Démontrer que les points M, M′, P sont distincts deux à deux.

b) Démontrer que pour tout z et tout z' vérifiant les conditions ci-dessus :

$$\arg\frac{zz'-z'}{zz'-z} = \arg\frac{z'}{z'-1} - \arg\frac{z}{z-1}\ (2\pi).$$

c) En déduire que M, M′, P sont alignés si et seulement si les points O, U, M, M′ sont cocycliques ou alignés.

BAC

68 1° Écrire sous forme trigonométrique le complexe 1 + i.

2° On pose $z = \rho e^{i\theta}$ avec

$\rho \in]0\,;+\infty[$ et $\theta \in [0\,;2\pi[$.

a) Calculer z^2 et $(1+i)\bar{z}$ en fonction de ρ et θ ($\bar{z}$ désignant le complexe conjugué de z).

b) En déduire la valeur r de ρ pour laquelle on a l'égalité :

(1) $\quad z^2 = (1+i)\bar{z}$.

c) Déterminer les valeurs θ_0, θ_1 et θ_2 de θ telles que $z = \rho e^{i\theta}$ vérifie l'égalité (1).

On note respectivement z_0, z_1 et z_2 les nombres complexes de module r et d'argument θ_0, θ_1, θ_2.

3° Soit A_1 et A_2 les points d'affixes respectives $z_1 - z_0$ et $z_2 - z_0$ dans le plan complexe, et O le point d'affixe nulle.

Calculer, sous sa forme trigonométrique, le nombre complexe :

$$\frac{z_2 - z_0}{z_1 - z_0}.$$

En déduire que le triangle OA_1A_2 est équilatéral.

Transformations

69 Soit le plan P rapporté à un repère orthonormal $(O, \vec{u}, \vec{v})$.

1° On considère la transformation T de P dans P, qui au point M(x, y) fait correspondre le point M′ (x', y') tel que :

$$\begin{cases} x' = x + 1 \\ y' = y + \sqrt{3}. \end{cases}$$

Le point M a pour affixe le nombre complexe z, et le point M′ a pour affixe le nombre complexe z'.

a) Exprimer z' en fonction de z.

b) Donner la nature de la transformation T.

2° Soit maintenant la transformation S, qui au point M d'affixe z, associe le point M_1 d'affixe z_1 tel que :

$$z_1 = \left(-\frac{1}{2} + \frac{i\sqrt{3}}{2}\right) z.$$

Reconnaître la nature de la transformation S et préciser ses éléments caractéristiques.

3° Soit la transformation S ∘ T qui au point M(x, y) d'affixe z associe le point $M_2(x_2, y_2)$ d'affixe z_2.

a) Exprimer z_2 en fonction de z, puis x_2 et y_2 en fonction de x et de y.
Quelle est l'image par S ∘ T du point

$$C\left(-1, -\frac{\sqrt{3}}{3}\right)\ ?$$

b) Soit la droite D dont une équation est :

$$x + y\sqrt{3} + 2 = 0.$$

Montrer que le point C appartient à D.

Si D′ est l'image de D par S ∘ T, quel est le point d'intersection de D et D′ ?

BAC

70 Le plan complexe P est rapporté au repère orthonormal direct $(O, \vec{u}, \vec{v})$. On considère l'application R de (P) dans (P) qui à tout point M d'affixe $z = x + iy$ (où $(x, y) \in \mathbb{R}^2$) associe le point M′ d'affixe $z' = x' + iy'$ (où $(x', y') \in \mathbb{R}^2$) tel que :

$$\begin{cases} x' = -\dfrac{1}{2}x - \dfrac{\sqrt{3}}{2}y + 3 \\[2ex] y' = \dfrac{\sqrt{3}}{2}x - \dfrac{1}{2}y - \sqrt{3}. \end{cases}$$

a) Calculer le module et un argument du nombre complexe $a = -\dfrac{1}{2} + \mathrm{i}\dfrac{\sqrt{3}}{2}$.

b) Exprimer z' en fonction de z.

c) Montrer que l'application R admet un unique point invariant Ω dont on déterminera l'affixe ω.

d) Exprimer $(z' - \omega)$ en fonction de $(z - \omega)$ et en déduire la nature et les éléments caractéristiques de l'application R.

e) Déterminer l'image par l'application R de la droite d'équation $x + \sqrt{3}y - 6 = 0$.

71 ***Autre transformation***

Le plan P est muni d'un repère orthonormal $(O, \vec{i}, \vec{j})$. On note P* le plan privé du point O.
On considère l'application f de P* vers lui-même, qui, à tout point M d'affixe z, fait correspondre le point M′ d'affixe z' par la relation $z' \times \overline{z} = a^2$, a étant un réel donné non nul, et $\overline{z}$ le conjugué de z.

1° Démontrer que $f \circ f = \mathrm{Id}_{P*}$. Quel est l'ensemble des points invariants ?

2° Démontrer que les points O, M, M′ sont alignés et que $\overline{OM} \times \overline{OM'} = a^2$.

3° Quelles sont les images :

a) des droites passant par O ?

b) des cercles de centre O ?

c) de la droite d'équation $x = |a|$?

72 Soit le polynôme P défini sur $\mathbb{C}$ par :

$z^3 - (2+\sqrt{2})(1+\mathrm{i})z^2 + 4\mathrm{i}(1+\sqrt{2})z + 4\sqrt{2}(1-\mathrm{i})$.

1° Calculer P(2) et P(2i).

2° Déduire des calculs précédents la décomposition de P(z) en produit de trois polynômes du premier degré et résoudre l'équation P(z) = 0.

3° Dans le plan complexe, placer les points M_1, M_2, M_3 d'affixes respectives 2, 2i et a où a est la troisième solution de l'équation précédente.
Montrer qu'il existe une rotation de centre O transformant M_1 en M_3 et M_3 en M_2.

73 On désigne par P le plan complexe muni d'un repère orthonormal direct $(O, \vec{u}, \vec{v})$ (unité : 1 cm).
Dans P, on considère le point A d'affixe 8 et le poit B d'affixe 8i.

On appelle D l'image de A par la rotation de centre O et d'angle $-\dfrac{\pi}{3}$. C est l'image de B par la rotation de centre O et d'angle $\dfrac{2\pi}{3}$.

1° Montrer que A, B, C et D appartiennent à un même cercle Γ dont on précisera le centre et le rayon.
Calculer les affixes de C et de D.
Tracer le cercle Γ dans le plan P et représenter les points A, B, C et D. Quelle est la nature du triangle OCD ?

2° *a*) On note a l'affixe du vecteur $\overrightarrow{AD}$, b celle du vecteur $\overrightarrow{BC}$; montrer que $b = a\sqrt{3}$.
En déduire que le quadrilatère ABCD est un trapèze, c'est-à-dire qu'il a deux côtés parallèles.

b) Montrer que les segments [AB] et [CD] ont même longueur.

c) Montrer que les diagonales (AC) et (BD) du trapèze ABCD sont perpendiculaires.
Calculer les longueurs des segments [AC] et [BD].

74 Soit f et g deux applications de $\mathbb{C}$ dans $\mathbb{C}$ définies par

$$f(z) = \frac{1-\mathrm{i}\sqrt{3}}{2}z.$$

$$g(z) = z + 1 + \mathrm{i}\sqrt{3}.$$

Le plan étant rapporté à un repère orthonormal, soit F et G les transformations du plan qui font correspondre à tout point M d'affixe z les points P et Q tels que P = F(M) et Q = G(M), d'affixes respectives $f(z)$ et $g(z)$.
Préciser la nature de F, de G, de F ∘ G, de G ∘ F et les éléments géométriques qui les définissent.

En comparant $(f \circ g)(z)$ et $(g \circ f)(z)$, déterminer la nature de l'application du plan qui transforme (F ∘ G)(M) en (G ∘ F)(M).

75 ***Un carré et des triangles***

Dans le plan orienté, on considère quatre points A, B, C, D distincts deux à deux. On note I le milieu de [BD], J le milieu de [AC] et O l'isobarycentre de (A, B, C, D). On construit les triangles rectangles isocèles ABM, BCN, CDP et DAQ tels que les angles orientés $(\overrightarrow{MB}, \overrightarrow{MA})$, $(\overrightarrow{NC}, \overrightarrow{NB})$, $(\overrightarrow{PD}, \overrightarrow{PC})$ et $(\overrightarrow{QA}, \overrightarrow{QD})$ admettent pour mesure $\pi/2$. On note K le milieu de [MP] et L le milieu de [NQ].

On se propose d'étudier la configuration (I, J, K, L). À cet effet, on pourra prendre un repère orthonormal direct d'origine O et introduire les affixes a, b, c, d de A, B, C, D, les affixes m, n, p, q de M, N, P, Q et les affixes f, g, k, l de I, J, K, L.

a) Déterminer le milieu de [IJ].

b) Prouver que $m(1 - i) = a - ib$. Calculer de manière analogue n, p et q.

c) Déterminer l'isobarycentre de (M, N, P, Q). En déduire le milieu de [KL].

d) Faire une figure soignée en prenant

$$a = -2 + 2i,\ b = -2 - i,\ c = -2i \text{ et } d = 4 + i.$$

e) Soit r le quart de tour direct de centre O. Montrer que $r(J) = K$.

f) Caractériser les configurations (A, B, C, D) telles que I = J. Indiquer alors la position de K et de L et la nature de (M, N, P, Q).

Ce cas étant écarté, prouver que (I, J, K, L) est un carré de centre O.

76 ***Un problème récent***

La solution de ce problème a été publiée en 1968 : on n'avait sans doute pas beaucoup cherché auparavant.

À partir d'un triangle quelconque ABC, on construit les 3 carrés BCED, ACFG et ABIH, puis les 2 parallélogrammes IBDJ et FCEK.

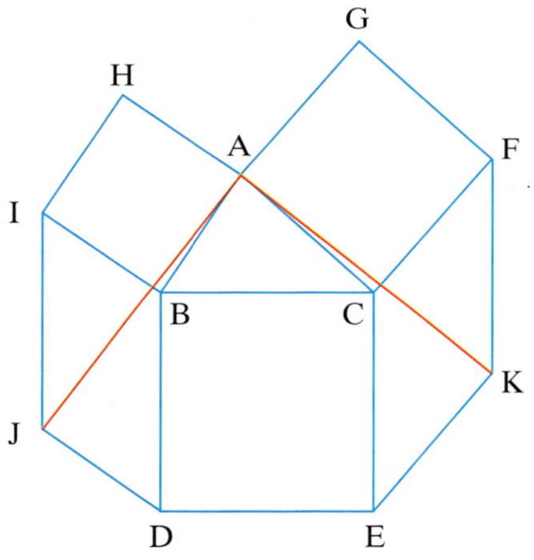

Démontrer que le triangle AJK est isocèle et rectangle en A.

[Indication : évaluer d'abord les affixes des vecteurs $\overrightarrow{AJ}$ et $\overrightarrow{AK}$.]

77 Le plan complexe est muni d'un repère orthonormal direct $(O, \overrightarrow{OA}, \overrightarrow{OB})$. Unité graphique : 8 cm. On note C le milieu du segment [AB].

Soit r la rotation de centre C et d'angle de mesure $-\dfrac{\pi}{2}$.

Pour tout point M du plan d'affixe u, on note M′ le transformé de M par r.

1° *a*) Placer sur une figure les points O, A, B, M et M′ lorsque $u = \dfrac{3}{4}$.

b) Déterminer l'image du segment [OA] par r.

c) Calculer l'affixe u' de M′ en fonction de l'affixe u de M.

2° On note P le milieu du segment [OC].
Soit N le milieu du segment [BM] et N′ le milieu du segment [AM′].

a) Exprimer en fonction de u les affixes Z et Z′ des vecteurs $\overrightarrow{PN}$ et $\overrightarrow{PN'}$.

b) Prouver que le triangle PNN′ est rectangle et isocèle.

c) Dans le cas où $u = \dfrac{3}{4}$, placer le triangle PNN′ sur la figure précédente.

BAC

Problèmes divers

78 Étant donné deux nombres complexes a et b tels que $a \neq 0$, $a \neq 1$, $b \neq 0$, on définit la suite (z_n) par :

$$\begin{cases} z_0 = 0 \\ z_{n+1} = az_n + b \text{ pour tout } n \in \mathbb{N}. \end{cases}$$

Dans un plan rapporté à un repère orthonormal $(O, \vec{e}_1, \vec{e}_2)$, on notera M_n le point d'affixe z_n.

1° Montrer par récurrence que, pour $n \geqslant 1$, on a

$$z_n = \frac{b(1 - a^n)}{1 - a}.$$

2° p étant un entier naturel supérieur ou égal à 2, on pose dans cette question :

$$a = \cos\frac{2\pi}{p} + i\sin\frac{2\pi}{p}.$$

Montrer qu'alors la suite (z_n) est périodique de période p.

3° α étant un réel donné tel que $\alpha \neq k\pi$ quel que soit l'entier k, on pose dans cette question :

$$a = \cos 2\alpha + i \sin 2\alpha$$
$$b = 2 \sin \alpha.$$

Quelle est alors la nature de l'application qui au point M du plan P d'affixe z associe le point M′ d'affixe $z' = az + b$?

En déduire que l'ensemble des points M_n est inclus dans un cercle dont on déterminera le centre et le rayon.

Faire une figure pour $\alpha = \dfrac{\pi}{6}$ et placer les points M_0, M_1, M_2, M_3, M_4 dans ce cas particulier.

BAC

79 Dans un plan rapporté à un repère orthonormal $(O, \vec{e}_1, \vec{e}_2)$, l'unité graphique étant 4 cm, on définit l'application f qui au point M d'affixe z associe le point M′ d'affixe z' définie par :

$$z' = -jz + i, \text{ où } j = e^{i\frac{2\pi}{3}}.$$

1° Montrer que f admet exactement un point invariant Ω, dont on donnera l'affixe.
Caractériser géométriquement f.

2° On définit dans P la suite (M_n) par :

$$\begin{cases} M_0 = O \\ \text{Pour tout } n, M_{n+1} = f(M_n). \end{cases}$$

a) Construire Ω, M_0, M_1, M_2.

b) Pour tout entier n, on note z_n l'affixe de M_n et on pose :

$$Z_n = z_n - e^{i\frac{\pi}{6}}.$$

Déterminer un nombre complexe a tel que, pour tout n,

$$Z_{n+1} = aZ_n.$$

Mettre a sous forme trigonométrique et déterminer un entier p strictement positif tel que $a^p = 1$.

c) Calculer Z_n puis z_n en fonction de n.
Calculer z_{1989} et placer M_{1989} sur le dessin.

BAC

80 Le plan P rapporté à un repère orthonormal direct $(O, \vec{u}, \vec{v})$.
On donne les points :

$$A(4\,;-1)\,;\,B(1+\sqrt{3}\,;2+\sqrt{3})\,;$$

$$C(2-2\sqrt{2}\,;1)\,;\,D(0\,;-1).$$

Placer ces points en prenant 1,7 comme valeur approchée de $\sqrt{3}$ et 1,4 comme valeur approchée de $\sqrt{2}$.
On désigne par a, b, c, d les affixes respectives des points A, B, C, D.

1° Montrer que : $\dfrac{a-c}{d-c} = \left(\dfrac{2+\sqrt{2}}{2}\right)(1+i)$.

On admettra que : $\dfrac{a-b}{d-b} = \left(\dfrac{3-\sqrt{3}}{2}\right)(1+i)$.

2° Déduire de ces résultats les mesures respectives des angles $(\overrightarrow{CD}, \overrightarrow{CA})$ et $(\overrightarrow{BD}, \overrightarrow{BA})$.
Montrer que les points A, B, C, D sont sur un cercle $\mathscr{C}$.
Construire son centre Ω puis dessiner $\mathscr{C}$.

3° On considère la rotation de centre Ω et d'angle $\dfrac{\pi}{2}$.

Quelle est l'image de D par cette rotation ?
En écrivant l'expression complexe de cette rotation, trouver l'affixe de Ω.

BAC

81 Le plan complexe est muni d'un repère orthonormal direct $(O, \vec{e}_1, \vec{e}_2)$. On note C le cercle de centre O et de rayon $R > 0$ et A le point de C d'affixe R.

Étant donné un entier $n \geqslant 2$, on note r la rotation de centre O d'angle $\dfrac{2\pi}{n}$.

On considère la suite de points (M_k) de C définie par la relation de récurrence $M_{k+1} = r(M_k)$ et la condition initiale $M_0 = A$.
On note z_k l'affixe de M_k.

1° *a*) Pour tout $k \geqslant 0$, exprimer z_{k+1} en fonction de z_k.

b) En déduire l'expression de z_k en fonction de k et n.

c) Comparer M_n et M_0.

d) Faire une figure lorsque $n = 16$ (on prendra R = 4 cm).

2° *a*) Prouver que, pour tout $k \geqslant 0$:

$$M_kM_{k+1} = 2R\sin\frac{\pi}{n}.$$

b) On note $L_n = M_0M_1 + M_1M_2 + \ldots + M_{n-1}M_n$ le périmètre du polygone régulier $(M_0, M_1, \ldots, M_n)$.
Déterminer la limite de L_n lorsque n tend vers $+\infty$.
Interpréter géométriquement le résultat ainsi obtenu.

BAC

3

SYSTÈMES LINÉAIRES

CONTENU

- Résolution d'un système d'équations linéaires

ACTIVITÉ

Variations sur le thème « Bœufs de Newton »

L'activité suivante s'inspire d'un problème célèbre, posé par **Newton** dans son *Arithmétique universelle*.

Des bœufs, des chevaux et des chèvres paissent tranquillement dans 4 prés d'égale qualité où l'on suppose que l'herbe croît uniformément.
Chaque pré peut nourrir un certain nombre d'animaux pendant un certain temps ; on dispose des données suivantes (non garanties !) :

	Superficie (en arpents)	Temps mis pour épuiser le pré (en mois)	Nombre de bœufs	Nombres de chevaux	Nombres de chèvres
1er pré	14	2	1	2	1
2e pré	22	2	2	3	1
3e pré	24	3	0	4	3
4e pré	17	1	3	1	2

Le problème à résoudre est le suivant :

Combien de temps un pré de 40 arpents (de qualité identique aux précédents) peut-il nourrir 4 bœufs, 2 chevaux et 3 chèvres ?

1° **Choix des inconnues, mise en équations**

La quantité initiale d'herbe par arpent sera choisie pour unité (de volume d'herbe).

On note x_1, x_2, x_3, x_4 les inconnues suivantes :

x_1 : quantité d'herbe broutée par un bœuf en un mois ;
x_2 : quantité d'herbe broutée par un cheval en un mois ;
x_3 : quantité d'herbe broutée par une chèvre en un mois ;
x_4 : quantité d'herbe poussée en un mois sur un arpent.

a) Pourquoi la connaissance de x_1, x_2, x_3, x_4 *permet-elle de résoudre le problème posé ? Exprimer* t *(le temps cherché, en mois) en fonction de* x_1, x_2, x_3, x_4.

b) Montrer que pour chaque pré, les données conduisent à une équation linéaire en x_1, x_2, x_3, x_4. *Écrire le système ainsi obtenu.*

2° **Résolution du problème posé**

On est donc amené à résoudre le système :

$$(S)\begin{cases} x_1 + 2x_2 + x_3 - 14x_4 = 7 \\ 2x_1 + 3x_2 + x_3 - 22x_4 = 11 \\ 4x_2 + 3x_3 - 24x_4 = 8 \\ 3x_1 + x_2 + 2x_3 - 17x_4 = 17. \end{cases}$$

Dans la suite, les équations d'un tel système sont appelées L_1, L_2, L_3 et L_4 (du haut vers le bas).

a) Nous effectuons des opérations élémentaires sur L_1, L_2, L_3 et L_4 que nous notons :

$$\left| \begin{array}{l} L_2 \leftarrow L_2 - 2L_1 \\ L_4 \leftarrow L_4 - 3L_1. \end{array} \right.$$

Expliquer ces opérations et justifier qu'elles conduisent au système :

$$(S_1)\begin{cases} x_1 + 2x_2 + x_3 - 14x_4 = 7 \\ 0 - x_2 - x_3 + 6x_4 = -3 \\ 0 + 4x_2 + 3x_3 - 24x_4 = 8 \\ 0 - 5x_2 - x_3 + 25x_4 = -4. \end{cases}$$

Montrer que le système (S_1) *est équivalent à* (S).

b) Définir des manipulations analogues pour obtenir, à partir du système (S_1), *le système* (S_2) *suivant :*

$$(S_2)\begin{cases} x_1 + 2x_2 + x_3 - 14x_4 = 7 \\ 0 - x_2 - x_3 + 6x_4 = -3 \\ 0 + 0 - x_3 - 0 = -4 \\ 0 + 0 + 4x_3 - 5x_4 = 11. \end{cases}$$

Montrer que (S_2) *est équivalent à* (S).

c) Résoudre le problème posé.

SYSTÈMES LINÉAIRES

INFORMATION

1. DÉFINITIONS

a Cas général

On appelle **système linéaire de p équations à n inconnues** tout système d'équations de la forme :

$$\left.\begin{array}{ccccccccccc} a_{11}x_1 & + & a_{12}x_2 & + & a_{13}x_3 & + & \cdots & + & a_{1n}x_n & = & b_1 \\ a_{21}x_1 & + & a_{22}x_2 & + & a_{23}x_3 & + & \cdots & + & a_{2n}x_n & = & b_2 \\ \cdots & & \cdots & & \cdots & & \cdots & & \cdots & = & \cdots \\ a_{p1}x_1 & + & a_{p2}x_2 & + & a_{p3}x_3 & + & \cdots & + & a_{pn}x_n & = & b_p \end{array}\right\} \quad (S)$$

i désigne la ligne, *j* désigne la colonne.

dans lequel a_{ij} et b_i $(1 \leqslant i \leqslant p,\ 1 \leqslant j \leqslant n)$ sont des réels ou des complexes donnés.

Une solution de (S) est un élément de $\mathbb{R}^n$ ou de $\mathbb{C}^n$. (Voir chapitre 4.)

Une **solution** de (S) est un n-uplet $(x_1\ ;\ x_2\ ;\ \ldots\ ;\ x_n)$ de nombres réels ou complexes vérifiant simultanément les p équations de (S). Résoudre un tel système c'est trouver l'ensemble des solutions de (S).

Deux systèmes (S_1) et (S_2) sont équivalents, s'ils ont même ensemble de solutions, c'est-à-dire si toute solution de (S_1) est solution de (S_2) et réciproquement, si toute solution de (S_2) est solution de (S_1).

EXEMPLE

$$\left\{\begin{array}{ccccccc} 2x_1 & + & 3x_2 & - & 3x_3 & = & -10 \\ 4x_1 & + & 7x_2 & + & 4x_3 & = & -2 \end{array}\right.$$

est un système de 2 équations à 3 inconnues.

$(1\ ;-2\ ;2)$ en est une solution.

► Le vérifier. Est-ce la seule ?

b Cas particuliers

Un système est dit **carré** si $p = n$.

Un système carré est dit **triangulaire à diagonale unité** si l'on a :

$$a_{ij} = 0 \text{ pour } i > j \text{ et } a_{ii} = 1, \text{ avec } 1 \leqslant i \leqslant n,\ 1 \leqslant j \leqslant n.$$

Par exemple, la forme générale d'un système 3×3, triangulaire à diagonale unité est :

$$\left\{\begin{array}{ccccccc} x_1 & + & a_{12}x_2 & + & a_{13}x_3 & = & b_1 \\ & & x_2 & + & a_{23}x_3 & = & b_2 \\ & & & & x_3 & = & b_3. \end{array}\right.$$

Cette propriété se démontre par récurrence.
► Énoncer une hypothèse de récurrence.

La résolution d'un tel système est très simple et, de plus on admet :

> ***Propriété***
> **Un système triangulaire à diagonale unité admet, quel que soit le second membre, une et une seule solution.**

EXEMPLE

Résoudre le système

$$\begin{cases} x_1 - 2x_2 + 3x_3 = 9 & L_1 \\ x_2 + 4x_3 = 7 & L_2 \\ x_3 = 2 & L_3 . \end{cases}$$

Les résolutions successives des équations L_3 puis L_2 puis L_1 montrent que (S) admet une solution et une seule (1 ; – 1 ; 2).

2. OPÉRATIONS ÉLÉMENTAIRES

a Exemple et notations

Soit le système :

$$(S) \begin{cases} 2x + 12y + 17z = 53 \\ x + 5y + 7z = 22 \\ 3x + 22y + 19z = 35. \end{cases}$$

On va ramener la résolution de (S) à celle d'un système de (3 – 1) équations à (3 – 1) inconnues. Pour cela on forme un système équivalent à (S), en éliminant une inconnue dans deux équations du système.

- Échangeons les lignes 1 notée L_1, et 2 notée L_2.

L'échange des deux premières lignes rend plus simple le calcul d'élimination de *x*.

Codage	**Système**
$L_1 \leftrightarrow L_2$	$(S_1) \begin{cases} x + 5y + 7z = 22 \\ 2x + 12y + 17z = 53 \\ 3x + 22y + 19z = 35. \end{cases}$

- Multiplions les deux membres de L_1 par – 2 et ajoutons l'équation obtenue à L_2, membre à membre, afin d'éliminer x dans la deuxième équation. Procédons de même avec L_3.

Codage	**Système**
$L_2 \leftarrow L_2 - 2L_1$ $L_3 \leftarrow L_3 - 3L_1$	$(S_2) \begin{cases} x + 5y + 7z = 22 \\ 2y + 3z = 9 \\ 7y - 2z = -31. \end{cases}$

● Appliquons à nouveau le procédé au système de 2 équations à 2 inconnues en éliminant y dans L_3.

Codage	Système
$L_2 \leftarrow \dfrac{L_2}{2}$	$(S_3)\begin{cases} x + 5y + 7z = 22 \\ y + \dfrac{3}{2}z = \dfrac{9}{2} \\ 7y - 2z = -31. \end{cases}$
$L_3 \leftarrow L_3 - 7L_2$	$(S_4)\begin{cases} x + 5y + 7z = 22 \\ y + \dfrac{3}{2}z = \dfrac{9}{2} \\ -\dfrac{25}{2}z = -\dfrac{125}{2}. \end{cases}$

Nous obtenons un système triangulaire (S_4). On vérifie que :

(S_4) est équivalent à (S) ;

(S_4) admet une solution et une seule : (2 ; – 3 ; 5).

On en déduit que (S) admet une solution et une seule (2 ; – 3 ; 5).

b Opérations élémentaires

On note de haut en bas $L_1, L_2, \ldots, L_n$ les n équations ou lignes du système. On définit sur ces lignes les opérations suivantes, dites **élémentaires** :

● Échange de deux lignes :

$L_i \leftrightarrow L_j$.

● Multiplication d'une ligne par un réel non nul :

$L_i \leftarrow \mu L_i$ ($\mu \in \mathbb{R}^*$).

● Addition à une ligne d'un multiple d'une autre ligne :

$L_i \leftarrow L_i + \lambda L_j$ ($\lambda \in \mathbb{R}, i \neq j$).

On admet le théorème suivant.

Théorème

Étant donné un système linéaire de p lignes $L_1, L_2, \ldots, L_p$, on obtient un système équivalent en effectuant une des opérations élémentaires suivantes :

- **$L_i \leftrightarrow L_j$**
- **$L_i \leftarrow \mu L_i$ ($\mu \in \mathbb{R}^*$)**
- **$L_i \leftarrow L_i + \lambda L_j$ ($\lambda \in \mathbb{R}, i \neq j$).**

Dans le cas d'un système à coefficients complexes $\mu \in \mathbb{C}^*, \lambda \in \mathbb{C}$.

3. MÉTHODE DU PIVOT DE GAUSS

La méthode du pivot de Gauss consiste à exécuter, dans un ordre bien déterminé, des opérations élémentaires sur les lignes d'un système, conduisant à un système triangulaire (équivalent) plus facile à résoudre ; cette méthode est en fait un algorihme susceptible d'être exécuté par un ordinateur.

Exercice résolu 1

Résoudre dans $\mathbb{R}^4$ le système :

$$\begin{cases} 2x_1 - 2x_2 + 4x_3 + 6x_4 = 4 \\ x_1 - x_2 + 7x_4 = -8 \\ 3x_1 - 2x_2 + 4x_3 + 8x_4 = 2 \\ -x_1 - x_2 + 5x_3 - 6x_4 = 20\,. \end{cases}$$

1re étape :

On fait apparaître 1 pour coefficient de x_1 dans la première ligne.

1, le coefficient de x_1 est appelé pivot de rang 1.

$$L_1 \leftarrow \frac{L_1}{2} \qquad \begin{cases} x_1 - x_2 + 2x_3 + 3x_4 = 2 \\ x_1 - x_2 + 7x_4 = -8 \\ 3x_1 - 2x_2 + 4x_3 + 8x_4 = 2 \\ -x_1 - x_2 + 5x_3 - 6x_4 = 20\,. \end{cases}$$

2e étape :

On élimine x_1 dans les lignes 2, 3 et 4.

$$\begin{array}{l} L_2 \leftarrow L_2 - L_1 \\ L_3 \leftarrow L_3 - 3L_1 \\ L_4 \leftarrow L_4 + L_1 \end{array} \qquad \begin{cases} x_1 - x_2 + 2x_3 + 3x_4 = 2 \\ 0 + 0 - 2x_3 + 4x_4 = -10 \\ 0 + x_2 - 2x_3 - x_4 = -4 \\ 0 - 2x_2 + 7x_3 - 3x_4 = 22\,. \end{cases}$$

3e étape :

Le pivot de rang 2, coefficient de x_2 dans la deuxième équation, est nul, on échange L_2 et une autre ligne de façon à obtenir un pivot non nul.

$$L_2 \leftrightarrow L_3 \qquad \begin{cases} x_1 - x_2 + 2x_3 + 3x_4 = 2 \\ x_2 - 2x_3 - x_4 = -4 \\ -2x_3 + 4x_4 = -10 \\ -2x_2 + 7x_3 - 3x_4 = 22\,. \end{cases}$$

Puis on élimine x_2 dans la ligne 4.

$$L_4 \leftarrow L_4 + 2L_2 \qquad \begin{cases} x_1 - x_2 + 2x_3 + 3x_4 = 2 \\ x_2 - 2x_3 - x_4 = -4 \\ -2x_3 + 4x_4 = -10 \\ 3x_3 - 5x_4 = 14\,. \end{cases}$$

Ici le pivot est -2, coefficient de x_3 dans L_3.

4e étape :

On fait apparaître 1 pour coefficient de x_3 dans la troisième ligne, puis on élimine x_3 dans la ligne 4.

$$L_3 \leftarrow \frac{L_3}{-2} \qquad \begin{cases} x_1 - x_2 + 2x_3 + 3x_4 = 2 \\ x_2 - 2x_3 - x_4 = -4 \\ x_3 - 2x_4 = 5 \\ 3x_3 - 5x_4 = 14. \end{cases}$$

$$L_4 \leftarrow L_4 - 3L_3 \qquad \begin{cases} x_1 - x_2 + 2x_3 + 3x_4 = 2 \\ x_2 - 2x_3 - x_4 = -4 \\ x_3 - 2x_4 = 5 \\ x_4 = -1. \end{cases}$$

En résolvant L_4, puis L_3, L_2 et L_1, on obtient $x_4 = -1$, $x_3 = 3$, $x_2 = 1$ et $x_1 = 0$.
Le système admet donc une solution unique $(0\,;1\,;3\,;-1)$.

REMARQUE

Lorsqu'il est impossible d'obtenir un pivot non nul on dit que la méthode de Gauss « se bloque » ; c'est le cas dans l'exercice 2.

Exercice résolu 2

Résoudre dans $\mathbb{R}^4$ le système :

$$\begin{cases} \boldsymbol{x_1 + x_2 - x_3 + 2x_4 = 1} \\ \boldsymbol{2x_1 + 4x_2 - 6x_3 - 2x_4 = 0} \\ \boldsymbol{-x_1 + x_2 - 3x_3 - 9x_4 = -2} \\ \boldsymbol{x_1 - 2x_2 + 5x_3 + 13x_4 = a+4} \quad (\boldsymbol{a \in \mathbb{R}}). \end{cases}$$

1re étape : on élimine l'inconnue x_1 dans les lignes 2, 3 et 4.

$$\begin{array}{l} L_1 \leftarrow L_1 \\ L_2 \leftarrow L_2 - 2L_1 \\ L_3 \leftarrow L_3 + L_1 \\ L_4 \leftarrow L_4 - L_1 \end{array} \qquad \begin{cases} x_1 + x_2 - x_3 + 2x_4 = 1 \\ 0 + 2x_2 - 4x_3 - 6x_4 = -2 \\ 0 + 2x_2 - 4x_3 - 7x_4 = -1 \\ 0 - 3x_2 + 6x_3 + 11x_4 = a+3. \end{cases}$$

2e étape : on élimine l'inconnue x_2 dans les lignes 3 et 4.

$$\begin{array}{l} L_1 \leftarrow L_1 \\ L_2 \leftarrow L_2 \\ L_3 \leftarrow L_2 - L_3 \\ L_4 \leftarrow 2L_4 + 3L_2 \end{array} \qquad \begin{cases} x_1 + x_2 - x_3 + 2x_4 = 1 \\ 0 \quad 2x_2 - 4x_3 - 6x_4 = -2 \\ 0 \quad 0 \quad 0 \quad x_4 = -1 \\ 0 \quad 0 \quad 0 \quad 4x_4 = 2a. \end{cases}$$

Il y a blocage : le système initial est cependant équivalent à ce dernier système trouvé.

Deux cas sont à envisager :

1er cas : $a \neq -2$, le système initial n'a pas de solution. $\mathscr{S} = \varnothing$.

2e cas : $a = -2$, le système initial (ou final) admet une infinité de solutions :

$$\mathscr{S} = \{(7-k\,;\ 2k-4\,;\ k\,;\ -1)\,;\, k \in \mathbb{R}\}.$$

SYSTÈMES LINÉAIRES

EXERCICES ET PROBLÈMES

POUR SAVOIR FAIRE ***Objectifs à atteindre***	**Exercices appropriés**
Résoudre des systèmes	1 à 17
Utiliser un système pour résoudre un problème	18 à 24

POUR CHERCHER ***Sujets abordés***	**Exercices appropriés**
Systèmes	25
Mise en équations et résolution de systèmes	26 à 39

POUR SAVOIR FAIRE

Systèmes

Pour les exercices 1 à 11
Résoudre dans $\mathbb{R}^3$ le système donné.

1 $\begin{cases} 3x + 4y - 5z = 7 \\ 3y - 7z = 1 \\ 8z = 16. \end{cases}$

2 $\begin{cases} x + 3y + 2z = 2 \\ x + 4y + 3z = 3 \\ 2x + 7y + 6z = 8. \end{cases}$

3 $\begin{cases} 2x + 3y - 4z = 12 \\ x + 3y + z = 6 \\ -x - 2y + 3z = -8. \end{cases}$

4 *a)* $\begin{cases} x - 2y + 3z = 2 \\ x - y + 7z = 7 \\ 2x + 4y + 9z = 15. \end{cases}$

b) $\begin{cases} x - 2y + 3z = 1 \\ x - y + 7z = -4 \\ 2x + 4y + 9z = -9. \end{cases}$

5 $\begin{cases} x + y = a \\ x + z = b \\ y + z = c. \end{cases}$

a, b et c sont trois nombres réels donnés.

6 $\begin{cases} 2x + y + z = 4 \\ x + 2y + z = 4 \\ x + y + 2z = 4. \end{cases}$

7 $\begin{cases} 4x - 2y + 7z = 20 \\ 3x - y + 3z = 10 \\ 2x - 3y - z = 3. \end{cases}$

8 $\begin{cases} 2x + 3y - 5z = 4 \\ x + y - z = 1 \\ -3x - 4y + z = -5. \end{cases}$

9 $\begin{cases} 2x + 4y = 16 \\ 3x + 9y + 18z = 9 \\ 4x + 8y + z = 29. \end{cases}$

10 a) $\begin{cases} x + y + z = 1 \\ x + 2y - 2z = 0 \\ 2x + 3y - z = 5. \end{cases}$

b) $\begin{cases} x + y + z = 1 \\ x + 2y - 2z = 0 \\ 2x + 3y - z = 1. \end{cases}$

Pour les exercices 11 à 15
Résoudre dans $\mathbb{R}^4$ *le système donné.*

11 $\begin{cases} 2x + 3y - z + 4t = -1 \\ 3y - 2z - 2t = -6 \\ z + 6t = -1 \\ -4t = 2. \end{cases}$

12 $\begin{cases} 2x + 2y + 4z + 6t = 8 \\ 3x + 4y + 11z + 15t = 21 \\ 5x + 8y + 27z + 17t = 57 \\ 4x + 2y - 5z + 27t = -5. \end{cases}$

13 $\begin{cases} 8x_1 + 40x_2 - 32x_3 + 24x_4 = 16 \\ 2x_1 + 13x_2 + 4x_3 - 6x_4 = -2 \\ -3x_1 - 17x_2 + 6x_3 - 7x_4 = -6 \\ x_1 + 2x_2 - 11x_3 + 5x_4 = -7. \end{cases}$

14 $\begin{cases} 2x_1 + 2x_2 + 8x_3 - 6x_4 = -4 \\ 2x_1 + 5x_2 + 14x_3 + 3x_4 = 8 \\ x_1 + 3x_2 + 14x_3 - 9x_4 = 0 \\ x_1 + 2x_2 + 11x_3 - 10x_4 = -3. \end{cases}$

15 $\begin{cases} 2x + 6y + 4z + 2t = -2 \\ -2x - 3y + 5z - 5t = 2 \\ -3x - 8y - 3z + 2t = 1 \\ -x - 2y + z + 10t = 0. \end{cases}$

Pour les exercices 16 et 17
Résoudre dans $\mathbb{R}^5$ *le système donné.*

16 $\begin{cases} -x_1 - 2x_2 + x_5 = 2 \\ x_1 + 4x_2 + 8x_3 + 3x_5 = 4 \\ 2x_1 + 5x_2 + 3x_3 - 3x_4 - 5x_5 = -5 \\ 2x_2 + 10x_3 + 8x_4 + 16x_5 = 18 \\ 5x_1 + 9x_2 - x_3 + 10x_4 + 12x_5 = -2 \end{cases}$

17 $\begin{cases} 2x + 4y + 6z + 8t + 10u = -2 \\ -x + z + 2t - 7u = -3 \\ -2x - 5y - 6z - 15t - 15u = 2 \\ -x - 4y - 7z - 10t - 3u = 5 \\ -2x - 7y - 10z - 20t - 9u = -6. \end{cases}$

À la recherche de fonctions polynômes

18 Trouver un polynôme P de degré inférieur ou égal à 2 vérifiant :

$P(0) = 1$; $P(1) = 3$ et $P(-1) = 1$.

19 Trouver un polynôme P de degré inférieur ou égal à 2 vérifiant :

$P(2) = P(-2) = 1$; $P(0) = -1$.

20 Trouver un polynôme P de degré inférieur ou égal à 2 vérifiant :

$P(1) = 0$; $P(3) = 16$; $P'(2) = 8$.

21 Trouver un polynôme P de degré inférieur ou égal à 3 vérifiant :

$P(1) = 1$; $P(2) = 15$; $P(3) = 51$; $P'(-1) = 11$.

22 Trouver un polynôme P de degré inférieur ou égal à 3 qui prenne la valeur 1 en 0 et la valeur –4 en 1 et dont la courbe représentative C admette des tangentes de coefficients directeurs – 6 et 6 respectivement aux points de C d'abscisses 0 et 2.

Intersection de plans

Un repère orthonormal $(O, \vec{i}, \vec{j}, \vec{k})$ *de l'espace est donné.*

23 Déterminer l'intersection des plans P_1, P_2 et P_3.

$P_1 :\ 2x + 2y + 6z = -1$

$P_2 :\ -3x - 4y - 9z = 1$

$P_3 :\ -y + 2z = 4.$

24 Déterminer l'intersection des plans P_1, P_2 et P_3.

$P_1 :\ 3x + 3y - 3z = -3$

$P_2 :\ -3x - 3y = -1$

$P_3 :\ 2x + 2y - 8z = -8.$

Résultats des exercices dont le numéro est en couleur

1. $(x\,;y\,;z) = (-1\,;5\,;2)$.

2. $(x\,;y\,;z) = (2\,;-2\,;3)$.

3. $(x\,;y\,;z) = (1\,;2\,;-1)$.

4. *a)* $(x\,;y\,;z) = (1\,;1\,;1)$.
b) $(x\,;y\,;z) = (2\,;-1\,;-1)$.

5. $x = \dfrac{a+b-c}{2}$, $y = \dfrac{a-b+c}{2}$, $z = \dfrac{-a+b+c}{2}$.

6. En ajoutant membre à membre les trois équations, on obtient $x + y + z = 3$, en retranchant cette équation à chacune des équations du système, on trouve immédiatement :

$x = y = z = 1$.

7. $(x\,;y\,;z) = (1\,;-1\,;2)$.

8. $(x\,;y\,;z) = (-1\,;2\,;0)$.

9. $(x\,;y\,;z) = (-18\,;13\,;-3)$.

10. On obtient, en utilisant la méthode du pivot de Gauss, les systèmes équivalents :

a) $\begin{cases} x + y + z = 1 \\ 0 + y - 3z = -1 \\ 0 + 0 + 0z = 4. \end{cases}$

Il est immédiat que le système proposé n'a pas de solution.

b) $\begin{cases} x + y + z = 1 \\ y - 3z = -1 \\ y - 3z = -1. \end{cases}$

L'ensemble des solutions est l'ensemble des triplets

$(2 - 4k\,;-1 + 3k\,;k)$, k décrivant $\mathbb{R}$.

11. $(x;y;z;t) = \left(3;-1;2;-\dfrac{1}{2}\right)$.

12. $(x\,;y\,;z\,;t) = (118\,;-200\,;37\,;4)$.

13. $(x\,;y\,;z\,;t) = (-85\,;14\,;-5\,;-1)$.

14. On obtient, en utilisant la méthode du pivot de Gauss, le système équivalent :

$$\begin{cases} x_1 + x_2 + 4x_3 - 3x_4 = -2 \\ x_2 + 2x_3 + 3x_4 = 4 \\ x_3 - 2x_4 = -1. \end{cases}$$

L'ensemble des solutions est l'ensemble des quadruplets

$(2t - 4\,;-7t + 6\,;2t - 1\,;t)$, t décrivant $\mathbb{R}$.

15. On obtient, en utilisant la méthode du pivot de Gauss, le système équivalent

$$\begin{cases} x + 3y + 2z + t = -1 \\ y + 3z - t = 0 \\ 6t = -2 \\ 12t = -1. \end{cases}$$

Pas de solution.

16. $(x_1\,;x_2\,;x_3\,;x_4\,;x_5) = (-13\,;5\,;0\,;3\,;-1)$.

17. On obtient, en utilisant la méthode du pivot de Gauss, le système équivalent

$$\begin{cases} x + 2y + 3z + 4t + 5u = -1 \\ y + 2z + 3t - u = -2 \\ z - 2t - 3u = -1 \\ t + 4u = -12. \end{cases}$$

L'ensemble des solutions est l'ensemble des 5-uplets

$(-20t - 46\,;23t + 84\,;-5t - 25\,;-4t - 12\,;t)$, t décrivant $\mathbb{R}$.

19. P est défini par :

$P(x) = \dfrac{1}{2}x^2 - 1$.

22. $P(x) = ax^3 + bx^2 + cx + d$.
P est une fonction polynôme donc dérivable sur $\mathbb{R}$:

$P'(x) = 3ax^2 + 2bx + c$.

On a donc à résoudre le système :

$$\begin{cases} d = 1 \\ a + b + c + d = -4 \\ c = -6 \\ 12a + 4b + c = 6. \end{cases}$$

On obtient $P(x) = x^3 - 6x + 1$.

23. L'intersection est réduite au point de coordonnées $\left(-\dfrac{31}{4}\,;\dfrac{1}{2}\,;\dfrac{9}{4}\right)$.

24. L'intersection est vide.

POUR CHERCHER

Systèmes

25 1° Résoudre dans $\mathbb{R}^3$ le système suivant :

$$\begin{cases} 5x + 7y - 3z = 22 \\ x + 2y - z = 6 \\ 2x - 2y + 5z = -7. \end{cases}$$

2° En déduire la solution des systèmes suivants :

$$a) \begin{cases} 5|a| + 7|b| - 3|c| = 22 \\ |a| + 2|b| - |c| = 6 \\ 2|a| - 2|b| + 5|c| = -7. \end{cases}$$

$$b) \begin{cases} \dfrac{10}{x-1} + \dfrac{7}{2y} - 3(z+2) = 22 \\ \dfrac{2}{x-1} + \dfrac{1}{y} - (z+2) = 6 \\ \dfrac{4}{x-1} - \dfrac{1}{y} + 5(z+2) = -7. \end{cases}$$

Recherche de fonctions polynômes

26 1° Résoudre dans $\mathbb{R}^4$ le système :

$$\begin{cases} x + y + z + t = -4 \\ -x + y - z + t = 4 \\ 8x + 4y + 2z + t = 1 \\ 3x + 2y + z = 0. \end{cases}$$

2° Déterminer les coefficients a, b, c, d de la fonction

$$f : \mathbb{R} \to \mathbb{R}$$
$$X \mapsto aX^3 + bX^2 + cX + d$$

sachant que $f(1) = -4, f(-1) = 4, f(2) = 1$ et que f admet un minimum pour 1.

27 1° Résoudre dans $\mathbb{R}^4$ le système linéaire à quatre inconnues réelles a, b, c, d :

$$\begin{cases} a + b + c + d = -\dfrac{13}{2} \\ 4a + 3b + 2c + d = 0 \\ 8a + 4b + 2c + d = -2 \\ 32a + 12b + 4c + d = 0. \end{cases}$$

2° ***Application*** : soit f la fonction de $\mathbb{R}$ dans $\mathbb{R}$ définie par :

$$f(x) = ax^4 + bx^3 + cx^2 + dx + e.$$

Déterminer les réels a, b, c, d, e sachant que la courbe représentative $\mathscr{C}$ de f possède dans le repère $(O, \vec{i}, \vec{j})$ où elle est dessinée les propriétés suivantes : $\mathscr{C}$ passe par les points

$$O(0;0), \quad A\left(1; -\frac{13}{2}\right), \quad B(2; -4),$$

et $\mathscr{C}$ admet en chacun des points A et B une tangente de vecteur directeur $\vec{i}$.

28 Déterminer la fonction polynôme P, de degré 5 qui coïncide avec la fonction *sinus* en 0 et en π, dont la dérivée première coïncide avec celle de la fonction *sinus* en 0 et en π, et dont la dérivée seconde coïncide avec celle de la fonction *sinus* en 0 et en π.

29 Soit f_0, f_1, f_2 et f_3 les fonctions définies sur $\mathbb{R}$ par :

$f_0(x) = 1$; $\quad f_1(x) = 1 + x$;

$f_2(x) = 1 + x + x^2$; $\quad f_3(x) = 1 + x + x^2 + x^3$.

1° On considère la fonction φ définie sur $\mathbb{R}$ par :

$$\varphi(x) = -\frac{4}{5}x^3 + \frac{2}{3}x^2 + x - 7.$$

Établir qu'il existe un quadruplet de réels $(a; b; c; d)$ et un seul tel que :

$$\varphi = af_0 + bf_1 + cf_2 + df_3.$$

2° Soit Ψ la fonction définie sur $\mathbb{R}$ par :

$$\Psi(x) = \alpha + \beta x + \gamma x^2 + \delta x^3,$$

où α, β, γ, δ sont des réels donnés.
Démontrer qu'il existe un quadruplet $(a; b; c; d)$ et un seul tel que :

$$\Psi = af_0 + bf_1 + cf_2 + df_3.$$

Géométrie

30 ***Triangle***

On considère un triangle ABC tel que
AB = 5 cm, AC = 6 cm et BC = 7 cm.
Le cercle inscrit dans le triangle ABC est tangent à (BC) en A′, à (AC) en B′ et à (AB) en C′.
Calculer AC′, AB′, BA′, CA′ et CB′.

31 ***Parallélogramme***

1° Les complexes a_1, a_2, a_3, a_4 sont donnés.
Résoudre le système suivant.

$$\begin{cases} (z_1, z_2, z_3, z_4) \in \mathbb{C}^4 \\ z_1 + z_2 = 2a_1 \\ z_2 + z_3 = 2a_2 \\ z_3 + z_4 = 2a_3 \\ z_4 + z_1 = 2a_4. \end{cases}$$

2° Dans le plan, on considère un quadrilatère $A_1A_2A_3A_4$.

a) Montrer qu'il existe un quadrilatère $M_1M_2\,M_3M_4$ dont les milieux des côtés sont les points A_1, A_2, A_3, A_4 si et seulement si le quadrilatère $A_1A_2A_3A_4$ est un parallélogramme.

b) Montrer que, s'il en est ainsi, le point de concours des diagonales du parallélogramme $A_1A_2A_3A_4$ est l'isobarycentre des points M_1, M_2, M_3 et M_4.

32 ***Cercle***

Dans un plan rapporté à un repère orthonormal $(O, \vec{i}, \vec{j})$, on considère les points A(1 ; – 4), B(5 ; 0) et C(3 ; 2).
Calculer le rayon et les coordonnées du centre du cercle circonscrit au triangle ABC.
Indication : l'équation du cercle de centre I(a, b) et de rayon r est : $(x-a)^2 + (y-b)^2 = r^2$.

Exercices 33 à 36
Un repère orthonormal de l'espace est donné.

33 ***Similitude***

On donne dans le plan complexe les points A, B, C, D d'affixes respectives :

$1 - \mathrm{i},\ \mathrm{i},\ 2 + 3\mathrm{i},\ -3 + 6\mathrm{i}.$

Montrer qu'il existe une similitude directe f qui vérifie $f(\mathrm{A}) = \mathrm{B}$ et $f(\mathrm{C}) = \mathrm{D}$.

34 ***Sphère***

On donne les points A(0 ; 4 ; – 1), B(– 2 ; 4 ; – 5), C(1 ; 1 ; – 5) et D(1 ; 0 ; – 4).

1° Écrire une équation de la sphère circonscrite au tétraèdre ABCD.

2° Quelle sont les coordonnées du centre I de cette sphère ainsi que son rayon r ?

35 ***Barycentre***

Soit, dans l'espace, les 4 points A_1, A_2, A_3, G de coordonnées respectives :

$$A_1\begin{pmatrix}3\\8\\0\end{pmatrix},\ A_2\begin{pmatrix}4\\10\\-2\end{pmatrix},\ A_3\begin{pmatrix}-2\\-2\\-12\end{pmatrix},\ G\begin{pmatrix}2\\6\\3\end{pmatrix}.$$

Existe-t-il des triplets $(\alpha_1 ; \alpha_2 ; \alpha_3)$ tels que G soit le barycentre de A_1, A_2 et A_3 respectivement affectés des coefficients α_1, α_2 etα_3 ?

36 ***Homothétie***

Soit les points de l'espace :

$$A\begin{pmatrix}2\\-2\\3\end{pmatrix},\ A'\begin{pmatrix}4\\-4\\5\end{pmatrix},\ B\begin{pmatrix}2\\1\\5\end{pmatrix},\ B'\begin{pmatrix}4\\5\\11\end{pmatrix}.$$

Existe-t-il une homothétie transformant A en A′ et B en B′ ?
Si oui, trouver son rapport k et son centre I.

Mises en équations

Exercices 37 à 39
Ils sont extraits de Expérience et problèmes récréatifs, Science pour tous, *de Y. Perelman (éd. de Moscou).*

37 La frappe d'un discours est confiée à deux dactylos. La plus habile pourrait faire ce travail en 2 heures, la moins habile, en 3 heures.

En combien de temps taperont-elles ce discours si elles partagent le travail de façon à le faire dans le temps le plus court ?

38 Deux ouvriers peuvent exécuter un travail en sept jours à condition que le second commence deux jours après le premier. Si chacun le faisait séparément, le premier mettrait quatre jours de plus que le second.
En combien de jours chacun d'eux pourrait exécuter ce travail ?

39 ***Le problème d'Archimède***

Le plus ancien des casse-tête se rapportant au pesage est sans contredit celui que le tyran de Syracuse, Hiéron a proposé au célèbre mathématicien Archimède.
La légende dit que Hiéron avait commandé une couronne de lauriers pour une statue à un joaillier à qui il avait fait délivrer la quantité nécessaire d'or et d'argent.
Quand la couronne fut prête, son pesage montra qu'elle avait le poids d'or et d'argent fourni. Mais un dénonciateur rapporta au tyran que le joaillier avait volé une partie de l'or en le remplaçant par de l'argent. Hiéron appela Archimède et lui demanda de déterminer combien d'or et combien d'argent contenait la couronne faite par le joaillier.
Archimède résolut ce problème en partant du fait que l'or perd dans l'eau 1/20 de son poids, et l'argent 1/10. Comment a-t-il procédé ?

4

DÉNOMBREMENT ET PROBABILITÉS

CONTENU

- Probalités
- Produit cartésien
- Arrangements
- Combinaisons
- Formule du binôme

ACTIVITÉS

ACTIVITÉ 1 Pan sur le bec !

Deux quotidiens, *La République* et *La Liberté* se partagent les lecteurs d'une ville de province. Un jour, *La Liberté* publie l'encadré suivant :

***LA LIBERTÉ* ENCORE EN TÊTE**

Un sondage effectué auprès de 1 000 adultes de notre ville prouve que notre journal l'emporte aussi bien chez les hommes que chez les femmes.

Nombre de personnes lisant :			
La Liberté	*La République*	les deux	
410	290	50	femmes
255	229	72	hommes

Dès le lendemain, on peut lire dans *La République* une réponse cinglante.

Sur quels calculs se fonde La République *pour accuser son concurrent de truquer les chiffres ?*

ACTIVITÉ 2 Jeux de mots

1° Une urne contient quatre cartons portant respectivement les lettres A, B, C et D.
On extrait cinq cartons un à un en replaçant à chaque fois le carton tiré dans l'urne. On note les lettres obtenues dans l'ordre de leur apparition et on obtient ainsi un « mot » de cinq lettres.

a) Combien de mots différents peut-on obtenir ?

b) Quelle est la probabilité de tirer un mot :

— *formé uniquement de voyelles ?*

— *commençant par* D *?*

— *finissant par* A *?*

2° On place maintenant 26 cartons dans l'urne portant chacun une lettre de l'alphabet. On forme des mots de six lettres en tirant successivement six cartons avec remise dans l'urne après chaque tirage.
Combien de mots différents peut-on former ?

3° De l'urne précédente on tire successivement six cartons sans les remettre dans l'urne.
Combien de mots différents de six lettres peut-on ainsi former ?

ACTIVITÉ 3 Soyez qualifié (e) !

1° Lors d'un championnat, une course éliminatoire oppose quatre athlètes désignés par A, B, C et D. Les trois premiers sont qualifiés pour le tour suivant.

a) Combien de listes de trois qualifiés, classés dans leur ordre d'arrivée peut-on former ?

b) Combien d'ensembles de trois qualifiés, sans tenir compte de leur classement, peut-on former ?

c) On sait que les qualifiés sont A, B et D mais on ignore dans quel ordre. *Combien y a-t-il de classements possibles de ces trois athlètes ? Même question si les qualifiés sont* B, C *et* D.

d) Quelle relation existe-t-il entre les résultats de a), b) et c) ?

2° La course éliminatoire qualifie toujours les trois premiers mais il y a douze athlètes au départ.

a) Combien de listes de trois qualifiés, classés dans leur ordre d'arrivée peut-on former ?

b) On s'intéresse maintenant à l'ensemble des qualifiés indépendamment de leur classement. *En regroupant les listes du a) formées des mêmes éléments, calculer le nombre de résultats possibles.*

3° *Mêmes questions que le 2° dans une course à douze partants et où les quatre premiers sont qualifiés.*

ACTIVITÉ 4 Faites le bon tirage

Les notions élémentaires de probabilités peuvent être mises en situation de manière standard en imaginant un tirage de boules dans une urne. Cette idée est attribuée à **Jacques Bernoulli** probabiliste suisse de la fin du XVIIe siècle.
Il suffit de faire varier la composition de l'urne et le mode de tirage pour retrouver tous les types de questions.
Le but de cette activité est d'identifier le bon mode de tirage.

On dispose d'une grille de 4×3 cases et de trois crayons de couleur : un vert, un rouge et un bleu.

D'autre part on a une urne et deux séries de boules :
– 12 boules numérotées de 1 à 12 ;
– 4 boules de couleurs différentes : une blanche, une verte, une rouge et une bleue.

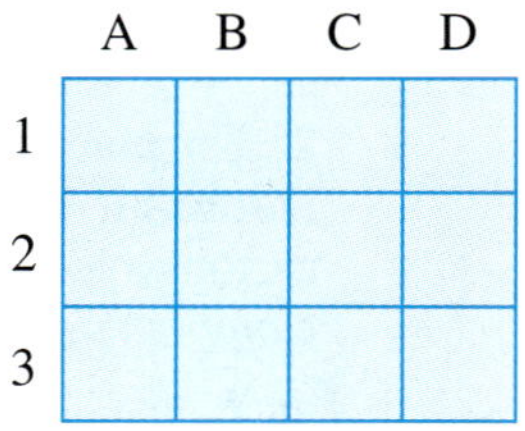

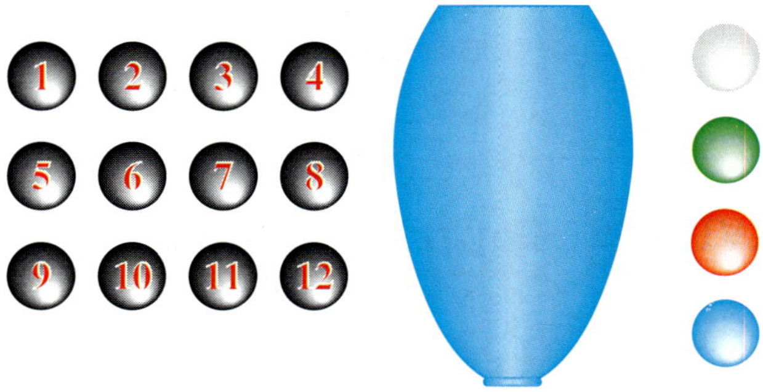

1° *a) Combien peut-on réaliser de coloriages de la grille sachant que :*
– toutes les cases sont coloriées ;
– pour chaque case on peut choisir l'une des trois couleurs : vert, rouge ou bleu.

b) Choisir les boules à placer dans l'urne et décrire un tirage qui conduit au même dénombrement que le a).

2° *Mêmes questions que le 1° mais certaines cases (éventuellement toutes ou aucune) peuvent être laissées blanches.*

3° *a) Combien peut-on réaliser de coloriages formés d'une case verte, une case rouge et une case bleue, les autres étant blanches ?*

b) Même question que le 1° b).

4° *a) Combien peut-on réaliser de coloriages formés de trois cases bleues et neuf cases rouges ?*

b) Même question que le 1° b).

DÉNOMBREMENT ET PROBABILITÉS

INFORMATION

1. PROBABILITÉ

a Univers

« Aléa » vient du latin et signifie « coup de dé » ; il est utilisé dans l'expression : « Alea jacta est ».

On lance un dé cubique et on note le numéro de la face supérieure. Le résultat de cette épreuve est imprévisible : on dit que c'est une expérience aléatoire. L'univers est U $= \{1 ; 2 ; 3 ; 4 ; 5 ; 6\}$.

Dans une expérience aléatoire :

- l'univers U $= \{a_1 ; a_2 ; \dots ; a_n\}$ est l'ensemble des cas possibles ou éventualités,
- un **événement** est une partie de l'univers,
- les **événements élémentaires** sont les parties formées d'un seul élément : $\{a_i\}$, i variant de 1 à n,
- l'événement impossible est la partie vide $\varnothing$,
- l'événement certain est la partie pleine U .

$a_i \in$ U (pour $1 \leqslant i \leqslant n$) est un cas possible.
$\{a_i\} \subset$ U est un événement élémentaire.

Soit A et B deux événements de l'univers U :

- l'événement « A ou B » est l'événement $A \cup B$,
- l'événement « A et B » est l'événement $A \cap B$.

b Probabilité

Soit un univers U ayant n éléments : U $= \{a_1 ; a_2 ; \dots ; a_n\}$.
Définir une probabilité sur U, c'est associer à chaque a_i un réel positif p_i tel que :

$$\boldsymbol{p_1 + p_2 + \dots + p_n = 1.}$$

$\sum_{i=1}^{n} p_i = 1.$

La probabilité de l'événement élémentaire $\{a_i\}$ est p_i.
La probabilité d'un événement A est la somme des probabilités des événements élémentaires inclus dans A.

Si A $= \{a_1 ; a_2 ; a_3\}$, alors
$p(A) = p(\{a_1\}) + p(\{a_2\}) + p(\{a_3\})$
$p(A) = p_1 + p_2 + p_3$.

Propriétés

- $\boldsymbol{p(\varnothing) = 0}$, $\quad \boldsymbol{p(U) = 1}$.
- **Une probabilité est un nombre réel compris entre 0 et 1.**

EXEMPLE

Un grand nombre de lancers d'une pièce de monnaie montre qu'elle est truquée : on obtient en moyenne 3 Piles (P) pour 2 Faces (F).

On lance une fois la pièce. Quelle est la probabilité d'obtenir Pile ? celle d'obtenir Face ?
L'univers est U = {P ; F}. Posons $p_1 = p(\text{P})$ et $p_2 = p(\text{F})$.

On a : $\dfrac{p_1}{3} = \dfrac{p_2}{2}$ et $p_1 + p_2 = 1$.

La solution est $(p_1 \,;\, p_2) = \left(\dfrac{3}{5} \,;\, \dfrac{2}{5}\right)$, c'est-à-dire :

« 3 chances sur 5 » d'avoir Pile,
« 2 chances sur 5 » d'avoir Face.

c Cas d'équiprobabilité

L'exemple précédent n'est pas un cas d'équiprobabilité.

Lorsque **les événements élémentaires ont tous la même probabilité**, la probabilité d'un événement A est :

$$p(A) = \frac{\text{nombre d'éléments de A}}{\text{nombre d'éléments de U}} = \frac{\text{nombre de « cas favorables »}}{\text{nombre de « cas possibles »}}.$$

Quelques exemples d'équiprobabilité :

- dé *équilibré* ou *non pipé*, pièce *non truquée* …
- tirages d'objets *indiscernables*, dans une urne …
- tirage *au hasard* dans un jeu de cartes …

Pour calculer $p(\text{A})$ il faut donc effectuer des dénombrements, ce qui est l'objet de **l'analyse combinatoire**.
Dans certains cas élémentaires, on peut dénombrer avec méthode et patience, sans connaissances particulières (par exemple, en s'aidant d'arbres), c'est ce que nous avons fait en Première.

Mais dès que les problèmes se compliquent un peu, il est utile de connaître les résultats exposés dans ce chapitre.

2. CARDINAL D'UN ENSEMBLE FINI

a Notion de cardinal

Les ensembles considérés dans ce chapitre ont un nombre fini d'éléments.

Définition
Le cardinal d'un ensemble fini E est le nombre d'éléments de E. On le note card E.

EXEMPLE

Avec les notations précédentes, sous l'hypothèse d'équiprobabilité :

$$p(\text{A}) = \frac{\text{card A}}{\text{card U}}.$$

En lançant un dé non truqué, la probabilité d'obtenir un résultat multiple de 3 est :

$$p = \frac{2}{6} = \frac{1}{3},$$

car A = {3 ; 6} et U = {1 ; 2 ; 3 ; 4 ; 5 ; 6}.

b Réunion de deux ensembles disjoints

A et B sont deux sous-ensembles d'un ensemble fini E.

> *Propriété*
> **Si A et B sont disjoints ($A \cap B = \varnothing$), alors :**
> $$\mathbf{card}\,(A \cup B) = \mathbf{card}\,A + \mathbf{card}\,B.$$

Au jeu de dés, les événements A : « obtenir un multiple de 3 », B : « obtenir un multiple de 4 » sont incompatibles et $A \cup B = \{3\,;4\,;6\}$.

En probabilité si deux événements A et B vérifient $A \cap B = \varnothing$, on dit alors qu'ils sont **incompatibles**.

Cas particulier

On appelle **complémentaire de A dans E** l'ensemble noté $\overline{A}$ ou $\complement_E A$ des éléments de E qui n'appartiennent pas à A.

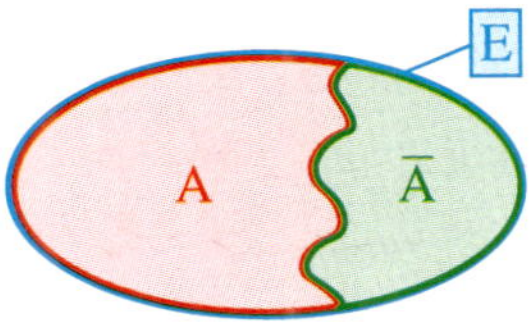

En utilisant la formule ci-contre on retrouve, dans le cas d'équiprobabilité, la propriété générale :

$$p(\overline{A}) = 1 - p(A).$$

Au jeu de dés, l'événement contraire de A : « obtenir un multiple de 3 » est $\overline{A} = \{1\,;2\,;4\,;5\}$.

> *Propriété*
> **Si A est une partie de E, alors**
> $$\mathbf{card}\,\overline{A} = \mathbf{card}\,E - \mathbf{card}\,A.$$

En probabilité, si A est un événement, alors $\overline{A}$ est **l'événement contraire**.

c Réunion de *k* sous-ensembles disjoints deux à deux

Soit l'ensemble fini $E = A_1 \cup A_2 \cup \ldots \cup A_k$.
Si $A_1, A_2, \ldots, A_k$ sont disjoints deux à deux, alors

$$\text{card } E = \text{card } A_1 + \text{card } A_2 + \ldots + \text{card } A_k.$$

Principe des bergers

Il était une fois un berger qui désirait dénombrer ses moutons. Il compta le nombre total de pattes et divisa par 4 …

Bêê … Et moi alors ?

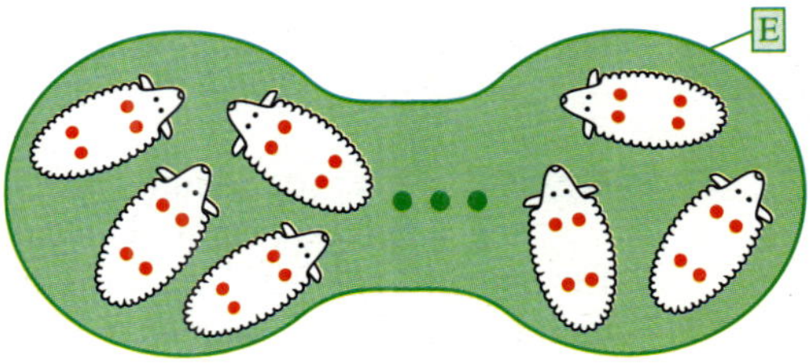

Propriété
Si E est la réunion de sous-ensembles disjoints deux à deux et ayant chacun p éléments, alors le nombre de ces sous-ensembles est

$$\frac{\text{card E}}{p}.$$

d Réunion d'ensembles

En utilisant la formule ci-contre, on retrouve, dans le cas d'équiprobabilité la propriété générale :
$p(A \cup B) = p(A) + p(B) - p(A \cap B)$.

Propriété
Quels que soient les ensembles finis A et B

$$\text{card }(A \cup B) = \text{card A} + \text{card B} - \text{card }(A \cap B).$$

EXEMPLE

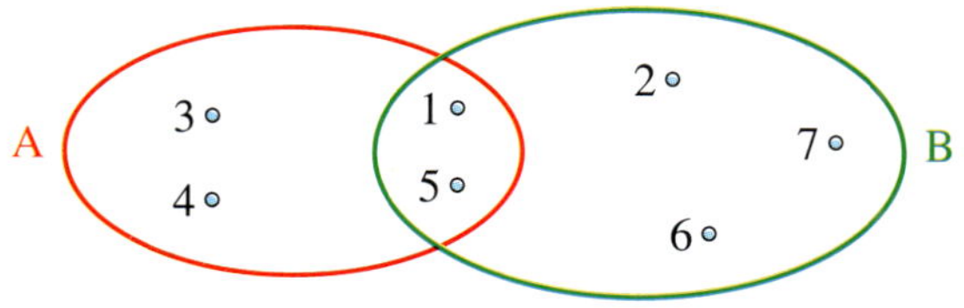

$A = \{1 ; 3 ; 4 ; 5\}$; $B = \{1 ; 2 ; 5 ; 6 ; 7\}$;
$A \cup B = \{1 ; 2 ; 3 ; 4 ; 5 ; 6 ; 7\}$ et $A \cap B = \{1 ; 5\}$.
card $A \cup B = 7$; card A + card B – card $(A \cap B) = 4 + 5 - 2 = 7$.

3. PRODUIT CARTÉSIEN

a Définition, exemples

Définition
Soit E et F deux ensembles finis. Le produit cartésien E × F est l'ensemble des couples (x ; y) où x est élément de E et y est élément de F.

EXEMPLES

De telles notations sont utilisées pour repérer
— les cases d'une grille de mots croisés, d'un échiquier, d'un plan de ville …
— les points d'un plan par les coordonnées dans un repère …

- Soit $E = \{a ; b ; c\}$ et $F = \{1 ; 2 ; 3 ; 4\}$.

On peut représenter le produit cartésien

E × F

par le tableau ci-contre.
(On a remplacé la notation (a ; 1) par a_1.)

F \ E	a	b	c
1	a_1	b_1	c_1
2	a_2	b_2	c_2
3	a_3	b_3	c_3
4	a_4	b_4	c_4

- Soit E = {as ; roi ; dame ; valet ; dix ; neuf ; huit ; sept} et
F = {pique ; cœur ; carreau ; trèfle}.

Le couple (roi ; trèfle), plus communément appelé roi de trèfle, est un élément de E × F : le jeu de 32 cartes.

b Cardinal d'un produit cartésien

Sur les deux exemples précédents, on vérifie la propriété générale suivante :

Attention :
En général, $E \times F \neq F \times E$; cependant card $(E \times F)$ = card $(F \times E)$.

Pour deux ensembles finis E et F

card $(E \times F)$ = card E $\times$ card F.

On retrouve ce résultat par le raisonnement :
on pose n = card E et m = card F.
Pour constituer un couple, il y a
n façons de choisir le premier élément ;
pour chaque choix de cet élément, il y a
m façons de choisir le second élément ;
ce qui donne $n \times m$ éléments de $E \times F$.

Un élément $(x_1 ; x_2 ; \ldots ; x_p)$ de $E_1 \times E_2 \times \cdots \times E_p$ est appelé un p-uplet.

Plus généralement, on démontre que :

$$\text{card}\,(E_1 \times E_2 \times \ldots \times E_p) = \text{card}\,E_1 \times \text{card}\,E_2 \times \ldots \times \text{card}\,E_p.$$

c Nombre de p-listes de E

Soit E un ensemble non vide de cardinal n.

Définition

Une p-liste d'éléments d'un ensemble E est une suite $(a_1 ; a_2 ; \ldots ; a_p)$ de p éléments de E.

EXEMPLE

$E = \{a ; b ; c\}$.
$(a ; b)$, $(a ; a)$, $(c ; b)$ sont des 2-listes de E.
$(a ; a ; a ; a)$, $(a ; b ; c ; b)$ sont des 4-listes de E.

L'ensemble des p-listes de E est donc l'ensemble E^p, produit cartésien de p ensembles égaux à E

$E^2 = E \times E$
$E^3 = E \times E \times E \ldots$

$$E^p = \underbrace{E \times E \times \ldots \times E}_{p \text{ fois}}.$$

Pour un ensemble fini E, card E^p = (card E)^p d'après la propriété du **b**. On peut énoncer :

Soit E un ensemble à n éléments et soit p un entier naturel non nul.
Le nombre de p-listes de E est n^p.

Sur cet exemple, le résultat est (3 ; 4 ; 1).

Exercice résolu

Le numéro gagnant d'une petite loterie est désigné en faisant tourner 3 roues divisées en secteurs numérotés de 1 à 5.

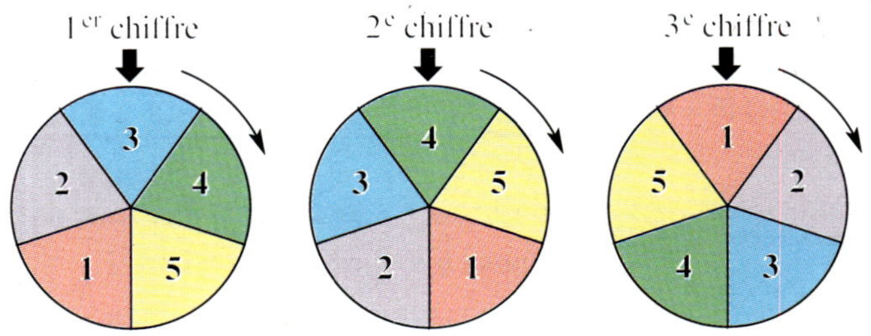

Combien y a-t-il de résultats possibles ?

On pose E = {1 ; 2 ; 3 ; 4 ; 5}.
L'ensemble des résultats est l'ensemble des 3-listes de E. Il y a donc $5^3 = 125$ résultats possibles.
On pourrait aussi utiliser le raisonnement suivant :
pour constituer une 3-liste, il y a 5 façons de choisir le premier chiffre ; pour chaque choix de cet élément de E, il y a 5 façons de choisir le deuxième chiffre, etc. Un arbre illustrerait ce procédé.

REMARQUE
L'énoncé suivant conduit au même dénombrement que l'exercice résolu :
« Quel est le nombre de *tirages successifs avec remise* de trois boules dans une urne qui en contient cinq numérotées ? »
Tirages successifs et avec remise signifie qu'avant de procéder au tirage de la deuxième boule, on note le numéro de la première et on la remet dans l'urne …

d Ensemble des parties d'un ensemble

Pour participer à certains jeux on est parfois amené à entourer certaines lettres ou certains mots sur une grille ou à coder, pour faciliter la lecture, 0 pour non et 1 pour oui.

EXEMPLE
Soit E = {a ; b ; c ; d}, ce qui donne la grille :

a	b	c	d

Jouer revient à choisir une partie de l'ensemble E :

a	(b)	c	(d)
(0 ; 1 ; 0 ; 1)			
correspond à : {b ; d}			

(a)	b	(c)	(d)
(1 ; 0 ; 1 ; 1)			
correspond à : {a ; c ; d}			

a	b	c	d
(0 ; 0 ; 0 ; 0)			
correspond à : ∅			

L'ensemble des réponses possibles est l'ensemble des 4-listes de {0 ; 1} : pour chaque élément de E on a deux possibilités. C'est aussi l'ensemble des parties de E, y compris E lui-même et la partie vide. Le nombre de parties de E (de cardinal 4) est $2^4 = 16$.

Pour dénombrer toutes les possibilités, on peut aussi utiliser un arbre :

L'arbre ci-contre est incomplet mais il est facile d'imaginer la suite.

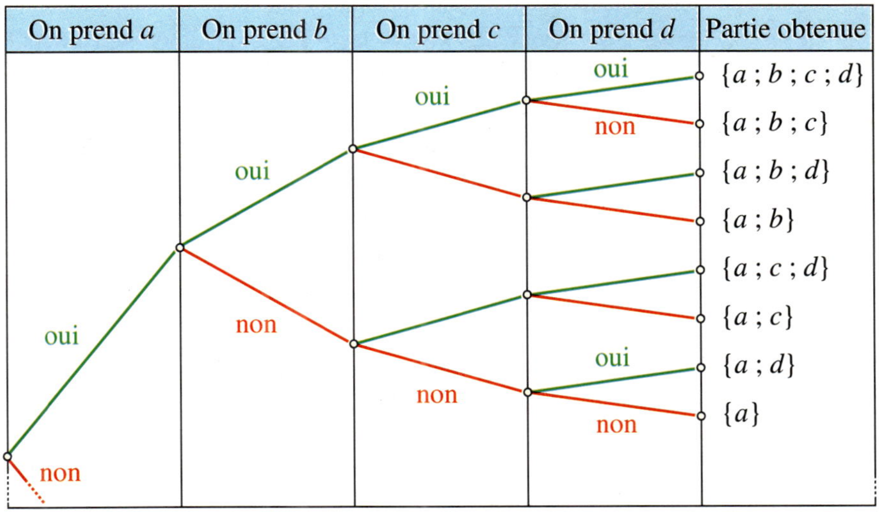

Propriété
Le nombre des parties d'un ensemble à n éléments est 2^n.

4. NOMBRE D'ARRANGEMENTS

Les p-listes envisagées dans le paragraphe précédent sont formées de p éléments dont certains peuvent être égaux. Nous allons nous intéresser maintenant à des p-listes formées d'éléments de E tous différents. Il est nécessaire pour que ces p-listes existent que $p \leqslant$ card E.

Pour mémoire : dans le mot « arrangement », il y a une notion d'ordre.

Définition
Un arrangement de p éléments d'un ensemble E est une p-liste d'éléments *distincts* de E.

a Exemple

Exercice résolu

Une urne contient 15 boules numérotées de 1 à 15. On en tire 3, une à une, sans remise. Combien y a-t-il de tirages possibles ?

Le résultat d'un tirage peut se représenter par un triplet $(x_1 ; x_2 ; x_3)$ où

x_1 désigne le numéro de la 1re boule tirée,
x_2 désigne le numéro de la 2e boule tirée,
x_3 désigne le numéro de la 3e boule tirée.

Pour x_1 il y a 15 numéros possibles ; pour x_2 il n'y en a plus que 14 et pour x_3 que 13.
Le nombre de tirages possibles est donc $15 \times 14 \times 13 = 2730$.

b Résultat général

Pour dénombrer les p-listes d'éléments distincts de E, reprenons le raisonnement maintenant bien connu :

pour constituer une telle p-liste, il y a :

n façons de choisir le 1er élément de la p-liste,

pour chacune des n façons, il y a :

$n-1$ façons de choisir le 2e élément de la p-liste,

pour chacune des $n(n-1)$ façons, il y a :

$n-2$ façons de choisir le 3e élément de la p-liste,

⋮ ⋮

pour chacun des choix précédents, il y a :

$(n-p+1)$ façons de choisir le $p^{\text{ième}}$ élément de la p-liste.

Le choix du $p^{\text{ième}}$ élément se fait après avoir déjà choisi $p-1$ éléments : il en reste donc $n-(p-1)$.

En conséquence, le nombre de p-listes est : $\underbrace{n\times(n-1)\times\ldots\times(n-p+1)}_{p \text{ facteurs}}$.

Le symbole A_n^p avec « A » comme « Arrangement » se lit : A n p.

> ***Théorème***
>
> **Soit E un ensemble à n éléments et p un entier tel que $1 \leqslant p \leqslant n$.**
> **Le nombre d'arrangements à p éléments de E noté A_n^p vérifie :**
>
> $$A_n^p = n \times (n-1) \times \ldots \times (n-p+1).$$

c Cas particulier : nombre de permutations

Si E = {a ; b ; c} alors il y a 6 permutations de E que l'on note, par abus : *abc*, *acb*, *bac*, *bca*, *cab* et *cba*.

Soit E un ensemble non vide de cardinal n. On appelle permutation de E un arrangement à n éléments de E.

Il y a donc $A_n^n = n \times (n-1) \times \ldots \times 3 \times 2 \times 1$ permutations de E. Ce qui amène à poser :

> ***Définition***
>
> **Soit un entier naturel n. On appelle n ! (lire factorielle n) l'entier naturel défini par :**
>
> - **$0! = 1$**
> - **pour $n \neq 0$, $n! = n \times (n-1) \times \ldots \times 3 \times 2 \times 1$.**

EXEMPLES

Un parieur a sélectionné trois chevaux avec lesquels il veut composer son tiercé. Il a $3! = 6$ façons de les classer, donc 6 tiercés possibles dans l'ordre.

Dans un concours publicitaire, on demande de classer 5 qualités du produit présenté, il y a $5! = 120$ réponses possibles.

Plus généralement :

> ***Théorème***
>
> **Soit E un ensemble de cardinal n non nul. Il existe n ! permutations des éléments de E.**

5. NOMBRE DE COMBINAISONS

Une partie de E étant un ensemble, on ne tient pas compte de l'ordre :
$\{a ; b ; c\} = \{a ; c ; b\} = \ldots$

Définition

Une combinaison à p éléments d'un ensemble E est une partie à p éléments de E.

a Exemple

Exercice résolu

« Sans tenir compte de l'ordre » signifie que l'on considère, par exemple, les tirages 3, 7, 11 et 11, 3, 7 identiques.

De combien de manières peut-on choisir 3 boules parmi 15, sans tenir compte de l'ordre ?

Regroupons les arrangements de 3 boules constitués des mêmes éléments, par exemple :

3	7	11	3	11	7
7	3	11	7	11	3
11	3	7	11	7	3

5	7	9	5	9	7
7	5	9	7	9	5
9	5	7	9	7	5

Chaque groupe est formé des 3 ! permutations d'un ensemble à 3 éléments.
D'après le principe des bergers, le nombre de combinaisons de 3 boules parmi 15 est donc :

$$\frac{A_{15}^3}{3!} = \frac{15 \times 14 \times 13}{3 \times 2 \times 1} = 455.$$

b Résultat général

Nous venons de voir que le nombre de combinaisons de 3 objets parmi 15 vaut $\frac{A_{15}^3}{3!}$. D'une façon générale, on a :

La démonstration du théorème fait l'objet de l'exercice 57.

Le symbole C_n^p avec « C » comme combinaison se lit C n p.
Cette notation est française. On utilise aussi la notation $\binom{n}{p}$ qui est plus internationale.

Théorème

Soit E un ensemble non vide à n éléments et p un entier tel que $0 \leqslant p \leqslant n$.
Le nombre de combinaisons à p éléments de E, noté C_n^p ou $\binom{n}{p}$ vérifie : $C_n^0 = 1$ et pour $1 \leqslant p \leqslant n$

$$C_n^p = \frac{A_n^p}{p!} = \frac{n \times (n-1) \times \ldots \times (n-p+1)}{1 \times 2 \times \ldots \times p}.$$

REMARQUE

Dans l'expression de C_n^p on a le même nombre de facteurs au numérateur et au dénominateur.

Cas particuliers

$C_n^0 = 1$: il y a en effet une seule partie vide.

$C_n^n = 1$: il y a en effet une seule partie pleine.

Un singleton est un ensemble de cardinal 1.

$C_n^1 = n$: il y a n singletons dans un ensemble à n éléments.

6. POUR S'Y RETROUVER

Les trois types de problèmes que nous venons d'étudier dans les paragraphes **3**, **4** et **5** peuvent se retrouver dans les différentes façons de **tirer *p* boules dans une urne qui en contient *n*** :

Type de tirages	Ordre	Répétitions d'éléments	Dénombrement
Successifs avec remise	On tient compte de l'ordre	Un élément peut être tiré plusieurs fois	n^p p-listes
Successifs sans remise		Un élément n'est tiré qu'une fois	A_n^p arrangements
Simultanés	L'ordre n'intervient pas		C_n^p combinaisons

Exercice résolu

Un sac contient 9 jetons numérotés 1, 2, 3, ... , 9.

1° On tire 3 jetons successivement, en remettant à chaque fois le jeton tiré dans le sac avant de tirer le suivant. On écrit côte à côte chacun des 3 chiffres tirés, dans l'ordre du tirage, formant ainsi un nombre de 3 chiffres. Combien peut-on obtenir de résultats différents ?

Exemples de résultats : 232, 551, 333, 124, 421, ...

Il s'agit de triplets (3-listes), leur nombre est donc $9^3 = 729$.
(9 possibilités pour le premier jeton, 9 encore pour le deuxième et 9 pour le troisième.)

2° On procède au tirage de 3 jetons successivement, mais sans remise. On place les jetons côte à côte, dans l'ordre du tirage.
Combien peut-on former ainsi de nombres de 3 chiffres ?

Exemples de résultats : 235, 541, 145, ...

Il s'agit encore de triplets, mais cette fois formés d'éléments distincts (arrangements). Il y en a donc $A_9^3 = 9 \times 8 \times 7 = 504$.
(9 possibilités pour le premier jeton, 8 pour le deuxième, 7 pour le troisième.)

3° On procède au tirage de 3 jetons simultanément. Combien peut-on obtenir de résultats différents ?

Exemples de résultats : {2 ; 3 ; 5}, {4 ; 5 ; 8}, …

Il s'agit de combinaisons. On ne tient pas compte de l'ordre :

{2 ; 3 ; 5} = {3 ; 2 ; 5} = …

Il y a donc C_9^3 résultats possibles : $C_9^3 = \dfrac{9 \times 8 \times 7}{3 \times 2 \times 1} = 84$.

7. PROPRIÉTÉS ARITHMÉTIQUES DES NOMBRES A_n^p ET C_n^p

a Expression de A_n^p et C_n^p à l'aide de factorielles

Par exemple : $A_5^3 = 5 \times 4 \times 3 = \dfrac{5 \times 4 \times 3 \times \boxed{2 \times 1}}{\boxed{2 \times 1}} = \dfrac{5!}{2!}$.

De même : $$A_n^p = \frac{n(n-1)\ldots(n-p+1)\boxed{(n-p)\ldots \times 2 \times 1}}{\boxed{(n-p)\ldots \times 2 \times 1}}.$$

Cas particuliers :
Avec la convention 0 ! = 1, la formule ci-contre s'applique aussi aux cas $p = 0$ et $p = n$.

Donc : $$A_n^p = \frac{n!}{(n-p)!}.$$

On en déduit : $$C_n^p = \frac{A_n^p}{p!} = \frac{n!}{(n-p)!} \times \frac{1}{p!}.$$

En posant 0 ! = 1.

Pour $1 \leqslant p \leqslant n$ $\quad \boldsymbol{A_n^p = \dfrac{n!}{(n-p)!}}$,

pour $0 \leqslant p \leqslant n$ $\quad \boldsymbol{C_n^p = \dfrac{n!}{p!(n-p)!}}$.

b Triangle de Pascal et propriétés des C_n^p

Disposons les C_n^p dans un tableau à double entrée, appelé triangle de Pascal :

n \ p	0	1	2	3	4	5	…
0	C_0^0						
1	C_1^0	C_1^1					
2	C_2^0	C_2^1	C_2^2				
3	C_3^0	C_3^1	C_3^2	C_3^3			
4	C_4^0	C_4^1	C_4^2	C_4^3	C_4^4		
5	C_5^0	C_5^1	C_5^2	C_5^3	C_5^4	C_5^5	
…	…	…	…	…	…	…	…

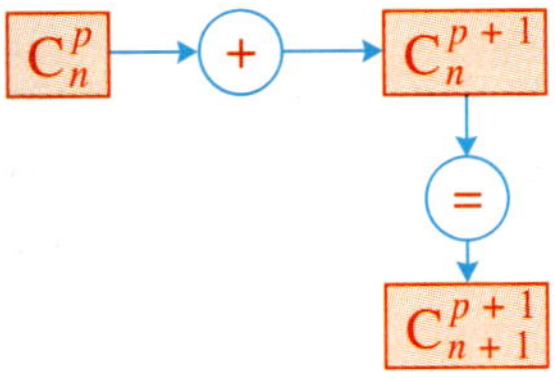

Remplaçons chaque C_n^p par sa valeur :

4 + 6 = 10.

1					
1	1				
1	2	1			
1	3	3	1		
1	4	6	4	1	
1	5	10	10	5	1

Première propriété

On remarque qu'en additionnant deux nombres consécutifs d'une ligne du tableau, on obtient un nombre de la ligne au-dessous.

La démonstration fait l'objet de l'exercice 58.

Pour $0 \leqslant p < n$ $\quad C_{n+1}^{p+1} = C_n^p + C_n^{p+1}$.

► Compléter ainsi le triangle de Pascal jusqu'à la dixième ligne ($n = 9$).

Cette propriété permet de construire, ligne après ligne, le triangle de Pascal.

Deuxième propriété

Examinons par exemple la ligne 5 du triangle de Pascal.

C_5^0	C_5^1	C_5^2	C_5^3	C_5^4	C_5^5

c'est-à-dire :

1	5	10	10	5	1

.

On remarque une symétrie des coefficients :

$$C_5^0 = C_5^5, \quad C_5^1 = C_5^4, \quad C_5^2 = C_5^3.$$

D'une façon générale : $C_n^p = C_n^{n-p}$.

Choisir 2 gagnants dans une classe de 32 élèves, c'est la même chose que choisir les 30 perdants.
Donc $C_{32}^2 = C_{32}^{30}$.

Cette propriété se démontre en observant que, dans un ensemble E à n éléments, il y a autant de parties à p éléments que de parties à $(n - p)$ éléments.

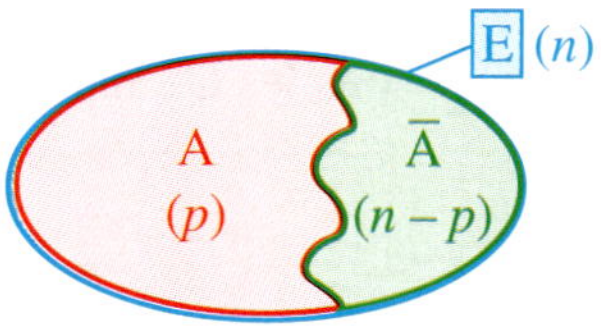

En effet, à chaque partie A comptant p éléments, on peut associer son complémentaire, qui en compte $(n - p)$, et inversement.

Pour $0 \leqslant p \leqslant n$ $\quad C_n^p = C_n^{n-p}$.

Application : Il est évidemment plus simple de calculer

$$C_{32}^2 = \frac{32 \times 31}{2 \times 1} \text{ que } C_{32}^{30} = \frac{32 \times 31 \times 30 \times \ldots \times 4 \times 3}{30 \times 29 \times \ldots \times 2 \times 1}.$$

$C_{32}^2 = 496$.

C Formule du binôme de Newton

Soit deux nombres complexes a et b.
Observons :

$$a+b = 1a + 1b$$
$$(a+b)^2 = 1a^2 + 2ab + 1b^2$$
$$(a+b)^3 = 1a^3 + 3a^2b + 3ab^2 + 1b^3.$$

On retrouve les coefficients du triangle de Pascal.

On démontre par récurrence que :

$$(a+b)^n = a^n + C_n^1 a^{n-1}b + C_n^2 a^{n-2}b^2 + \ldots + C_n^p a^{n-p}b^p + \ldots + C_n^{n-1} ab^{n-1} + b^n.$$

Ou encore, pour tous complexes a et b et tout naturel n :

$$(a+b)^n = \sum_{p=0}^{n} C_n^p a^{n-p} b^p.$$

Remarques :

Pour chaque monôme
$C_n^p a^{n-p} b^p$
la somme des exposants $(n-p)+p$ est égale à n.
Les exposants de a décroissent de 1 en 1 :
$a^n \ a^{n-1} \ldots a^1 \ a^0$.
Ceux de b croissent de 1 en 1 :
$b^0 \ b^1 \ b^2 \ldots b^n$.

EXEMPLE

$$\begin{aligned}(x+2)^5 &= x^5 + C_5^1 x^4 \times 2 + C_5^2 x^3 \times 2^2 + C_5^3 x^2 \times 2^3 + C_5^4 x \times 2^4 + 2^5\\ &= x^5 + 5x^4 \times 2 + 10x^3 \times 4 + 10x^2 \times 8 + 5x \times 16 + 32\\ &= x^5 + 10x^4 + 40x^3 + 80x^2 + 80x + 32.\end{aligned}$$

REMARQUE

$$(1+1)^n = C_n^0 + C_n^1 + C_n^2 + \ldots + C_n^p + \ldots + C_n^{n-1} + C_n^n.$$

Soit E un ensemble à n éléments.
C_n^0 est le nombre de parties de E ayant 0 élément, C_n^1 celui des parties ayant 1 élément, … C_n^p celui des parties ayant p éléments.
Leur somme est bien égale à 2^n, nombre des parties de E :

$$\sum_{p=0}^{n} C_n^p = 2^n.$$

DÉNOMBREMENT ET PROBABILITÉS

EXERCICES ET PROBLÈMES

POUR SAVOIR FAIRE *Objectifs à atteindre*	**Exercices appropriés**
Effectuer des dénombrements	1 à 22
Calculer des probabilités	23 à 34
Calculer sur les combinaisons et les factorielles	35 à 40
Utiliser la formule du binôme	41 à 43

POUR CHERCHER *Sujets abordés*	**Exercices appropriés**
Dénombrements	44 à 56
Démonstrations de résultats du cours	57 et 58
Calculs sur les combinaisons	59 et 60
Probabilités	61 à 75

POUR SAVOIR FAIRE

Quelques dénombrements élémentaires

1 Une station de radio diffuse les mêmes publicités à 15 heures et à 16 heures. D'après un sondage, on sait qu'il y a 21 400 auditeurs à 15 heures et 24 800 à 16 heures.
Combien de personnes ont entendu ces publicités,

a) si l'on suppose que les personnes qui ont écouté à 15 heures ne l'écoutent plus à 16 heures ?

b) si l'on suppose que 4 600 auditeurs écoutent à 15 heures et à 16 heures ?

2 Combien y a-t-il d'entiers naturels multiples de 2 ou de 3 et inférieurs à 301 (y compris 0) ?

3 Dans le système décimal, combien y a-t-il d'entiers naturels de 3 chiffres, le chiffre des unités étant *strictement inférieur à* 7, celui des dizaines *premier* et celui des centaines *impair* ?

4 *Immatriculation de véhicules automobiles en France*

Dans la plupart des départements, le service d'immatriculation de la préfecture attribue à chaque véhicule automobile un numéro minéralogique comportant 4 chiffres (au plus) et 2 lettres.
Combien de véhicules peut-on ainsi immatriculer dans ce département ?
(En réalité quelques couples de lettres comme DA, DB, TT ou WW sont réservés à certaines catégories de véhicules.)

5 Une marque d'automobiles produit 4 modèles A, B, C et D. Les modèles A et B se font en 2 carrosseries : berline et coupé. Les modèles C et D se font en berline, coupé, cabriolet et utilitaire. Chaque voiture est vendue en 7 coloris.
Combien de choix s'offrent à un client désirant acheter une voiture de cette marque ?

6 On choisit 2 délégués élèves ayant des régimes différents parmi 5 internes, 8 externes et 10 demi-pensionnaires.
De combien de façons peut-on le faire ?

7 Combien l'ensemble $\{a\,;b\,;c\,;d\,;e\}$ comporte-t-il de parties ?

8 Si on augmente de 1 le nombre des éléments d'un ensemble fini, le nombre de ses parties double. Vrai ou faux ?

9 Un magazine propose, pour un jeu-sondage, une liste de 7 chanteurs. On demande au lecteur d'entourer les noms des chanteurs qu'il aime bien. Il peut donc entourer de 0 nom, s'il n'en aime aucun, à 7 noms, s'il les aime tous.
Combien y a-t-il de réponses possibles ?

Arrangements, combinaisons … et autres

10 On dispose de six plaquettes sur lesquelles sont inscrits les chiffres 2, 4, 5, 6, 8 et 9. Combien de nombres distincts peut-on former en les utilisant tous une fois et une seule ?

11 1° Combien de nombres distincts de 4 chiffres peut-on former en n'utilisant que 2, 4, 5, 6, 8 et 9 ?

2° Combien de nombres distincts de 4 chiffres peut-on former à l'aide des chiffres 2, 4, 5, 6, 8 et 9, chacun étant utilisé au plus une fois ?

12 Dans une classe de 36 élèves, combien de façons a-t-on de choisir deux délégués ? Combien de façons a-t-on de choisir un responsable du cahier de textes et son suppléant ?

13 Dans un jeu de 32 cartes combien y a-t-il de façons de choisir 3 cartes qui soient :

a) des as ?

b) de même valeur (3 as ou 3 rois ou …) ?

c) toutes les trois des cœurs ?

d) toutes les trois de valeurs différentes ?

14 De combien de manières peut-on ranger :

a) 5 paires de chaussettes dans 3 tiroirs ?

b) 3 paires de chaussettes dans 5 tiroirs ?

15 1° De combien de manières peut-on garer 2 voitures dans un parking à 5 places ?

2° De combien de manières peut-on garer 5 voitures dans un parking à 5 places ?

3° De combien de manières peut-on garer 5 voitures dans un parking à 2 places ?

16 ***Au conseil municipal***

Parmi les 23 conseillers municipaux d'une petite ville, sont élus un maire, un premier adjoint, un second adjoint et un troisième adjoint.
Combien y a-t-il de résultats possibles ?

17 ***Poignées de mains***

Quinze personnes se rencontrent. Chacune d'elles serre la main à chacune des autres.
Quel est le nombre total de poignées de mains échangées ?

18 Pour aller du chalet jusqu'au sommet le plus proche, un randonneur peut emprunter 5 sentiers différents. Combien y a-t-il d'itinéraires possibles,

a) si les 5 choix sont permis, à l'aller comme au retour ?

b) si le randonneur ne peut pas revenir par le même sentier qu'à l'aller ?

c) si le randonneur veut revenir par le sentier s' différent de sentier s de l'aller, et s'il ne distingue pas les itinéraires « monter par s - descendre par s' » et « monter par s' - descendre par s » ?

19 Un représentant de commerce, partant d'une ville A, doit visiter les villes B, C, D, E.

1° Combien y a-t-il de trajets possibles ?

2° Combien lui reste-t-il de possibilités s'il doit passer en C avant d'aller en D ?

20 Sur une feuille délavée par la pluie, on peut lire encore quelques lignes :

> Une urne contient 7 boules portant les 7 lettres A, B, C, D, E, F, G
> a) [illegible]
> [illegible]
> b) [illegible]
> [illegible]
> c) [illegible]
> [illegible]
> Réponses
> a) [illegible] $C_7^3 = 35$ résultats différents
> b) [illegible] c'est-à-dire 210
> c) [illegible] Il y a donc 343 résultats possibles

À partir de ces indications, reconstituer les questions *a*, *b*, *c*.

21 ***Dominos***

La face supérieure d'un domino est formée de deux parties.

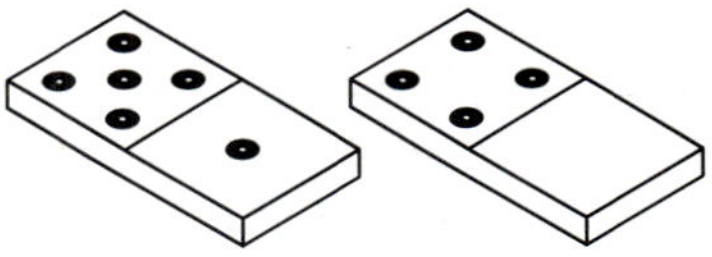

Chaque moitié comporte de zéro à six points. Tous les dominos sont différents. Combien le jeu a-t-il de pièces ?

22 Combien de nombres entiers de huit chiffres peut-on former en utilisant cinq fois le chiffre 1 et trois fois le chiffre 2 ?

Probabilités

23 On tire au hasard une carte d'un jeu de 32 cartes. Calculer la probabilité d'obtenir :

a) le roi de trèfle ; *b*) un roi ;

c) un trèfle ; *d*) un roi ou un trèfle ;

e) ni roi ni trèfle.

24 On tire au hasard 8 cartes simultanément dans un jeu de 32 cartes.

1° Quel est le nombre total de cas possibles (c'est-à-dire le cardinal de l'univers choisi) ?

2° Combien existe-t-il de mains de 8 cartes contenant le roi de cœur ?
Quelle est la probabilité que, parmi les 8 cartes tirées, il y ait le roi de cœur ?

3° Déterminer la probabilité que, parmi les 8 cartes tirées, il y ait :

a) zéro cœur ; *b*) un cœur exactement ;

c) trois rois exactement.

25 Une urne contient cinq boules, trois blanches numérotées 1, 2, 3 et deux noires numérotées 4 et 5. Ces boules sont indiscernables au toucher. On tire deux boules simultanément et on s'intéresse à la couleur de ces boules.

1° Proposer un univers correspondant à ce problème et qui vérifie l'hypothèse d'équiprobabilité.

2° Déterminer les événements suivants :
A : les deux boules sont blanches ;
B : les deux boules sont noires ;
C : les deux boules sont de couleurs différentes.

3° Déterminer la probabilité de chacun des événements A, B et C ainsi que celle de l'événement : les boules sont de même couleur.

26 Deux cartes sont tirées au hasard d'un jeu de 32 cartes bien battu.

1° Quelle est la probabilité que les 2 cartes soient des cœurs si la première est remise dans le jeu avant le tirage de la seconde ?
2° Même question sans remise de la première carte.

27 On tire au hasard 3 boules dans une urne qui contient 4 boules rouges et 5 boules blanches.
Calculer la probabilité que les 3 boules soient rouges :

a) si le tirage a lieu sans remise.

b) si le tirage a lieu avec remise.

28 ***Le 421***

On lance simultanément 3 dés non pipés. Quelle est la probabilité d'obtenir le 421 ?

29 Quelle est la probabilité d'obtenir au moins un 6 en jetant un dé ? deux dés ? trois dés ?
(Les dés sont bien équilibrés.)

30 Quelle est la probabilité qu'une main de 8 cartes extraite au hasard d'un jeu de 32 cartes, contienne au moins un as ?

31 Dans une loterie, 100 billets sont vendus et il y a 7 billets gagnants. Quelle est la probabilité de gagner au moins un lot si on achète :

a) un billet ? *b*) deux billets ?

32 Une urne contient 6 boules blanches et 7 boules noires. On tire simultanément 3 boules dans le sac.

1° Quelle est la probabilité d'obtenir :

a) 3 boules blanches ?

b) 3 boules noires ?

c) 1 boule blanche et 2 boules noires ?

d) 1 boule noire et 2 boules blanches ?

2° Vérifier les résultats précédents en calculant la somme des probabilités obtenues.

33 Une urne contient 3 boules blanches et 2 rouges. On effectue 3 tirages successifs d'une boule, en remettant dans l'urne, avant chaque tirage, la boule précédemment tirée.
Calculer la probabilité de sortir ainsi :

a) 3 boules blanches ;

b) 3 boules rouges ;

c) 1 blanche, puis 2 rouges.

34 Une urne contient 5 boules blanches et 5 boules noires. On tire toutes les boules une à une sans remise.

1° Quelle est la probabilité de les avoir tirées dans l'ordre blanche, noire, blanche, noire, ..., blanche, noire ?

2° Même question avec n boules au lieu de 5 ($n \geqslant 1$).

Calculs techniques

35 Calculer $\dfrac{19!}{17!}$, puis $\dfrac{(n+1)!}{n!}$, puis $\dfrac{(n+2)!}{n!}$.

36 Écrire à l'aide de deux factorielles le produit

$4 \times 5 \times 6 \times 7 \times 8 \times 9$.

37 Simplifier $\dfrac{C_{n+1}^{p}}{C_{n}^{p}}$.

38 Vérifier par le calcul les égalités :

a) $C_n^p = C_n^{n-p}$. *b)* $C_{n+1}^{p+1} = C_n^{p+1} + C_n^p$.

39 Résoudre dans $\mathbb{N}$ les équations :

a) $C_n^3 = 220$. *b)* $A_n^3 = 90n$.

40 Résoudre dans $\mathbb{N}$ les équations :

a) $C_n^5 = C_n^7$. *b)* $C_{n-1}^{n-5} = 3 \times C_{n-3}^{n-7}$.

Formule du binôme

41 1° Développer $(1 + 1)^n$.
En déduire que :

$$C_n^0 + C_n^1 + \ldots + C_n^n = 2^n.$$

2° Que vaut $C_n^0 - C_n^1 + C_n^2 + \ldots + (-1)^n C_n^n$?

3° Pour n pair, déduire des 1° et 2° les valeurs de :

$$A = C_n^0 + C_n^2 + \ldots + C_n^n$$

$$B = C_n^1 + C_n^3 + \ldots + C_n^{n-1}.$$

42 1° Avec la formule du binôme de Newton, développer :

a) $(a - 1)^5$.

b) $(1 - \sqrt{3})^6$.

2° *a)* Quel est le coefficient de x^5 dans $(x^2 + 1)^7$?

b) Quel est le coefficient de x^5 dans $(x + 2)^{12}$?

43 Développer $(1 + t)^5(1 + 2t)$. Ordonner suivant les puissances croissantes de t.

Résultats des exercices dont le numéro est en couleur

1. *a)* 21 400 + 24 800 = 46 200.
b) 21 400 + 24 800 – 4 600 = 41 600.

2. A ensemble des multiples de 3 inférieurs à 301.
card A = 101.

B ensemble des multiples de 2 inférieurs à 301.
card B = 151.

$A \cap B$ ensemble des multiples de 6 inférieurs à 301.
card $(A \cap B)$ = 51.
card $(A \cup B)$ = card A + card B – card $(A \cap B)$
= 101 + 151 – 51 = 201.
Donc il y a 201 entiers multiples de 2 ou de 3 inférieurs à 301.

3. Il y a 7 chiffres strictement inférieurs à 7, 4 premiers et 5 impairs. Le nombre d'entiers cherché est donc $7 \times 4 \times 5 = 140$.

4. En supposant que 0 000 n'est jamais utilisé, mais que tous les couples de lettres peuvent l'être, on peut immatriculer :
$9\,999 \times 26^2 = 6\,759\,324$ véhicules.

5. 84. **6.** 170.

7. 2^5, c'est-à-dire 32. **9.** 128.

10. 6 ! = 720.

11. 1° $6^4 = 1\,296$.

2° $A_6^4 = 6 \times 5 \times 4 \times 3 = 360$.

12. $C_{36}^2 = 630$; $A_{36}^2 = 36 \times 35 = 1\,260$.

13. *a)* $C_4^3 = 4$. *b)* $8C_4^3 = 32$. *c)* $C_8^3 = 56$.

d) $4^3 C_8^3 = 3\,584$, ou encore $\dfrac{32 \times 28 \times 24}{3!}$.

15. 1° $A_5^2 = 20$. 2° 5 ! = 120. 3° 0.

18. *a)* 5^2. *b)* $A_5^2 = 20$. *c)* $C_5^2 = 10$.

21. Il y a 7 doubles et C_7^2 dominos dont les deux parties sont différentes. Le jeu contient 28 dominos.

22. Pour former un tel entier il suffit de placer les trois chiffres “2”, les autres chiffres sont des “1”.
Il y a $C_8^3 = 56$ façons de choisir la position des chiffres 2, donc 56 nombres entiers.

23. $a)\ \frac{1}{32}$. $b)\ \frac{1}{8}$. $c)\ \frac{1}{4}$. $d)\ \frac{11}{32}$. $e)\ \frac{21}{32}$.

24. 1° Univers U : ensemble des parties à 8 éléments du jeu de 32 cartes.

Card U = $C_{32}^8 = 10\,518\,300$.

2° C_{31}^7 mains ; $p = \frac{C_{31}^7}{C_{32}^8} = \frac{1}{4}$.

3° $a)\ p_1 = \frac{C_{24}^8}{C_{32}^8} \approx 0{,}07$.

$b)\ p_2 = \frac{8 \times C_{24}^7}{C_{32}^8} \approx 0{,}26$.

$c)\ p_3 = \frac{C_4^3 \times C_{28}^5}{C_{32}^8} \approx 0{,}037$.

25. 1° Univers U : ensemble des parties à 2 éléments de E = {1 ; 2 ; 3 ; 4 ; 5}.

Card U = $C_5^2 = 10$.

2° A = {{1 ; 2} ; {1 ; 3} ; {2 ; 3}} ;
B = {{4 ; 5}} ;
C = {{1 ; 4} ; {1 ; 5} ; {2 ; 4} ; {2 ; 5};
{3 ; 4} ; {3 ; 5}}.

3° $p(A) = \frac{3}{10}$; $p(B) = \frac{1}{10}$; $p(C) = \frac{3}{5}$.

La probabilité que les boules soient de la même couleur est $p(\text{A}) + p(\text{B})$ ou $1 - p(\text{C})$. On trouve $\frac{2}{5}$.

26. 1° Univers U : ensemble des 2-listes du jeu de cartes.
Card U = 32^2. $p = \frac{8^2}{32^2} = \frac{1}{16} = 0{,}0625$.

2° Univers U : ensemble des paires du jeu de cartes.
Card U = C_{32}^2. $p = \frac{C_8^2}{C_{32}^2} = \frac{7}{124} \approx 0{,}0565$.

28. Univers U : ensemble des 3-listes de {1 ; 2 ; 3 ; 4 ; 5 ; 6}.

Card U = 6^3.

Cas favorables : permutations de {1 ; 2 ; 4}.

$$p = \frac{3!}{6^3} = \frac{1}{36} \approx 0{,}0278.$$

30. La probabilité qu'une main de huit cartes ne contienne aucun as est $p_1 = \frac{C_{28}^8}{C_{32}^8}$.

La probabilité cherchée est $1 - p_1 \approx 0{,}7$.

32. L'univers U est l'ensemble des combinaisons de 3 boules parmi 13. Il y a C_{13}^3 éléments.

1° $a)\ p_1 = \frac{C_6^3}{C_{13}^3} \approx 0{,}07$. $b)\ p_2 = \frac{C_7^3}{C_{13}^3} \approx 0{,}12$.

$c)\ p_3 = \frac{6 \times C_7^2}{C_{13}^3} \approx 0{,}44$. $d)\ p_4 = \frac{7 \times C_6^2}{C_{13}^3} \approx 0{,}37$.

2° Les quatre événements sont incompatibles deux à deux et leur réunion est l'univers. On vérifie que la somme des probabilités est 1.

34. 1° L'univers U est l'ensemble des permutations des 10 boules ; card U = 10 !

$$p = \frac{(5\times5)\times(4\times4)\times(3\times3)\times(2\times2)\times(1\times1)}{10!}$$

$$p = \frac{5\times4\times3\times2\times1}{10\times9\times8\times7\times6} = \frac{1}{252}.$$

2° $\frac{(n!)^2}{(2n)!} = \frac{1}{C_{2n}^n}$.

36. $\frac{9!}{3!}$.

37. $\frac{n+1}{n-p+1}$.

40. $a)$ Pour $n \geqslant 7$, l'équation équivaut à :

$$\frac{n(n-1)\ldots(n-4)}{5!} = \frac{n(n-1)\ldots(n-6)}{7!}.$$

Résultat : $n = 12$.

$b)$ Pour $n \geqslant 7$, l'équation s'écrit : $C_{n-1}^4 = 3 \times C_{n-3}^4$.

D'où, après simplification $n^2 - 15n + 44 = 0$.
Seul 11 est solution.

42. 1° $a)\ (a-1)^5 = a^5 - 5a^4 + 10a^3 - 10a^2 + 5a - 1$.

$$b)\ (1-\sqrt{3})^6 = 1 - 6\sqrt{3} + 15(\sqrt{3})^2 - 20(\sqrt{3})^3 + 15(\sqrt{3})^4 - 6(\sqrt{3})^5 + (\sqrt{3})^6 = 208 - 120\sqrt{3}.$$

2° $a)$ Le coefficient de x^5 dans $(x^2+1)^7$ est 0.

$b)$ Le coefficient de x^5 dans $(x+2)^{12}$ est :

$2^7 \times C_{12}^5$; c'est-à-dire 101 376.

POUR CHERCHER

Diagrammes

44 ***Avec deux langues***

Dans un établissement scolaire, 14 % des élèves apprennent le russe, 78 % n'apprennent ni le russe ni le japonais, aucun élève n'apprend ces deux langues.
Quel est le pourcentage de ceux qui apprennent le japonais ?
Pour résoudre cet exercice, on peut utiliser un diagramme de Carroll (Lewis) :

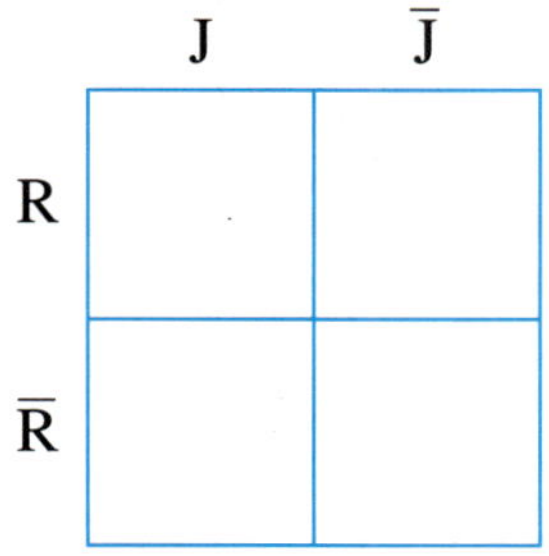

R : ensemble de ceux qui apprennent le russe.
$\overline{R}$: ensemble de ceux qui n'apprennent pas le russe.

45 ***Avec trois langues***

Parmi les élèves d'une classe :

— 16 étudient l'anglais,

— 13 étudient l'espagnol,

— 13 étudient l'allemand,

— 4 étudient l'anglais et l'espagnol,

— 6 étudient l'espagnol et l'allemand,

— 5 étudient l'anglais et l'allemand,

— 3 étudient les trois langues.

Tous les élèves étudient au moins l'une de ces trois langues.

Combien y a-t-il d'élèves dans cette classe ?

Méthode : on peut utiliser un diagramme de Venn :

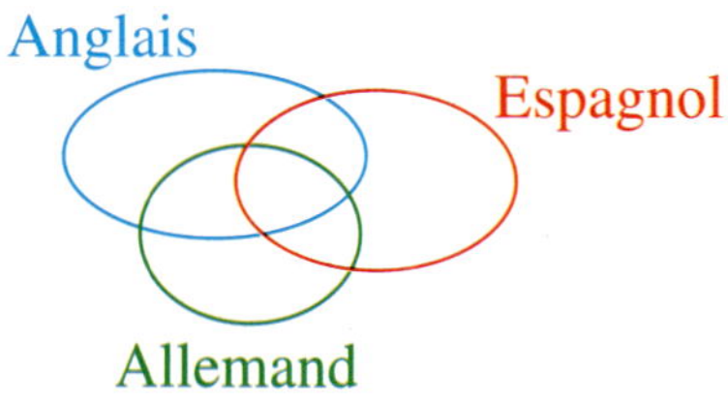

Dénombrements élémentaires

46 ***En musique***

Un revendeur de chaînes Hifi propose à sa clientèle :
– 3 modèles de platines, dont 1 de marque européenne ;
– 4 modèles d'ampli-tuners, dont 2 de marque européenne :
– 5 modèles de paires de baffles, dont 2 de marque européenne.

1° En supposant que ces matériels sont compatibles, combien de chaînes différentes peut-on composer en choisissant une platine, un ampli-tuner et une paire de baffles ?

2° Combien reste-t-il de choix possibles pour un client désirant qu'au moins 2 des 3 composants de sa chaîne soient européens ?

47 ***Des chiffres et des lettres***

On considère les nombres de quatre chiffres, le premier chiffre à gauche n'étant pas zéro.

1° Combien existe-t-il de tels nombres dans lesquels les quatre chiffres sont différents ?

2° Combien en existe-t-il dans lesquels deux des chiffres au moins sont identiques ?

3° Combien existe-t-il de nombres formés de quatre chiffres tous différents, dont les chiffres 5 et 7 ?

4° Combien peut-on former de nombres de quatre chiffres tous différents, ne comportant ni 5 ni 7 ?

48 ***À l'atelier***

Un atelier comporte 3 fraiseuses, 4 tours, 6 perceuses et 2 presses.

1° Combien de chemins peut suivre une pièce si elle doit être d'abord emboutie, puis tournée, puis perforée et enfin fraisée ?

2° Combien de chemins pourrait-elle suivre si l'ordre des 4 opérations n'avait pas d'importance ?

49 ***Sondage***

Un institut de sondage fait une enquête sur neuf types d'automobiles dont 5 types de voitures de marque étrangère désignés par A, B, C, D, E et 4 types de voitures de marque française F1, F2, F3, F4. Chaque personne interrogée est invitée à choisir 5 types de voitures et à les classer par ordre de préférence, sans ex aequo possibles.

1° Combien y a-t-il de réponses possibles ?

2° M. Dupont décide de ne faire figurer dans sa réponse que des voitures de marque étrangère. Combien peut-il fournir de réponses différentes ?

3° M. Durand veut mettre, dans les 3 premiers types de voitures, au moins une voiture française. Combien peut-il fournir de réponses différentes ?

50 ***Embauche***

Un chef d'entreprise doit choisir 4 employés parmi 20 candidats (13 femmes et 7 hommes).

1° Quel est le nombre de choix possibles ?

2° L'employeur désire que, parmi les 4 personnes retenues, figurent au moins un homme et au moins une femme. Entre combien d'équipes a-t-il alors le choix ?

51 ***Mauvais caractère !***

Une assemblée de 15 hommes et 12 femmes veut élire un comité de 6 membres. Mme A refuse de siéger dans tout comité dont ferait partie M. B.

1° Combien de comités peut-on constituer dans ces conditions ?

2° Dénombrer ceux de ces comités dont Mme A ferait partie.

52 ***Damier***

On dispose d'un damier carré de 4 lignes et 4 colonnes et de 4 jetons indiscernables.
Le jeu consiste à répartir les 4 jetons sur 4 cases différentes.

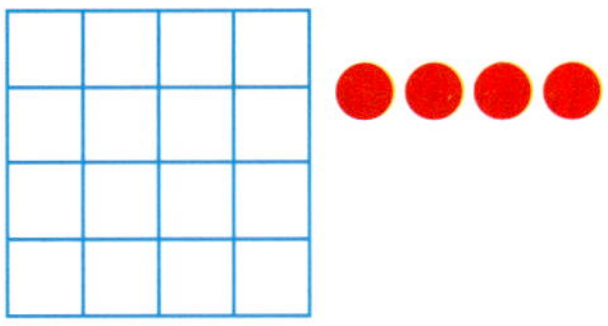

1° Combien y a-t-il de dispositions possibles de ces quatre jetons ?

2° Dénombrer les dispositions dans lesquelles :

a) aucun des 4 jetons n'est placé sur une diagonale,

b) trois jetons exactement sont placés sur une même diagonale,

c) il y a exactement un jeton sur chaque ligne et sur chaque colonne.

53 ***Grille de mots croisés***

On appelle grille 4×4 de mots croisés un damier tel que celui de la figure de l'exercice précédent sur lequel a été noirci un nombre de cases allant de 0 (grille entièrement blanche) à 16 (grille entièrement noire).

1° Combien existe-t-il de grilles 4×4 de mots croisés ?

2° Combien existe-t-il de grilles 4×4 symétriques par rapport à une diagonale donnée ?

3° Combien existe-t-il de grilles 4×4 symétriques par rapport à une médiane donnée ?
(Une médiane est une droite qui passe par le milieu de 2 côtés opposés du carré.)

54 ***La planche de Galton***

Ce dispositif est réalisable en fixant des écrous sur une plaque inclinée.

On lâche une bille depuis le sommet.
Dénombrer les itinéraires qui conduisent à chacune des cases A, B, ..., G du bas de la planche. Que retrouve-t-on ?
Remarque : on retrouve statistiquement le résultat précédent en lâchant un grand nombre de billes dans l'appareil et en comptant combien sont recueillies en A, en B, etc.

55 ***Déplacement sur un quadrillage***

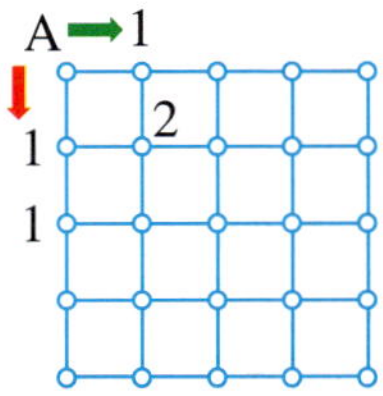

1° Reproduire le quadrillage ci-dessus et indiquer combien de chemins mènent de A à chacun des points du quadrillage (en se déplaçant toujours vers la droite ou vers le bas).
Remarque : on a donné sur le quadrillage la réponse pour quatre points.

2° Sur le quadrillage de la figure ci-dessous, combien d'itinéraires mènent de A en C (en se déplaçant toujours vers le bas ou vers la droite) ?

3° Combien d'entre eux passent par B ?

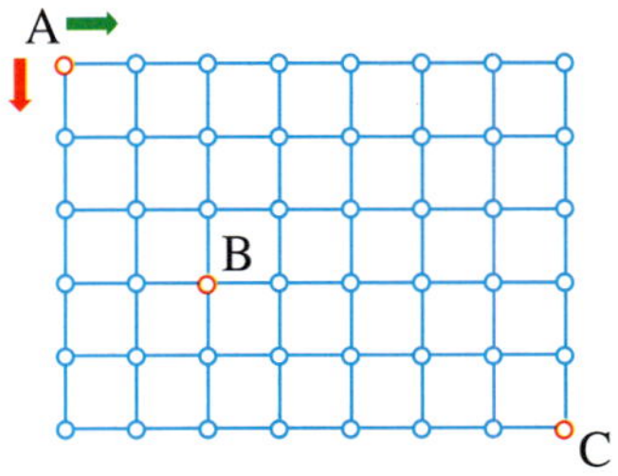

56 ***Mathématiques et littérature***

Raymond Queneau, dans l'un de ses ouvrages, propose quatorze ensembles, E_1, E_2, ..., E_{14} contenant dix vers chacun.

Pour composer un poème, il suggère de choisir un vers dans chaque ensemble.
Le vers choisi dans E_1 est le premier vers du poème.
Le vers choisi dans E_2 est le deuxième vers du poème, etc.
Cette règle sera respectée dans toute la suite.

1° Raymond Queneau intitule son ouvrage : « Cent mille milliards de poèmes ». Le titre est-il exact ?

2° Deux vers de E_{14} se terminent par « destin ».
Combien y a-t-il de poèmes se terminant par « destin » ?

3° L'un des poèmes est le suivant :

Le vieux marin breton de tabac prit sa prise
D'aucuns par-dessus tout prisent les escargots
Sur l'antique bahut il choisit sa cerise
Qui sait si le requin boulotte les turbots ?

Le cheval Parthénon frissonnait sous la bise
Qui clochard devenant jetait ses oripeaux
Un frère même bas est la part indécise
Elle effraie le Berry comme les morvandiaux

Le loup est amateur de coq et de cocotte
On comptait les esprits acérés à la hotte
Il voudra retrouver le germe adultérin

Sa sculpture est illustre et dans le fond des coques
On s'excuse il n'y a ni baleines ni phoques
Le mammifère est roi nous sommes son cousin

(*Atlas de Littérature Potentielle*
coll. idées, éd. Gallimard)

Combien y a-t-il de poèmes ne contenant aucun de ces quatorze vers ?
Combien y a-t-il de poèmes contenant exactement trois de ces quatorze vers ?

4° On s'intéresse maintenant aux poèmes fabriqués selon la règle (R) suivante : aucun mot ne doit rimer avec lui-même, c'est-à-dire que le mot final de deux vers différents ne peut être le même. Or, dans les 140 vers composant les 14 ensembles, le mot « marchandise » est le seul mot terminant deux vers situés dans des ensembles différents, à savoir E_5 et E_7.

Combien y a-t-il de poèmes satisfaisant à la règle (R) ? Et combien d'entre eux finissent par le mot « destin » ?

Démonstrations de résultats du cours

57 ***Calcul de*** $\mathbf{C}_n^p$

Soit E un ensemble à n éléments et p un entier inférieur ou égal à n.

1° Combien y a-t-il d'arrangements à p éléments de E ?

2° On regroupe les arrangements formés des mêmes éléments ; combien y a-t-il d'arrangements dans chaque groupe ?
En déduire que le nombre de parties à p éléments de E est $\dfrac{A_n^p}{p!}$.

58 ***Formule*** $\mathbf{C}_n^p + \mathbf{C}_n^{p+1} = \mathbf{C}_{n+1}^{p+1}$

1° Dans un jeu de 32 cartes, combien existe-t-il :

a) de « mains » de 8 cartes ?

b) de « mains » de 8 cartes contenant l'as de pique ?

c) de « mains » de 8 cartes ne contenant pas l'as de pique ?
Quelle relation existe-t-il entre ces trois nombres ?

2° Mêmes questions pour un ensemble E de $n + 1$ éléments dans lequel on tire une partie formée de $p + 1$ éléments contenant ou non un élément a de E.
(On suppose que $n \geqslant 0$ et $p \geqslant 0$.)
Retrouver ainsi la relation annoncée.

Calculs sur les combinaisons

59 ***Triangle de Pascal et suite de Fibonacci***

On définit une suite (S_n) en totalisant les termes du triangle de Pascal, comme l'indique la figure ci-dessous.

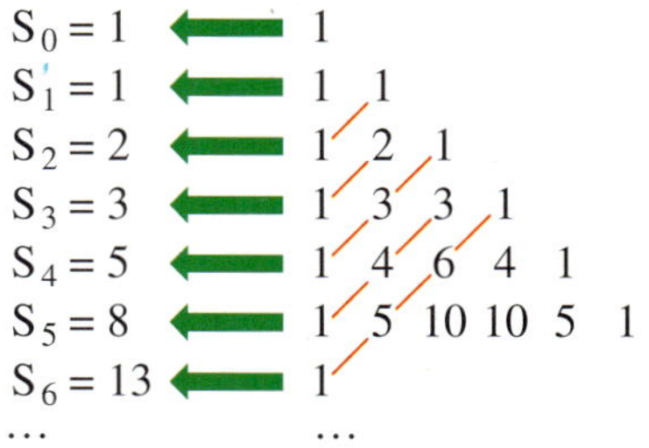

1° Calculer les dix premiers termes de cette suite.

2° La suite (F_n) définie par :

$$\begin{cases} F_0 = 1 \\ F_1 = 1 \\ F_{n-1} + F_{n-2} = F_n \quad \text{pour } n \geqslant 2 \end{cases}$$

est une suite de Fibonacci.
Expliquer pourquoi la suite (S_n) est égale à la suite (F_n).

60 ***Une propriété des C_n^p***

On tire simultanément 3 boules dans une urne qui contient 4 boules noires et 5 boules blanches.

1° Quel est le nombre de tirages que l'on peut ainsi obtenir ?

2° Parmi ces tirages, combien contiennent :

a) 0 noire et 3 blanches ?

b) 1 noire et 2 blanches ?

c) 2 noires et 1 blanche ?

d) 3 noires et 0 blanche ?

3° Quel lien y a-t-il entre la réponse du 1° et les réponses du 2° ?
En déduire que :

$$C_4^0 \times C_5^3 + C_4^1 \times C_5^2 + C_4^2 \times C_5^1 + C_4^3 \times C_5^0 = C_9^3.$$

4° Généralisation : soit n, m et p trois entiers avec $p \leqslant n$ et $p \leqslant m$.
Écrire plus simplement :

$$C_n^0 \times C_m^p + C_n^1 \times C_m^{p-1} + C_n^2 \times C_m^{p-2} + \ldots + C_n^p \times C_m^0.$$

Probabilités

61 On jette simultanément deux dés non pipés. On calcule la somme des points obtenus. Quelle est la probabilité d'obtenir :

a) une somme égale à 8 ?

b) une somme impaire ?

c) une somme supérieure ou égale à 9 ?

d) une somme multiple de 3 ?

62 On tire simultanément deux jetons dans une urne qui contient 6 jetons numérotés de 1 à 6.
Quelle est la probabilité de tirer :

a) deux numéros qui se suivent ?

b) deux numéros dont la somme fait 7 ?

63 On lance deux fois de suite un dé non pipé. On désigne par x le numéro obtenu au premier jet et par y le numéro obtenu au second jet. Quelle est la probabilité des événements suivants ?

a) $x \leqslant y$. *b*) $x < y$. *c*) $x = y$. *d*) $x + y \leqslant 5$.

64 ***Rangements aléatoires***

On veut ranger trois boules dans cinq casiers numérotés 1, 2, 3, 4 et 5.
Chaque boule va dans un casier. Chaque casier peut contenir zéro boule, une boule ou plusieurs boules.

1° Combien y a-t-il de rangements possibles ?
Dans la suite de l'exercice, tous ces rangements possibles sont supposés équiprobables.

2° Quelle est la probabilité p_1 que chaque casier contienne au plus une boule ?

3° Quelle est la probabilité p_2 qu'un casier contienne exactement deux boules ?

4° Quelle est la probabilité p_3 que les trois boules soient rangées dans un même casier ?

5° Calculer $p_1 + p_2 + p_3$. Expliquer le résultat.

6° Quelle est la probabilité que le casier 1 soit vide lors d'un rangement ?

65 ***Le loto***

Jouer au loto consiste à cocher une combinaison de six cases sur une grille de 49 cases … en espérant qu'elle coïncidera avec la combinaison qui sera désignée par le hasard.
On gagne une certaine somme d'argent dès que l'on a trois bons numéros.

1° *a*) Quelle est la probabilité d'avoir les six bons numéros ?

b) Quelle est la probabilité d'avoir cinq bons numéros exactement ?

c) Quelle est la probabilité de gagner ?

2° On effectue deux tirages le même jour.

a) Quelle est la probabilité que les deux résultats aient au moins un numéro commun ?

b) Quelle est la probabilité que les deux résultats aient un numéro commun et un seul ?

66 ***Ouvrez la cage aux oiseaux***

Trois enfants achètent chacun un couple de perruches et mettent les six oiseaux dans une même cage pour entrer chez eux.
Ne sachant pas distinguer les mâles des femelles, ils prennent au hasard deux oiseaux chacun.

Quelle est la probabilité que chaque enfant ait pris un mâle et une femelle ?

67 ***« Allô Docteur »***

Dans une ville, il y a 3 médecins de garde. Quatre malades appellent chacun au hasard l'un des trois médecins.

1° Quelle est la probabilité que les 4 malades appellent le même médecin ?

2° Quelle est la probabilité que les 3 médecins soient appelés ?

68 ***Un rendez-vous peu précis***

Quatre personnes se donnent rendez-vous au café du village. Mais, il y a quatre cafés dans ce village.
Quelle est la probabilité qu'aucune d'elles n'en rencontre aucune autre ?

69 ***Poker***

On considère un jeu de 36 cartes dans lequel on distingue quatre couleurs : Trèfle, Pique, Carreau, Cœur et dans chaque couleur, neuf valeurs dans l'ordre habituel : As, Roi, Dame, Valet, Dix, Neuf, Huit, Sept, Six.
Un joueur tire cinq cartes simultanément avec équiprobabilité des tirages possibles.
L'exercice a pour but de comparer les probabilités des événements suivants, intervenant dans certains jeux de cartes.
A : « Obtenir un carré » (soit quatre cartes d'une même valeur, par exemple quatre rois) ;
B : « Obtenir une quinte flush » (soit cinq cartes d'une même couleur dont les valeurs se suivent) ;
C : « Obtenir un full » (soit trois cartes d'une même valeur et deux autres de même valeur, par exemple : trois rois et deux dix).

1° Calculer $p(\mathrm{A})$, $p(\mathrm{B})$, $p(\mathrm{C})$, et donner une valeur approchée de chaque nombre à 10^{-5} près.

2° Un « coup » est dit meilleur qu'un autre s'il est moins fréquent (probabilité plus petite) ; chaque coup est affecté d'une valeur V qui augmente quand p diminue (si $p(\mathrm{B}) < p(\mathrm{A})$, alors $\mathrm{V(B)} > \mathrm{V(A)}$).
Le classement défini par la règle du jeu est :

$$\mathrm{V(C)} < \mathrm{V(A)} < \mathrm{V(B)}.$$

D'après le 1°, cette règle est-elle justifiée ?

N.B. : les réponses seront justifiées et données sous la forme de fractions simplifiées.

70 Dans un sac, on a mis cinq jetons verts numérotés de 1 à 5 et quatre jetons rouges numérotés de 1 à 4.
On prend, simultanément, trois jetons dans le sac. On fait l'hypothèse que tous les tirages possibles ont la même probabilité.

1° Calculer :
a) la probabilité d'obtenir trois jetons verts,

b) la probabilité d'obtenir trois jetons rouges,

c) la probabilité d'obtenir trois jetons de la même couleur.

2° Calculer les probabilités des événements suivants :
A : « On a sorti le jeton vert n° 1 »
B : « On a sorti le jeton rouge n° 1 »
C : « On a sorti le jeton vert n° 1 et le jeton rouge n° 1 »
D : « On a sorti un et un seul jeton portant le numéro 1 ».

3° Calculer la probabilité qu'on ait deux numéros identiques. En déduire la probabilité qu'on ait trois numéros différents.

71 Dans un jeu de trente-deux cartes, on distingue quatre couleurs : pique, cœur, carreau, trèfle, et dans chaque couleur, huit hauteurs : as, roi, dame, valet, dix, neuf, huit, sept.
On dispose les cartes en quatre paquets contenant chacun les huit cartes d'une même couleur, et on tire au hasard une carte de chaque paquet (exemple de tirage : as de pique, sept de cœur, roi de carreau, sept de trèfle).

1° *a*) Combien y a-t-il de tirages possibles ?

b) Calculer les probabilités que le tirage contienne :

– quatre cartes de même hauteur ;

– au moins une dame ;

– trois rois et un valet.
(On donnera chaque résultat sous forme d'une fraction irréductible, puis on en indiquera une valeur approchée.)

2° Un tirage est gagnant lorsqu'il contient au moins deux as.
Le joueur reçoit : 1 000 F si le tirage contient les quatre as, 30 F si le tirage contient exactement trois as, 2 F si le tirage contient exactement deux as. Calculer les probabilités d'obtenir ces différents gains.
(On donnera chaque résultat sous forme de fraction irréductible.)

3° La réglementation des jeux de hasard indique que : « les gains doivent être inversement proportionnels à leur probabilité ».
Examiner si les sommes attribuées pour les tirages gagnants respectent ce principe.

72 Soit n un entier supérieur à 1.
On considère une urne dans laquelle se trouvent :

une boule portant le numéro 1,

deux boules portant le numéro 2,

trois boules portant le numéro 3,

…

n boules portant le numéro n.

1° Combien l'urne contient-elle de boules ?

2° On tire au hasard une boule dans l'urne, tous les tirages sont supposés équiprobables.

a) On suppose dans cette question que n est pair. Exprimer en fonction de n la probabilité que la boule tirée porte :

– un numéro pair ;

– un numéro impair.

b) Dans cette question, on suppose seulement que le nombre total de boules dans l'urne est 21. Quelle est la probabilité que la boule tirée porte un numéro strictement supérieur à 4 ?

Probabilités et suites

73 Dans une urne, il y a n boules rouges et $2n$ boules blanches. On tire p boules au hasard sans remise.

1° Si $n = 5$ et $p = 4$, quelles sont les probabilités :

a) d'obtenir deux boules rouges et deux boules blanches ?

b) d'obtenir au moins une boule blanche ?
On donnera les résultats sous forme de fraction irréductible.

2° Si n est un entier quelconque et $p = 2$.

a) Quelle est la probabilité p_n d'obtenir deux boules de couleurs différentes ?

b) Quel est le sens de variation de la suite (p_n) ?

c) Déterminer la limite de cette suite.

74 1° Démontrer que, pour tout réel $x \geqslant 0$ et pour tout entier $n \geqslant 0$, on a :

$$(1+x)^n \geqslant 1 + nx.$$

2° On dispose de n boules numérotées de 1 à n. On les place toutes au hasard dans n boîtes (chaque boîte pouvant contenir de 0 à n boules).
On désigne par P_n la probabilité que chaque boîte contienne exactement une boule.

Montrer que $\mathrm{P}_n = \dfrac{n!}{n^n}$.

3° En utilisant le 1° montrer que, pour tout entier $n > 0$,

$$\frac{\mathrm{P}_n}{\mathrm{P}_{n+1}} \geqslant 2.$$

En déduire que $\mathrm{P}_n \leqslant \dfrac{1}{2^{n-1}}$.

Quelle est la limite de (P_n) quand n tend vers $+\infty$?

Probabilités et complexes

75 Aux coordonnées $(a\,;b)$ d'un point M du plan P muni d'un repère $(\mathrm{O}, \vec{u}, \vec{v})$ on associe l'équation d'inconnue complexe z :

(1) $\quad z^2 - 2az + b = 0.$

1° *a*) Résoudre dans $\mathbb{C}$ l'équation (1) si M a pour coordonnées (2 ; 4).

b) Résoudre dans $\mathbb{C}$ l'équation (1) si M a pour coordonnées (1 ; 5).

2° Trouver et représenter dans P :

a) l'ensemble E des points M tels que l'équation (1) admette une solution double.

b) l'ensemble F des points M tels que l'équation (1) admette deux solutions non réelles.

3° Dans cette partie, les résultats seront exprimés sous forme décimale à 10^{-3} près.
Soit une urne contenant 9 boules numérotées de 1 à 9. On extrait au hasard, successivement et sans remise, 2 boules de cette urne.
On notera a le premier entier sorti et b le second.

Quelle est la probabilité d'obtenir un couple $(a\,;b)$ donnant :

a) une solution double à l'équation (1) ?

b) deux solutions non réelles à l'équation (1) ?

Coups de pouce

Pour les exercices dont le numéro est en couleur.

54. Compter le nombre de chemins en commençant par le haut.

66. On peut écrire toutes les paires de $\{\mathrm{M}_1\,;\mathrm{M}_2\,;\mathrm{M}_3\,;\mathrm{F}_1\,;\mathrm{F}_2\,;\mathrm{F}_3\}$.

67. 2° Il y a … façons de choisir les deux malades qui appellent le même médecin. Il y a … façons de faire correspondre les groupes de malades aux trois médecins.

5

VARIABLES ALÉATOIRES

CONTENU

- Variable aléatoire
- Fonction de répartition
- Espérance et variance

ACTIVITÉS

ACTIVITÉ 1 Loterie

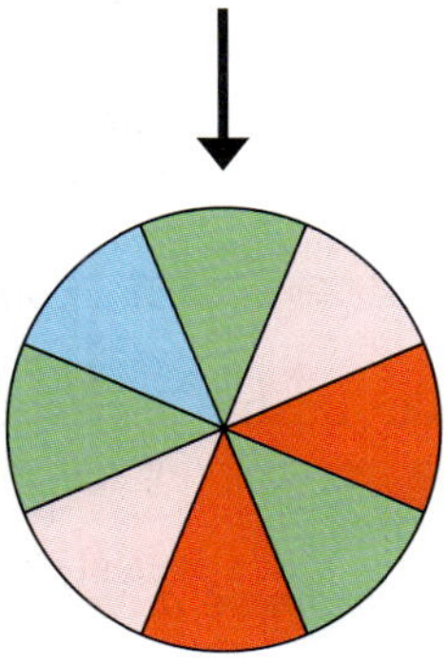

Une partie de loterie consiste à faire tourner une roue divisée en 8 secteurs coloriés de même angle. Lorsque la roue s'arrête, la flèche fixe indique la couleur obtenue. On suppose que la roue est bien équilibrée et que chaque secteur a la même probabilité d'apparition.
Si l'on obtient “bleu” on gagne 15 francs.
Si l'on obtient “rouge” on gagne 5 francs.
Si l'on obtient “vert” on perd 5 francs.
Si l'on obtient “rose” on perd 10 francs.
On note G le gain obtenu (négatif ou positif). On lance une fois la roue.

1° *Remplir un tableau donnant les différentes valeurs possibles de G, ainsi que leurs probabilités respectives.*

Valeur de G	
Probabilité	

Que peut-on effectuer comme vérification ?

2° *Quelle est la probabilité de chacun des événements suivants ?*
a) $G \leqslant 0$. *b*) $G \leqslant -11$. *c*) $G \leqslant -10$. *d*) $G \leqslant 14{,}5$.
e) $G \leqslant 15$. *f*) $G \leqslant 17$. *g*) $5 \leqslant G \leqslant 10$.

3° Soit f la fonction définie sur $\mathbb{R}$ par : $f(x) = p(G \leqslant x)$. ($f(x)$ est donc la probabilité que le gain soit inférieur ou égal à x.)

a) *Calculer* f(x) *selon la valeur de* x (*on distinguera 5 cas*).

b) *Représenter graphiquement la fonction* f *dans le plan rapporté à un repère orthogonal* $(O, \vec{i}, \vec{j})$, *en prenant pour unités* 0,5 *cm sur l'axe des abscisses et 10 cm sur l'axe des ordonnées.*

ACTIVITÉ 2 A combien la partie ?

Le but de cette activité est de calculer le prix de vente d'une partie dans un stand de fête foraine qui propose un jeu d'adresse.
Le joueur doit lancer cinq anneaux pour les empiler sur une tige verticale.

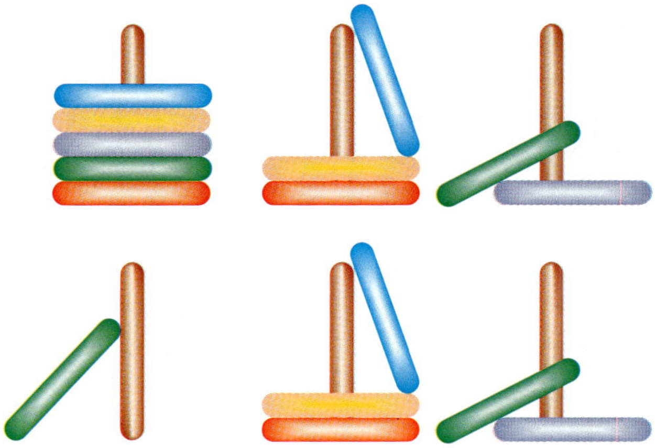

1° On a observé pour 100 parties les résultats suivants :

Anneaux empilés	5	4	3	2	1	0
Nombre de parties	1	5	10	16	25	43

Pour les cinq anneaux placés le joueur reçoit 50 F, pour quatre 20 F, pour trois 5 F et pour deux ou moins il ne gagne rien.
On appelle S la somme perçue par le joueur pour une partie.

a) Donner dans un tableau les diverses valeurs de S *et le nombre de parties associées.*

b) Calculer pour la série obtenue la moyenne m des gains ainsi que la variance V *et l'écart type* σ.

2° En fait les chiffres donnés au 1° sont le fruit de nombreuses observations et décrivent bien la réalité.

a) Traduire en termes de probabilité le tableau dressé au 1°.
On a ainsi défini la loi de probabilité de S.

b) La moyenne m est appelée ici espérance mathématique de S et notée E(S), V et σ sont respectivement la variance et l'écart type de S.
Donner les calculs qui permettent de trouver E(S), V *et* σ *à partir de la loi de probabilité de* S.

c) Que représente E(S) *pour le forain* ?
Les frais divers attachés au fonctionnement du stand s'élèvent à 1 F par partie.
À quel prix faut-il fixer la partie pour espérer un bénéfice de 2 F ?

ACTIVITÉ 3 Le jeu le plus avantageux

On vous propose, moyennant le versement d'une somme de 7 francs, de jouer, au choix, à l'un des deux jeux suivants.

Premier jeu : jeter 2 dés ordinaires.
Vous recevrez, en francs, la somme obtenue en additionnant les points indiqués sur la face supérieure de chaque dé.

Second jeu : choisir au hasard un domino (dans un jeu de dominos retournés sur la table).
Vous recevrez, en francs, la somme des points indiqués sur le domino.

Auquel de ces deux jeux accepteriez-vous le plus volontiers de risquer vos 7 francs ?

ACTIVITÉ 4 Parcmètre

Devant un parcmètre, un automobiliste pressé fouille dans sa poche et en sort au hasard deux pièces de monnaie. Sa poche contenait très exactement 5 pièces de 1 F, 3 pièces de 0,50 F et 4 pièces de 0,20 F, mais il faut savoir que ce parcmètre n'accepte pas les pièces de 0,20 F.
On appelle S la somme que cette personne pourra mettre dans le parcmètre en tirant ainsi deux pièces au hasard de sa poche.

a) *Quelles sont les différentes valeurs que peut prendre* S *?*

b) Pour trouver la probabilité d'obtenir S = 2, par exemple, on cherchera la probabilité de l'événement associé : « on tire 2 pièces de 1 F ».
Remplir ainsi un tableau donnant la probabilité de chaque valeur possible de S :

s	0	...	2
$P(S = s)$			

Comment peut-on contrôler les résultats ?

c) Vingt minutes de stationnement coûtent un franc.
Quelle est la probabilité pour que l'automobiliste puisse stationner au moins vingt minutes ?

d) *Déduire du tableau la somme qu'en moyenne ce monsieur peut espérer mettre dans le parcmètre.*

VARIABLES ALÉATOIRES

INFORMATION

1. DÉFINITION D'UNE VARIABLE ALÉATOIRE

Pour décrire le résultat d'une expérience aléatoire associée à un univers U, on fait souvent correspondre un nombre à chaque élément de U.

a Exemple introductif

Une urne contient 3 boules rouges et 4 boules blanches indiscernables au toucher. On extrait simultanément 2 boules. On perçoit un franc par boule rouge tirée. Quels sont les gains possibles ? Avec quelles probabilités ?

Désignons par R_1, R_2, R_3, B_1, B_2, B_3, B_4, les 7 boules de l'urne.
L'univers U est l'ensemble des combinaisons de 2 boules parmi les 7 boules de l'urne : $\{R_1 ; R_2\}$, $\{R_1 ; R_3\}$ etc ... Nous en déduisons card $U = C_7^2$.
On peut tirer 0, 1 ou 2 boules rouges, et donc gagner 0, 1 ou 2 francs.
Désignons par X la somme reçue.
Les trois événements $(X = 0)$, $(X = 1)$ et $(X = 2)$ sont incompatibles deux à deux et leur réunion est U.

On dit que l'on a une partition de U.

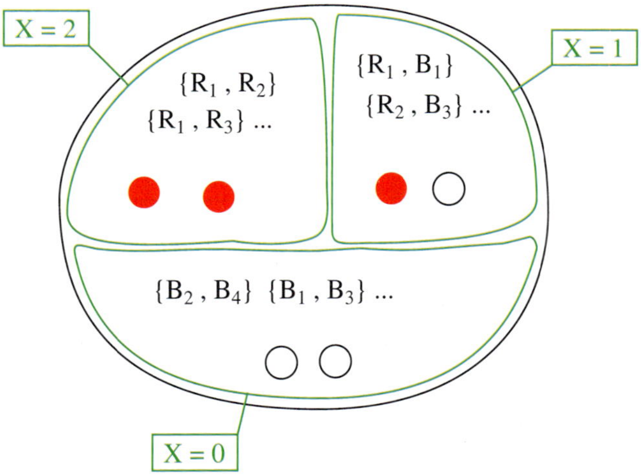

La probabilité que X soit égal à 0 est notée $p(X = 0)$; elle est égale à la probabilité de l'événement « tirer 0 boule rouge et 2 blanches ».

Nous avons donc : $p(X=0) = \dfrac{C_3^0 \times C_4^2}{C_7^2} = \dfrac{6}{21} = \dfrac{2}{7}$.

De même la probabilité pour que X soit égal à 1 est la probabilité d'extraire une rouge et une blanche.

$$p(X=1)=\frac{C_3^1 \times C_4^1}{C_7^2}=\frac{12}{21}=\frac{4}{7}.$$

Enfin : $$p(X=2)=\frac{C_3^2 \times C_4^0}{C_7^2}=\frac{3}{21}=\frac{1}{7}.$$

Les résultats peuvent se présenter dans un tableau, la première ligne indiquant les valeurs possibles x de X.

x	0	1	2
$p(X=x)$	$\frac{2}{7}$	$\frac{4}{7}$	$\frac{1}{7}$

Ce tableau définit **la loi de probabilité** de X.

Représentations graphiques

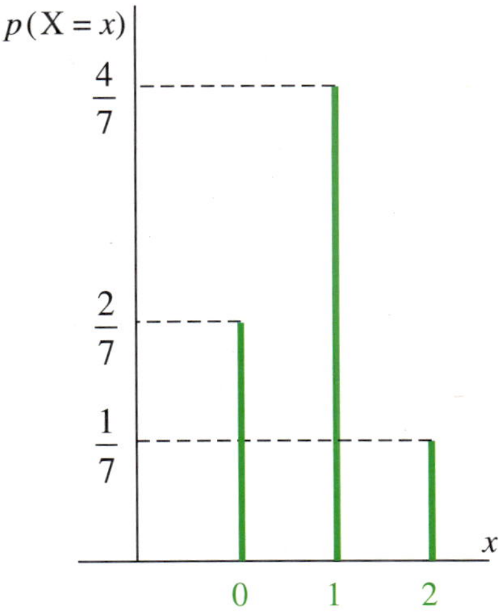

Diagramme en bâtons

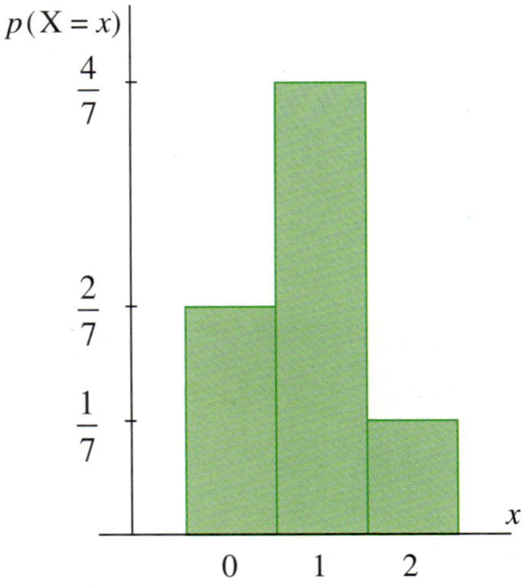

Histogramme

REMARQUES

• Notons que l'événement « $X=0$ ou $X=1$ ou $X=2$ » représente tous les cas possibles. Sa probabilité doit donc être égale à 1, ce qui est bien le cas ici.

• X associe à chaque élément de U un élément de $I=\{0 ; 1 ; 2\}$, par exemple l'image de $\{R_1 ; B_3\}$ est 1.

b Variable aléatoire . Loi de probabilité

Soit U un univers muni d'une probabilité p.
Une **variable aléatoire X** définie sur U est une fonction qui à chaque élément de U fait correspondre un nombre réel.
Désignons par I l'ensemble des valeurs possibles de X.

$I=\{x_1 ; x_2 ; ... x_n\}$.

La **loi de probabilité de X** est la fonction qui à tout élément x de I fait correspondre la probabilité que X prenne cette valeur x. Par abus de langage on dit que c'est la probabilité que "X soit égal à x" et que l'on note $p(X = x)$.
Il est commode de présenter cette loi de probabilité sous forme d'un tableau :

x	x_1	x_2	...	x_n
$p(X = x)$	p_1	p_2	...	p_n

Conseil :
Lorsqu'on vient de calculer la loi de probabilité d'une variable aléatoire, il est indispensable de vérifier que :

$$\sum_{i=1}^{n} p_i = 1 .$$

REMARQUES

- Au lieu de variable aléatoire, on dit aussi aléa numérique, expression moins employée mais qui serait préférable car X n'est pas une variable.
- Pour simplifier, on note X aussi bien la fonction de U vers $\mathbb{R}$ que l'image d'un élément de U par cette fonction.

2. FONCTION DE RÉPARTITION

Dans la cas de l'exemple du paragraphe **1**, on peut se poser les questions suivantes.
Quelle est la probabilité de gagner au moins deux francs ? au moins un franc ? etc...
La connaissance de la fonction de répartition permet de répondre à ces questions.

Cette notion est à rapprocher de la notion de fréquence cumulée croissante en statistiques.

Définition
Soit une variable aléatoire X définie sur un univers U muni d'une probabilité *p*.
La fonction de répartition F de X est la fonction de $\mathbb{R}$ vers [0 ; 1] qui, à tout réel *x*, associe la probabilité que X soit inférieur ou égal à *x* :

$$F(x) = p(X \leqslant x).$$

La fonction de répartition est définie par intervalles.

EXEMPLE

Reprenons l'exemple du paragraphe **1**.

Intervalles des valeurs de x	Valeurs de X vérifiant $X \leqslant x$	F(x) c'est-à-dire $p(X \leqslant x)$ vaut :
$]-\infty\,;0[$	aucune	0
$[0\,;1[$	0	$p(X=0) = \frac{2}{7}$
$[1\,;2[$	0 et 1	$p(X=0)+p(X=1) = \frac{2}{7}+\frac{4}{7}=\frac{6}{7}$
$[2\,;+\infty[$	0, 1 et 2	$p(X=0)+p(X=1)+p(X=2) = \frac{6}{7}+\frac{1}{7}=1$

Représentation graphique de F :

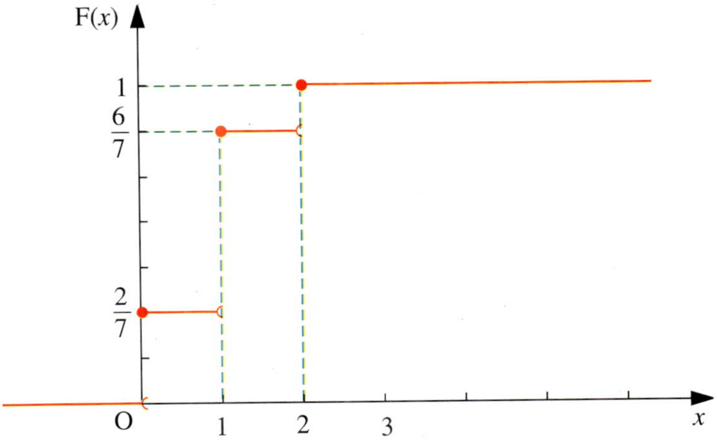

Cette représentation graphique s'appelle *courbe cumulative*.

Propriétés de la fonction de répartition :
1° F est une fonction en escalier.
2° F est une fonction croissante.

3. ESPÉRANCE MATHÉMATIQUE

a Exemple

Reprenons l'exemple du paragraphe **1**.
Une partie consiste à tirer 2 boules, et chaque boule rouge tirée rapporte un franc.
Accepteriez-vous, pour avoir le droit de jouer à ce jeu, de verser 1 franc ?

Sur un grand nombre de parties, disons 700, on obtiendrait **en moyenne** 0 rouge 200 fois, 1 rouge 400 fois, 2 rouges 100 fois. Le gain **moyen** serait donc de :

$$\frac{1}{700}(0\times 200+1\times 400+2\times 100)=0\times\frac{2}{7}+1\times\frac{4}{7}+2\times\frac{1}{7}=\frac{6}{7}.$$

On peut donc **espérer** gagner $\frac{6}{7}$ franc soit environ 0,86 F par partie. Sur un grand nombre de parties, un joueur qui miserait 1 F serait perdant.
Notons que :

$$\frac{6}{7} = 0 \times p(X=0) + 1 \times p(X=1) + 2 \times p(X=2).$$

b Cas général

Définition
Soit une variable aléatoire X prenant les valeurs $x_1, x_2, ..., x_n$ avec les probabilités $p_1, p_2, ..., p_n$. On appelle espérance mathématique de X le nombre E(X) défini par :

$$\mathbf{E(X) = x_1 p(X = x_1) + x_2 p(X = x_2) + ... + x_n p(X = x_n)}$$

ou $$\mathbf{E(X) = \sum_{i=1}^{n} x_i p_i .}$$

Comparer avec la moyenne, en Statistique.

En pratique, la loi de probabilité étant généralement donnée par un tableau :

x	x_1	x_2	...	x_n
$p(X=x)$	p_1	p_2	...	p_n

il suffit de calculer la somme $x_1 p_1 + x_2 p_2 + ... + x_n p_n$.

4. VARIANCE, ÉCART TYPE

a Définition de la variance

L'espérance mathématique donne une indication simple sur une variable aléatoire, mais cette simplicité se paye par une perte d'information. Des variables aléatoires très différentes peuvent en effet avoir la même espérance mathématique.

Ainsi en est-il de la variable aléatoire X déjà définie et de la variable aléatoire Y dont la loi de probabilité est donnée ci-dessous :

Pour Y, imaginons par exemple qu'on tire une boule dans une urne contenant 14 boules : six marquées – 1, une marquée 0, une marquée 1, une marquée 2 et cinq marquées 3.

x	0	1	2
$p(X=x)$	$\frac{2}{7}$	$\frac{4}{7}$	$\frac{1}{7}$

y	– 1	0	1	2	3
$p(Y=y)$	$\frac{6}{14}$	$\frac{1}{14}$	$\frac{1}{14}$	$\frac{1}{14}$	$\frac{5}{14}$

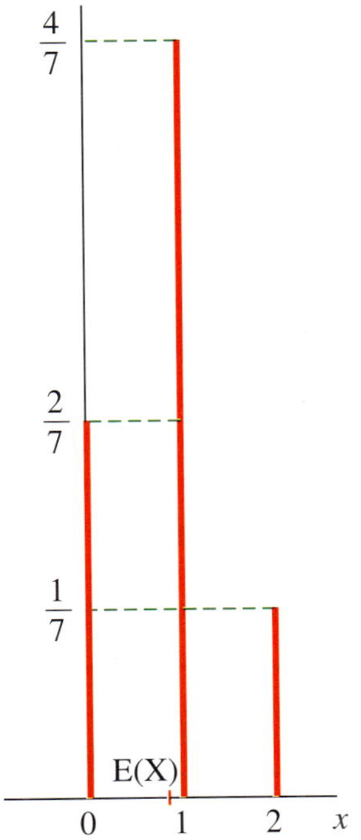

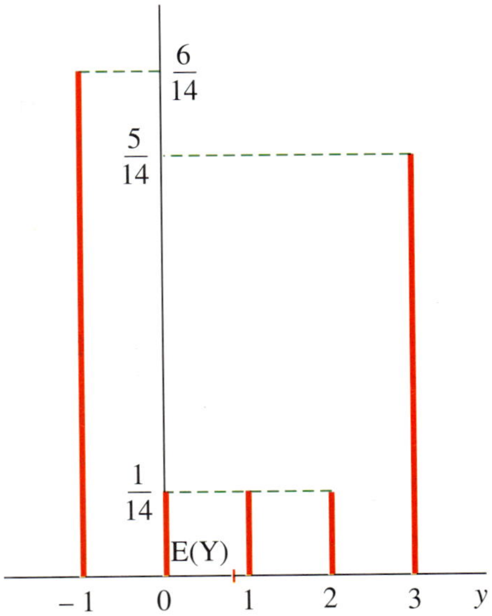

Le point d'abscisse E(X) est le barycentre des points d'abscisses 0, 1 et 2 affectés respectivement des coefficients $\frac{2}{7}, \frac{4}{7}$ et $\frac{1}{7}$.

$$E(X) = \frac{6}{7} \qquad E(Y) = -1 \times \frac{6}{14} + 0 \times \frac{1}{14} + 1 \times \frac{1}{14} + 2 \times \frac{1}{14} + 3 \times \frac{5}{14} = \frac{6}{7}.$$

X et Y ont la même espérance mathématique $\frac{6}{7}$, mais pour Y, on obtiendra plus souvent que pour X des résultats éloignés de $\frac{6}{7}$. En d'autres termes, la variable aléatoire Y est plus **dispersée** que la variable aléatoire X.

La variance est la moyenne des carrés des différences avec la moyenne.

En Statistique, la dispersion se mesure par la variance qui est la moyenne pondérée de la série $(x_i - \bar{x})^2$.

De façon analogue, en Probabilités, la variance est l'espérance mathématique de $[X - E(X)]^2$.

m comme moyenne.

Si la variable aléatoire X prend les valeurs $x_1, x_2, ..., x_n$, avec les probabilités $p_1, p_2, ..., p_n$, on a, en notant m l'espérance mathématique de X :

La variance d'une variable aléatoire X est définie par :

$$\mathbf{V(X) = E\left[[X - E(X)]^2\right] = \sum_{i=1}^{n} p_i (x_i - m)^2.}$$

Dans l'exemple ci-dessus, X est exprimée en francs, donc V(X) s'exprimera en “francs carrés”, ce qui n'a pas de signification concrète.

Aussi utilise-t-on souvent l'**écart type** σ(X), qui est la racine carrée de la variance, et s'exprime donc dans la même unité que X.

V(X) et σ(X) sont des nombres positifs.

L'écart type d'une variable aléatoire X est défini par :

$$\sigma(\mathbf{X}) = \sqrt{\mathbf{V(X)}}.$$

On sait que $m = \frac{6}{7}$.

Calculons la variance et l'écart type de X de l'exemple précédent.

$$V(X) = \frac{2}{7}\left(0 - \frac{6}{7}\right)^2 + \frac{4}{7}\left(1 - \frac{6}{7}\right)^2 + \frac{1}{7}\left(2 - \frac{6}{7}\right)^2$$

$$V(X) = \frac{140}{343} \simeq 0,408 \quad \text{et} \quad \sigma(X) \simeq 0,639.$$

b Autre expression de la variance

On démontre que la variance d'une variable aléatoire X est :

"La variance est l'espérance du carré moins le carré de l'espérance."

$$\mathbf{V(X) = E(X^2) - [E(X)]^2}.$$

EXEMPLE

Calculons la variance et l'écart type de la variable aléatoire Y définie au **4. *a*** :

y	-1	0	1	2	3
y^2	1	0	1	4	9
$p(Y = y)$	$\frac{6}{14}$	$\frac{1}{14}$	$\frac{1}{14}$	$\frac{1}{14}$	$\frac{5}{14}$

On rappelle que $E(Y) = \frac{6}{7}$.

$$V(Y) = 1 \times \frac{6}{14} + 0 \times \frac{1}{14} + 1 \times \frac{1}{14} + 4 \times \frac{1}{14} + 9 \times \frac{5}{14} - \left(\frac{6}{7}\right)^2.$$

Tous calculs faits, on trouve : $V(Y) = \frac{160}{49} \simeq 3,265$ et $\sigma(Y) = \frac{4\sqrt{10}}{7} \simeq 1,807$.

Comme prévu, la plus grande dispersion de Y se traduit par un écart type supérieur à celui de X.

Calcul de E(Y), V(Y) et σ(Y) à la calculatrice

- positionner la calculatrice en mode statistique à une variable et entrer la série :

modalités y_i	-1	0	1	2	3
effectifs n_i	6	1	1	1	5

Il est plus simple d'entrer dans la calculatrice des effectifs entiers (par exemple 6 au lieu de $\frac{6}{7}$).

- afficher E(Y) donnée par la touche $\boxed{\bar{x}}$ de la calculatrice,
  σ(Y) qui est l'écart type de la série.

VARIABLES ALÉATOIRES

EXERCICES ET PROBLÈMES

POUR SAVOIR FAIRE *Objectifs à atteindre*	**Exercices appropriés**
Déterminer la loi de probabilité d'une variable aléatoire	1 à 4
Définir et utiliser la fonction de répartition	5 à 7
Calculer l'espérance mathématique	8 à 11
Calculer la variance et l'écart type	12 à 15

POUR CHERCHER *Sujets abordés*	**Exercices appropriés**
Loi de probabilité, fonction de répartition	16 à 19
Calculs d'espérance	20 à 34
Calculs de variance et d'écart type	35 à 37
Probabilités et suites	38 à 41

POUR SAVOIR FAIRE

Variable aléatoire Loi de probabilité

1 Dans cet exercice les tirages sont équiprobables. Une urne contient 4 boules vertes et 4 boules rouges. On tire 4 boules de l'urne simultanément. Soit X la variable aléatoire qui à chaque tirage associe le nombre de boules vertes tirées. Déterminer la loi de probabilité de X.

2 Un enfant possède une tirelire contenant 2 pièces de 5 F, 3 pièces de 1 F, 2 pièces de 0,50 F, et un jeton sans valeur. Il fait tomber au hasard deux des objets contenus dans sa tirelire. X est la variable aléatoire définie par la valeur en francs de chaque tirage.

1° Quelles sont les différentes valeurs que peut prendre X ?

2° Déterminer la loi de probabilité de X.

3° Quelle est la probabilité pour que l'enfant récupère ainsi au moins 6 F ?

3 Une urne contient 9 boules numérotées de 1 à 9, indiscernables au toucher ; l'épreuve consiste à tirer simultanément et au hasard 3 boules dans l'urne.
Soit X la variable aléatoire définie par le nombre de numéros impairs tirés. Déterminer la loi de probabilité de X. Parmi les événements associés à X, quel est le plus probable ?

4 Une urne contient 3 boules noires et 2 blanches. On tire une à une, successivement et au hasard, les boules de l'urne. Soit X l'aléa numérique défini par le rang de la première boule blanche sortie. Déterminer la loi de probabilité de X.

Fonction de répartition

5 Le nombre de voitures vendues chaque jour par une succursale donnée définit une variable aléatoire N. On établit que N suit la loi suivante :

n (nombre de voitures vendues)	0	1	2	3	4
$p(\mathrm{N}=n)$	0,1	0,4	0,2	0,2	?

On sait que $n \leqslant 4$, compléter le tableau et représenter graphiquement la fonction de répartition de la variable N.

6 Une roue de loterie est partagée en trois secteurs. Les probabilités d'avoir les différents secteurs en face du repère fixe sont proportionnelles aux mesures des angles de ces secteurs.

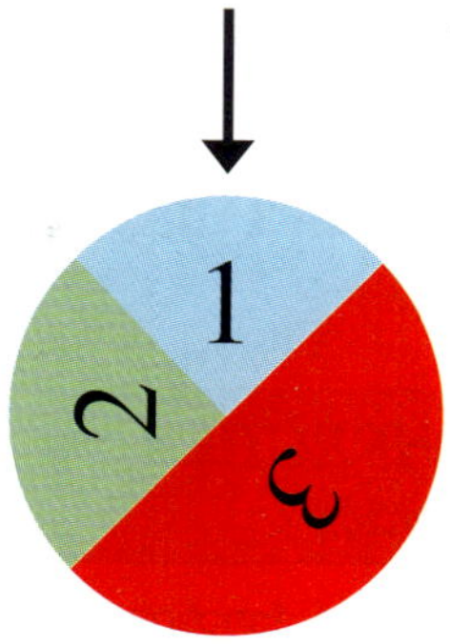

On fait tourner deux fois la roue.
L'aléa X est défini par la somme des deux numéros sortis.

1° Quelle est la loi de probabilité de X ?

2° Définir la fonction de répartition de X et la représenter graphiquement.

7 La fonction F de répartition d'une variable aléatoire X est définie par le tableau :

x	2	3	4	5	6
$F(x)$	0	$\frac{1}{3}$	$\frac{11}{24}$	$\frac{5}{8}$	1

Sur chaque intervalle de la forme $[n\,;\,n+1[$, où $n \in \{2\,;\,3\,;\,4\,;\,5\}$, F est constante.
Déterminer la loi de probabilité de X.

Espérance mathématique

8 La variable aléatoire X vérifie :

x	-2	-1	0	1	2	3
$p(X=x)$	$\frac{1}{4}$	$\frac{1}{6}$	$\frac{1}{6}$	$\frac{1}{6}$	$\frac{1}{8}$	$\frac{1}{8}$

1° Justifier que X est définie.

2° Calculer l'espérance mathématique $E(X)$.

9 Voici la solution de l'élève Duduche à son exercice de proba.
Loi de probabilité :

x	-1	0	1	2	3
$p(X=x)$	$\frac{1}{8}$	$\frac{3}{8}$	$\frac{1}{6}$	$\frac{1}{4}$	$\frac{1}{6}$

Espérance mathématique : $E(X) = \frac{25}{24}$.

Tout vous paraît-il normal ?

10 1° On lance un dé bien équilibré. X est la variable aléatoire définie par le numéro sorti.
Quelle est l'espérance mathématique de X ?

2° On lance deux dés bien équilibrés. S est la variable aléatoire définie par la somme des deux numéros sortis.
Définir la loi de probabilité de S et calculer son espérance mathématique. Pouvait-on prévoir la valeur de $E(S)$?

11 Les variables aléatoires X et Y ont pour lois de probabilité respectives :

x	-1	1
$p(X=x)$	$\frac{1}{2}$	$\frac{1}{2}$

y	1	2	3	4	5
$p(Y=y)$	$\frac{3}{16}$	$\frac{1}{4}$	$\frac{1}{8}$	$\frac{1}{4}$	$\frac{3}{16}$

Calculer l'espérance de chacune des 2 variables.
Le résultat était-il prévisible ? Donner, sans calcul, l'espérance de la variable Z, dont la loi de probabilité est donnée ci-dessous.

z	-3	-2	-1	0	1	2
$p(Z=z)$	$\frac{1}{16}$	$\frac{1}{16}$	$\frac{3}{8}$	$\frac{3}{8}$	$\frac{1}{16}$	$\frac{1}{16}$

Variance et écart type

12 Calculer la variance et l'écart type de chacune des deux variables N et X définies aux exercices **5** et **8**.

13 Un dé est truqué de telle sorte que les probabilités d'apparition sont proportionnelles aux numéros.
Soit X la variable aléatoire définie par le numéro sorti. Définir la loi de probabilités de X. Calculer son espérance mathématique $E(X)$ et son écart type $\sigma(X)$.

14 On lance deux dés ordinaires. L'aléa X prend pour valeur la valeur absolue de la différence des deux numéros sortis. Définir la loi de probabilité de X, puis calculer l'espérance E(X) et la variance V(X).

15 Deux urnes contiennent chacune 5 boules numérotées indiscernables au toucher. Sur les boules de la première urne sont inscrits les chiffres 1, 2, 3, 4, 5 et sur celles de la seconde urne sont inscrits les chiffres 2, 3, 5, 6, 7.
On tire une boule de chaque urne et on définit la variable aléatoire X qui à la paire de boules tirées fait correspondre la somme des chiffres inscrits sur les deux boules.

1° Déterminer la loi de probabilité de X.

2° Calculer l'espérance et la variance de X.

Résultats des exercices dont le numéro est en couleur

1.

x	0	1	2	3	4
$p(X=x)$	$\frac{1}{70}$	$\frac{16}{70}$	$\frac{36}{70}$	$\frac{16}{70}$	$\frac{1}{70}$

2. 1° et 2°

x	0,5	1	1,5	2	5	5,5	6	10
$p(X=x)$	$\frac{2}{28}$	$\frac{4}{28}$	$\frac{6}{28}$	$\frac{3}{28}$	$\frac{2}{28}$	$\frac{4}{28}$	$\frac{6}{28}$	$\frac{1}{28}$

3° 0,25.

6. 1°

x	2	3	4	5	6
$p(X=x)$	$\frac{1}{16}$	$\frac{2}{16}$	$\frac{5}{16}$	$\frac{4}{16}$	$\frac{4}{16}$

2° F est constante par intervalles

$x \in$	$]-\infty;2[$	$[2;3[$	$[3;4[$	$[4;5[$	$[5;6[$	$[6;+\infty[$
$F(x)$	0	$\frac{1}{16}$	$\frac{3}{16}$	$\frac{8}{16}$	$\frac{12}{16}$	1

7. $p(X=3)=\frac{1}{3}$.

$p(X=4)=\frac{11}{24}-\frac{1}{3}=\frac{3}{24}$.

$p(X=5)=\frac{5}{8}-\frac{11}{24}=\frac{4}{24}$.

$p(X=6)=1-\frac{5}{8}=\frac{3}{8}$.

8. 1° $\sum_{n=-2}^{3} p(X=n)=1$.

2° $E(X)=-2\times\frac{1}{4}-1\times\frac{1}{6}+\cdots+3\times\frac{1}{8}=\frac{1}{8}$.

10. 1° $E(X)=3{,}5$.
2° Faire un tableau à double entrée. $E(S)=7$.
$E(S)=2\,E(X)$.

11. $E(X)=0$. $E(Y)=3$. $E(Z)=-\frac{1}{2}$.

12. $V(N)=1{,}36$, $\sigma(N)\simeq 1{,}17$.
$V(X)=2{,}94$, $\sigma(X)\simeq 1{,}72$.

14.

x	0	1	2	3	4	5
$p(X=x)$	$\frac{3}{18}$	$\frac{5}{18}$	$\frac{4}{18}$	$\frac{3}{18}$	$\frac{2}{18}$	$\frac{1}{18}$

$E(X)=\frac{35}{18}$.

$V(X)\simeq 2{,}05$.

POUR CHERCHER

Loi de probabilité Fonction de répartition

16 Dans une loterie, on vend vingt billets, parmi lesquels figurent trois billets gagnants. Une personne achète dix billets. (On supposera que les tirages sont équiprobables.)

1° Calculer la probabilité pour que, parmi les dix billets achetés, il y ait :
a) un seul billet gagnant ;
b) au moins un billet gagnant.

2° Parmi les trois billets gagnants, il y en a un qui gagne cent francs et les deux autres qui gagnent cinquante francs. On considère la variable aléatoire X qui associe à l'achat d'un lot de dix billets la somme gagnée.
Déterminer la loi de probabilité de X.

N.B. : On exprimera tous les résultats sous forme de fractions irréductibles.

17 On lance 2 dés à 6 faces numérotées de 1 à 6, chaque face ayant la même probabilité d'apparition. On note S la somme des chiffres marqués sur la face supérieure des dés.
Si $2 \leqslant S \leqslant 4$, on marque 10 points.
Si $4 < S \leqslant 7$, on marque 5 points.
Si $7 < S \leqslant 9$, on marque 15 points.
Si $9 < S \leqslant 12$, on marque 20 points.

Soit X la variable aléatoire prenant pour valeur le nombre de points marqués.

1° Donner la loi de probabilité de X.

2° Définir et représenter graphiquement la fonction de répartition F, de la variable X.

18 X est une variable aléatoire dont la fonction de répartition est connue, et représentée graphiquement ci-dessous :

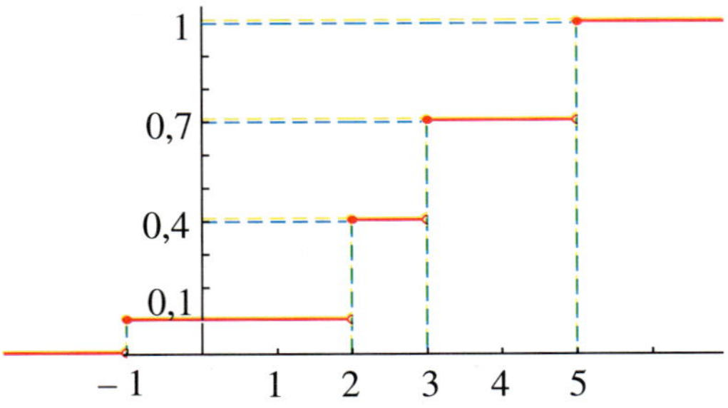

Déterminer la loi de probabilité de X.

19 Soit une variable aléatoire X et F sa fonction de répartition. Soit deux réels a et b tels que $a < b$.

1° Que vaut $p(X \leqslant a) + p(X > a)$?
En déduire que $p(X > a) = 1 - F(a)$.

2° Que vaut
$p(X \leqslant a) + p(a < X \leqslant b) + p(X > b)$?
En déduire l'expression de $p(a < X \leqslant b)$ à l'aide de a, b et F.

Espérance

20 ***Espérance mathématique et espérance psychologique***
Les 100 billets d'une petite tombola sont tous vendus 5 F. L'organisateur hésite entre
a) offrir un lot unique d'une valeur de 300 F ;
b) offrir 50 lots d'une valeur de 6 F.
Dans chacun des deux cas, calculer l'espérance mathématique de gain pour l'acheteur d'un billet.

> Bien que les deux formules soient mathématiquement équivalentes, la première séduit davantage de joueurs : l'espérance psychologique y est plus élevée et il sera plus facile de vendre les billets.

21 ***Gagnez 1 000 fois la mise !***
On joue une partie de tapis vert en misant 100 F. Le jeu consiste à choisir quatre cartes : un pique, un cœur, un carreau et un trèfle dans un jeu de 32 cartes. Ce choix est ensuite comparé aux quatre cartes effectivement tirées.

- Si l'on a choisi les 4 cartes tirées, on gagne 1 000 fois la mise.
- Si l'on a 3 “bonnes” cartes, on gagne 30 fois la mise.
- Si l'on a 2 “bonnes” cartes, on gagne 2 fois la mise.

On appelle G le gain réalisé, c'est-à-dire la différence entre la somme gagnée (éventuellement nulle) et la somme misée.

1° Déterminer la loi de probabilité de la variable aléatoire G.

2° Calculer l'espérance mathématique de G. Que pensez-vous du titre de l'exercice ?

22 Une urne contient 4 boules bleues, 2 boules vertes et n boules rouges, indiscernables au toucher.
On tire au hasard 2 boules simultanément.
On désigne par X la variable aléatoire prenant comme valeur le nombre de boules rouges tirées.

1° Déterminer la loi de probabilité de X lorsque $n = 0$, puis lorsque $n = 1$.

2° On suppose désormais que $n \geqslant 2$. Déterminer la loi de probabilité de X.

3° Montrer que l'espérance de X est :

$$E(X) = \frac{2n}{n+6}.$$

4° Déterminer n de façon à obtenir $E(X) = 1$, et expliquer le résultat obtenu.

23 1° X est une variable aléatoire ayant la loi de probabilité suivante :

x	0	1	2	3
$p(X = x)$	$\frac{1}{4}$	$\frac{1}{4}$	$\frac{1}{8}$	$\frac{3}{8}$

Calculer $E(X)$, puis calculer $E(X - E(X))$.

2° Plus généralement, la loi de X est donnée par le tableau :

x	x_1	x_2	...	x_n
$p(X = x)$	p_1	p_2	...	p_n

Calculer $E(X - E(X))$.

24 On considère un dé cubique dont les faces portent les nombres : -2 ; -2 ; 1 ; 1 ; 2 ; a. Chaque face a la même probabilité d'apparition.
On désigne par X la variable aléatoire qui à chaque lancer du dé fait correspondre le nombre apparu.

1° Donner la loi de probabilité de X en fonction des valeurs de a.

2° Déterminer l'espérance mathématique de X.
Pour quelle valeur de a est-elle nulle ?

25 Une boîte contient 6 boules vertes et n boules blanches.
Un jeu consiste à tirer simultanément deux boules de la boîte. Si les deux boules sont de même couleur, le joueur gagne 1 franc ; si elles sont de couleurs différentes, le joueur perd 1 franc.

1° Dans cette question, on suppose $n = 3$.
Calculer les probabilités d'obtenir :

a) deux boules de même couleur.

b) deux boules de couleurs différentes.

2° Dans cette question l'entier n est quelconque supérieur ou égal à 2, et on note X la variable aléatoire qui, à chaque tirage de deux boules, associe le gain algébrique du joueur.

a) Exprimer en fonction de n les probabilités des événements $(X = 1)$ et $(X = -1)$.

b) Montrer que l'espérance mathématique de X, notée $E(X)$ est égale à : $\dfrac{n^2 - 13n + 30}{(n+6)(n+5)}$.

c) Pour quelles valeurs de n a-t-on $E(X) = 0$?
Pour quelles valeurs de n a-t-on $E(X) < 0$?

26 Une urne contient huit boules indiscernables au toucher dont trois sont blanches et cinq sont noires.
On extrait de l'urne, une par une, quatre boules que l'on pose, dans l'ordre où elles sont tirées, dans quatre cases numérotées de 1 à 4.

1° Déterminer la probabilité de chacun des événements suivants :

A : les quatre cases sont occupées par des boules noires ;

B : les cases numérotées 1 et 2 sont occupées par des boules noires et les cases numérotées 3 et 4 sont occupées par des boules blanches ;

C : trois des cases sont occupées par des boules blanches.

2° Soit X la variable aléatoire qui prend pour valeur le plus petit des numéros de cases occupées par une boule noire (par exemple si l'on a posé dans les cases 1, 2, 3 et 4 respectivement une boule blanche, une boule noire, une boule noire et une boule blanche, X prend la valeur 2).

Déterminer la loi de probabilité de X et son espérance mathématique.
(On donnera les résultats sous forme de fractions irréductibles.)

27 Une roue de loterie est partagée en quatre secteurs coloriés en rouge, bleu, vert et jaune ; les mesures de ces secteurs constituent dans l'ordre, une suite arithmétique de premier terme α $(0 < \alpha < 360)$ et de raison r positive.

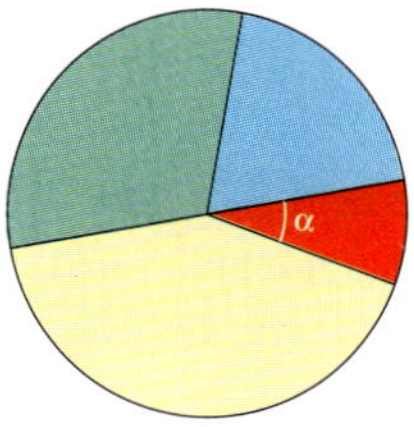

Lors d'une partie on fait tourner la roue, et un repère fixe désigne la couleur obtenue à l'arrêt ; les probabilités d'atteindre les différents secteurs circulaires sont proportionnelles aux mesures des angles de ces secteurs.

1° Montrer que les probabilités d'atteindre les secteurs rouge, bleu, vert et jaune sont respectivement :

$$p(\text{R}) = \frac{\alpha}{360}, \qquad p(\text{B}) = \frac{\alpha + r}{360},$$

$$p(\text{V}) = \frac{\alpha + 2r}{360}, \quad p(\text{J}) = \frac{\alpha + 3r}{360},$$

où α et r vérifient une relation que l'on précisera.

2° On définit la règle suivante :

si le résultat est rouge, le joueur gagne 11 F ;

si le résultat est bleu, le joueur gagne 5 F ;

si le résultat est vert, le joueur perd 1 F ;

si le résultat est jaune, le joueur perd 5 F.

Soit X la variable aléatoire prenant pour valeurs les gains algébriques du joueur à l'issue d'une partie.

a) Donner la loi de probabilité de X en fonction de α et r.

b) Déterminer α et r pour que l'espérance mathématique de X soit nulle.

3° On fixe $\alpha = 40$ et $r = \dfrac{100}{3}$.

a) Quelle est la probabilité d'avoir un gain positif à l'issue d'une partie ?

b) Quelle est la probabilité g d'avoir au moins un gain positif au cours de quatre parties successives et indépendantes. On donnera un encadrement du résultat sous la forme

$$\frac{n}{100} \leqslant g < \frac{n+1}{100} \text{ avec } n \text{ entier.}$$

28 Dans une salle de jeux un appareil comporte 4 roues, chacune portant à sa périphérie 8 images de fruits différents :

Ananas, Bananes, Cerises, Dattes,
Fraises, Groseilles, Poires, Raisins.

Une mise de 1 F déclenche le fonctionnement de l'appareil pour une partie. Chacune des quatre roues affiche au hasard dans une fenêtre un de ces huit fruits.

Exemple d'affichage :

On admettra que tous les événements élémentaires sont équiprobables.

1° Calculer la probabilité des événements suivants.
E : On obtient quatre fruits identiques.
F : On obtient trois fruits identiques et trois seulement.
G : On obtient quatre fruits distincts.

2° Certains résultats permettent de gagner de l'argent :

50 F pour quatre fruits identiques ;
5 F pour trois fruits identiques ;
1 F pour quatre fruits distincts ;
0 F pour les autres résultats.

Soit X la variable aléatoire qui à chaque résultat associe le gain indiqué ci-dessus.

a) Quelle est la probabilité de l'événement "obtenir un gain non nul" ?

b) Déterminer l'espérance mathématique de X, notée E (X).

N.B. Les résultats seront donnés sous forme décimale avec trois chiffres significatifs.

29 Une partie de loterie consiste à lâcher une bille dans un appareil qui comporte six portes de sortie, numérotées de 1 à 6. Soit X la variable aléatoire égale au numéro de la porte de sortie franchie par la bille.
Sa loi de probabilité est donnée par le tableau suivant :

i	1	2	3	4	5	6
$p(\text{X} = i)$	$\frac{1}{32}$	$\frac{5}{32}$	$\frac{10}{32}$	$\frac{10}{32}$	$\frac{5}{32}$	$\frac{1}{32}$

La règle du jeu est la suivante : un joueur mise 2 francs ; il reçoit 12 francs si la bille franchit les portes 1 ou 6, 2 francs si elle franchit les portes 3 ou 4. Les portes 2 et 5 ne rapportent rien.
Le gain d'un joueur est la différence entre ce qu'il reçoit à l'issue de la partie et sa mise.

Soit Y la variable aléatoire représentant le gain d'un joueur dans une partie.

1° Quelles sont les valeurs possibles de Y ?

2° Déterminer la loi de probabilité de Y.

3° Le jeu est-il équitable ? (Un jeu est équitable si l'espérance mathématique du gain est nulle.)

30 Une cible est constituée par un disque de centre O et de rayon R, sur lequel trois cercles de centre O déterminent quatre régions.

Les cercles ont pour rayons respectifs $\frac{R}{4}$, $\frac{R}{2}$ et kR, où k est un nombre réel tel que $\frac{1}{2} < k < 1$.

Les régions sont coloriées respectivement en allant du centre vers l'extérieur en rouge, bleu, vert et jaune.
Un joueur lance une fléchette sur la cible ; on admet que les conditions sont telles qu'elle arrive toujours sur la cible et sur une couleur précise appelée résultat. La probabilité d'atteindre une des régions est proportionnelle à l'aire de cette région.

1° Calculer, en fonction des données, les probabilités de chacun des résultats : rouge, bleu, vert et jaune.

2° On définit la règle suivante :
"si le résultat est rouge, le joueur gagne 12 F ; si le résultat est bleu, le joueur gagne 5 F ; si le résultat est vert, le joueur perd 1 F ; si le résultat est jaune, le joueur perd 5 F".
Soit X la variable aléatoire prenant pour valeurs les gains du joueur. Déterminer k pour que l'espérance mathématique de X soit nulle.

31 ***Jeu de dés***

Un joueur choisit un des nombres 1, 2, 3, 4, 5, 6 ; on lance 3 dés. Si le numéro choisi sort 1, 2 ou 3 fois, le joueur gagne 1, 2 ou 3 fois sa mise et de plus récupère celle-ci. Sinon il perd sa mise. Le gain pour une mise de 1 F définit une variable aléatoire X.
Calculer l'espérance mathématique de X.

32 Une urne contient 3 boules blanches et 2 boules noires. On tire une à une des boules de l'urne jusqu'à ce qu'il ne reste plus qu'une couleur dans l'urne.
Soit X l'aléa numérique prenant pour valeurs le nombre de tirages nécessaires.
Calculer l'espérance mathématique de X.

33 ***Le libraire***

Pour un libraire, le nombre d'exemplaires d'une certaine revue qu'il vend par semaine définit une variable aléatoire X dont l'observation a permis de préciser la loi de probabilité :

x_i	0	1	2	3	4
$P(X = x_i)$	0,2	0,2	0,3	0,2	0,1

1° Représenter graphiquement la fonction de répartition de X.

2° Calculer l'espérance mathématique et la variance de X.

3° Chaque exemplaire vendu par le libraire lui rapporte un bénéfice de 2 F (bénéfice : + 2) ; par contre, chaque exemplaire invendu doit être retourné à l'éditeur en fin de semaine et entraîne une perte de 0,50 F (bénéfice : – 0,50). Sachant que le libraire commande quatre exemplaires chaque semaine, calculer l'espérance mathématique de son bénéfice pour une semaine.

4° Le libraire commande n exemplaires par semaine.
Pour quelle valeur de n l'espérance de bénéfice est-elle maximale ?

34 Une urne contient des boules numérotées de 1 à n, réparties de la façon suivante : pour tout nombre entier k compris entre 1 et n, l'urne contient k boules portant le numéro k.

1° On tire une boule de l'urne (on suppose l'équiprobabilité des tirages).

a) Quelle est la probabilité de tirer une boule portant le numéro k ?
Quelle est la probabilité de tirer une boule portant un numéro inférieur ou égal à k ?

b) Calculer, en fonction de n, la probabilité de tirer une boule portant un numéro pair. On distinguera les deux cas suivants : n est pair, n est impair.

c) Déterminer n tel que la probabilité de tirer une boule portant un numéro impair soit double de la probabilité de tirer une boule portant un numéro pair.

2° On suppose désormais que $n = 3$.
On tire une boule de l'urne, on la remet et on en tire une autre.
On appelle S la somme des nombres inscrits sur les boules.
Soit X la variable aléatoire qui prend la valeur 3S si S est pair et la valeur – 3S si S est impair.
Déterminer la loi de probabilité de X ainsi que son espérance mathématique.

N.B. Le 2° peut être traité indépendamment du 1°.

35 ***Le cube scié***

On peint les six faces d'un cube de bois d'arête 3 cm.
On le débite, par des traits de scie parallèles aux plans des faces, en 27 petits cubes d'arête 1 cm.
On place ces 27 petits cubes dans un sac.
On tire, au hasard, et sans remise, deux cubes du sac (les tirages sont équiprobables).
Soit X la variable aléatoire égale au nombre total de faces peintes que présentent les deux cubes tirés.

1° Quelles sont les valeurs prises par X ?

2° Déterminer la loi de probabilité de X.

3° Calculer l'espérance $E(X)$ et l'écart type $\sigma(X)$ de X.

36 On considère deux dés cubiques identiques non pipés, dont les faces sont marquées :

$$0,\ 0,\ \frac{\pi}{3},\ \frac{\pi}{3},\ \frac{4\pi}{3},\ \frac{4\pi}{3}.$$

On lance simultanément les deux dés, et on lit les résultats α et β de leurs faces supérieures. Soit X la variable aléatoire qui, à chaque lancer des deux dés, associe la valeur $\sin(\alpha + \beta)$.

1° Quelles sont les valeurs prises par X ?
Déterminer la loi de probabilité de X.

2° Calculer l'espérance mathématique $E(X)$ et la variance $V(X)$ de la variable X.

37 Une course met aux prises sept chevaux d'égale valeur : trois “jeunes” de moins de cinq ans et quatre “expérimentés” de plus de cinq ans. On suppose que tous les chevaux terminent la course, qu'il n'y a pas d'ex aequo et que toutes les “arrivées” possibles sont équiprobables (on appelle “arrivée” le résultat complet d'une course, tous les chevaux étant classés dans leur ordre d'arrivée).

1° *a*) Quel est le nombre d'arrivées possibles ?

b) Quelle est la probabilité que les trois “jeunes” occupent les trois premières places ?

2° Soit X la variable aléatoire désignant le nombre de chevaux “expérimentés" précédant le premier “jeune”.

a) Déterminer la loi de probabilité de X.

b) Calculer l'espérance mathématique $E(X)$ de X et sa variance $V(X)$.

38 Soit n un entier naturel au moins égal à 4. D'une urne contenant n boules blanches et n boules noires, on extrait simultanément 4 boules.
On admet que tous les tirages de 4 boules sont équiprobables et l'on désigne par X la variable aléatoire qui associe à chaque tirage le nombre de boules blanches obtenues.

1° Donner la loi de probabilité de X.

2° Calculer l'espérance mathématique de X, et vérifier que c'est un nombre indépendant de n.

3° Pour $n \geqslant 4$, on pose $U_n = p(X = 2)$.
Quelle est la limite de U_n lorsque n tend vers $+\infty$?

39 Un sac contient n billes rouges et $2n$ billes bleues ($n \geqslant 1$), indiscernables au toucher et ayant chacune la même probabilité d'être tirée.

1° On tire simultanément 3 billes du sac.

a) Quelle est la probabilité p_n que parmi les 3 billes il y ait exactement une bille rouge ?

b) Calculer $\lim\limits_{n \to +\infty} p_n$.

c) Calculer la probabilité q_n d'obtenir au moins une bille rouge.

d) Calculer $\lim\limits_{n \to +\infty} q_n$.

2° Soit X la variable aléatoire qui à un tirage associe le nombre de billes rouges obtenues.
Déterminer la loi de probabilité de X et calculer son espérance mathématique.

40 Le jeu consiste à tirer une boule d'un sac contenant cinq boules numérotées de 0 à 4.

1° Pour un élément n de $\{0, 1, 2, 3, 4\}$, on note P_n la probabilité de tirer la boule numéro n.
Calculer P_0, P_1, P_2, P_3, P_4 sachant qu'ils sont dans cet ordre les cinq premiers termes d'une suite arithmétique de raison $-\dfrac{1}{20}$.

2° Deux joueurs sont en présence. L'un des deux tire une boule numérotée n. Si n est pair, il reçoit n francs de l'autre ; si n est impair, il donne n francs à l'autre (0 est un nombre pair).

a) Quelle est la probabilité pour ce joueur de gagner au moins un franc ? de perdre au moins un franc ?

b) On désigne par X la variable aléatoire donnant en francs le gain de ce joueur (le gain pouvant être positif, négatif ou nul).
Calculer l'espérance mathématique et la variance de X.

41 Deux joueurs A et B conviennent du jeu suivant, qui se présente comme une succession de "parties" :

– au départ A et B misent chacun 1 F et lancent chacun une pièce parfaitement équilibrée (c'est-à-dire amenant avec une égale probabilité soit "pile" soit "face") ;

– si A amène "pile" et B "face", le jeu s'arrête, A gagne et récupère la mise ;

– si B amène "pile" et A "face", le jeu s'arrête, B gagne et récupère la mise ;

– dans les autres cas, la partie est nulle, les joueurs doublent la mise et engagent une nouvelle partie.

Et ainsi de suite jusqu'à ce qu'il y ait un gagnant ou que la vingtième partie s'achève sur un nul (auquel cas les joueurs récupèrent leurs mises respectives).

Pour tout entier n compris entre 1 et 20, on considère les événements :

A_n : "le jeu se termine à la n-ième partie par le gain de A" ;

B_n : "le jeu se termine à la n-ième partie par le gain de B" ;

N_n : "la n-ième partie est une partie nulle".

On pose :

x_n = probabilité $p(A_n)$ de A_n
y_n = probabilité $p(B_n)$ de B_n
z_n = probabilité $p(N_n)$ de N_n.

1° *a*) Calculer x_1, y_1 et z_1.

b) Montrer que pour tout n compris entre 1 et 19 on a :

$$x_{n+1} = \frac{1}{4} z_n$$

$$y_{n+1} = \frac{1}{4} z_n$$

$$z_{n+1} = \frac{1}{2} z_n .$$

c) En déduire que pour n entier compris entre 1 et 20 on a :

$$x_n = \left(\frac{1}{2}\right)^{n+1}, \quad y_n = \left(\frac{1}{2}\right)^{n+1} \quad \text{et} \quad z_n = \left(\frac{1}{2}\right)^{n}.$$

2° On considère la variable aléatoire X = "nombre de francs mis en jeu lors de la partie qui conclut le jeu" (c'est-à-dire récupérés par le gagnant ou partagés entre les deux joueurs dans le cas où le jeu s'achève sur un nul).
Si le jeu s'achève à la k-ième partie on a ainsi $X = 2^k$.

a) Donner l'expression numérique de la plus grande valeur que peut prendre X.

b) Calculer $p(X = 2^{20})$ (on pourra remarquer que la 19e partie s'est achevée sur un nul).

c) Pour k compris entre 1 et 19, exprimer l'événement "$X = 2^k$" à l'aide des événements A_k et B_k. En déduire $p(X = 2^k)$.

d) Calculer l'espérance mathématique de X.

Coups de pouce

Pour les exercices dont le numéro est en couleur.

17. Faire un tableau pour calculer les probabilités d'obtention des différentes sommes.

24. Attention aux cas particuliers où a prend la valeur – 2, 1 ou 2.

31. Le nombre choisi n'a pas d'importance : supposer, par exemple que le joueur choisisse le 1.

35. Lorsque le cube est débité en 27 petits cubes, il y a parmi les petits cubes :
- 8 cubes qui ont 3 faces peintes (les coins) ;
- 12 cubes qui ont 2 faces peintes ;
- 6 cubes qui ont une face peinte (les centres des faces) ;
- 1 cube non coloré (le cube central).

6

PROBABILITÉS CONDITIONNELLES

CONTENU

- Événements indépendants
- Probabilités conditionnelles
- Formule des probabilités totales
- Schéma de Bernoulli

ACTIVITÉS

ACTIVITÉ 1 En classe

Une classe de 36 élèves âgés de 16, 17 ou 18 ans comprend 22 garçons dont 18 âgés de 17 ans et 3 âgés de 18 ans. On dénombre d'autre part 6 filles âgées de 18 ans et une seule de 16 ans.

1° *Compléter le tableau d'effectifs suivant :*

âges \ sexes	garçons	filles	ensemble
16 ans			
17 ans			
18 ans			
ensemble			

2° Un élève choisi au hasard est interrogé.
Quelle est la probabilité que ce soit :

a) *un élève de* 16 *ans ?*

b) *un garçon ?*

c) *une fille de* 17 *ans ?*

3° *Sachant que l'élève interrogé est un garçon, quelle est la probabilité qu'il ait* 16 *ans ?* 17 *ans ?* 18 *ans ?*
Faire la somme de ces trois probabilités. Pouvait-on prévoir le résultat ?

4° On note A l'événement "l'élève interrogé a 16 ans" et G l'événement "l'élève interrogé est un garçon".
Que vaut Card(A ∩ G) ? *Comment ce nombre est-il intervenu dans les calculs du* 3° ?

ACTIVITÉ 2 Trois fois pile

On lance trois fois une pièce de monnaie bien équilibrée.

1° *Quelle est la probabilité d'obtenir trois fois pile ?*

2° *Quelle est la probabilité d'obtenir trois fois pile, sachant qu'on a obtenu un pile au premier lancer ?*

Indication *:* on pourra utiliser un arbre.

ACTIVITÉ 3 De toutes les couleurs

Une urne contient 3 boules vertes, 2 boules jaunes et 4 boules bleues. On tire au hasard une boule de cette urne, que l'on ne remet pas dans l'urne. Puis on tire au hasard une seconde boule.

1° *Quelle est la probabilité de tirer ainsi successsivement :*

a) deux boules vertes ?

b) une boule jaune, puis une boule verte ?

c) une boule bleue, puis une boule verte ?

2° *En déduire la probabilité de tirer une boule verte au second tirage.*

3° *Quelle est la probabilité de tirer une boule jaune au second tirage ?*

4° *Quelle est la probabilité de tirer une boule bleue au second tirage ?*

ACTIVITÉ 4 Pile ou face

1° On lance une pièce de monnaie non truquée trois fois de suite.

Quelle est la probabilité d'obtenir 0 *pile ?* 1 *pile ?* 2 *piles ?* 3 *piles ? au moins une fois pile ? au plus deux fois pile ?* (On pourra utiliser un arbre.)

2° *Reprendre les questions ci-dessus, avec une pièce de monnaie truquée de telle façon que la probabilité d'obtenir pile pour un lancer vaut* $\frac{2}{3}$.

ACTIVITÉ 5 Jeux de dés

On jette un dé ordinaire et on considère commme succès l'événement “faire 1, 2, 3 ou 4”, et comme échec l'événement “faire 5 ou 6”.

1° *Quelle est la probabilité* p *d'un succès* S *et la probabilité* q *d'un échec* E *?*

2° On jette le dé 2 fois de suite. Les résultats des 2 lancers sont supposés indépendants.

a) Quels sont les résultats possibles ?

b) Quelle est la probabilité de chacun des résultats précédents ?

c) On appelle k le nombre de succès obtenus.
Reproduire et compléter le tableau :

k			
Probabilité d'obtenir exactement k succès			

3° *Reprendre la question précédente lorsque l'on jette le dé trois fois de suite.*

Indication *:* un arbre facilitera la tâche.

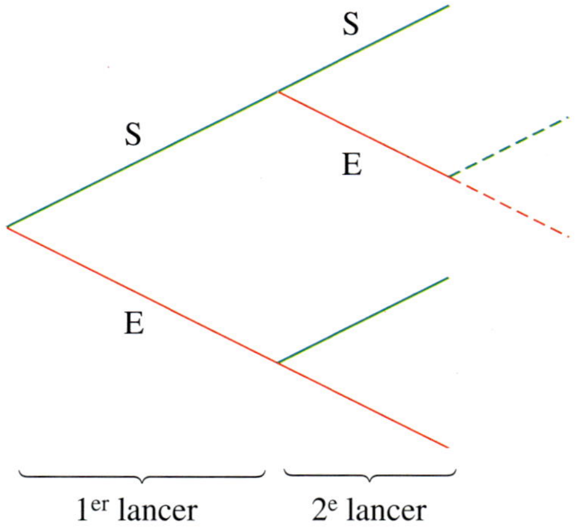

4° On jette maintenant le dé 4 fois de suite.

a) Comparer les probabilités d'obtenir "SEEE" (*un succès suivi de trois échecs*) *et* "ESEE".

b) Combien y a-t-il de façons différentes d'obtenir exactement 1 *succès ? En déduire la probabilité d'obtenir* 1 *succès exactement.*

5° On peut utiliser un arbre lorsque l'on jette le dé 4 fois de suite. Mais si on le jette 100 fois ?

En s'inspirant des résultats du 4°, *déterminer la probabilité d'obtenir exactement* 30 *succès en* 100 *lancers de dé.*

6° Dans le cas général, on jette n fois le dé.
Quelle est la probabilité d'obtenir exactement k *succès, où* k *est un entier vérifiant* $0 \leqslant k \leqslant n$?

7° *Quel est le plus probable :*

a) Obtenir exactement 4 *succès avec* 7 *jets du dé ou bien obtenir exactement* 5 *succès avec* 8 *jets du dé ?*

b) Obtenir au moins 4 *succès avec* 7 *jets du dé ou bien obtenir au moins* 5 *succès avec* 8 *jets du dé ?*

PROBABILITÉS CONDITIONNELLES

INFORMATION

Dans tout le chapitre, l'univers sera noté U.

1. ÉVÉNEMENTS INDÉPENDANTS

a Exemple

On lance deux fois de suite une pièce de monnaie non truquée.

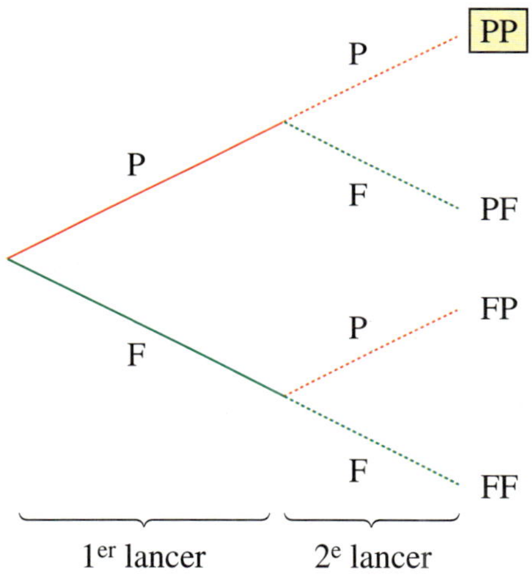

La probabilité d'obtenir deux fois pile est donc égale à $\frac{1}{4}$.

Si on note les événements :

A : Le résultat du premier lancer est pile.

B : Le résultat du second lancer est pile.

La probabilité d'obtenir deux fois pile est la probabilité de l'événement $A \cap B$.

On vient de calculer :

$$p(A \cap B) = \frac{1}{4}.$$

Or on a :

$$p(A) = \frac{1}{2} \quad \text{et} \quad p(B) = \frac{1}{2}.$$

On observe donc, sur cet exemple, que

$$p(A \cap B) = p(A) \times p(B).$$

b Définition

On dit que les événements A et B sont indépendants si $p(A \cap B) = p(A) \times p(B)$.

Obtenir pile au premier lancer ne donne pas plus ou moins "de chances" d'obtenir pile au second lancer.

Dans l'exemple du **a** les événements A et B sont indépendants, ce qui correspond bien à l'intuition : le résultat du second lancer est indépendant du résultat du premier lancer.
Le sens "mathématique" et le sens "français" du mot indépendant correspondent.

Exercice résolu

On tire 2 cartes au hasard, une à une avec remise, dans un jeu de 32 cartes. Quelle est la probabilité de tirer ainsi 2 trèfles ?

Notons les événements :
T_1 : La première carte tirée est un trèfle.
T_2 : La seconde carte tirée est un trèfle.

La première carte tirée étant ensuite remise dans le jeu de cartes, le second tirage est indépendant du premier : les événements T_1 et T_2 sont **indépendants**.
La probabilité cherchée est donc :

$$p(T_1 \cap T_2) = p(T_1) \times p(T_2) = \frac{8}{32} \times \frac{8}{32} = \frac{1}{16}.$$

2. PROBABILITÉ CONDITIONNELLE

a Exemple

On tire une carte au hasard dans un jeu de 32 cartes, puis, sans la remettre, on en tire une seconde.

Notons les événements :
A : La première carte tirée est un cœur.
B : La seconde carte tirée est un cœur.

Cherchons la probabilité de tirer ainsi successivement 2 cœurs.
On cherche donc $p(A \cap B)$. Les deux événements A et B ne sont pas indépendants. Calculons cette probabilité :

Ici $p(A) \times p(B) = \frac{8}{32} \times \frac{8}{32}$, donc $p(A \cap B) \neq p(A) \times p(B)$.

$$p(A \cap B) = \frac{\text{nombre de cas favorables}}{\text{nombre de cas possibles}} = \frac{8 \times 7}{32 \times 31} = \frac{7}{124}.$$

Si l'on sait que l'événement A est réalisé, on a tiré un cœur : il reste donc dans le jeu 31 cartes, dont 7 cœurs. La probabilité que l'événement B soit réalisé vaut alors $\frac{7}{31}$.

b Définition

On dit aussi "probabilité de B sachant A".

On appelle *probabilité conditionnelle de B sachant A,* où A est un événement de probabilité non nulle, la probabilité que l'événement B soit réalisé sachant que A est réalisé.
On la note $p(B/A)$ ou bien $p_A(B)$.

Dans l'exemple ci-dessus : $p(B/A) = \dfrac{7}{31}$.

On remarque alors que l'on a :

$$p(A \cap B) = \frac{8}{32} \times \frac{7}{31} = p(A) \times p(B/A).$$

c Probabilité d'une intersection

Propriété
Si A est un événement de probabilité non nulle, on a :
$$p(A \cap B) = p(A) \times p(B/A).$$

REMARQUES

1° Si les événements A et B sont indépendants,

$$p(B/A) = p(B).$$

En effet, le fait que l'événement A soit (ou non) réalisé, ne change pas la probabilité que B le soit.
On retrouve alors, dans le cas où A et B sont indépendants,

$$p(A \cap B) = p(A) \times p(B).$$

2° La relation :

$$p(A \cap B) = p(A) \times p(B/A)$$

permet de calculer $p(A \cap B)$ quand on connaît $p(B/A)$, ou bien de calculer $p(B/A)$ quand on connaît $p(A \cap B)$. En effet,

$$p(B/A) = \frac{p(A \cap B)}{p(A)}.$$

Exercice résolu 1

Deux urnes U_1 et U_2 contiennent chacune 3 boules vertes et 2 jaunes.

Première expérience
On tire simultanément une boule de chaque urne.

Seconde expérience
On tire une boule de U_1, que l'on met dans U_2, puis on tire une boule de U_2.

Calculer pour chacune des expériences la probabilité de tirer 2 boules vertes.

Notons les événements :

V_1 : On tire une boule verte dans U_1.
V_2 : On tire une boule verte dans U_2.
On cherche à calculer $p\,(V_1 \cap V_2)$.

Première expérience
Directement :

Chaque urne contenant 5 boules, il y a 5 × 5 tirages possibles.

$$p(V_1 \cap V_2) = \frac{\text{card}(V_1 \cap V_2)}{\text{card}U} = \frac{3\times 3}{5\times 5} = \frac{9}{25}\ .$$

Seconde expérience

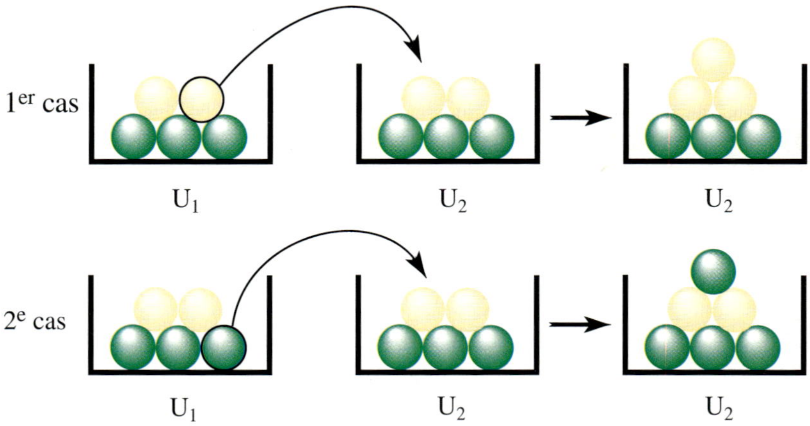

1er cas : on tire une boule jaune dans U_1 et on la met dans U_2, qui contient alors 3 boules vertes et 3 jaunes.

2e cas : on tire une boule verte dans U_1 : U_2 contiendra finalement 4 boules vertes et 2 jaunes.

Le tirage effectué dans U_2 dépend donc de ce qui s'est passé au premier tirage dans U_1.
On a : $p\,(V_1 \cap V_2) = p\,(V_2 / V_1) \times p\,(V_1)$,

où $p(V_1) = \dfrac{3}{5}$ et $p(V_2 / V_1) = \dfrac{4}{6}$.

“Sachant V_1” signifie que l'on est dans le deuxième cas, où V_1 est réalisé.
Finalement :

$$p(V_1 \cap V_2) = \frac{4}{6} \times \frac{3}{5} = \frac{2}{5}\ .$$

Exercice résolu 2

Xavier tire 4 cartes parmi les 32 cartes d'un jeu. Yves a pu apercevoir qu'il s'agit de 4 rouges.
Sachant cela, quelle est la probabilité que Xavier ait 2 as ?

Notons les événements :

A : Tirer 4 cartes rouges.
B : Tirer 2 as.

On sait que A est réalisé, et on cherche la probabilité que B le soit : on cherche donc $p(B/A)$.

On sait que : $p(\mathrm{B}/\mathrm{A}) = \dfrac{p(\mathrm{A} \cap \mathrm{B})}{p(\mathrm{A})}$.

$\mathrm{A} \cap \mathrm{B}$ étant l'événement "tirer 4 cartes rouges, dont 2 as".

Un élément de $\mathrm{A} \cap \mathrm{B}$ est donc constitué des 2 as rouges et de 2 autres cartes rouges, à choisir parmi les 14 cartes rouges qui ne sont pas des as.

La probabilité cherchée est donc :

$$p(\mathrm{B}/\mathrm{A}) = \frac{\dfrac{C_{14}^{2}}{C_{32}^{4}}}{\dfrac{C_{16}^{4}}{C_{32}^{4}}} = \frac{C_{14}^{2}}{C_{16}^{4}} = \frac{1}{20}.$$

3. FORMULE DES PROBABILITÉS TOTALES

a Exemple

On tire une carte au hasard dans un jeu de 32 cartes. S'il s'agit d'un as, on le remet dans le jeu. S'il ne s'agit pas d'un as, on ne le remet pas dans le jeu.
On tire alors un seconde carte au hasard.
Quelle est la probabilité que ce soit un as ?

On note les événements :

A : La 1re carte tirée est un as.
B : La 2e carte tirée est un as.

On cherche $p(\mathrm{B})$.

$\overline{\mathrm{A}}$ est l'événement contraire de A. Il est réalisé si et seulement si A n'est pas réalisé.

On a : $\mathrm{B} = (\mathrm{B} \cap \mathrm{A}) \cup (\mathrm{B} \cap \overline{\mathrm{A}})$.

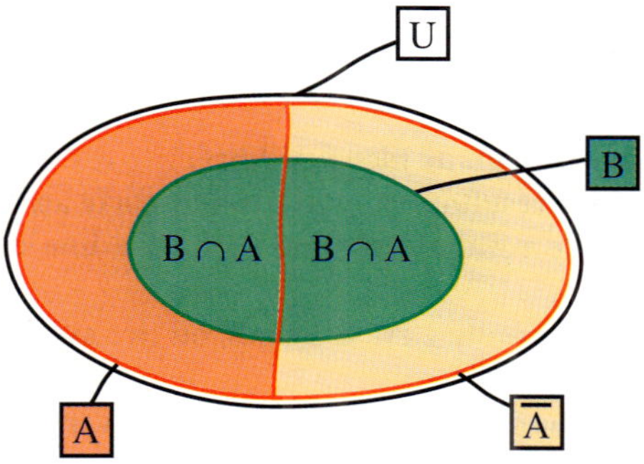

Les événements $\mathrm{B} \cap \mathrm{A}$ et $\mathrm{B} \cap \overline{\mathrm{A}}$ étant disjoints, on en déduit :

$$p(\mathrm{B}) = p(\mathrm{B} \cap \mathrm{A}) + p(\mathrm{B} \cap \overline{\mathrm{A}}).$$

De plus, on sait que

$$p(\mathrm{B} \cap \mathrm{A}) = p(\mathrm{A}) \times p(\mathrm{B}/\mathrm{A})$$

et que

$$p(\mathrm{B} \cap \overline{\mathrm{A}}) = p(\overline{\mathrm{A}}) \times p(\mathrm{B}/\overline{\mathrm{A}}).$$

On a donc :

$$p(\mathrm{B}) = p(\mathrm{A}) \times p(\mathrm{B}/\mathrm{A}) + p(\overline{\mathrm{A}}) \times p(\mathrm{B}/\overline{\mathrm{A}})$$

$$p(\mathrm{B}) = \frac{4}{32} \times \frac{4}{32} + \frac{28}{32} \times \frac{4}{31} = \frac{255}{1984}.$$

b Résultat

Si A est un événement de probabilité non nulle, pour tout événement B, on a :

$$\mathbf{p(B) = p(B \cap A) + p(B \cap \overline{A}).}$$

On a donc aussi

$$p(\mathrm{B}) = p(\mathrm{A}) \times p(\mathrm{B}/\mathrm{A}) + p(\overline{\mathrm{A}}) \times p(\mathrm{B}/\overline{\mathrm{A}}).$$

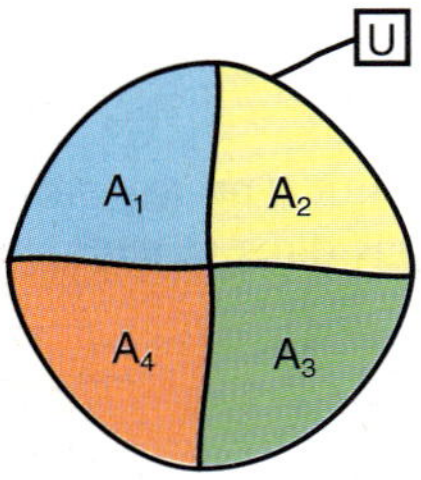

Si n = 4

Ce résultat se généralise :

Soit $A_1, A_2, ..., A_n$, n événements tels que :

- aucun A_i n'est impossible ;
- les A_i sont deux à deux incompatibles ;
- la réunion des A_i est égale à l'univers U.

On dit alors que les événements $A_1, A_2, ..., A_n$ forment un **système complet d'événements**.

Pour chaque indice i :
$p(\mathrm{B} \cap \mathrm{A}_i) = p(\mathrm{A}_i) \times p(\mathrm{B}/\mathrm{A}_i)$.

Si $A_1, A_2, ..., A_n$ est un système complet d'événements, pour tout événement B, on a :

$$\mathbf{p(B) = p(B \cap A_1) + p(B \cap A_2) + \cdots + p(B \cap A_n).}$$

Exercice résolu

On lance un dé bien équilibré.

• Si le résultat est 1, on tire une carte au hasard dans un jeu de 32 cartes.

• Si le résultat est 2 ou 3, on tire une carte au hasard dans un jeu de 52 cartes.

• Si le résultat est 4, 5 ou 6, on tire systématiquement (en trichant !) le valet de trèfle.

Quelle est la probabilité de tirer le valet de trèfle ?

Notons les événements :

A_1 : Le dé donne 1.

A_2 : Le dé donne 2 ou 3.

A_3 : Le dé donne 4, 5 ou 6.

B : On tire le valet de trèfle.

A_1, A_2, A_3 forment un système complet d'événements. On a donc :

$p(\mathrm{B}) = p(\mathrm{B} \cap \mathrm{A}_1) + p(\mathrm{B} \cap \mathrm{A}_2) + p(\mathrm{B} \cap \mathrm{A}_3)$.

D'où : $p(\mathrm{B}) = p(\mathrm{A}_1) \times p(\mathrm{B}/\mathrm{A}_1) + p(\mathrm{A}_2) \times p(\mathrm{B}/\mathrm{A}_2) + p(\mathrm{A}_3) \times p(\mathrm{B}/\mathrm{A}_3)$

$$p(\mathrm{B}) = \frac{1}{6} \times \frac{1}{32} + \frac{2}{6} \times \frac{1}{52} + \frac{3}{6} \times 1 = \frac{1277}{2496}.$$

c Méthode

La formule des probabilités totales s'utilise généralement lorsque deux étapes s'enchaînent, et que le résultat de la seconde dépend de la première.

C'est le cas dans l'exercice résolu :
1re étape : le lancer de dé ;
2e étape : le tirage d'une carte.

On "repère" alors un système complet d'événements qui décrit la première étape (dans l'exercice : A_1, A_2, A_3) et on applique la formule des probabilités totales.

4. SCHÉMA DE BERNOULLI

a Suites d'épreuves de Bernoulli

EXEMPLE

Un jeu consiste à faire tourner une roue autour de son axe, roue sur laquelle on a marqué un secteur angulaire de 60°.

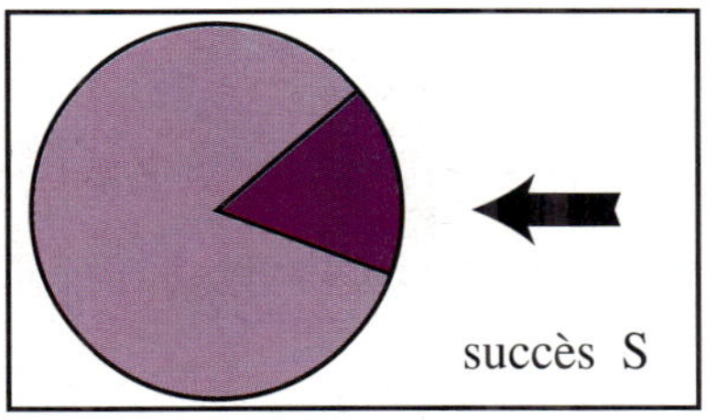

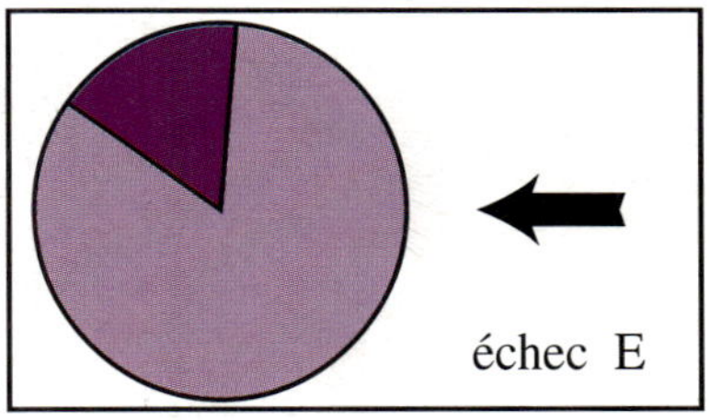

On déclare qu'il y a succès, noté S, si la roue s'arrête de telle sorte que la flèche (fixe) soit en face du secteur angulaire colorié ; sinon il y a échec, noté E. Pour des raisons géométriques évidentes la probabilité, pour un coup, d'obtenir un succès est $p = \frac{1}{6}$, celle d'obtenir un échec est $q = \frac{5}{6}$ avec $p + q = 1$.

Faisons tourner la roue 2 fois ; si la roue est parfaite on peut supposer que le résultat de la 2e épreuve est indépendant du résultat de la 1re épreuve.

On emploie souvent le mot **épreuve** pour tirage, ou lancer, ou coup, ou expérience, ou...

Les événements :

S_1 : Obtenir un succès au 1er coup. S_2 : obtenir un succès au 2e coup.
sont indépendants.

De même, si on fait tourner la roue 3 fois, le résultat du 3e coup est indépendant des résultats des deux coups précédents.

On peut répéter n fois cette épreuve. Le résultat du $n^{\text{ième}}$ coup est indépendant des résultats des $n - 1$ coups précédents.

> ***Définition***
> **On appelle *suite de n épreuves de Bernoulli* l'expérience qui consiste à répéter *n* fois une épreuve à deux issues possibles sous l'hypothèse suivante : les résultats de deux épreuves sont *indépendants*.**

Ceci revient à dire que deux épreuves successives se font dans des conditions identiques.

Jacques Bernoulli (1654-1705), mathématicien suisse, fut parmi les premiers à étudier ce type de problèmes.

Une telle succession d'épreuves indépendantes est souvent appelée **schéma de Bernoulli**.

Autres exemples de schémas de Bernoulli : suite de n tirages d'une boule dans une urne, **avec remise** après chaque tirage ; lancers d'un dé ; etc.

b Distribution binomiale

Exercice résolu

Dans le jeu décrit ci-dessus, on lance n fois la roue. Calculons la probabilité des événements suivants :

***a*) A : Obtenir n succès.**
***b*) B : Obtenir exactement un succès.**
***c*) C : Obtenir exactement k succès ($0 \leqslant k \leqslant n$).**

L'univers est l'ensemble des n-listes de {E,S}.

a) La probabilité d'obtenir un succès pour un lancer est $\frac{1}{6}$.

Les résultats des lancers étant indépendants, on a :

$$p(\mathrm{A}) = \left(\frac{1}{6}\right)^n.$$

Pour B un exemple d'événement élémentaire est $\mathrm{ES}\underbrace{\mathrm{EE...E}}_{n\,-\,2\text{ échecs}}$.

b) B est réalisé si on obtient 1 succès et $(n-1)$ échecs.

La probabilité d'avoir, dans l'ordre, un succès puis $(n-1)$ échecs est $\frac{1}{6} \times \left(\frac{5}{6}\right)^{n-1}$.

La probabilité est la même si le succès a lieu au 2e lancer, ou au 3e, ... ou au $n^{\text{ième}}$. On a donc :

$$p(\mathrm{B}) = n\frac{1}{6} \times \left(\frac{5}{6}\right)^{n-1}.$$

Par exemple, pour $n = 5$, la probabilité de l'événement : SESSE est :

$$\frac{1}{6} \times \frac{5}{6} \times \frac{1}{6} \times \frac{1}{6} \times \frac{5}{6} = \left(\frac{1}{6}\right)^3 \times \left(\frac{5}{6}\right)^2.$$

c) C est réalisé si on obtient k succès et $(n-k)$ échecs. La probabilité d'une suite comportant k succès et $(n-k)$ échecs est $\left(\frac{1}{6}\right)^k \times \left(\frac{5}{6}\right)^{n-k}$.

Pour les numéros des n épreuves

il y a C_n^k façons de choisir les k numéros des épreuves où l'on obtiendra un succès ; par exemple :

Il y a C_5^3 façons de "choisir" la position de 3 succès parmi 5 lancers.

L'événement C "Obtenir exactement k succès" est donc constitué de C_n^k éventualités ayant la même probabilité $\left(\frac{1}{6}\right)^k \times \left(\frac{5}{6}\right)^{n-k}$

D'où :

$$p(\mathrm{C}) = C_n^k\left(\frac{1}{6}\right)^k \times \left(\frac{5}{6}\right)^{n-k}$$

On démontre de façon analogue le résultat ci-dessous :

Propriété

Soit une suite de n épreuves de Bernoulli avec, pour chaque épreuve, la probabilité p pour le succès et q pour l'échec ($p + q = 1$).
La probabilité P_k d'obtenir k succès au cours de ces n épreuves est :

$$\mathbf{P}_k = \mathbf{C}_n^k p^k q^{n-k}, \text{ avec } 0 \leqslant k \leqslant n.$$

On remarque que : $\mathrm{P}_0 + \mathrm{P}_1 + \cdots + \mathrm{P}_n = \sum_{k=0}^{n} \mathrm{C}_n^k \, p^k q^{n-k}$.

est le développement du **binôme** $(p + q)^n$.

Pour cette raison, on dit que les probabilités P_0, P_1, ..., P_n forment une **distribution binomiale**.

De plus : $\mathrm{P}_0 + \mathrm{P}_1 + \cdots + \mathrm{P}_n = \sum_{k=0}^{n} \mathrm{C}_n^k \, p^k q^{n-k} = (p+q)^n = 1$,

ce qui sied bien à une probabilité.

Exercice résolu

Reprenons le jeu de roue exposé au début de ce paragraphe 4.

1° Quelle est la probabilité d'obtenir 3 succès exactement en lançant la roue 10 fois ?

2° Combien de fois faut-il lancer la roue pour obtenir au moins un succès avec une probabilité supérieure ou égale à 0,9 ?

1° Il s'agit d'une suite d'épreuves de Bernoulli, avec $n = 10$, $p = \frac{1}{6}$ et donc $q = \frac{5}{6}$.

La probabilité d'avoir 3 succès exactement ($k = 3$) est donc :

$$\mathrm{P}(k=3) = \mathrm{C}_{10}^3 \left(\frac{1}{6}\right)^3 \left(\frac{5}{6}\right)^7 = 120 \times \frac{5^7}{6^3 \times 6^7} \simeq 0{,}155.$$

2° Soit E l'événement « obtenir au moins un succès en n lancers » ($n \in \mathbb{N}^*$) ; pour évaluer P(E) il est plus aisé de considérer l'événement contraire $\overline{\mathrm{E}}$: obtenir n échecs en n lancers.

$$\mathrm{P}\left(\overline{\mathrm{E}}\right) = \left[\mathrm{P}(\text{obtenir un échec en un lancer})\right]^n = \left(\frac{5}{6}\right)^n, \text{ d'où } \mathrm{P}(\mathrm{E}) = 1 - \left(\frac{5}{6}\right)^n.$$

On veut que $1 - \left(\frac{5}{6}\right)^n \geqslant 0{,}9$ c'est-à-dire $\left(\frac{5}{6}\right)^n \leqslant 0{,}1$.

D'où, en utilisant la croissance de la fonction ln sur $]0\,;+\infty[$: $n \ln\left(\frac{5}{6}\right) \leqslant \ln(0{,}1)$

$$n \geqslant \frac{\ln(0{,}1)}{\ln\left(\frac{5}{6}\right)} \qquad \text{car } \ln\left(\frac{5}{6}\right) < 0.$$

Or, $\dfrac{\ln(0{,}1)}{\ln\left(\frac{5}{6}\right)} \simeq 12{,}6$, il faut donc lancer la roue au moins 13 fois pour obtenir au moins un succès avec une probabilité supérieure à 0,9.

PROBABILITÉS CONDITIONNELLES

EXERCICES ET PROBLÈMES

POUR SAVOIR FAIRE *Objectifs à atteindre*	**Exercices appropriés**
Savoir calculer des probabilités conditionnelles	1 à 7
Savoir déterminer si des événements sont indépendants	8 et 9
Savoir utiliser l'indépendance de deux événements pour calculer la probabiliité de leur intersection	10 à 14
Savoir utiliser la formule des probabilités totales	15 à 18
Utiliser son bon sens dans le calcul de probabilités !	19 et 20
Savoir reconnaître un schéma de Bernoulli et appliquer la formule	21 à 30 34 et 36
Savoir calculer le nombre minimal d'épreuves pour réaliser un objectif avec une certaine probabilité	31 à 33 35

POUR CHERCHER *Sujets abordés*	**Exercices appropriés**
Calculs de probabilités d'intersections ou de réunions d'événements	37 à 41
Calculs divers avec des événements indépendants ou dépendants	42 à 47
Quelques curiosités	48 à 51
Tirages en cascade	52 et 53
Variables aléatoires	54 à 60
Formule des probabilités totales	61 à 66
Schéma de Bernoulli	67 à 79 85 à 87
Schéma de Bernoulli et variable aléatoire	80 à 84

POUR SAVOIR FAIRE

Probabilités conditionnelles

1 On tire 4 cartes au hasard dans un jeu de 32 cartes. Quelle est la probabilité d'avoir les 4 rois, sachant qu'on n'a en main que des figures (valets, dames, rois) ?

2 On tire au hasard 4 cartes dans un jeu de 32 cartes. Calculer la probabilité d'avoir exactement un pique, sachant qu'on a 3 cartes noires et une rouge.

3 On lance un dé non truqué. Quelle est la probabilité d'obtenir le chiffre 6 ?

1° Sachant que l'on a obtenu un résultat pair.

2° Sachant que l'on a obtenu un résultat impair.

3° Sachant que l'on a obtenu un résultat multiple de 3.

4 Une urne contient 2 boules vertes, 4 rouges et 1 bleue.
On tire une boule, que l'on ne remet pas dans l'urne. Puis on en tire une seconde.

Quelle est la probabilité que la seconde boule tirée soit bleue sachant que la première est :

a) verte ? *b*) rouge ? *c*) bleue ?

5 Une urne contient cinq boules :
trois vertes, portant respectivement les numéros 1, 2, et 3, et deux rouges, portant respectivement les numéros 1 et 2.
On tire au hasard et simultanément deux boules de cette urne.

1° Quelle est la probabilité de l'événement A : "les deux boules tirées sont de la même couleur" ?

2° On appelle B l'événement : "la somme des numéros portés par chacune des deux boules tirées est égale à 3". Calculer la probabilité de B.

3° Quelle est la probabilité de B sachant que l'on a tiré deux boules de la même couleur ?
Les événements A et B sont-ils indépendants ?

6 ***Dé pipé***

Un joueur utilise un dé à six faces qui a été truqué. La probabilité de voir apparaître chacun des six numéros est donnée par le tableau suivant :

numéro	1	2	3	4	5	6
probabilité	0,4	0,15	0,15	0,05	a	b

1° Calculer a et b, sachant que l'apparition du numéro 5 est quatre fois plus probable que celle du 6.

2° Quelle est la probabilité de voir apparaître un numéro pair ? un numéro impair ?

3° Quelle est la probabilité que ce soit le numéro 1 sachant que c'est un numéro impair ?

4° On considère les événements :
A : Voir apparaître un numéro pair.
B : Voir apparaître un multiple de 3.
C : Voir apparaître un nombre inférieur ou égal à 3.
A est-il indépendant de B ?
A est-il indépendant de C ?

7 Une urne contient huit boules noires et quatre boules blanches.
On tire, successivement et sans remise, trois boules dans cette urne.

1° Calculer la probabilité de tirer, dans l'ordre :

a) une blanche, puis une noire, puis une blanche ;

b) deux blanches, puis une noire ;

c) une noire, puis deux blanches.

2° Trouver la probabilité de tirer une noire et deux blanches, dans n'importe quel ordre (deux méthodes).

Indépendance

8 On tire une carte au hasard dans un jeu ordinaire de trente-deux cartes. Dire si les événements A et B suivants sont indépendants :

a) A : Tirer un roi ; B : Tirer une rouge.

b) A : Tirer un roi ; B : Tirer une figure.

9 On lance deux fois un dé bien équilibré. Les événements A et B suivants sont-ils indépendants ?

a) A : 2 sort en premier ; B : 3 sort en second.

b) A : 6 sort en premier ; B : 6 sort deux fois.

c) A : 6 sort une fois ; B : 1 sort une fois.

10 ***Tir à l'arc***

Un tireur à l'arc débutant a une probabilité de 0,8 de toucher la cible à chaque tir. On suppose les résultats de deux tirs consécutifs indépendants.

S'il tire deux fois, quelle est la probabilité qu'il touche la cible deux fois ? une seule fois ? zéro fois ? Que peut-on vérifier ?

11 ***Lumière !***

L'éclairage d'une pièce nécessite l'emploi de deux lampes A et B différentes. Les probabilités de défaillance de ces lampes pour un laps de temps déterminé sont respectivement 0,12 pour A et 0,18 pour B.
On admet que ces événements sont indépendants.

1° Calculer la probabilité pour que les deux lampes tombent en panne. En déduire la probabilité pour avoir au moins une lampe qui fonctionne.

2° Quelle est la probabilité pour qu'une lampe, et une seule tombe en panne ?
On donnera les résultats avec quatre décimales.

12 Un jeton est marqué du chiffre 1 sur une face et du chiffre 2 sur l'autre face.
Un dé cubique est marqué du chiffre 1 sur trois faces, du chiffre 2 sur deux faces, et du chiffre 3 sur une face.
On lance simultanément le jeton et le dé et on lit les chiffres qui apparaissent sur chaque face supérieure (a pour le jeton et b pour le dé).

1° Déterminer l'ensemble U des couples (a, b) possibles.

2° Calculer la probabilité de chacun des six événements élémentaires.

3° Trouver la probabilité des événements
A : $a = b$ et B : $a < b$.

13 ***Football***

Une équipe de football gagne son match hebdomadaire avec une probabilité égale à 0,7 ; elle le perd avec une probabilité égale à 0,2 ; elle fait match nul avec une probabilité égale à 0,1.
On considère les résultats obtenus sur trois semaines.
Les résultats des trois matchs sont indépendants.

1° Calculer les probabilités des événements suivants.

a) L'équipe a gagné les trois matchs.

b) L'équipe a perdu les trois matchs.

c) L'équipe a fait au plus un match nul.

d) L'équipe a gagné au moins un match.

2° Développer $(g + p + n)^3$.
Retrouver les résultats du 1° en prenant $g = 0,7$, $p = 0,2$ et $n = 0,1$.

14 ***Le forain***

Un forain a construit un appareil comportant trois ampoules, une verte, une bleue et une rouge.
Lorsqu'un joueur introduit 2 francs dans l'appareil une ampoule et une seule s'allume ; elle est verte avec la probabilité $\frac{1}{50}$ et rouge avec la probabilité $\frac{9}{10}$.
L'apparition du vert donne droit à une poupée, celle du bleu à un kilogramme de sucre et celle du rouge ne donne droit à aucun lot.

1° Calculer la probabilité de gagner un kilogramme de sucre au cours d'une partie.

2° Calculer la probabilité de gagner au moins un lot en jouant deux parties (on supposera que les résultats obtenus au cours des diverses parties sont indépendants).

Probabilités totales

15 Une urne contient 2 boules vertes et 3 bleues.
On tire successivement 2 boules sans remise.

Quelle est la probabilité que la 2e boule tirée soit verte ? bleue ?

16 On lance un dé bien équilibré. Si le résultat est un multiple de 3, on extrait une carte au hasard d'un jeu de 32 cartes. Si le résultat n'est pas multiple de 3, on extrait une carte au hasard d'un jeu de 52 cartes.

Quelle est la probabilité de tirer ainsi :

a) le valet de carreau ?

b) un pique ?

c) le 2 de cœur ?

17 ***Il pleut, il pleut ...***

Dans une ville V le temps au petit jour suit la loi suivante :

temps	pluie	nuages	ciel bleu
probabilité	0,2	0,5	0,3

Monsieur X prend son parapluie en partant le matin avec une probabilité de :

1 s'il pleut ;
0,6 s'il y a des nuages ;
0,2 si le ciel est bleu.

Calculer la probabilité que monsieur X parte en emportant son parapluie le 14 janvier 1995.

18 On lance un dé non truqué.
Si le résultat est 1 ou 3, on extrait une carte au hasard d'un jeu de 32 cartes.
Si le résultat est 2, on tire 2 cartes au hasard d'un jeu de 32 cartes.
Si le résultat est 4, 5 ou 6, on tire 3 cartes au hasard d'un jeu de 32 cartes.

Quelle est la probabilité de tirer ainsi la dame de pique ?

Un peu de bon sens

19 On lance une pièce non truquée 1000 fois en obtenant à chaque fois pile ; si on lance la pièce une fois de plus quelle est la probabilité d'obtenir face ?

20 On lance une pièce 17 821 fois ; quelle est la probabilité d'obtenir plus de faces que de piles ?

Schémas de Bernoulli

> **CONSEIL**
>
> La résolution d'un exercice dans lequel on a reconnu un schéma de Bernoulli se fait en deux temps.
> 1° Calculer la probabilité p d'un succès pour une épreuve.
> 2° Calculer les probabilités demandées, pour des événements portant sur une suite de n épreuves.

21 ***Le tireur***

À chaque tir, la probabilité pour qu'un tireur touche la cible est 0,7. Il tire trois fois de suite. Les trois tirs sont supposés indépendants. Quelles sont les probabilités :

p_1 pour qu'il touche la cible trois fois ?
p_2 pour qu'il touche la cible deux fois exactement ?

22 1° On lance 2 dés, puis on totalise les points marqués. Quelle est la probabilité d'avoir un total supérieur ou égal à 8 ?

2° Au bout de 20 lancers, quelle est la probabilité d'avoir obtenu 10 fois exactement un total supérieur ou égal à 8 ?

23 Une urne contient trois boules blanches et trois boules noires. On tire deux boules simultanément. Quelle est la probabilité de tirer deux boules blanches ?
On procède à cinq tirages consécutifs de deux boules, les boules étant remises dans l'urne après chaque tirage.
Calculer la probabilité de tirer une fois et une seule deux boules blanches.

24 ***Au bureau***

Une secrétaire donne, pour son chef de service, n coups de téléphone à n correspondants distincts. On admet que chaque appel est indépendant des précédents et qu'il y a pour lui :
— une probabilité p d'obtenir le correspondant cherché (quel qu'il soit) ;
— une probabilité q de ne pas l'obtenir (il ne répond pas, ou sa ligne est occupée, etc.) avec :

$$p + q = 1.$$

1° Exprimer la probabilité p_k d'obtenir k correspondants ($0 \leqslant k \leqslant n$).

2° Calculer p_k pour $p = 0{,}8$; $n = 4$; $0 \leqslant k \leqslant 4$.

25 ***Camping***

Deux filles et trois garçons partent camper pendant 3 jours. Chaque jour, on tire à la courte paille pour savoir qui lavera la vaiselle. Quelle est la probabilité pour qu'au moins un garçon lave la vaisselle ?

26 On lance 6 fois un dé ; quelle est la probabilité d'obtenir au moins trois fois un 1 ?

27 On se déplace sur un quadrillage en respectant le sens des flèches :

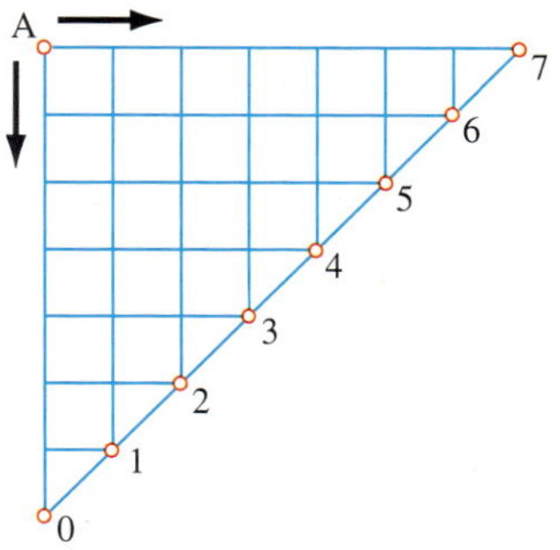

On part de A et on fait 7 pas avec la probabilité p d'aller à droite et la probabilité q d'aller vers le bas ($p \geqslant 0$, $q \geqslant 0$, $p + q = 1$).

Montrer que les probabilités d'arriver en un point numéroté 0, 1, 2, ..., 7 forment une distribution binômiale.

28 ***L'anniversaire d'Anne-Laure***

1° Anne-Laure se demande : “Quelle est la probabilité que ma voisine de classe ait la même date d'anniversaire que moi ?”

2° Il y a 35 élèves dans la classe d'Anne-Laure. Anne-Laure se demande : “Quelle est la probabilité pour qu'un (au moins) de mes camarades ait la même date d'anniversaire que moi ?”

29 ***Garçon ou fille ?***

Soit p la probabilité qu'une naissance donne un garçon ; on admet que p est constante, indépendante de la famille considérée.

1° Exprimer en fonction de p, pour chaque valeur de $k = 0, 1, 2, 3, 4$, la probabilité pour qu'une famille de 4 enfants ait (exactement) k garçons ?

2° Calculer ces probabilités pour $p = \dfrac{1}{2}$.

30 On jette une pièce de monnaie “honnête” 6 fois.

1° Trouver la probabilité d'obtenir autant de faces que de piles.

2° En déduire la probabilité pour obtenir plus de faces que de piles.

3° Retrouver le résultat du 2° en étudiant les cas favorables.

31 ***Coups de canon***

L'expérience prouve qu'un certain canon a une chance sur deux de toucher un objectif.

1° On tire n coups de canon. Quelle est la probabilité que l'objectif soit touché au moins une fois ?

2° Combien faut-il tirer de projectiles afin que l'objectif soit touché au moins une fois avec une probabilité supérieure ou égale à 95% ?

3° Même question lorsque le canon a une chance sur trois de toucher son objectif.

32 Combien de fois faut-il lancer un dé (non pipé) pour amener un (ou plusieurs) six avec une chance sur deux au moins ?

33 Une urne contient 7 boules noires et 1 boule blanche.

1° On répète n fois le tirage d'une boule en remettant à chaque fois cette boule dans l'urne ; comment faut-il choisir n pour tirer au moins une blanche avec une chance sur deux au moins ?

2° Même question en supposant cette fois que la boule n'est pas remise dans l'urne.

34 On répartit au hasard n boules dans 5 urnes ; on suppose que la probabilité pour une boule d'aller dans une urne est la même quelle que soit la boule et quelle que soit l'urne.

1° On suppose ici que n est égal à 10.
Quelle est la probabilité pour qu'une urne donnée reçoive 2 boules ?

2° Dans le cas général, quelle est la probabilité pour qu'une urne donnée reçoive k boules ? (k est un entier compris entre 0 et n.)

35 ***Les raisins secs***

On partage un gâteau contenant n raisins secs en 8 parts égales.

On suppose que les raisins sont répartis au hasard.

1° On suppose ici que n est égal à 10.
Quelle est la probabilité pour qu'une part *donnée* contienne exactement 4 raisins ?

2° *a*) Étant donné k ($0 \leqslant k \leqslant n$) quelle est la probabilité pour qu'une part *donnée* contienne exactement k raisins ?

b) Calculer la probabilité qu'une part donnée contienne au moins un raisin.

c) Comment faut-il choisir n pour qu'une part donnée contienne au moins un raisin sec avec une probabilité supérieure ou égale à 9/10 ?

36 On lance 10 fois un dé (non pipé).

1° Quelle est la probabilité d'obtenir 2 fois (exactement) un 6 ?

2° Quelle est la probabilité d'obtenir exactement un 1 et un 6 ?

Résultats des exercices dont le numéro est en couleur

1. Soit A l'événement "avoir les 4 rois",
B l'événement "avoir 4 figures".

$$p(\mathrm{A}/\mathrm{B}) = \frac{p(\mathrm{A} \cap \mathrm{B})}{p(\mathrm{B})}.$$

Ici, $\mathrm{A} \cap \mathrm{B} = \mathrm{A}$. D'où :

$$p(\mathrm{A}/\mathrm{B}) = \frac{\dfrac{1}{\mathrm{C}_{32}^4}}{\dfrac{\mathrm{C}_{12}^4}{\mathrm{C}_{32}^4}} = \frac{1}{\mathrm{C}_{12}^4} = \frac{1}{495} \simeq 0{,}002.$$

3. *a*) $\frac{1}{3}$; *b*) 0 ; *c*) $\frac{1}{2}$.

4. *a*) $\frac{1}{6}$; *b*) $\frac{1}{6}$; *c*) 0.

5. *a*) $p(\mathrm{A}) = \frac{2}{5}$; *b*) $p(\mathrm{B}) = \frac{2}{5}$; *c*) $p(\mathrm{B}/\mathrm{A}) = \frac{1}{2}$.

$p(\mathrm{B}/\mathrm{A}) \neq p(\mathrm{B})$, donc A et B ne sont pas indépendants.

7. 1° *a*) $\frac{4 \times 8 \times 3}{12 \times 11 \times 10} = \frac{4}{55}$.

b) et *c*) idem.

2° • 1re méthode : l'événement considéré est la réunion des 3 événements disjoints envisagés au 1°. D'où le résultat :

$$3 \times \frac{4}{55} = \frac{12}{55}.$$

• 2e méthode : le tirage est équivalent au tirage de 3 boules simultanément. D'où :

$$8 \times \frac{\mathrm{C}_4^2}{\mathrm{C}_{12}^3}.$$

8. *a)* $p(\mathrm{A}) = \frac{1}{8}$; $p(\mathrm{B}) = \frac{1}{2}$;

$$p(\mathrm{A} \cap \mathrm{B}) = \frac{1}{16} = p(\mathrm{A}) \times p(\mathrm{B}).$$

A et B sont donc indépendants.

b) $p(\mathrm{A}) = \frac{1}{8}$; $p(\mathrm{B}) = \frac{3}{8}$;

$$p(\mathrm{A} \cap \mathrm{B}) = \frac{1}{8} \neq p(\mathrm{A}) \times p(\mathrm{B}).$$

A et B sont dépendants.

10. $0{,}8^2$; $0{,}8 \times 0{,}2 \times 2$; $0{,}2^2$.
La somme des trois vaut bien 1.

12. *b)* Pour le jeton : $p(1) = p(2) = \frac{1}{2}$.

Pour le dé : $p(1) = \frac{1}{2}$; $p(2) = \frac{1}{3}$; $p(3) = \frac{1}{6}$.

$$p((1\ ;\ 1)) = p((2\ ;\ 1)) = \frac{1}{2} \times \frac{1}{2} = \frac{1}{4}.$$

(Les résultats du dé et du jeton sont supposés indépendants.)

$$p((1\ ;\ 2)) = p((2\ ;\ 2)) = \frac{1}{6}.$$

$$p((1\ ;\ 3)) = p((2\ ;\ 3)) = \frac{1}{12}.$$

c) $p(\mathrm{A}) = p((1\ ;\ 1)) + p((2\ ;\ 2)) = \frac{5}{12}$.

$$p(\mathrm{B}) = \frac{1}{3}.$$

13. 1° *a)* 0,343 ; *b)* 0,008 ; *c)* 0,972 ; *d)* 0,973.

2° $(g + p + n)^3 = g^3 + p^3 + n^3 + 3g^2p + 3g^2n + 3gp^2 + 3gn^2 + 3p^2n + 3pn^2 + 6gpn.$

Pour le *c)* par exemple, on calcule :
$1 - (n^3 + 3gn^2 + 3pn^2)$.

15. Notons les événements :
V_i : la $i^{\text{ème}}$ boule tirée est verte.
B_i : la $i^{\text{ème}}$ boule tirée est bleue.

La formule des probabilités totales donne :

$$p(\mathrm{V}_2) = p(\mathrm{V}_2/\mathrm{V}_1) \times p(\mathrm{V}_1) + p(\mathrm{V}_2/\mathrm{B}_1) \times p(\mathrm{B}_1)$$
$$= \frac{1}{4} \times \frac{2}{5} + \frac{2}{4} \times \frac{3}{5} = \frac{2}{5}.$$

17. $1 \times 0{,}2 + 0{,}6 \times 0{,}5 + 0{,}2 \times 0{,}3 = 0{,}56$.

19. $p = \frac{1}{2}$: la probabilité d'obtenir pile (ou face) à un lancer ne dépend que de ce lancer.

20. $p_1 = \mathrm{P}$(nombre de faces > nombre de piles) ;
$p_2 = \mathrm{P}$(nombre de faces < nombre de piles) ;

$p_1 = p_2$ et $p_1 + p_2 = 1$ car le nombre de lancers est impair.

D'où $p_1 = \frac{1}{2}$.

21. $p_1 = (0{,}7)^3 = 0{,}343$
$p_2 = \mathrm{C}_3^2 (0{,}7)^2 (1 - 0{,}7) = 0{,}441.$

22.

	1	2	3	4	5	6
1	2	3	4	5	6	7
2	3	4	5	6	7	8
3	4	5	6	7	8	9
4	5	6	7	8	9	10
5	6	7	8	9	10	11
6	7	8	9	10	11	12

P (total ⩾ 8 en un lancer) = $\frac{15}{36} = \frac{5}{12}$.

$$p = \mathrm{C}_{20}^{10} \left(\frac{5}{12}\right)^{10} \left(1 - \frac{5}{12}\right)^{10} \simeq 0{,}133.$$

26. Soit A = "obtenir au moins trois fois un 1 en 6 coups"

$$p(\overline{\mathrm{A}}) = p(\text{obtenir zéro } 1) + p(\text{obtenir un } 1) + p(\text{obtenir deux } 1)$$

$$p(\overline{\mathrm{A}}) = \left(\frac{5}{6}\right)^6 + \mathrm{C}_6^1 \left(\frac{1}{6}\right)\left(\frac{5}{6}\right)^5 + \mathrm{C}_6^2 \left(\frac{1}{6}\right)^2 \left(\frac{5}{6}\right)^4$$

$p(\overline{\mathrm{A}}) \simeq 0{,}9377$. D'où $p(\mathrm{A}) \simeq 0{,}0623$.

27. Un déplacement de 7 pas correspond à une suite de 7 épreuves de Bernoulli, épreuves ayant pour issues "descendre", "aller à droite". Après k "aller à droite" et $7 - k$ "descendre" on se retrouve au point numéroté k.

P(d'arriver au point numéroté k) = $\mathrm{C}_7^k p^k q^{7-k}$.

28. p(un camarade donné a même date d'anniversaire qu'Anne-Laure) = $\frac{1}{365}$.

p(aucun des camarades d'Anne-Laure n'a la même date d'anniversaire qu'elle) = $\left(1-\frac{1}{365}\right)^{34}$.

La probabilité cherchée est donc :

$$1-\left(1-\frac{1}{365}\right)^{34} \simeq 0{,}09.$$

31. *a)* p(rater n fois l'objectif) = $\left(\frac{1}{2}\right)^n$.

Donc, la probabilité que l'objectif soit touché est $1-\left(\frac{1}{2}\right)^n$.

b) $\left(\frac{1}{2}\right)^n < \frac{5}{100}$ ce qui équivaut à $n\ln 0{,}5 < \ln 0{,}05$; $n > \frac{\ln 0{,}05}{\ln 0{,}5}$; $n \geqslant 5$.

c) $\left(\frac{2}{3}\right)^n < \frac{5}{100} \Leftrightarrow n \geqslant 8$.

35. 2° *a)* $C_n^k\left(\frac{1}{8}\right)^k\left(\frac{7}{8}\right)^{n-k}$ car la probabilité qu'une part donnée reçoive un raisin donné est $\frac{1}{8}$.

b) p(une part donnée ne contienne pas de raisin) $= \left(\frac{7}{8}\right)^n$.

p(une part donnée contienne au moins un raisin) $= 1-\left(\frac{7}{8}\right)^n$.

c) $1-\left(\frac{7}{8}\right)^n \geqslant \frac{9}{10} \Leftrightarrow \left(\frac{7}{8}\right)^n \leqslant \frac{1}{10}$

$\Leftrightarrow n \geqslant \left(\ln\frac{1}{10}\right)\Big/\left(\ln\frac{7}{8}\right)$

$\Leftrightarrow n \geqslant 18$, car $n \in \mathbb{N}$.

36. *a)* $C_{10}^2\left(\frac{1}{6}\right)^2\left(\frac{5}{6}\right)^8 = 45\times\frac{5^8}{6^{10}} \simeq 0{,}291.$

b) $A_{10}^2\left(\frac{1}{6}\right)^2\left(\frac{4}{6}\right)^8 = 10\times 9\times\frac{4^8}{6^{10}} \simeq 0{,}098$

POUR CHERCHER

Calculs de probabilités d'intersections ou de réunions d'événements

37 ***What idioma sprechen vous ?***

Les trente-deux élèves d'une classe apprennent tous au moins l'une des trois langues : allemand, anglais, espagnol. Vingt d'entre eux étudient l'espagnol et douze l'allemand ; quatre élèves étudient les trois langues ; dix étudient l'anglais et l'espagnol ; six l'anglais et l'allemand ; tous ceux qui étudient l'allemand étudient aussi une autre langue. On prend au hasard un élève de cette classe.

a) Quelle est la probabilité qu'il étudie seulement l'anglais ? seulement l'espagnol ?

b) Quelle est la probabilité qu'il étudie l'allemand sachant qu'il étudie l'espagnol ?

c) Les événements “étudier l'allemand” et “étudier l'espagnol” sont-ils indépendants dans cette classe ?

38 ***Pannes de machines***

Dans une usine, la fabrication d'une pièce nécessite l'utilisation de deux machines différentes, M_1 et M_2.
Pour une période donnée, les probabilités pour que ces machines tombent en panne sont respectivement 5×10^{-3} et 7×10^{-3}.
D'autre part, la probabilité que M_2 soit en panne sachant que M_1 est en panne est $\frac{1}{2}$.

1° *a)* Calculer la probabilité pour que les deux machines tombent en panne.

b) En déduire que la probabilité d'avoir au moins une machine qui fonctionne est 0,9975.

2° *a)* Calculer la probabilité

— pour que M_1 tombe seule en panne,
— pour que M_2 tombe seule en panne.

En déduire la probabilité d'avoir une seule machine en panne.

b) Calculer la probabilité de n'avoir aucune machine en panne.

39 ***La moto***

Sur une motocyclette, on considère que les probabilités de crevaison des pneus avant et arrière pour un parcours donné sont respectivement 3×10^{-3} et 7×10^{-3}. On suppose de plus que la probabilité de crevaison du pneu arrière sachant que le pneu avant est crevé est $\frac{1}{2}$.

1° *a*) Calculer la probabilité d'avoir les deux pneus crevés.

b) Calculer la probabilité d'avoir au plus un pneu crevé.

2° *a*) Calculer la probabilité d'avoir un seul pneu crevé.

b) Calculer la probabilité de ne pas avoir de crevaison.

Indication : pour la 2e question, on peut s'aider d'un diagramme de Carroll :

	B	$\overline{B}$
A		
$\overline{A}$		

40 Deux joueurs A et B participent à un jeu dans lequel il leur est posé deux questions. On suppose que :

— à chaque question les réponses des deux joueurs sont indépendantes ;

— la probabilité de répondre correctement à chacune des questions posées est

$$\frac{2}{3} \text{ pour A et } \frac{4}{7} \text{ pour B.}$$

1° Calculer, sous forme de fraction irréductible, la probabilité de chacun des événements suivants :

a) E_1 : Le joueur A répond correctement à une et une seule des deux questions".

b) E_2 : Le joueur A répond correctement aux deux questions.

2° Même question pour les événements suivants :

a) F_1 : Aucun des deux joueurs ne répond correctement à la première question.

b) F_2 : Au moins un des joueurs répond correctement à la première question.

41 Une usine fabrique des pièces dont 1,8 % sont défectueuses. Le contrôle des pièces s'effectue selon les probabilités conditionnelles suivantes :

— sachant qu'une pièce est bonne, elle est acceptée avec une probabilité de 0,97.

— sachant qu'une pièce est mauvaise, elle est refusée avec une probabilité de 0,99.

1° Quelle est la probabilité pour qu'une pièce soit défectueuse ?

2° *a*) Montrer que la probabilité pour qu'une pièce soit défectueuse et acceptée est 0,000 18.

b) Montrer que la probabilité pour qu'une pièce soit bonne et refusée est 0,029 46.

c) Calculer la probabilité pour qu'il y ait une erreur dans le contrôle.

Calculs divers

42 ***Mois de naissance***

Pour simplifier, on admettra que, pour toute personne née en 1972, la probabilité d'être née pendant un mois donné de 1972 est $\frac{1}{12}$.

Quatre camarades sont nés en 1972.

Calculer la probabilité des événements suivants :

A : parmi les quatre, il n'y en a pas deux nés le même mois.

B : deux, au moins, ont le même mois de naissance.

C : tous les quatre sont nés le même mois.

43 ***Jeu d'enfant***

Un enfant joue avec un dé équilibré marqué des chiffres 1, 2, 3, 4, 5, et 6. Il est persuadé que la sortie du 6 est assurée, au pire, au bout de 6 lancers. Cet exercice doit permettre d'estimer l'erreur de l'enfant.

Désignons par p_n la probabilité de l'événement : "le 6 apparaît pour la première fois au $n^{ième}$ lancer".

On suppose tous les lancers indépendants.

1° Calculer p_1 et p_2.

2° Montrer que les nombres $p_1, p_2, \ldots p_6$ sont des termes d'une suite géométrique.

3° Quelle est la probabilité pour que l'apparition du 6 se soit produite avant le septième lancer ? On donnera le résultat à $\frac{1}{100}$ près.

Que pourra-t-on dire maintenant à l'enfant ?

44 ***Le cambrioleur***

Un homme, en possession de dix clés dont une seule est la bonne, essaie d'ouvrir une porte. On suppose les clés indiscernables et les essais aléatoires.

1° Il essaie les clés en remettant à chaque fois la clé essayée dans le trousseau. Calculer la probabilité des événements suivants :

A : Il ouvre la porte du premier coup.
B : Il ouvre la porte au deuxième essai seulement.
C : Il ouvre la porte au quatrième essai seulement.
D : Il ouvre la porte en moins de cinq essais.

2° Il pratique maintenant une autre méthode qui consiste à mettre de côté la clé essayée et à continuer les essais avec les clés restantes.
Calculer la probabilité des événements A, B, C, D, ci-dessus.

45 Une urne contient 4 boules rouges et 7 boules blanches ; on effectue des tirages sans remise des 11 boules. Étant donné un entier k vérifiant :

$$1 \leqslant k \leqslant 11,$$

on désigne par p_k la probabilité pour que la première boule blanche tirée le soit au $k^{ième}$ tirage.

1° Calculer $p_1, p_2, p_3, p_4, p_5, p_6$.
Que vaut p_k si $k \geqslant 6$?

2° Calculer $p_1 + p_2 + p_3 + p_4 + p_5$.
Expliquer le résultat.

46 ***Problème des anniversaires***

Étant donné un groupe de n personnes, on désigne par p_n la probabilité que 2 d'entre elles (au moins) aient leur anniversaire le même jour (on considérera pour simplifier que les années ont 365 jours).

1° Calculer $q_n = 1 - p_n$; en déduire p_n.

2° Trouver une relation entre q_{n+1} et q_n pour $n < 365$.

3° On donne $p_{20} = 0{,}411$; déterminer le nombre n minimum pour lequel $p_n \geqslant \frac{1}{2}$.

4° Question subsidiaire : que vaut p_{367} ?

47 1° La fonction f est définie sur $\mathbb{R} - \{-1\}$ par :

$$f(x) = \frac{x^7}{(x+1)^8}.$$

a) Étudier ses variations.

b) Déterminer la limite de $f(x)$ quand x tend vers $+\infty$, puis quand x tend vers -1 par valeurs supérieures à -1.

c) Représenter graphiquement la restriction de f à $[0 ; +\infty[$.

2° Une boîte contient n boules blanches et une boule rouge. On extrait une à une des boules de la boîte en remettant à chaque fois la boule tirée.

a) Calculer, en fonction de n, la probabilité $p(n)$ d'obtenir la boule rouge pour la première fois au $k^{ième}$ tirage.

b) On prend $k = 8$. Montrer qu'il existe une valeur de n, et une seule, telle que $p(n)$ soit maximal. Donner une valeur approchée à 10^{-2} près de ce maximum de $p(n)$.

Quelques curiosités

48 ***Deux problèmes du Chevalier de Méré***

Lettre de Pascal à Fermat, du 29 juillet 1654 (extraits)

“Je n'ai pas le temps de vous envoyer la démonstration d'une difficulté qui étonnait fort M. de Méré, car il a très bon esprit, mais il n'est pas géomètre (c'est, comme vous savez, un grand défaut)...
Il me disait donc qu'il avait trouvé fausseté dans les nombres par cette raison :
si on entreprend de faire un *six* avec un dé, il y a avantage de l'entreprendre en 4, comme de 675 à 625.
Si on entreprend de faire *sonnés* avec deux dés, il y a désavantage de l'entreprendre en 24.
Et néanmoins 24 est à 36 (qui est le nombre des faces de deux dés) comme 4 à 6 (qui est le nombre des faces d'un dé).
Voilà qui était son grand scandale qui lui faisait dire hautement que les propositions n'étaient pas constantes et que l'Arithmétique se démentait : mais vous en verrez bien aisément la raison par les principes où vous êtes...”

Questions :

1° Le Chevalier de Méré pariait qu'en lançant un dé, il sortirait un six avant le cinquième coup.

Calculer la probabilité de cet événement (c'est-à-dire la probabilité de sortir au moins un six en lançant le dé quatre fois).
Expliquer la phrase de la lettre : “Si on entreprend de faire un *six*... ”

2° Le Chevalier envisagea une autre règle, en pariant qu'il sortirait un double six avec deux dés (ce qu'il appelle “faire sonnés”), avant le vingt-cinquième coup.

Calculer la probabilité de cet événement (c'est-à-dire la probabilité de sortir au moins un double six en lançant les deux dés vingt-quatre fois). Expliquer la phrase correspondante de la lettre.

49 ***Le grand vizir***

Cette histoire, qui se passe dans un pays du lointain orient, met en scène un condamné et le grand vizir. Le condamné obtiendra sa grâce si, tirant au hasard une boule dans une urne, cette boule est blanche. Il a le choix entre deux urnes identiques, chacune contenant 10 boules blanches et 10 boules noires.

Avant de procéder au tirage, le condamné demande au grand vizir la permission de répartir les boules autrement entre les deux urnes. Permission que le grand vizir lui accorde, considérant que, "le nombre de boules blanches étant toujours égal au nombre de boules noires, le prisonnier aura une chance sur deux de tirer une blanche, quelle que soit la répartition des boules".

Voici ce que fait le prisonnier : il laisse une boule blanche dans une urne, et verse les 19 restantes dans la deuxième urne, qui en contient donc maintenant 39.

Puis on lui bande les yeux, et il effectue le tirage, de façon aléatoire. En procédant ainsi, quelle probabilité a-t-il d'obtenir sa grâce ?

50 ***Trois cartes étranges***

Une urne contient trois cartes bien particulières : la première a ses deux faces rouges, la deuxième ses deux faces blanches, et la troisième a une face blanche et une face rouge. On tire une carte au hasard dans cette urne ; l'une de ses faces est rouge.

Quelle est la probabilité que l'autre face soit rouge ?

Certains disent que cette probabilité est $\frac{1}{2}$, d'autres affirment qu'elle est $\frac{2}{3}$.

a) En réalisant matériellement cette expérience et en écartant les cas où c'est une face blanche qui apparaît, deviner la probabilité cherchée.

b) Trouver par le calcul cette probabilité.

51 ***Corvée de vaisselle***

Yves et Xavier jouent à pile ou face qui fera la vaisselle.

Xavier : "Je soupçonne ta pièce d'être truquée, et de retomber plus souvent d'un côté que de l'autre."

Yves : "Qu'à cela ne tienne ! Nous ferons ainsi : je lance la pièce deux fois. Si j'obtiens deux faces ou deux piles, ça ne compte pas, et je recommence. Si j'obtiens face puis pile, j'ai gagné, si j'obtiens pile puis face, j'ai perdu. D'accord ?"

Cette façon de choisir est-elle équitable ?

52 ***Tirages en cascades***

On tire une boule de A et on la met dans B. Puis on tire une boule de B et on la met dans C. Enfin, on tire une boule de C. Si cette dernière est rose, on gagne 24 F, sinon on perd 12 F.

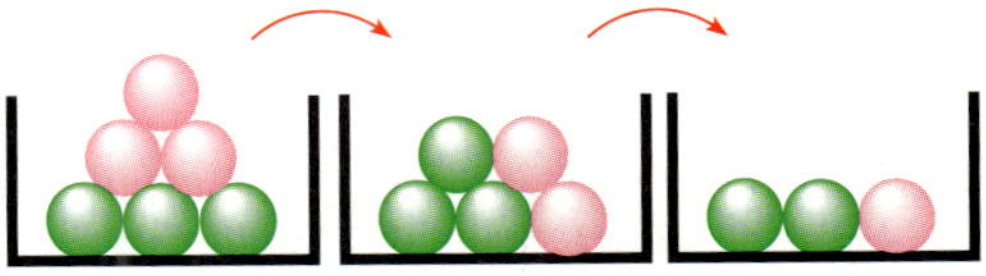

urne A urne B urne C

Calculer l'espérance du gain.

53 ***Tirages en cascades (bis)***

Trois urnes A, B et C contiennent des boules de couleur rouge, bleue ou jaune canari.
La répartition initiale des boules est celle-ci :

A : 3 rouges, 5 bleues, 2 canari ;
B : 1 rouge, 1 bleue, 1 canari ;
C : 2 rouges, 1 canari.

urne A

urne B urne C

On tire des boules *une à une*, *sans remise* et en appliquant les règles suivantes :

— après tirage d'une boule bleue, tirer dans l'urne B ;
— après tirage d'une boule canari, tirer dans l'urne C ;
— après tirage d'une boule rouge, s'arrêter.

On commence par tirer dans l'urne A.
Déterminer les probabilités de tirer :

— exactement 3 boules,
— au moins 4 boules,
— au plus 2 boules.

Indication : représenter l'enchaînement des tirages par un arbre.

Variables aléatoires

54 ***Hors service***

Une machine M est constituée de deux éléments A et B. La défectuosité d'un seul élément suffit à mettre hors service la machine et on exclut toute autre éventualité de panne. Les avaries éventuelles relatives aux éléments A et B sont deux événements indépendants de probabilités respectives :

$a = 0{,}1$ et $b = 0{,}2$.

1° Calculer la probabilité pour que les deux éléments soient hors service en même temps.
Justifier clairement votre réponse.

2° Calculer la probabilité pour que la machine soit hors service.

3° On appelle X la variable aléatoire égale au nombre d'éléments hors service.
Déterminer la loi de probabilité de X.
Calculer l'espérance mathématique de X.

4° Si la machine est en panne, quelle est la probabilité d'avoir un élément et un seul hors service ?

55 On dispose de trois urnes, A, B, C contenant respectivement :

A : une boule rouge, une bleue et une verte ;
B : une rouge et deux vertes ;
C : deux bleues et une verte.

On tire au hasard une boule de chaque urne ; si une boule exactement est verte, on gagne un point ; si zéro ou deux boules sont vertes, on perd deux points ; si les trois boules sont vertes, on gagne a points.

Le nombre de points obtenus définit une variable aléatoire X.

1° Quelle est la loi de probabilité de X ?

2° Construire une représentation graphique de la fonction de répartition de X pour $a = 5$.

3° Calculer l'espérance, la variance et l'écart type de X en fonction de a.

4° Comment choisir a pour que l'espérance mathématique de X soit nulle ?
Calculer alors la variance et l'écart type de X.

56 ***Concours de tir***

Un concours de tir met aux prises deux équipes de deux joueurs. Chaque joueur de chaque équipe peut marquer 0, 1 ou 2 points avec les probabilités suivantes :

Équipe jaune

	0	1	2
Joueur A	0,4	0,4	0,2
Joueur B	0,3	0,4	0,3

Équipe verte

	0	1	2
Joueur C	0,3	0,5	0,2
Joueur D	0,5	0,3	0,2

Les résultats des différents joueurs et des différentes équipes sont indépendants entre eux.

Soit X la variable aléatoire égale au nombre de points marqués par l'équipe jaune et soit Y la variable aléatoire égale au nombre de points marqués par l'équipe verte.

1° Déterminer les distributions de probabilité de chacune des variables aléatoires X et Y.

2° Calculer la probabilité de l'événement : il y a match nul.

57 Une boîte contient six boules numérotées de 1 à 6. Une deuxième boîte contient quatre autres boules numérotées de 1 à 4.

1° On prélève au hasard une boule de la première boîte, puis une boule de la deuxième boîte.
Soit X la variable aléatoire représentant la valeur absolue de la différence des nombres indiqués sur les boules tirées.

a) Déterminer la loi de probabilité de X. Quelle est la probabilité pour que les deux numéros soient identiques ?

b) Donner l'espérance de X.

2° On prélève au hasard une boule de la première boîte.
On note son numéro, puis on la met dans la deuxième boîte.
Après brassage, on prélève au hasard une boule de la deuxième boîte (qui contient alors 5 boules).
On note ce deuxième numéro.
Quelle est la probabilité pour que les deux numéros soient identiques ?

58 ***Les rats***

Au cours d'une expérience sur le comportement des animaux, des rats doivent choisir entre 4 portes d'apparence identique, dont l'une est dite “bonne” et les trois autres sont dites “mauvaises”. Chaque fois qu'il choisit une mauvaise porte, le rat reçoit une décharge électrique désagréable et est ramené à son point de départ, et cela jusqu'à ce qu'il choisisse la bonne porte.

1° *Le rat n'a aucune mémoire*
Il choisit à chaque essai de façon équiprobable entre les 4 portes.

Déterminer la probabilité des événements suivants :

a) le rat sort au bout de la troisième fois ;

b) le rat sort au bout de la septième fois ;

c) le rat sort en moins de 8 essais.

2° *Le rat a une mémoire parfaite*
À chaque nouvel essai, il évite les mauvaises portes choisies précédemment et il choisit de façon équiprobable entre celles qu'il n'a pas encore essayées. Le nombre d'essais effectués par le rat définit une variable aléatoire X.

a) Déterminer la loi de probabilité de X.

b) Déterminer l'espérance E(X), la variance V(X), et l'écart type $\sigma(X)$.

59 Une urne contient 10 boules : 3 bleues, 2 vertes, 5 rouges. On tire 3 boules l'une après l'autre, en remettant à chaque fois la boule tirée dans l'urne. On note X la variable aléatoire prenant pour valeur 2 si le tirage est unicolore, 1 s'il est bicolore, 0 s'il est tricolore.

Calculer l'espérance mathématique et la variance de X.

60 Une cible circulaire est composée de 3 zones concentriques rapportant 5, 3 et 1 points respectivement. Les probabilités d'atteindre ces 3 zones sont dans l'ordre $\frac{1}{6}$, $\frac{1}{3}$ et $\frac{1}{2}$.

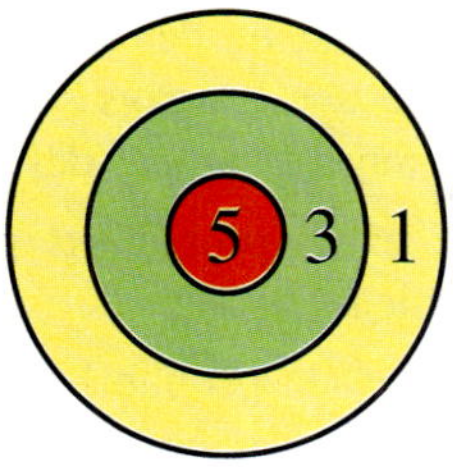

On admet que les résultats de 2 tirs successifs sont indépendants. On tire deux fois. On note X la variable aléatoire prenant pour valeur la somme des points obtenus.

1° Définir la loi de probabilité de X. (On peut utiliser un tableau à double entrée.)

2° Calculer l'espérance et la variance de X.

Formule des probabilités totales

61 Pierre possède un jeu électronique. Une partie est un duel entre Pierre et un monstre choisi par la machine.
Deux choix équiprobables sont possibles : la machine choisit soit le monstre M_1 soit le monstre M_2.
Les événements A : “Pierre combat M_1” et B : “Pierre combat M_2” ont la même probabilié 1/2.

Les deux monstres sont de forces inégales et on admet que, si Pierre combat M_1 la probabilité pour qu'il gagne la partie est 1/3 ; si Pierre combat M_2 la probabilité pour qu'il gagne la partie est 1/4.

Pierre joue une partie. Soit G l'événement : “Pierre gagne la partie.”

Calculer la probabilité des événements $A \cap G$ et $B \cap G$.
En déduire la probabilité de G.

62 Deux grossistes produisent des bulbes de tulipes :
— le premier, des bulbes à fleurs rouges dont 90% donnent une fleur.
— le second, des bulbes à fleurs jaunes dont 80% donnent une fleur.

Un horticulteur achète 70% des bulbes qu'il cultive au premier grossiste et le reste au second.
Un bulbe de tulipe donne au plus une fleur.
L'horticulteur plante un bulbe pris au hasard. On notera :

G_1 l'événement “le bulbe provient du premier grossiste”,
G_2 l'événement “le bulbe provient du second grossiste”,
F l'événement “le bulbe donne une fleur”.

Déterminer les probabilités des événements suivants.

a) Obtenir une fleur rouge.

b) Obtenir une fleur jaune.

c) Ne pas obtenir de fleur.

63 Voici une loterie à deux épreuves :

1re épreuve : on lance un dé cubique ordinaire.

2e épreuve : si, à la première épreuve, on a obtenu 5 ou 6, on tire une boule de l'urne A, sinon, on tire une boule de l'urne B. Le numéro porté par la boule indique le gain en francs, noté G.

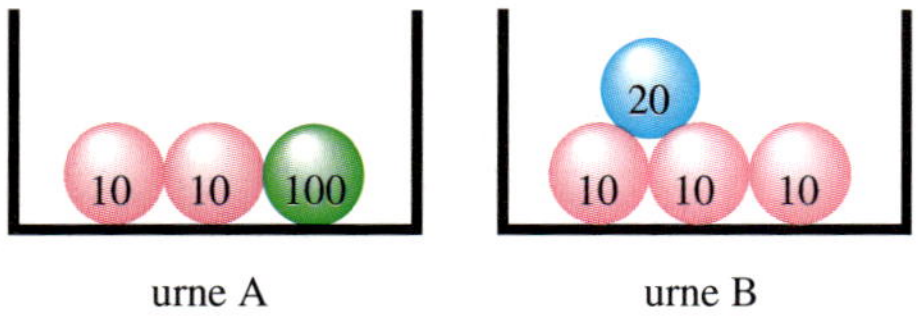

1° Déterminer la loi de probabilité de la variable aléatoire G.

2° Quelle est l'espérance de gain ?

3° Accepteriez-vous de payer 30 F pour jouer à ce jeu ?

64 ***Chat alors !***

Une dame nourrit son chat Gédéon à l'aide d'aliments en boîte. Chaque jour, elle choisit au hasard l'une des trois variétés : volaille, bœuf, lapin.

Si on lui sert de la volaille, Gédéon finit toujours sa gamelle.
Si on lui sert du bœuf, il finit sa gamelle avec une probabilité de $\frac{1}{2}$.
Si on lui sert du lapin, il finit sa gamelle avec une probabilité de $\frac{1}{3}$ seulement.

1° Quelle est la probabilité qu'un jour donné Gédéon finisse sa gamelle ?

2° On suppose que le choix des boîtes est indépendant d'un jour à l'autre. Quelle est la probabilité que Gédéon ne termine pas sa gamelle deux jours de suite ?

65 On lance un dé non truqué. Si le résultat du lancer est n, on tire au hasard n cartes simultanément dans un jeu de 32 cartes.

1° Quelle est la probabilité de tirer le huit de cœur ?

2° Quelle est la probabilité de tirer les quatre rois ?

66 Un marchand de parapluies est installé dans une ville où le temps est beau 185 jours par an, maussade 120 jours par an et pluvieux 60 jours par an. (On suppose qu'une année a 365 jours.)

Le nombre de parapluies vendus en une journée définit une variable aléatoire X.
On note les événements suivants :

B : Le temps est beau.
M : Le temps est maussade.
P : Le temps est pluvieux.

On dispose des renseignements suivants :

x_i	0	1	2
$p(X = x_i / B)$	$\frac{5}{8}$	$\frac{2}{8}$	$\frac{1}{8}$

x_i	0	1	2	3
$p(X = x_i / M)$	$\frac{3}{8}$	$\frac{2}{8}$	$\frac{2}{8}$	$\frac{1}{8}$

x_i	0	1	2	3
$p(X = x_i / P)$	$\frac{1}{8}$	$\frac{2}{8}$	$\frac{3}{8}$	$\frac{2}{8}$

1° Déterminer la loi de probabilité de la variable aléatoire X.

2° Sachant que X = 2, quelle est la probabilité que le temps soit maussade ?

Schéma de Bernoulli

67 ***Pièce défectueuse***

Dans une fabrication en série, 2 % des pièces sont à mettre au rebut ; on prend au hasard 100 pièces. On considère que le tirage de 100 pièces parmi toutes les pièces obéit à un schéma de Bernoulli.

Quelle est la probabilité pour que cet échantillon contienne (exactement) une pièce défectueuse ?

68 ***Employés absents***

Un petit magasin emploie trois personnes ; la probabilité pour que l'une quelconque d'entre elles soit absente est de 0,05.
On suppose que les trois personnes s'absentent indépendemment les unes des autres.

a) Quelle est la probabilité pour qu'aucun des employés ne manque ?

b) Quelle est la probabilité pour qu'il y ait k employés absents (k compris entre 0 et 3) ?

69 ***Panne technique***

Dans un atelier fonctionnent 10 machines identiques. La probabilité pour que l'une quelconque d'entre elles tombe en panne dans un mois est 0,1. Les pannes étant indépendantes les unes des autres, déterminer les probabilités des événements suivants :

A : Aucune panne ne s'est produite dans un mois.

B : Il s'est produit au moins une panne.

C : Il s'est produit exactement une panne.

D : Il s'est produit exactement deux pannes.

70 ***C'est garanti !***

Un marchand d'appareils ménagers vend le même jour quatre réfrigérateurs identiques garantis pour cinq ans. La probabilité pour qu'un réfrigérateur de ce type n'ait pas de panne pendant la période de garantie est 0,9.

Calculer les probabilités :

a) pour que ces quatre réfrigérateurs n'aient pas de panne pendant la période de garantie.

b) pour que deux réfrigérateurs et deux seulement tombent en panne pendant la période de garantie.

71 ***Jeux d'enfants***

Deux enfants disposent chacun d'une boîte contenant dix jetons de forme identique numérotés de 1 à 10.
À un signal, chaque enfant prend un jeton dans sa boîte et le dépose sur une table. On désigne par E l'événement "les deux jetons déposés sur la table ont le même numéro".

a) Quelle est la probabilité pour que E se réalise ?

b) On répète dix fois l'expérience. Quelle est la probabilité pour que l'événement E se réalise au moins une fois au cours de ces dix expériences ? (Après chaque expérience les jetons sont remis dans leur boîte respective.)

c) Combien faudrait-il faire d'expériences pour que l'on ait (au moins) 99 chances sur 100 de voir E se réaliser au moins une fois ?

72 A-t-on plus de chances d'obtenir au moins un as en jetant 6 dés que d'obtenir au moins deux 5 en jetant 12 dés ?

73 On considère un dé cubique dont les faces sont numérotées de 1 à 6. Si au cours d'un lancer, un nombre supérieur ou égal à 3 sort, on ne marque rien ; si le 1 ou le 2 sort, on marque un point.

L'épreuve consiste en cinq lancers successifs (on admettra que ces lancers sont indépendants).

1° Quelle est la probabilité de marquer un point au premier et au dernier lancer, et à ceux-là seulement ?

2° Étant donné un entier k, compris entre 0 et 5, quelle est la probabilité d'obtenir k points ?

74 1° Un joueur lance 4 fois une pièce non truquée. Il reçoit 1 franc chaque fois qu'il obtient pile et il perd 1 franc chaque fois qu'il obtient face.
Quelle est la probabilité pour qu'au bout des 4 lancers, le joueur ait gagné k francs (k désigne un entier relatif compris entre -4 et 4) ?

2° Même question avec 5 lancers au lieu de 4, et $-5 \leqslant k \leqslant 5$.

N.B. : Gagner -2 francs signifie perdre 2 francs.

75 1° Étudier les variations sur $\mathbb{R} - \{-1\}$ la fonction :

$$f : x \mapsto \frac{x^4}{(x+1)^5}.$$

2° Une urne contient n boules blanches et une rouge. On tire au hasard, successivement, et avec remise, une boule de l'urne.

a) Calculer, en fonction de n, la probabilité $p(n)$ d'obtenir pour la première fois la boule rouge au cinquième tirage.

b) Montrer qu'il existe une valeur de n unique telle que $p(n)$ soit maximal. Calculer ce maximum.

76 Soit un dé cubique dont les faces sont numérotées 0, 1, 1, 2, 3, 3.
Soit un deuxième dé cubique tel qu'une face porte le numéro 0, un nombre n de faces portent le numéro 1 (n entier tel que $1 \leqslant n \leqslant 4$), les faces restantes portant le numéro 2.
Les deux dés sont lancés simultanément et on suppose que les 36 possibilités d'apparition des faces en position supérieure ont la même probabilité. On note :

A l'événement "Chaque dé porte le numéro 1" ;
B l'événement "La somme des points marqués est égale à 4" ;
C l'événement " La somme des points marqués est égale à 1".

1° Quelle est la probabilité de l'événement A ?

2° Calculer $p(\text{B})$. Quelle valeur faut-il donner à n pour que $p(\text{B}) = \dfrac{2}{9}$?

3° On donne à n la valeur 2.

a) Calculer la probabilité des événements B et C.

b) On lance les deux dés précédents quatre fois ; ces lancers successifs sont supposés indépendants. Calculer la probabilité de l'événement : "C est réalisé trois fois exactement".

77 ***Jeu de rôle***

Note préliminaire

On appelle "dé de 6" un dé cubique à 6 faces carrées, numérotées de 1 à 6, non pipé.

On appelle "dé de 20" un dé icosaédrique à 20 faces triangulaires numérotées de 1 à 20, non pipé.

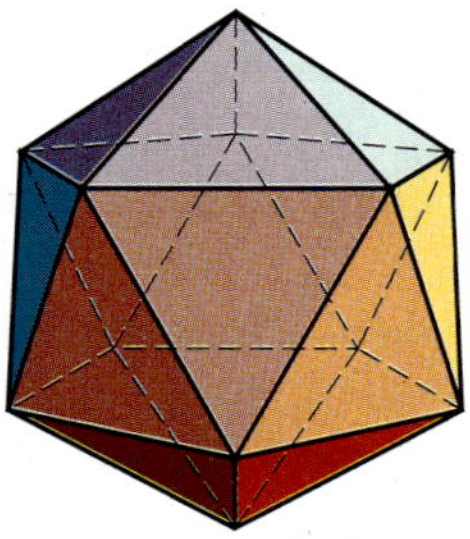

Sam et Vik sont les héros d'un jeu de rôle. Ils mènent un combat contre un monstre des abysses, dont l'issue dépend du jet de deux dés, un de 20 et un de 6, dont les résultats sont indépendants.
Sam gagne son combat s'il obtient à la fois :
— un nombre inférieur ou égal à 12 au dé de 20 ;
— un nombre strictement supérieur à 2 au dé de 6.

Vik perd son combat s'il obtient à la fois :
— un nombre strictement compris entre 3 et 17 au dé de 20 ;
— un nombre autre que 1 au dé de 6.

1° Quelle est la probabilité p pour que Sam gagne, et la probabilité v pour que Vik gagne ?

2° Sam combat le monstre quatre fois de suite. Quelle est la probabilité p_4 pour qu'il gagne au moins une fois ?

3° Sam combat le monstre n fois de suite.

a) Exprimer, en fonction de n, la probabilité p_n pour qu'il gagne au moins une fois.

b) Pour quelle valeur minimum de n la probabilité p_n est-elle supérieure ou égale à 0,9 ?

78 Le matériel d'un jeu de triboulet se compose de :
— trois boules : une bleue, une rouge, une verte, notées respectivement B, R, V ;
— une cuvette comportant trois trous disposés comme sur la figure ci-dessous, appelés : haut Ⓗ, gauche Ⓖ et droit Ⓓ :

Ⓗ
Ⓖ Ⓓ

Le banquier lance les trois boules. Celles-ci s'immobilisent en tombant chacune dans un trou. Elles forment ainsi une configuration. La configuration dans laquelle la boule verte est tombée dans le trou du haut, la bleue dans le trou gauche et la rouge dans le trou droit est notée :

(B V R)

1° *a*) Écrire toutes les configurations possibles.

b) On suppose que toutes les configurations sont équiprobables.
Quelle est la probabilité de chacune d'elles ?

2° Quelle est la probabilité de chacun des événements suivants.

E_1 : La boule verte est tombée dans le trou du haut.
E_2 : La boule bleue est tombée dans le trou droit.
E_3 : La boule verte est tombée dans le trou du haut et la bleue dans le trou droit.
E_4 : La boule bleue n'est pas tombée dans le trou du haut.

3° Calculer la probabilité de l'événement E_2 sachant E_1. E_1 et E_2 sont-ils indépendants ?

4° On décide de jouer une partie en 5 lancers. Un joueur parie à chaque lancer que la boule verte tombe dans le trou du haut. Quelle est la probabilité de l'événement : "Il gagne exactement deux fois" ?
On donnera le résultat sous forme de fraction irréductible. (On suppose que le résultat d'un lancer est indépendant des résultats des autres lancers.)

79 ***Les bacheliers***

1° Une assemblée est composée de 20 individus, dont 5 bacheliers. On choisit au hasard un échantillon de 8 personnes dans cette assemblée.
Quelle est la probabilité pour que l'échantillon soit représentatif de l'assemblée, c'est-à-dire qu'il comprenne 2 bacheliers ?

2° Dans une ville, la classe des personnes âgées de 20 ans comprend 1200 personnes, parmi lesquelles 300 bacheliers.
Un institut effectue, dans cette ville, un sondage auprès d'un échantillon de cette classe d'âge.

a) Quelle est la probabilité qu'il y ait, parmi 8 personnes interrogées, 2 bacheliers exactement ?
Donner de ce réultat une valeur approchée à 10^{-4} près.

b) Pour simplifier le calcul précédent, on considère que le tirage de n personnes parmi les 1200

obéit à un schéma de Bernoulli. Cette approximation n'est valable que si n est petit par rapport à 1200 et à 300 (disons $n \leqslant 20$).
En appliquant cette hypothèse, reprendre la question *a*). Comparer au résultat précédemment trouvé.

c) En appliquant toujours un schéma de Bernoulli, calculer le nombre minimal n de personnes à interroger dans cette classe d'âge pour que la probabilité de trouver au moins un bachelier soit supérieure ou égale à 0,95.

80 Une urne contient 3 boules blanches et x rouges indiscernables au toucher. On choisit simultanément et au hasard 2 boules dans cette urne. On appelle “succès” le fait d'obtenir 2 boules blanches.

1° Trouver en fonction de x la probabilité p d'un succès.
Déterminer x pour que $p = 0{,}2$.

2° On suppose dans toute la suite que $x = 3$.
a) On recommence 4 fois le tirage précédent en ayant remis à chaque fois les boules tirées dans l'urne.
Déterminer la probabilité d'avoir au moins un succès au cours des 4 tirages.

b) Déterminer le nombre minimum n d'épreuves qu'il faut effectuer pour que la probabilité d'obtenir au moins un succès au cours de ces n épreuves soit supérieure à 0,9.

81 Dans cet exercice, les différents tirages sont équiprobables. Les résultats seront donnés sous forme de fractions irréductibles.
Un sac contient 4 jetons noirs et 4 jetons blancs ; on tire 4 jetons du sac.
Soit n le nombre de jetons noirs tirés et soit la variable aléatoire $X = 2n - 4$.

a) Dans une première expérience, on tire les 4 jetons *simultanément* ; déterminer la loi de probabilité de X, son espérance mathématique et son écart type.

b) Dans une deuxième expérience, on tire les 4 jetons *l'un après l'autre, avec remise* ; déterminer la loi de probabilité de X, son espérance mathématique et son écart type.

82 ***Alcootest***

Dans le but de contrôler l'état d'ébriété des conducteurs automobiles, la police procède à un alcootest. On admet que 2 % des conducteurs contrôlés sont en état d'ébriété. La police contrôle n personnes. On suppose les résultats des différents contrôles indépendants les uns des autres. On considère la variable aléatoire X définie par le nombre de personnes en état d'ébriété au cours d'un contrôle.

a) Exprimer en fonction de n la probabilité des événements $X = 0$, $X = 1$, $X = 2$.

b) Exprimer en fonction de n la probabilité pour que, au cours de ce contrôle, il y ait au moins une personne en état d'ébriété.

c) Calculer le nombre minimal N de personnes à contrôler pour que la probabilité de trouver au moins une personne en état d'ébriété soit supérieure ou égale à 0,95.

d) On contrôle 500 personnes. Combien peut-on “espérer” de contrôles positifs ?

83 Un jeu consiste à lancer six fois de suite un dé dont les faces sont numérotées de un à six.
On suppose que chaque face a la même probabilité de sortir en position supérieure et on désigne par S la variable aléatoire égale à la somme des numéros sortis.

1° Calculer les probabilités des événements suivants :

A : $S \geqslant 8$.
B : Le numéro du premier dé lancé est quatre.

Calculer la probabilité conditionnelle de l'événement A par rapport à l'événement B.

2° Définir et représenter graphiquement la fonction de répartition de S.

3° Le gain algébrique de la partie est de

– 10 francs si $S \leqslant 4$,
n francs si $5 \leqslant S \leqslant 8$
et de + 20 francs si $S \geqslant 9$.

a) Déterminer l'entier relatif n sachant que l'espérance du gain est nulle.

b) Quelle est la probabilité pour qu'un joueur gagne 100 francs en jouant 5 parties consécutives ?

84 ***Ping-pong***

Pierre et Jean disputent un tournoi de tennis de table. La probabilité que Pierre gagne une partie contre Jean est $p = 0{,}6$.
On joue un nombre impair n de parties, et celui qui en remporte le plus est le vainqueur.

Calculer la probabilité pour que Jean (le moins fort) gagne le tournoi si on joue 3 parties ; et si on joue 5 parties ? ou 7 ?

Que le meilleur gagne ! dit-on. Mais est-il certain que le gagnant soit le meilleur ?

85 Un joueur de tennis effectue une mise en jeu. Pour cela, il a droit à deux tentatives : un premier service, suivi, s'il n'est pas réussi, d'un deuxième service. La probabilité pour que le premier service réussisse est $\frac{2}{3}$; s'il a échoué, la probabilité pour que le deuxième service réussisse est $\frac{4}{5}$.

Lorsque les deux services échouent, on dit qu'il y a “double faute” ; sinon la mise en jeu est réussie.

1° *a*) Déterminer la probabilité pour que, sur une mise en jeu, ce joueur fasse une double faute.

b) Déterminer la probabilité pour que la mise en jeu soit réussie.

2° Ce joueur participe à un entraînement publicitaire organisé par son club et patronné par un magasin de sport. Il s'agit, pour lui, d'effectuer 10 mises en jeu successives (dont les résultats sont indépendants les uns des autres). Chaque mise en jeu réussie lui permet de gagner une balle. Soit X la variable aléatoire réelle égale au nombre de balles gagnées.

a) Exprimer $P(X = k)$ en fonction de k entier entre 0 et 10. Donner des valeurs numériques approchées de $P(X = 9)$ et $P(X = 10)$.

b) Déterminer la probabilité pour que ce joueur gagne au moins 9 balles.

c) Calculer $E(X)$.

86 On vise une cible en lançant, de manière indépendante, n projectiles. Chaque projectile a la probabilité p $(0 < p < 1)$ d'atteindre la cible. On considère les événements :

A : Aucun projectile n'atteint la cible.

B : Au moins un projectile atteint la cible.

On note P(A) et P(B) les probabilités de ces événements.

1°Exprimer P(A) en fonction de n et p. En déduire l'expression de P(B).

2° On souhaite avoir $P(B) \geqslant 0,999$. On s'intéresse au nombre minimal m de projectiles à lancer pour réaliser cette condition.

Les deux questions suivantes sont indépendantes.

a) On suppose $p = 0,87$. Que vaut m ?

b) On suppose $m = 3$. Dans quel intervalle doit se trouver p ?

87 Un sac contient neuf boules indiscernables au toucher, ce qui rend les tirages équiprobables.

Quatre boules sont blanches et numérotées de 1 à 4.

Cinq boules sont noires et numérotées de 1 à 5.

1° On tire simultanément trois boules du sac.

Calculer la probabilité de chacun des événements suivants :

A : Toutes les boules sont blanches.

B : Les boules sont de couleurs différentes.

C : Il y a plus de boules blanches que de boules noires.

D : Les numéros des boules sont impairs.

E : Il y a au moins un numéro pair.

2° L'épreuve est maintenant la suivante :

du sac qui contient les neuf boules, on en tire une au hasard et on la replace dans le sac. On effectue ainsi 7 tirages successifs.

Déterminer la probabilité pour qu'au cours d'un tirage on ait un numéro pair ; en déduire la probabilité d'obtenir exactement deux fois une boule portant un numéro pair au cours des sept tirages.

Coups de pouce

Pour les exercices dont le numéro est en couleur.

41. L'énoncé se traduit par :

$p(D) = \frac{1,8}{100}$; $p(A/\overline{D}) = 0,97$; $p(\overline{A}/D) = 0,99$

où l'on note : A : la pièce est acceptée

D : la pièce est défectueuse.

44. 1° Les différents essais sont indépendants.

52. Penser à faire un arbre.

55. 1° Écrire les différents tirages possibles.

57. Calculer pour chaque tirage la valeur de X et faire un tableau.

62. L'énoncé se traduit par : $p(G_1) = \frac{70}{100}$;

$p(G_2) = \frac{30}{100}$; $p(F/G_1) = \frac{90}{100}$; $p(F/G_2) = \frac{80}{100}$.

65. Si l'on note : A_1 : obtenir 1 au lancer du dé.

⋮

A_6 : obtenir 6 au lancer du dé.

Les 6 événements A_1, A_2, ... A_6 forment un système complet d'événements. On applique la formule des probabilités totales.

66. Les événements B, M, P forment un système complet d'événements.

$p(X = 0) = p(B) \times p((X = 0)/B)$
$+ p(M) \times p((X = 0)/M) + p(P) \times p((X = 0)/P)$.

7

GÉOMÉTRIE VECTORIELLE ET MÉTRIQUE

CONTENU

- Barycentres
- Produit scalaire dans le plan
- Lignes de niveau
- Projections

ACTIVITÉS

ACTIVITÉ 1 Barycentre partiel

1° *Construire un triangle* ABC *et placer les points* I, J *et* K *définis par* :

$$\overrightarrow{AI} = \frac{3}{5}\,\overrightarrow{AB},\ \ \overrightarrow{BJ} = \frac{2}{3}\,\overrightarrow{BC},\ \text{ et }\ \overrightarrow{CK} = \frac{1}{4}\,\overrightarrow{CA}.$$

L'objet de cette question est de démontrer que les droites (AJ), (BK) et (CI) sont concourantes.

a) *Trouver trois réels* a, b *et* c *vérifiant* :

I *est le barycentre de* (A ; a) *et* (B ; b)
J *est le barycentre de* (B ; b) *et* (C ; c)
K *est le barycentre de* (C ; c) *et* (A ; a).

b) *Soit* G *le barycentre de* (A ; a), (B ; b) *et* (C ; c) (*avec* a, b *et* c *précédemment déterminés*). *Montrer que* :

$$3\,\overrightarrow{GB} + 8\,\overrightarrow{GK} = \vec{0}.$$

En déduire que G *est situé sur* (BK).
Démontrer de même que G *est un point de* (AJ) *et de* (CI).
Préciser la position de G *sur* [BK], [AJ] *et* [CI].

2° ABC est un triangle. A chaque réel $k \neq -3$ on associe le point M barycentre de (A ; 1), (B ; 2) et (C ; k).
On appelle E l'ensemble des points M pour $k \in \mathbb{R} - \{-3\}$.

a) *Placer* M *pour* $k = -2$, $k = 0$, $k = 1$ et $k = 3$.

b) Soit I le point de E situé sur (AB).

Exprimer $\overrightarrow{IM}$ *en fonction de* $\overrightarrow{IC}$. *Quel est l'ensemble* E ?
Définir l'ensemble des points M *pour* $k \in]-\infty ; -3[$, $k \in]-3 ; 0]$ *et* $k \in [0 ; +\infty[$.

Indication : on pourra étudier la fonction $k \mapsto \dfrac{k}{3+k}$.

ACTIVITÉ 2 Ligne de niveau

A et B sont deux points distincts du plan.
Le but de cette activité est de déterminer, de deux façons différentes, l'ensemble E des points M du plan qui vérifient $\frac{MA}{MB} = \frac{3}{2}$.

1° *Établir que* M *est un point de* E *si et seulement si*

$4MA^2 - 9MB^2 = 0.$

2° ***1re méthode***

a) Montrer que M *est un point de* E *si et seulement si*

$(2\overrightarrow{MA} - 3\overrightarrow{MB}) \cdot (2\overrightarrow{MA} + 3\overrightarrow{MB}) = 0.$

b) Soit I le barycentre de (A ; 2) et (B ; 3) et soit J le barycentre de (A ; 2) et (B ; – 3). *Placer les points* I *et* J *et montrer que ces points sont éléments de* E.

c) Démontrer que M est un point de E si *et seulement si*

$\overrightarrow{MI} \cdot \overrightarrow{MJ} = 0.$ *Définir* E.

3° ***2e méthode***

Soit G le barycentre de (A ; 4) et (B ; – 9).

a) Placer G. On pose AB = *a* ; *calculer* GA^2 *et* GB^2 *en fonction de* a.

b) Exprimer $4MA^2 - 9MB^2$ *en fonction de* GM *et de* a. (*On pourra utiliser la relation de Chasles* $\overrightarrow{MA} = \overrightarrow{MG} + \overrightarrow{GA}$, $\overrightarrow{MB} = ..$)

c) Définir E. *Comparer ce résultat à celui obtenu au* 2°.

ACTIVITÉ 3 Barycentre et point de concours

ABCD est un quadrilatère situé dans un plan P. On inscrit dans ABCD un trapèze IJKL dont les bases [IJ] et [KL] sont parallèles à (BD). Soit un réel k, avec $0 < k < 1$. On définit M et N par :

$\overrightarrow{IM} = k\overrightarrow{IL}$ et $\overrightarrow{JN} = k\overrightarrow{JK}$.

Le but de cette activité est de démontrer que les droites (BM), (DN) et (AC) sont concourantes.

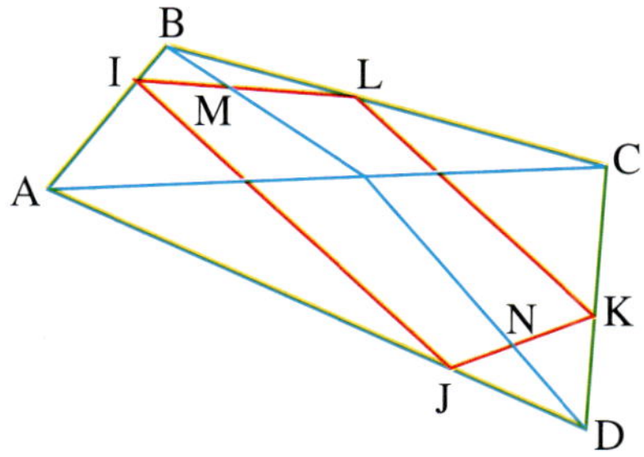

a) Démontrer qu'il existe des réels a, b, c *et* d *tels que* :

$$\begin{cases} \overrightarrow{BM} = a\overrightarrow{BI} + b\overrightarrow{BL} \\ \overrightarrow{DN} = a\overrightarrow{DJ} + b\overrightarrow{DK}. \end{cases} \quad \textit{puis} \quad \begin{cases} \overrightarrow{BM} = c\overrightarrow{BA} + d\overrightarrow{BC} \\ \overrightarrow{DN} = c\overrightarrow{DA} + d\overrightarrow{DC}. \end{cases}$$

b) Justifier que c + d ≠ 0 ; *en déduire que* (DN) *et* (BM) *passent par le barycentre de* (A ; c) *et* (C ; d). *Conclure.*

GÉOMÉTRIE VECTORIELLE ET MÉTRIQUE

INFORMATION

1. BARYCENTRE

Dans ce paragraphe, ainsi que dans le suivant, nous ne distinguons pas, sauf avis contraire, configuration du plan et configuration de l'espace.

a Réduction de la fonction vectorielle de Leibniz

On appelle **point pondéré** ou **point massif** le couple formé d'un point et d'un réel : $(A\ ;\sqrt{2})$ par exemple.

Soit un système de n points massifs, distincts ou non, $(A_i\,;\alpha_i)$ avec $1 \leqslant i \leqslant n$.
La fonction qui, à tout point M, associe le vecteur :

$$\overrightarrow{f(M)} = \alpha_1\overrightarrow{MA_1} + \alpha_2\overrightarrow{MA_2} + \cdots \quad + \alpha_n\overrightarrow{MA_n} = \sum_{i=1}^{n}\alpha_i\overrightarrow{MA_i}$$

est appelée **fonction vectorielle de Leibniz**.
Pour réduire cette somme, on choisit un point A.
Pour tout point M (du plan ou de l'espace), on a :

$$\overrightarrow{f(M)} = \sum_{i=1}^{n}\alpha_i\left(\overrightarrow{MA} + \overrightarrow{AA_i}\right) = \left(\sum_{i=1}^{n}\alpha_i\right)\overrightarrow{MA} + \sum_{i=1}^{n}\alpha_i\overrightarrow{AA_i},$$

ce que l'on peut écrire

$$\overrightarrow{f(M)} = \overrightarrow{f(A)} + \left(\sum_{i=1}^{n}\alpha_i\right)\overrightarrow{MA}.$$

Envisageons deux cas.

- Si $\sum_{i=1}^{n}\alpha_i = 0$, alors pour tout point M, on a $\overrightarrow{f(M)} = \overrightarrow{f(A)}$:
  f est une fonction constante.
- Si $\sum_{i=1}^{n}\alpha_i \neq 0$, alors il existe un point G et un seul tel que $\overrightarrow{f(G)} = \vec{0}$.

En effet posons $\sum_{i=1}^{n}\alpha_i = m$:

$$\overrightarrow{f(G)} = \vec{0} \Leftrightarrow \overrightarrow{f(A)} + m\overrightarrow{GA} = \vec{0}$$

$m \neq 0$.

$$\overrightarrow{f(G)} = \vec{0} \Leftrightarrow \overrightarrow{AG} = \frac{1}{m}\overrightarrow{f(A)}.$$

A, m et $\overrightarrow{f(A)}$ sont donnés, cette égalité détermine bien un point G et un seul.

Le point A est fixé mais de manière arbitraire.

Nous en déduisons en prenant G = A, que pour tout point M :

$$\overrightarrow{f(\mathrm{M})} = \overrightarrow{f(\mathrm{G})} + \left(\sum_{i=1}^{n} \alpha_i\right)\overrightarrow{\mathrm{MG}} = m\overrightarrow{\mathrm{MG}}.$$

Le réel m est appelé masse totale et G barycentre du système des n points massifs $(\mathrm{A}_i\,;\alpha_i)$ avec $1 \leqslant i \leqslant n$.

Théorème

Pour un système de n points massifs $(\mathrm{A}_i\,;\alpha_i)$ avec $1 \leqslant i \leqslant n$:

- **si $\sum_{i=1}^{n} \alpha_i = 0$, alors le vecteur $\sum_{i=1}^{n} \alpha_i \overrightarrow{\mathrm{MA}_i}$ est constant,**
- **si $\sum_{i=1}^{n} \alpha_i \neq 0$, alors le système admet un barycentre G, et :**

pour tout point M, $\sum_{i=1}^{n} \alpha_i \overrightarrow{\mathrm{MA}_i} = \left(\sum_{i=1}^{n} \alpha_i\right)\overrightarrow{\mathrm{MG}} = m\overrightarrow{\mathrm{MG}}$.

En prenant M = G, on retrouve $\overrightarrow{f(\mathrm{G})} = \sum_{i=1}^{n} \alpha_i \overrightarrow{\mathrm{GA}_i} = \vec{0}.$

CAS PARTICULIER

Lorsque tous les coefficients $\alpha_1, \alpha_2, \ldots, \alpha_n$ sont égaux et non nuls, on dit que G est l'isobarycentre des points $\mathrm{A}_1, \mathrm{A}_2, \ldots, \mathrm{A}_n$.

L'isobarycentre de A et B est le milieu de [AB].

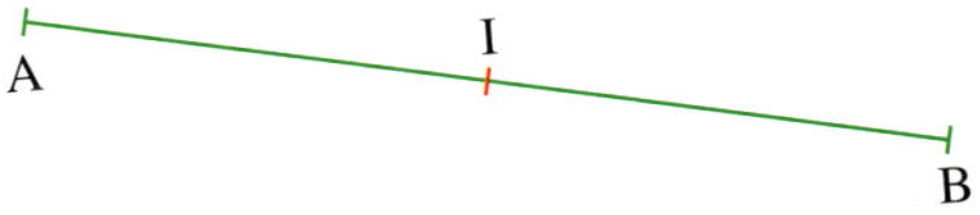

L'isobarycentre de A, B et C est le centre de gravité du triangle ABC.

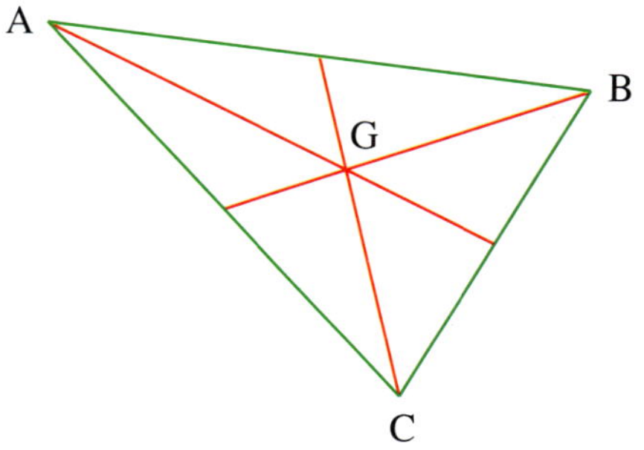

b Coordonnées du barycentre

Soit $(\mathrm{O}, \vec{i}, \vec{j})$ un repère du plan ou $(\mathrm{O}, \vec{i}, \vec{j}, \vec{k})$ un repère de l'espace.
Pour M = O, l'égalité définissant G s'écrit :

$$\overrightarrow{\mathrm{OG}} = \frac{1}{m}\sum_{i=1}^{n} \alpha_i \overrightarrow{\mathrm{OA}_i}.$$

On en déduit :

$$x_G = \sum_{i=1}^{n} \frac{\alpha_i}{m} x_i, \quad y_G = \sum_{i=1}^{n} \frac{\alpha_i}{m} y_i \quad \text{et (éventuellement)} \quad z_G = \sum_{i=1}^{n} \frac{\alpha_i}{m} z_i.$$

Dans le plan complexe, appelons Z_k l'affixe du point A_k, l'affixe de G est :

$$Z_G = \frac{1}{m} \sum_{k=1}^{n} \alpha_k Z_k.$$

c Propriétés du barycentre

Considérons un système de n points massifs $(A_i ; \alpha_i)$, $1 \leqslant i \leqslant n$, de masse totale m non nulle ; appelons G son barycentre.

1° Pour tout point M, nous avons : $\sum_{i=1}^{n} \alpha_i \overrightarrow{MA_i} = m\overrightarrow{MG}$.

Si nous choisissons $M = A_1$, alors : $\sum_{i=1}^{n} \alpha_i \overrightarrow{A_1A_i} = m\overrightarrow{A_1G}$.

Nous en déduisons que :

- dans le plan ou dans l'espace,
si $A_1, A_2, \ldots, A_n$ sont situés sur une même droite Δ, alors les vecteurs $\overrightarrow{A_1A_i}$ sont colinéaires et G est aussi un point de Δ.
- dans l'espace,
si $A_1, A_2, \ldots, A_n$ sont situés dans un même plan P, alors G est aussi un point de P.

▶ Le justifier.

2° Pour tout réel $k \neq 0$, G est aussi le barycentre du système pondéré $(A_1 ; k\alpha_1)$, $(A_2 ; k\alpha_2)$, …, $(A_n ; k\alpha_n)$.

En particulier, pour $k = \frac{1}{m}$, on obtient un système pondéré de masse totale 1.

2. BARYCENTRE PARTIEL

a Exemple

On donne trois points non alignés A, B et C et on construit le barycentre G du système de points pondérés (A ; 1), (B ; 2) et (C ; 3).

Le point G est défini par $\overrightarrow{GA} + 2\overrightarrow{GB} + 3\overrightarrow{GC} = \vec{0}$.

On appelle I le barycentre de (A ; 1) et (B ; 2).

I vérifie : $\overrightarrow{GA} + 2\overrightarrow{GB} = 3\overrightarrow{GI}$.

On a donc : $3\overrightarrow{GI} + 3\overrightarrow{GC} = \vec{0}$

c'est-à-dire : $\overrightarrow{GI} + \overrightarrow{GC} = \vec{0}$.

G est le milieu de [IC].

I barycentre de (A ; 1) et (B ; 2) est défini par :
$3\overrightarrow{AI} = 1\overrightarrow{AA} + 2\overrightarrow{AB}$
d'où $\overrightarrow{AI} = \frac{2}{3}\overrightarrow{AB}$.

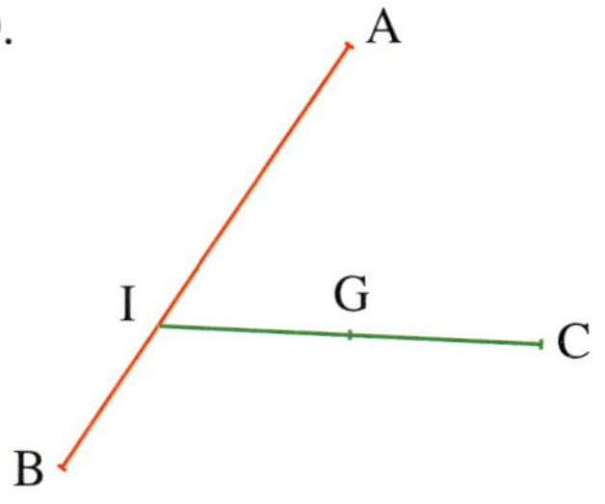

De même :

le barycentre J de (B ; 2) et (C ; 3) vérifie :

$$2\overrightarrow{GB} + 3\overrightarrow{GC} = 5\overrightarrow{GJ}.$$

le barycentre K de (C ; 3) et (A ; 1) vérifie :

$$3\overrightarrow{GC} + \overrightarrow{GA} = 4\overrightarrow{GK}.$$

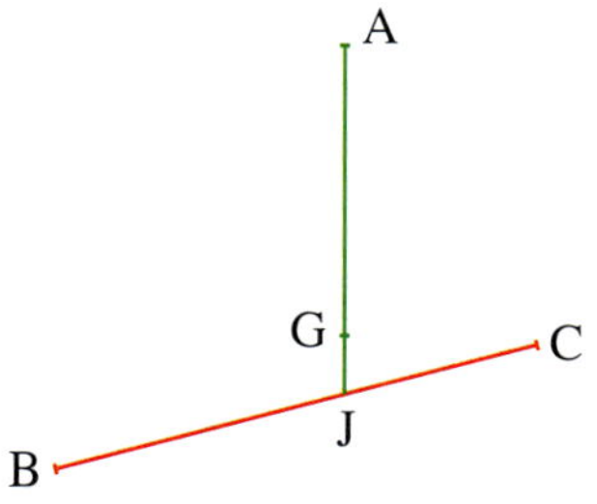

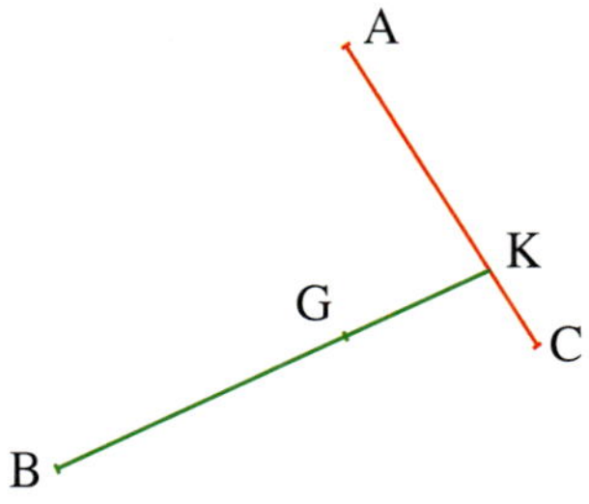

On a : $\overrightarrow{GA} + 5\overrightarrow{GJ} = \vec{0}$.

G est le point de (AJ) tel que

$$\overrightarrow{AG} = \frac{5}{6}\overrightarrow{AJ}.$$

On a : $2\overrightarrow{GB} + 4\overrightarrow{GK} = \vec{0}$.

G est le point de (BK) tel que

$$\overrightarrow{BG} = \frac{2}{3}\overrightarrow{BK}.$$

I, J et K sont appelés barycentres partiels du système de points pondérés. Pour construire G, on peut donc placer d'abord un barycentre partiel si celui-ci existe. De plus, les calculs précédents montrent que les droites (CI), (AJ) et (BK) sont concourantes en G.

b Associativité (généralisation)

Soit $(A_i ; \alpha_i)$, $1 \leqslant i \leqslant n$, un système de n points massifs, de masse totale m non nulle et de barycentre G. Considérons p de ces points ($p < n$), par exemple les p premiers points massifs, ayant une masse totale m', avec :

On peut toujours considérer en changeant l'ordre que ces p points sont les p premiers.

$$m' = \sum_{i=1}^{p} \alpha_i \quad \text{non nulle.}$$

Il existe alors un point unique H tel que, pour tout point M :

$$\alpha_1 \overrightarrow{MA_1} + \alpha_2 \overrightarrow{MA_2} + \cdots + \alpha_p \overrightarrow{MA_p} = m' \overrightarrow{MH}.$$

Or G est le barycentre du système $(A_1 ; \alpha_1)$, $(A_2 ; \alpha_2)$, ..., $(A_n ; \alpha_n)$; nous en déduisons :

$$m' \overrightarrow{MH} + \alpha_{p+1} \overrightarrow{MA_{p+1}} + \ldots + \alpha_n \overrightarrow{MA_n} = m \overrightarrow{MG}.$$

Nous pouvons énoncer :

Autrement dit :
pour déterminer le barycentre de n point massifs, on peut remplacer certains d'entre eux par leur barycentre affecté de la masse totale des points remplacés.

Théorème du barycentre partiel

Soit $(A_1 ; \alpha_1)$, $(A_2 ; \alpha_2)$, ..., $(A_n ; \alpha_n)$ un système de n points massifs admettant un barycentre G.

Si p de ces points de masse totale m' non nulle, ont pour barycentre H, alors G est le barycentre du système formé par $(H ; m')$ et les $(n-p)$ autres points massifs.

CONSÉQUENCE

Si les $(n-p)$ points massifs $(A_{p+1}\,;\alpha_{p+1})$ ... $(A_n\,;\alpha_n)$ ont une masse totale non nulle $m'' = m - m'$, ils ont un barycentre K, et on a alors :

$$m'\overrightarrow{MH} + m''\overrightarrow{MK} = m\,\overrightarrow{MG}.$$

Le point G, barycentre de $(H\,;m')$ et $(K\,;m'')$, est donc situé sur la droite (HK).

Exercice résolu 1

On donne une pyramide de sommet S et de base le quadrilatère ABCD. On appelle I, J, K et L les milieux respectifs de [AB], [BC], [CD] et [DA] et M, N, O et P les centres de gravité respectifs des triangles SAB, SBC, SCD et SDA. Les droites (IK) et (JL) se coupent en E.

Démontrer que les droite (SE), (IO), (JP) (KM) et (LN) sont concourantes.

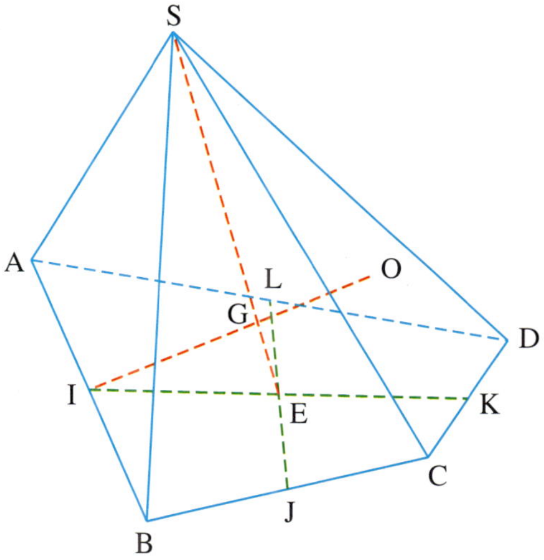

Appelons H l'isobarycentre de A, B, C et D. H vérifie :

$$\overrightarrow{HA} + \overrightarrow{HB} + \overrightarrow{HC} + \overrightarrow{HD} = \vec{0}.$$

Or I est l'isobarycentre de A et B, et J celui de C et D. D'où :

$$\left.\begin{array}{l}\overrightarrow{HA} + \overrightarrow{HB} = 2\overrightarrow{HI}\\ \overrightarrow{HC} + \overrightarrow{HD} = 2\overrightarrow{HK}\end{array}\right\}$$ donc $\overrightarrow{HI} + \overrightarrow{HK} = \vec{0}$ c'est-à-dire H est le milieu de [IK].

De même $$\underbrace{\overrightarrow{HA} + \overrightarrow{HD}}_{2\overrightarrow{HL}} + \underbrace{\overrightarrow{HB} + \overrightarrow{HC}}_{2\overrightarrow{HJ}} = \vec{0},$$ donc H est le milieu de [JL].

Conclusion : les segments [IK] et [JL] se coupent en leur milieu E (= H).

Soit G l'isobarycentre de S, A, B, C et D.

D'une part, G vérifie :

$$\overrightarrow{GS} + \underbrace{\overrightarrow{GA} + \overrightarrow{GB} + \overrightarrow{GC} + \overrightarrow{GD}}_{4\overrightarrow{GE}} = \vec{0}$$

d'où $\overrightarrow{GS} + 4\overrightarrow{GE} = \vec{0}$, G est donc un point de (SE).

$\overrightarrow{GA} + \overrightarrow{GB} + \overrightarrow{GC} + \overrightarrow{GD} = 4\overrightarrow{GE}$ car E est l'isobarycentre de A, B, C et D.

D'autre part, O centre de gravité de SCD est l'isobarycentre des points S, C et D.

D'où : $$\underbrace{\overrightarrow{GS} + \overrightarrow{GD} + \overrightarrow{GC}}_{3\overrightarrow{GO}} + \underbrace{\overrightarrow{GA} + \overrightarrow{GB}}_{2\overrightarrow{GI}} = \vec{0}.$$

G est donc un point de (OI).

On démontre de même que G est situé sur (JP), (KM) et (LN).

Exercice résolu 2

Un triangle ABC est donné, on définit les points C′ et A′ par :

$$\overrightarrow{AC'} = \frac{3}{4}\overrightarrow{AB} \quad \text{et} \quad \overrightarrow{CA'} = \frac{2}{3}\overrightarrow{CB}.$$

1° Montrer que les droites (AA′) et (CC′) sont sécantes.

2° On appelle I le point d'intersection de (AA′) et (CC′). Montrer que (BI) et (AC) sont sécantes. On appelle B′ leur point d'intersection, préciser la position de B′ sur [AC].

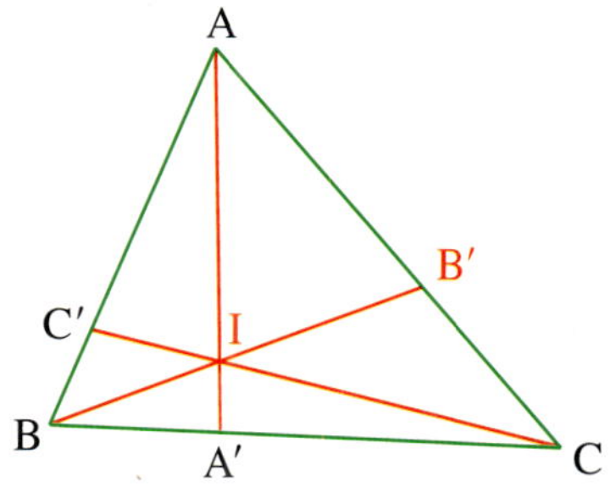

1° L'égalité $\overrightarrow{AC'} = \frac{3}{4}\overrightarrow{AB}$ est équivalente à

$$4\overrightarrow{AC'} = 3\overrightarrow{AB} + 1\overrightarrow{AA}.$$

De même $\overrightarrow{CA'} = \frac{2}{3}\overrightarrow{CB}$ équivaut à

$$3\overrightarrow{CA'} = 2\overrightarrow{CB} + 1\overrightarrow{CC}.$$

Autrement dit :

C′ est le barycentre de (B ; 3) et (A ; 1).

A′ est le barycentre de (B ; 2) et (C ; 1).

On peut encore dire que :

C′ est le barycentre de (B ; 6) et (A ; 2).

A′ est le barycentre de (B ; 6) et (C ; 3).

Soit I le barycentre de (A ; 2) ; (B ; 6) et (C ; 3).
D'après le théorème du barycentre partiel, I est le barycentre de (A ; 2) et (A′ ; 9), il est donc situé sur (AA′).

I est aussi barycentre de (C ; 3) et (C′ ; 8) il est donc situé sur (CC′).

Vectoriellement ceci s'écrit :

$$2\overrightarrow{IA} + 6\overrightarrow{IB} + 3\overrightarrow{IC} = \vec{0}$$
$$2\overrightarrow{IA} + 9\overrightarrow{IA'} = \vec{0}$$
$$8\overrightarrow{IC'} + 3\overrightarrow{IC} = \vec{0}.$$

2° I est aussi le barycentre de (B ; 6) et (B′ ; 5) avec B′ barycentre de (A ; 2) et (C ; 3). Donc (IB) coupe (AC) en B′ avec B′ défini par :

$$5\overrightarrow{AB'} = 3\overrightarrow{AC} + 2\overrightarrow{AA}.$$

d'où $\overrightarrow{AB'} = \frac{3}{5}\overrightarrow{AC}$.

3. PRODUIT SCALAIRE DANS LE PLAN

a Rappels

Définition

Si $(\vec{i}, \vec{j})$ est une base orthonormale du plan, le produit scalaire des vecteurs $\vec{u} = x\vec{i} + y\vec{j}$ et $\vec{v} = x'\vec{i} + y'\vec{j}$ est le réel

$$\vec{u} \cdot \vec{v} = xx' + yy'.$$

Propriétés

- Pour tous vecteurs $\vec{u}$, $\vec{v}$, $\vec{w}$ et pour tout réel λ,

  $\vec{u}\cdot\vec{v}=\vec{v}\cdot\vec{u}$

  $(\lambda\vec{u})\cdot\vec{v}=\vec{u}\cdot(\lambda\vec{v})=\lambda\vec{u}\cdot\vec{v}$

  $\vec{u}\cdot(\vec{v}+\vec{w})=\vec{u}\cdot\vec{v}+\vec{u}\cdot\vec{w}$.

- Deux vecteurs $\vec{u}$ et $\vec{v}$ sont orthogonaux si et seulement si $\vec{u}\cdot\vec{v}=0$.

Autres expressions du produit scalaire

- Pour deux vecteurs $\vec{u}$ et $\vec{v}$ quelconques, si $\vec{u}=\overrightarrow{AB}$ et $\vec{v}=\overrightarrow{AC}$, alors :

  $\vec{u}\cdot\vec{v}=\overrightarrow{AB}\cdot\overrightarrow{AC}=\overline{AB}\times\overline{AH}=\overline{AK}\times\overline{AC}$

avec H projeté orthogonal de C sur (AB) et K projeté orthogonal de B sur (AC).

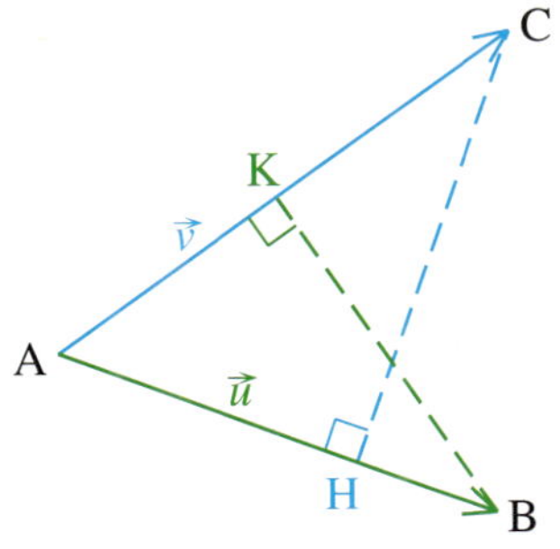

- Si de plus $\vec{u}\neq\vec{0}$ et $\vec{v}\neq\vec{0}$ alors

  $\vec{u}\cdot\vec{v}=\|\vec{u}\|\times\|\vec{v}\|\times\cos(\vec{u},\vec{v})$

  $\overrightarrow{AB}\cdot\overrightarrow{AC}=AB\times AC\times\cos\widehat{BAC}$.

Vecteur normal à une droite

Un vecteur normal est un vecteur non nul orthogonal à un vecteur directeur de la droite.

Ne pas confondre avec un vecteur $\vec{v}$ normé : $\|\vec{v}\|=1$.

- La droite passant par un point A et de vecteur normal $\vec{n}$ est l'ensemble des points M tels que $\overrightarrow{AM}\cdot\vec{n}=0$.
- Si dans un repère orthonormal une droite D a pour équation

  $ax+by+c=0$

alors le vecteur $\vec{n}(a\,;b)$ est un vecteur normal à D.

b Distance d'un point à une droite

La distance d'un point A à une droite D est AH, avec H projeté orthogonal de A sur D.

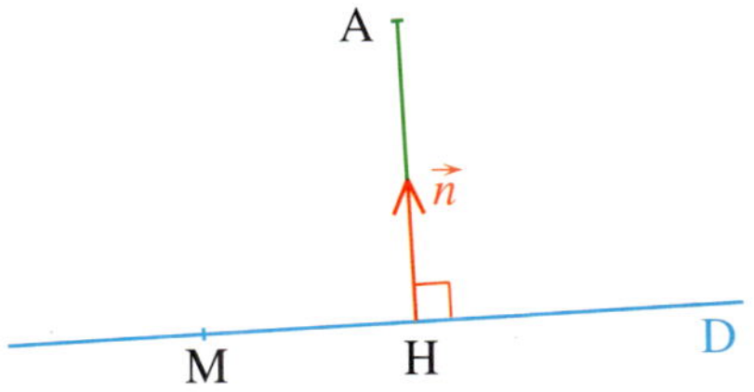

Soit $\vec{n}$ un vecteur normal à D. Pour tout point M de D, on a :

$\overrightarrow{AM}\cdot\vec{n}=\overrightarrow{AH}\cdot\vec{n}$.

Or les vecteurs $\overrightarrow{AH}$ et $\vec{n}$ sont colinéaires donc : $|\overrightarrow{AH}\cdot\vec{n}|=AH\times\|\vec{n}\|$.

$\|\vec{n}\|\neq 0$ car $\vec{n}$ est un vecteur normal à D.

On en déduit : $AH=\dfrac{|\overrightarrow{AM}\cdot\vec{n}|}{\|\vec{n}\|}$.

Expression analytique

Dans un repère orthonormal, D a pour équation $ax + by + c = 0$.
Le vecteur $\vec{n}(a\,;b)$ est un vecteur normal à D.
On note $(x_A\,;y_A)$ les coordonnées de A.
On obtient :

$$\overrightarrow{AM} \cdot \vec{n} = a(x - x_A) + b(y - y_A)$$

$$\overrightarrow{AM} \cdot \vec{n} = ax + by - ax_A - by_A$$

Or M est un point de D, donc $ax + by = -c$, d'où :

$$\overrightarrow{AM} \cdot \vec{n} = -ax_A - by_A - c.$$

Théorème

Dans un repère orthonormal, la distance du point $A(x_A\,;y_A)$ à la droite D d'équation $ax + by + c = 0$ est

$$\mathbf{AH} = \frac{|ax_A + by_A + c|}{\sqrt{a^2 + b^2}}.$$

EXEMPLE

La distance du point A(– 3 ; 2) à la droite D d'équation $5x + 4y - 3 = 0$ est

$$AH = \frac{|-15 + 8 - 3|}{\sqrt{25 + 16}} = \frac{10}{\sqrt{41}} = \frac{10\sqrt{41}}{41}.$$

4. LIGNES DE NIVEAU

Nous ne considérons dans ce paragraphe que des problèmes dans le plan.

Exercice résolu

Dans le plan, on considère un triangle ABC rectangle en A tel que AB = $3a$ et AC = $2a$ (où a désigne un nombre réel strictement positif).

1° Déterminer le point G barycentre de (A ; 1), (B ; 2) et (C ; 3). Quel est l'ensemble E des points M du plan tels que

$$MA^2 + 2MB^2 + 3MC^2 = 48a^2\ ?$$

2° Quel est l'ensemble F des points M du plan tels que

$$MA^2 + 2MB^2 - 3MC^2 = 30a^2\ ?$$

(On pourra vérifier que C est un point de cet ensemble.)

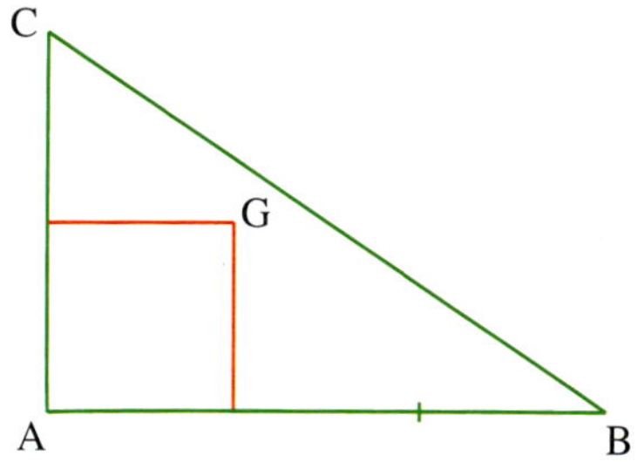

1° Le système de points massifs (A ; 1), (B ; 2) et (C ; 3) a une masse totale non nulle ; il admet donc un barycentre G qui vérifie,

$$6\overrightarrow{AG} = 1\overrightarrow{AA} + 2\overrightarrow{AB} + 3\overrightarrow{AC},$$

d'où $\overrightarrow{AG} = \dfrac{1}{3}\overrightarrow{AB} + \dfrac{1}{2}\overrightarrow{AC}$.

a) Exprimons $MA^2 + 2MB^2 + 3MC^2$ en fonction de MG.

Posons $S(M) = MA^2 + 2MB^2 + 3MC^2$.

$S(M) = \left(\overrightarrow{MG} + \overrightarrow{GA}\right)^2 + 2\left(\overrightarrow{MG} + \overrightarrow{GB}\right)^2 + 3\left(\overrightarrow{MG} + \overrightarrow{GC}\right)^2$.

$S(M) = 6MG^2 + GA^2 + 2GB^2 + 3GC^2 + 2\overrightarrow{MG} \cdot \underbrace{\left(\overrightarrow{GA} + 2\overrightarrow{GB} + 3\overrightarrow{GC}\right)}_{=\vec{0}}$.

D'où $S(M) = 6MG^2 + GA^2 + 2GB^2 + 3GC^2$.

b) Calculons GA^2, GB^2 et GC^2 en fonction de a.

$$\begin{cases} \overrightarrow{AB} \cdot \overrightarrow{AC} = 0 \\ \dfrac{1}{9}AB^2 = \dfrac{1}{9}(3a)^2 \\ \dfrac{1}{4}AC^2 = \dfrac{1}{4}(2a)^2. \end{cases}$$

$\overrightarrow{GA}^2 = \left(-\dfrac{1}{3}\overrightarrow{AB} - \dfrac{1}{2}\overrightarrow{AC}\right)^2 = \dfrac{1}{9}AB^2 + \dfrac{1}{4}AC^2 = a^2 + a^2 = 2a^2$.

$\overrightarrow{GB}^2 = \left(\overrightarrow{GA} + \overrightarrow{AB}\right)^2 = \left(\dfrac{2}{3}\overrightarrow{AB} - \dfrac{1}{2}\overrightarrow{AC}\right)^2 = \dfrac{4}{9}AB^2 + \dfrac{1}{4}AC^2 = 4a^2 + a^2 = 5a^2$.

$\overrightarrow{GC}^2 = \left(\overrightarrow{GA} + \overrightarrow{AC}\right)^2 = \left(-\dfrac{1}{3}\overrightarrow{AB} + \dfrac{1}{2}\overrightarrow{AC}\right)^2 = \dfrac{1}{9}AB^2 + \dfrac{1}{4}AC^2 = a^2 + a^2 = 2a^2$.

Nous obtenons $S(M) = 6MG^2 + 18a^2$.

c) On en déduit que M est un point de E si et seulement si $6MG^2 + 18a^2 = 48a^2$ ce qui équivaut à :

$MG^2 = 5a^2$

$MG = a\sqrt{5}$.

E est donc le cercle de centre G, de rayon $a\sqrt{5}$; ce cercle passe par B car $BG = \sqrt{5}\,a$.

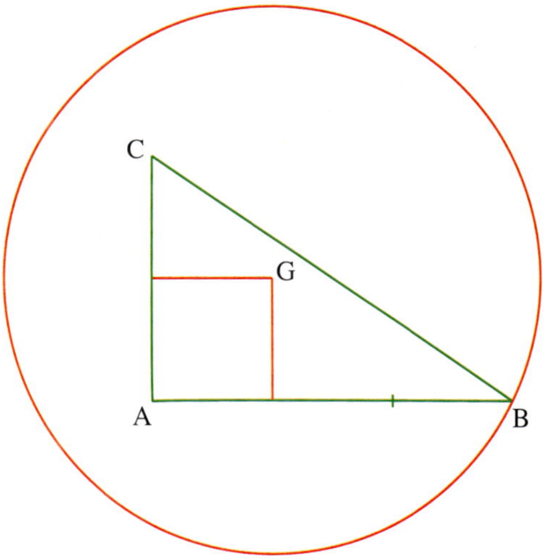

2° Le système de points massifs (A ; 1), (B ; 2) et (C ; – 3) est de masse nulle ; il n'admet donc pas de barycentre.

Posons $T(M) = MA^2 + 2MB^2 - 3MC^2$.

Vérifions que C est élément de F :

$CB^2 = CA^2 + CB^2$.

$CA^2 = 4a^2$ et $CB^2 = 13a^2$

d'où : $T(C) = CA^2 + 2CB^2 - 3CC^2 = 30a^2$.

Exprimons T(M) à l'aide de T(C) :

$T(M) = \left(\overrightarrow{MC} + \overrightarrow{CA}\right)^2 + 2\left(\overrightarrow{MC} + \overrightarrow{CB}\right)^2 - 3MC^2$.

$T(M) = CA^2 + 2CB^2 + 2\overrightarrow{MC} \cdot \left(\overrightarrow{CA} + 2\overrightarrow{CB}\right)$.

$T(M) = T(C) + 2\overrightarrow{MC} \cdot \left(\overrightarrow{CA} + 2\overrightarrow{CB}\right)$.

Nous obtenons $M \in F$ si et seulement si

$$30a^2 + 2\overrightarrow{MC} \cdot (\overrightarrow{CA} + 2\overrightarrow{CB}) = 30a^2$$

ce qui équivaut à :

$$2\overrightarrow{MC} \cdot (\overrightarrow{CA} + 2\overrightarrow{CB}) = 0.$$

F est donc la droite passant par C et de vecteur normal $\overrightarrow{CA} + 2\overrightarrow{CB}$.
Précisons la position de cette droite :
soit I le barycentre de (A ; 1) et (B ; 2), nous avons :

$$\overrightarrow{CA} + 2\overrightarrow{CB} = 3\overrightarrow{CI}.$$

F est la droite passant par C et orthogonale à (CI).

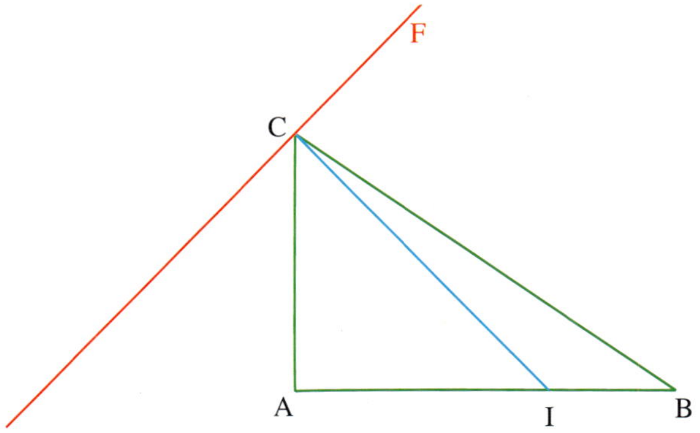

a Lignes de niveau $\sum_{i=1}^{n} \alpha_i MA_i^2 = k$

Soit $(A_i ; \alpha_i)$ un système de points massifs de masse totale m et soit k un réel strictement positif.

Quel est l'ensemble E des points M tels que $\sum_{i=1}^{n} \alpha_i MA_i^2 = k$?

Méthode : on transforme le premier membre

Pour tout point I :

$$\sum_{i=1}^{n} \alpha_i MA_i^2 = \sum_{i=1}^{n} \alpha_i \left(\overrightarrow{MI} + \overrightarrow{IA_i}\right)^2$$

$$\sum_{i=1}^{n} \alpha_i MA_i^2 = \left(\sum_{i=1}^{n} \alpha_i\right) MI^2 + 2\overrightarrow{MI} \cdot \left(\sum_{i=1}^{n} \alpha_i \overrightarrow{IA_i}\right) + \sum_{i=1}^{n} \alpha_i IA_i^2$$

• si $m \neq 0$, le système de points massifs $(A_i ; \alpha_i)$ admet un barycentre G.
On prend I = G ; on obtient :

$$\sum_{i=1}^{n} \alpha_i \overrightarrow{GA_i} = \vec{0} ;$$

d'où $\sum_{i=1}^{n} \alpha_i MA_i^2 = mMG^2 + \sum_{i=1}^{n} \alpha_i GA_i^2.$

$\mathrm{M} \in \mathrm{E}$ si et seulement si $m\mathrm{MG}^2 + \sum_{i=1}^{n} \alpha_i \mathrm{GA}_i^2 = k$,

ce qui équivaut à :

$$\mathrm{MG}^2 = \frac{1}{m}\left(k - \sum_{i=1}^{n} \alpha_i \mathrm{GA}_i^2\right).$$

E est un cercle de centre G si le second membre est strictement positif.
E = {G}, si le second membre est nul.
E = ∅, si le second membre est strictement négatif.

- si $m = 0$, $\sum_{i=1}^{n} \alpha_i \overrightarrow{\mathrm{IA}_i} = \overrightarrow{f(\mathrm{I})}$ est indépendant du point I.

On pose $\vec{u} = \sum_{i=1}^{n} \alpha_i \overrightarrow{\mathrm{IA}_i}$, on obtient :

$$\sum_{i=1}^{n} \alpha_i \mathrm{MA}_i^2 = 2\overrightarrow{\mathrm{MI}} \cdot \vec{u} + \sum_{i=1}^{n} \alpha_i \mathrm{IA}_i^2.$$

Pratiquement, on choisit pour I un point qui permet un calcul simple.

$\mathrm{M} \in \mathrm{E}$ si et seulement si $2\overrightarrow{\mathrm{MI}} \cdot \vec{u} + \sum_{i=1}^{n} \alpha_i \mathrm{IA}_i^2 = k$,

ce qui équivaut à :

$$2\overrightarrow{\mathrm{MI}} \cdot \vec{u} = k - \sum_{i=1}^{n} \alpha_i \mathrm{IA}_i^2.$$

Si $\vec{u} = \vec{0}$, E est le plan ou l'ensemble ∅ selon que le second membre est nul ou non.
Si $\vec{u} \neq \vec{0}$, alors E est une droite de vecteur normal $\vec{u}$; il suffit alors de trouver un point de E pour déterminer E.

b Lignes de niveau $\dfrac{\mathrm{MA}}{\mathrm{MB}} = k$

Soit deux points distincts A et B et soit k un réel strictement positif.

Quel est l'ensemble E des points M tels que $\dfrac{\mathrm{MA}}{\mathrm{MB}} = k$?

- Si $k = 1$, E est la médiatrice de [AB].
- Si $k \neq 1$, l'égalité $\dfrac{\mathrm{MA}}{\mathrm{MB}} = k$ est équivalente à :

$$\mathrm{MA}^2 - k^2\mathrm{MB}^2 = 0.$$

On est donc ramené au problème traité au **a**.
On peut aussi écrire :

$$\left(\overrightarrow{\mathrm{MA}} + k\overrightarrow{\mathrm{MB}}\right) \cdot \left(\overrightarrow{\mathrm{MA}} - k\overrightarrow{\mathrm{MB}}\right) = 0.$$

On appelle I le barycentre de (A ; 1) et (B ; k), et
J le barycentre de (A ; 1) et (B ; $-k$).

On obtient $\overrightarrow{\mathrm{MA}} + k\overrightarrow{\mathrm{MB}} = (1+k)\overrightarrow{\mathrm{MI}}$
$\overrightarrow{\mathrm{MA}} - k\overrightarrow{\mathrm{MB}} = (1-k)\overrightarrow{\mathrm{MJ}}$.

D'où $\mathrm{M} \in \mathrm{E}$ si et seulement si $\overrightarrow{\mathrm{MI}} \cdot \overrightarrow{\mathrm{MJ}} = 0$.
L'ensemble E est le cercle de diamètre [IJ].

5. DÉTERMINATION DE DROITES ET DE SEGMENTS

a Droites

Soit A et B deux points distincts. Le vecteur $\vec{u} = \overrightarrow{AB}$ est un vecteur directeur de (AB).
La droite (AB) est l'ensemble des points M tels que : $\overrightarrow{AM} = \lambda \overrightarrow{AB}$, $\lambda \in \mathbb{R}$.

(A, $\vec{u}$) est un repère de la droite (AB). On dit aussi : "droite (A, $\vec{u}$)".

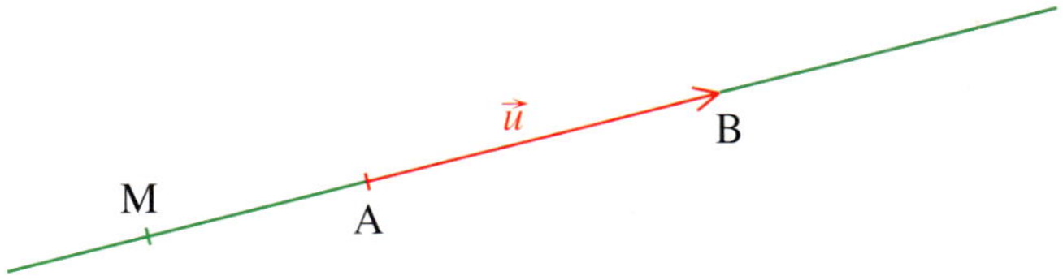

L'égalité $\overrightarrow{AM} = \lambda \overrightarrow{AB}$ est équivalente à :

$\overrightarrow{MA} + \lambda\left(\overrightarrow{MB} - \overrightarrow{MA}\right) = \vec{0}$,

donc à : $(1-\lambda)\overrightarrow{MA} + \lambda\overrightarrow{MB} = \vec{0}$.

Le système de points massifs (A ; 1– λ) et (B ; λ) est de masse totale non nulle : il admet donc M pour barycentre. On en déduit que la droite (AB) est l'ensemble des barycentres de (A ; 1– λ) et (B ; λ) pour $\lambda \in \mathbb{R}$.

Traduction dans un repère

Soit $(O, \vec{i}, \vec{j})$ un repère du plan ou $(O, \vec{i}, \vec{j}, \vec{k})$ un repère de l'espace.
Un point M est un point de la droite de repère (A, $\vec{u}$) si et seulement si

$$\overrightarrow{OM} = \overrightarrow{OA} + \overrightarrow{AM} = \overrightarrow{OA} + \lambda\vec{u}.$$

On en déduit un **système d'équations paramétriques** de la droite (A, $\vec{u}$).

Dans le plan

$$\begin{cases} x = x_A + \lambda a \\ y = y_A + \lambda b \\ \lambda \in \mathbb{R} \end{cases} \quad \text{avec} \quad \begin{cases} M(x\,;y) \\ A(x_A\,;y_A) \\ \vec{u}(a\,;b) \end{cases}$$

Dans l'espace

On dit aussi : représentation paramétrique de la droite (A, $\vec{u}$).

$$\begin{cases} x = x_A + \lambda a \\ y = y_A + \lambda b \\ z = z_A + \lambda c \\ \lambda \in \mathbb{R} \end{cases} \quad \text{avec} \quad \begin{cases} M(x\,;y\,;z) \\ A(x_A\,;y_A\,;z_A) \\ \vec{u}(a\,;b\,;c). \end{cases}$$

Dans l'espace, si $abc \neq 0$ ce système est équivalent à

$$\frac{x - x_A}{a} = \frac{y - y_A}{b} = \frac{z - z_A}{c}.$$

qui est un **système d'équations cartésiennes** de la droite (A, $\vec{u}$).

b Segment, demi-droite

La demi-droite d'origine A contenant B est l'ensemble des points M tels que :

$$\overrightarrow{AM} = \lambda \overrightarrow{AB}, \ \lambda \in [0\,;+\infty[.$$

Le segment [AB] est l'ensemble des points M tels que :

$\overrightarrow{AM} = \lambda \overrightarrow{AB}, \ \lambda \in [0\,;1]$.

Exercice résolu

On donne dans un repère orthonormal le point A(3 ; – 1) et la droite

$$\mathbf{D}\ \begin{cases} x = -2 + 2\lambda \\ y = 1 + \lambda \quad (\lambda \in \mathbb{R}). \end{cases}$$

Calculer la distance de A à D.

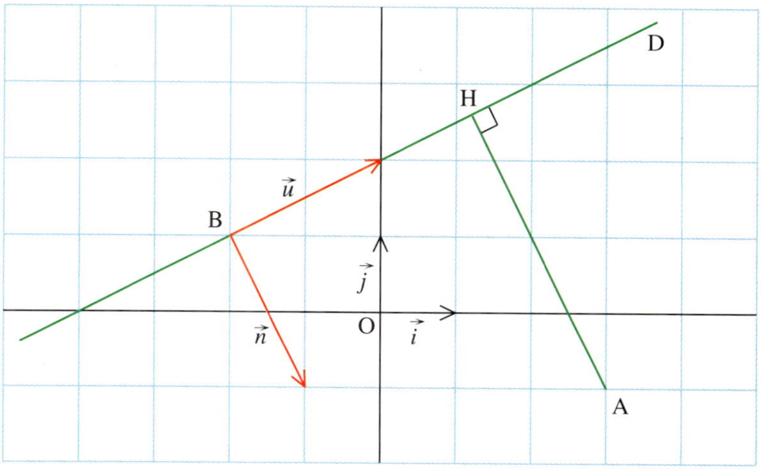

$\vec{u}(2\,;1)$ est un vecteur directeur de D, d'où $\vec{n}(1\,;-2)$ est un vecteur normal à D. On appelle H le projeté orthogonal de A sur D. On choisit un point B de D, par exemple B(– 2 ; 1). On a alors :

$$\overrightarrow{AB}\cdot\vec{n} = \overrightarrow{AH}\cdot\vec{n}$$

d'où $\left|\overrightarrow{AB}\cdot\vec{n}\right| = AH \times \|\vec{n}\|$ et $AH = \dfrac{\left|\overrightarrow{AB}\cdot\vec{n}\right|}{\|\vec{n}\|}$.

Autre méthode : on cherche une équation cartésienne de D et on applique la formule du **3.b**.

On obtient $\overrightarrow{AB} = -5\vec{i} + 2\vec{j}$ puis $\overrightarrow{AB}\cdot\vec{n} = -5 - 4 = -9$.

D'où $AH = \dfrac{9}{\sqrt{5}} = \dfrac{9\sqrt{5}}{5}$.

6. PROJECTIONS PONCTUELLES ET PROJECTIONS VECTORIELLES ASSOCIÉES

Dans ce paragraphe p désigne une projection plane ou une projection de l'espace.

a Projections ponctuelles

Si A, B et C sont trois points tels que $\overrightarrow{AC} = k\,\overrightarrow{AB}$,
alors leurs images respectives A′, B′ et C′ par une projection vérifient $\overrightarrow{A'C'} = k\,\overrightarrow{A'B'}$.

Soit une projection p.

- Dans le plan, p est la projection sur une droite D parallèlement à une droite δ (δ non parallèle à D) :

Le résultat énoncé précédemment est le théorème de Thalès dans le plan.

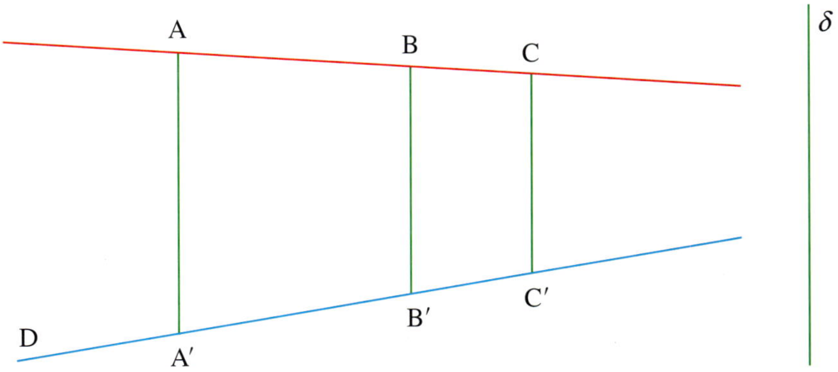

- Dans l'espace, p est la projection
  – sur le plan P parallèlement à une droite δ (δ non parallèle à P) :

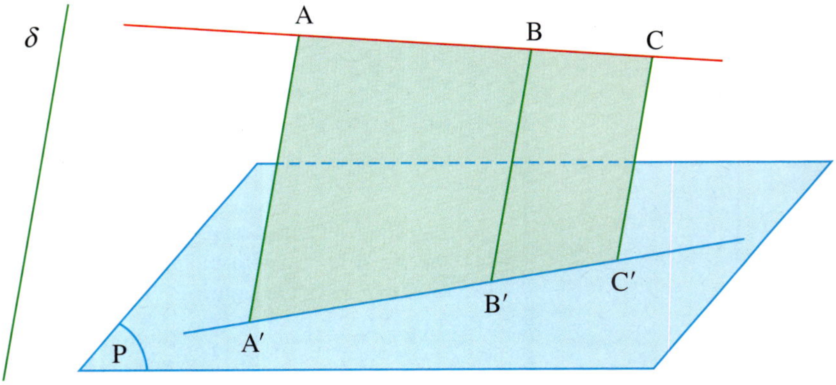

  – sur la droite D parallèlement au plan Π (D non parallèle à Π) :

Le résultat énoncé est le théorème de Thalès dans l'espace.

▶ La parallèle à D passant par A coupe les plans projetants en B_1 et en C_1.
Démontrer que $\overrightarrow{AC_1} = k\,\overrightarrow{AB_1}$ et en déduire que $\overrightarrow{A'C'} = k\,\overrightarrow{A'B'}$.

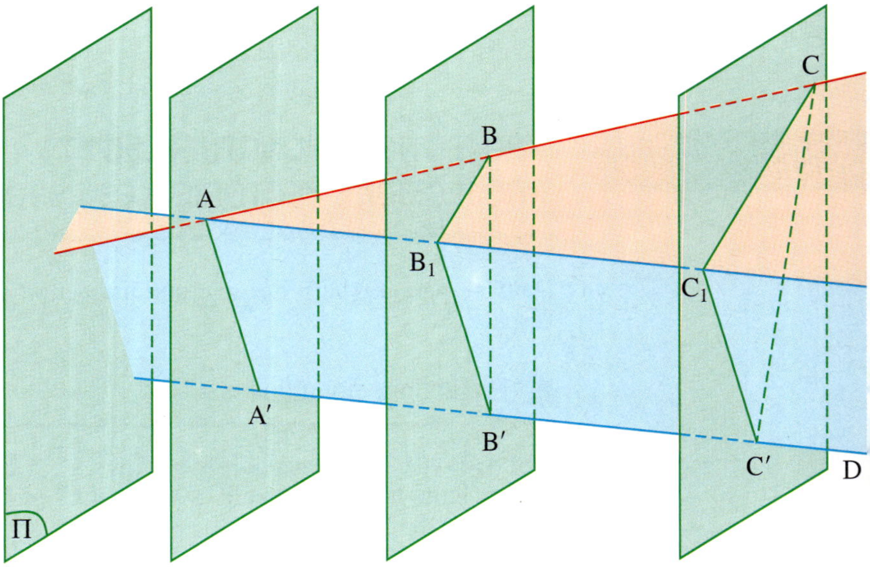

Les égalités

$$\overrightarrow{AC} = k\overrightarrow{AB} \text{ et } \overrightarrow{A'C'} = k\overrightarrow{A'B'}$$

sont respectivement équivalentes à :

$$(1-k)\overrightarrow{CA} + k\overrightarrow{CB} = \vec{0} \text{ et } (1-k)\overrightarrow{C'A'} + k\overrightarrow{C'B'} = \vec{0}.$$

Ceci montre que le projeté C′ du barycentre C de (A ; 1− k) et (B ; k) est le barycentre des projetés affectés respectivement des mêmes coefficients.
Par associativité, ce résultat se généralise à un système de n points massifs admettant un barycentre : les projections conservent le barycentre.

Pour la démonstration de ce résultat, voir exercice 52 page 172.

Le projeté du barycentre de n points massifs est le barycentre des projetés de ces points affectés respectivement des mêmes coefficients.

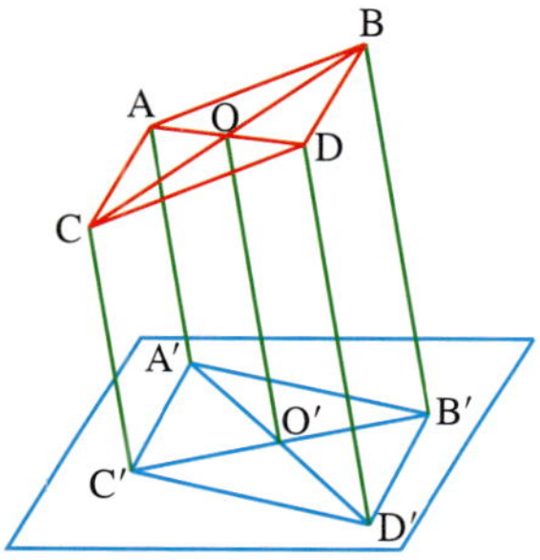

En particulier, les projections conservent l'isobarycentre de deux points, c'est-à-dire le milieu. L'image par projection d'un parallélogramme est un parallélogramme.

CONSÉQUENCES

- Les projections conservent l'égalité vectorielle :

  si $\overrightarrow{AB} = \overrightarrow{CD}$ alors $\overrightarrow{A'B'} = \overrightarrow{C'D'}$.

- Les projections conservent la somme vectorielle :

  si $\overrightarrow{AB} + \overrightarrow{AC} = \overrightarrow{AD}$ alors $\overrightarrow{A'B'} + \overrightarrow{A'C'} = \overrightarrow{A'D'}$.

b Projection vectorielle associée

Soit p une projection du plan (respectivement de l'espace) et soit A un point.
On appelle $\mathcal{V}$ l'ensemble des vecteurs du plan (respectivement de l'espace).

Pour tout vecteur $\vec{u}$, il existe un unique point M tel que $\overrightarrow{AM} = \vec{u}$.
On appelle A′ et M′ les images de A et M par p.

On définit π appelée **projection vectorielle associée à p**.

$$\pi : \quad \mathcal{V} \to \mathcal{V}$$

$$\vec{u} = \overrightarrow{AM} \mapsto \vec{u}' = \overrightarrow{A'M'}$$

Une projection conservant l'égalité vectorielle, cette définition est indépendante du point A choisi ; en effet :

si $\overrightarrow{BN} = \overrightarrow{AM}$ alors $\overrightarrow{B'N'} = \overrightarrow{A'M'}$.

Propriétés de π :

pour tous vecteurs $\vec{u}$ et $\vec{v}$ et pour tout réel k,

$$\pi(\vec{u} + \vec{v}) = \pi(\vec{u}) + \pi(\vec{v})$$

$$\pi(k\vec{u}) = k\pi(\vec{u})$$

On dit que π **est une application linéaire**.

EXERCICES ET PROBLÈMES

POUR SAVOIR FAIRE *Objectifs à atteindre*	**Exercices appropriés**
Déterminer le barycentre d'un système de points massifs	1 à 13
Transformer une somme de vecteurs	14 à 20
Utiliser des barycentres partiels	21 à 27
Calculer des produits scalaires	28 à 33
Déterminer des ensembles de points	34 à 38
Trouver des équations de droites	39 à 44
Calculer la distance d'un point à une droite	45 à 48
Utiliser les propriétés des projections	49 à 51

POUR CHERCHER *Sujets abordés*	**Exercices appropriés**
Démonstrations	52
Barycentres	53 à 58
Barycentres et transformations	59 à 66
Ensembles de points	67 à 74

POUR SAVOIR FAIRE

Barycentres

Pour les exercices 1 à 11
Penser à vérifier que le système donné admet un barycentre.

1 A et B sont deux points distincts. On pose AB = a.
On appelle G le barycentre du système (A ; 2) et (B ; – 3).
Exprimer $\overrightarrow{AG}$ en fonction de $\overrightarrow{AB}$. Placer G et calculer AG et BG en fonction de a.

2 Même énoncé que **1** pour :
$(A ; \alpha)$ et $(B ; \beta)$ avec $\alpha + \beta \neq 0$.

3 A, B et C sont trois points alignés.
On appelle G le barycentre du système (A ; 3), (B ; 1) et (C ; 4).
Exprimer $\overrightarrow{AG}$ en fonction de $\overrightarrow{AB}$ et $\overrightarrow{AC}$. Placer G.

4 ABCD est un parallélogramme.
On appelle G le barycentre du système (A ; 2), (B ; 3), (C ; – 4) et (D ; 5).
Exprimer $\overrightarrow{AG}$ en fonction de $\overrightarrow{AB}$ et $\overrightarrow{AD}$. Placer G.

5 ABCD est un parallélogramme.
Montrer que le barycentre G du système (A ; 3), (B ; – 4), (C ; 3) et (D ; 4) est situé sur (BD).
Placer G.

6 Les points A, B, C et D du plan vérifient :
$$2\overrightarrow{AB} + 3\overrightarrow{AC} = 4\overrightarrow{AD}.$$
Trouver trois réels a, b et c tels que D soit le barycentre du sytème (A ; a), (B ; b), (C ; c).

7 Même énoncé que **6** avec :
$$3\overrightarrow{AB} + 2\overrightarrow{BC} = 5\overrightarrow{AD}.$$

8 D est le barycentre du système (A ; 2), (B ; 3), (C ; – 1).
Trouver trois réels a, b et d tels que C soit le barycentre du sytème (A ; a), (B ; b), (D ; d).

9 ABCD est un parallélogramme.
Trouver trois réels a, b et c tels que D soit le barycentre du système (A ; a), (B ; b), (C ; c).

10 Les points A, B, C et D de l'espace sont définis par leurs coordonnées dans un repère :
A(1 ; – 2 ; 4), B(5 ; 3 ; – 2), C(1 ; 3 ; – 1), D(2 ; 4 ; 5).
Calculer les coordonnées du barycentre G du système de points pondérés (A ; 1), (B ; – 2), (C ; 3) et (D ; – 1).

11 Les points A, B, C et G du plan sont définis par leurs coordonnées dans un repère :
A(3 ; – 2), B(5 ; – 1), C(2 ; 2), G(– 1 ; 3).
Calculer les coordonnées de D sachant que G est le barycentre de (A ; 2), (B ; – 3), (C ; 4) et (D ; 2).

12 Dans le plan complexe, on donne les points A, B et G d'affixes respectives $5 + 2i$, $3 - i$, $2 + 2i$.
Calculer l'affixe de C sachant que G est le centre de gravité du triangle ABC.

13 Dans le plan muni d'un repère on considère les points :
A(– 3 ; 1), B(3 ; – 2), C(5 ; 4) et G(– 1 ; – 2).
Trouver trois réels a, b et c tels que G soit le barycentre du système (A ; a), (B ; b), (C ; c).

Fonction vectorielle de Leibniz

14 A, B, C et D sont quatre points donnés.
Parmi les vecteurs suivants, reconnaître ceux qui sont indépendants du point M et les exprimer en utilisant les points A, B, C et D.

a) $\vec{u}_1 = \overrightarrow{AM} + 3\overrightarrow{BM} - 2\overrightarrow{CM}$;

b) $\vec{u}_2 = 4\overrightarrow{AM} + 3\overrightarrow{BM} - 5\overrightarrow{CM} - 2\overrightarrow{DM}$;

c) $\vec{u}_3 = 3\overrightarrow{AM} - 5\overrightarrow{MB} + 4\overrightarrow{CM} - 2\overrightarrow{DM}$;

d) $\vec{u}_4 = 2\overrightarrow{AM} + \overrightarrow{BM} - 7\overrightarrow{MC} + 4\overrightarrow{MD}$.

15 ABCD est un parallélogramme.
Vérifier que le vecteur

$$\vec{u} = \overrightarrow{MA} + \overrightarrow{MB} - 3\overrightarrow{MC} + \overrightarrow{MD}.$$

est indépendant du point M.
Montrer que $\vec{u}$ est colinéaire à $\overrightarrow{AC}$.

16 ABCD est un parallélogramme.
Donner la position du point M qui vérifie :

$$\overrightarrow{MA} + \overrightarrow{MB} + \overrightarrow{MC} + \overrightarrow{MD} = 2\overrightarrow{BD}.$$

17 Les points A, B, C et D de l'espace vérifient

$$2\overrightarrow{DA} - 3\overrightarrow{DB} + \overrightarrow{DC} = \vec{0}.$$

Démontrer que les points A, B et C sont alignés.

18 Les points A, B, C et D de l'espace vérifient :

$$3\overrightarrow{DA} - 2\overrightarrow{DB} + 5\overrightarrow{DC} = \vec{0}.$$

Démontrer que les points A, B, C et D sont coplanaires.

19 Les points A, B, C, D et E de l'espace vérifient :

$$2\overrightarrow{EA} + 4\overrightarrow{EB} - 5\overrightarrow{EC} - \overrightarrow{ED} = \vec{0}.$$

Démontrer que les points A, B, C et D sont coplanaires.

20 ***Vrai ou faux***
Dire si les propriétés suivantes sont vraies. Justifier la réponse.

a) Pour quatre points A, B, C et D de l'espace il existe trois réels α, β et γ tels que D soit le barycentre de (A ; α), (B ; β) et (C ; γ).

b) Pour quatre points quelconques A, B, C et D du plan ou de l'espace le vecteur

$$\vec{u} = \overrightarrow{MA} + 2\overrightarrow{MB} + 4\overrightarrow{CM} - \overrightarrow{DM}$$

est indépendant du point M.

c) Pour les points A, B, C, D et G du plan ou de l'espace, si

$$\overrightarrow{AB} + \overrightarrow{AC} + \overrightarrow{AD} = 4\overrightarrow{AG},$$

alors G est l'isobarycentre de A, B, C et D.

d) Pour les points A, B, C et D du plan ou de l'espace, si D est le barycentre du système (A ; 2), (B ; – 3), (C ; 4) alors A est le barycentre du système (B ; – 3), (C ; 4), (D ; – 3).

Associativité du barycentre

21 A, B et C sont trois points non alignés.

1° Définir vectoriellement le barycentre I du système (A ; 2) et (B ; 3).

2° On appelle G le barycentre du système (A ; 2), (B ; 3) et (C ; 5).
Montrer qu'il existe deux réels α et β tels que G soit le barycentre du système (C ; α) et (I ; β), préciser la position de G.

22 A, B et C sont trois points non alignés.

1° Définir vectoriellement le barycentre G du système (A ; 1), (B ; 2) et (C ; 3). Placer le point G.

2° Démontrer que la parallèle à (AB) menée par G coupe [AC] et [BC] en leur milieu.

23 On donne un triangle ABC et on appelle G le barycentre de (A ; 1), (B ; 1) et (C ; 2).

Soit I et J tels que $\overrightarrow{AI} = \frac{2}{3}\overrightarrow{AC}$ et $\overrightarrow{BJ} = \frac{2}{3}\overrightarrow{BC}$.

Montrer que (BI) et (AJ) se coupent en G.

24 ABC est un triangle, on appelle G le barycentre de (A ; 2), (B ; 1) et (C ; 1).
Soit B′ le milieu de [AC] et C′ le milieu de [AB].
Montrer que G est le milieu de [B′C′].

25 On considère quatre points A, B, C et D.
G est le barycentre du système (A ; 2), (B ; 1), (C ; 4) et (D ; 1).
On appelle I le milieu de [AD], J le milieu de [AB] et K le milieu de [IJ].
Démontrer que G est le milieu de [CK].

26 A, E et F sont trois points non alignés.
On appelle B le milieu de [AE], C le milieu de [AF] et I le milieu de [BC].
Montrer que les droites (CE), (BF) et (AI) sont concourantes.

27 A, B et C sont trois points non alignés.
On considère les points I, J et K tels que :

B est le milieu de [CI],

$\overrightarrow{CJ} = \frac{3}{4}\overrightarrow{CA}$ et $\overrightarrow{AK} = -2\,\overrightarrow{AB}$.

Montrer que les droites (IA), (BJ) et (CK) sont concourantes.

Produit scalaire dans le plan

$(O, \vec{i}, \vec{j})$ *est un repère orthonormal du plan.*

28 On donne $\vec{u} = 2\vec{i} - 3\vec{j}$ et $\vec{v} = -\vec{i} + 2\vec{j}$.
Calculer $a = \vec{u} \cdot \vec{v}$, $b = (\vec{u} - 2\vec{v}) \cdot (3\vec{u} + \vec{v})$, $c = (\vec{u} + 4\vec{v})^2$.

29 Les vecteurs $\vec{u}$ et $\vec{v}$ vérifient $\|\vec{u}\| = 2$, $\|\vec{v}\| = 3$ et $\vec{u} \cdot \vec{v} = -4$.
Calculer $a = (\vec{u} + 2\vec{v}) \cdot (2\vec{u} - \vec{v})$, $b = (3\vec{u} + 2\vec{v})^2$, $c = (\vec{u} - 3\vec{v}) \cdot (2\vec{u} + \vec{v})$.

30 On donne $\vec{u} = 3\vec{i} + 2\vec{j}$.
Quel est l'ensemble des points M du plan qui vérifient $\vec{u} \cdot \overrightarrow{OM} = 3$?

31 On donne les points :

A(3 ; 1), B(– 1 ; 5) et C(– 2 ; 3).

1° Calculer AB et AC.

2° Exprimer de deux façons $\overrightarrow{AB} \cdot \overrightarrow{AC}$, en déduire le cosinus de l'angle $\widehat{BAC}$ puis une valeur approchée de $\widehat{BAC}$.

32 ABC est un triangle équilatéral de centre de gravité O.
Calculer en fonction de $a = AB$

a) $\overrightarrow{AB} \cdot \overrightarrow{AC}$;

b) $\overrightarrow{OA} \cdot \overrightarrow{AB}$;

c) $\overrightarrow{OA} \cdot \overrightarrow{OB}$.

33 ABCD est un rectangle de centre O tel que : $AB = 2a$ et $AD = a$.
Calculer $\overrightarrow{OA} \cdot (\overrightarrow{OA} + \overrightarrow{OB})$ en fonction de a.
En déduire $\overrightarrow{OA} \cdot \overrightarrow{OB}$.

Ensembles de point

34 ABCD est un losange de centre O.
Pour chacun des cas suivants, quel est l'ensemble des points M qui vérifient l'égalité donnée ?

a) $\overrightarrow{AM} \cdot \overrightarrow{AB} = \overrightarrow{AD} \cdot \overrightarrow{AB}$;

b) $\overrightarrow{AM} \cdot \overrightarrow{AB} = \overrightarrow{CB} \cdot \overrightarrow{CD}$;

c) $\overrightarrow{AM} \cdot \overrightarrow{AB} = \overrightarrow{BA} \cdot \overrightarrow{BC}$;

d) $\overrightarrow{AM} \cdot \overrightarrow{AO} = \overrightarrow{CB} \cdot \overrightarrow{CO}$.

35 ABCD est un trapèze rectangle de bases [AB] et [CD] tels que $AB = AD = \frac{1}{2}DC$.

Pour chacun des cas suivants, quel est l'ensemble des points M qui vérifient l'égalité donnée ?

a) $\overrightarrow{AB} \cdot \overrightarrow{AM} = \overrightarrow{DB} \cdot \overrightarrow{DC}$;

b) $\overrightarrow{DM} \cdot \overrightarrow{DC} = \overrightarrow{AB} \cdot \overrightarrow{BC}$;

c) $\overrightarrow{AD} \cdot \overrightarrow{AM} = \overrightarrow{AB} \cdot \overrightarrow{BC}$;

d) $\overrightarrow{AM} \cdot \overrightarrow{AB} = \overrightarrow{AM} \cdot \overrightarrow{AD}$.

36 A et B sont deux points distincts du plan.

1° On appelle I le barycentre du système (A ; 1) et (B ; 2) et J le barycentre du système (A ; 1) et (B ; – 3).

a) Placer I et J.

b) Quel est l'ensemble E des points M du plan tels que

$$\overrightarrow{MA} + 2\overrightarrow{MB} \text{ et } \overrightarrow{MA} - 3\overrightarrow{MB}$$

soient orthogonaux ?

2° Quel est l'ensemble des points M du plan tels que

$$2\overrightarrow{MA} + \overrightarrow{MB} \text{ et } \overrightarrow{MA} - 2\overrightarrow{MB}$$

soient colinéaires ?

37 A, B, C et D sont quatre points distincts du plan. Quel est l'ensemble des points M du plan tels que :

a) $\overrightarrow{MA} - 3\,\overrightarrow{MB}$ et $\overrightarrow{MC} - 2\,\overrightarrow{MD}$ soient orthogonaux ?

b) $\overrightarrow{MA} + 2\overrightarrow{MB}$ et $\overrightarrow{MC} - \overrightarrow{MD}$ soient colinéaires ?

38 A, et B sont deux points distincts du plan. Quel est l'ensemble E des points M du plan tels que :

a) $\|\overrightarrow{MA} - 4\overrightarrow{MB}\| = \|\overrightarrow{MA} + 2\overrightarrow{MB}\|$?

b) $\|\overrightarrow{MA} - 5\overrightarrow{MB}\| = \|\overrightarrow{MA} - \overrightarrow{MB}\|$?

c) $\|(\sqrt{5}+1)\overrightarrow{MA} - \overrightarrow{MB}\| = \|4\overrightarrow{MA} - (\sqrt{5}-1)\overrightarrow{MB}\|$?

d) $3\|\overrightarrow{MA} - 3\overrightarrow{MB}\| = \|9\overrightarrow{MB} - 3\overrightarrow{MA}\|$?

Équations de droites et de segments

Pour les exercices 39 à 44
Un repère orthonormal du plan ou de l'espace est donné.

39 Définir l'ensemble des points de l'espace dont les coordonnées vérifient

$$\begin{cases} x = 3 - 2\lambda \\ y = 1 + \lambda \\ z = -1 + 3\lambda \\ \lambda \in [-1\,;2]. \end{cases}$$

40 Définir l'ensemble des points du plan dont les coordonnées vérifient

$$\begin{cases} x = 2 + \cos 3t \\ y = -1 + \cos 5t \\ t \in \mathbb{R}. \end{cases}$$

41 Définir l'ensemble des points de l'espace dont les coordonnées vérifient :

$$\begin{cases} x = 2 + \dfrac{\lambda}{1+\lambda^2} \\ y = -1 + \dfrac{3\lambda}{1+\lambda^2} \\ z = 1 - \dfrac{\lambda}{1+\lambda^2} \\ \lambda \in \mathbb{R}. \end{cases}$$

42 Donner une représentation paramétrique du segment [AB] sachant que A et B sont deux points de l'espace de coordonnées

$$A(2\,;-3\,;0) \text{ et } B(-1\,;2\,;4).$$

43 On appelle D la droite du plan d'équation :

$$3x - 2y + 4 = 0.$$

Écrire une équation cartésienne et un système d'équations paramétriques de la droite Δ orthogonale à D et passant par A(1 ; 2).

44 On donne dans le plan la droite

$$D \begin{cases} x = 1 - 2\lambda \\ y = 3 + \lambda \\ \lambda \in \mathbb{R}. \end{cases}$$

Écrire un système d'équations paramétriques et une équation cartésienne de la droite Δ orthogonale à D et passant par A(– 1 ; 3).

Distance d'un point à une droite

Pour les exercices 45 à 48
Un repère orthonormal du plan est donné.
Calculer la distance d *du point* A *à la droite* D.

45 D : $3x + 2y - 1 = 0$; A(3 ; 2).

46 D : $-x + 4y - 2 = 0$; A(– 1 ; 3).

47 $D \begin{cases} x = 3 + 2\lambda \\ y = -1 - \lambda \\ \lambda \in \mathbb{R} \end{cases}$; A(– 2 ; – 1).

48 $D \begin{cases} x = -5 + 4\lambda \\ y = 3 + 3\lambda \\ \lambda \in \mathbb{R} \end{cases}$; A(3 ; – 5).

Projections

49 Les projetées de deux droites non coplanaires sur un plan P parallèlement à une droite δ peuvent-elles être :

parallèles ? sécantes ? confondues ?

50 Par une projection sur un plan P parallèlement à une droite δ,

deux droites sécantes peuvent-elles avoir des projetées parallèles ?

deux droites parallèles peuvent-elles avoir des projetées sécantes ?

51 Dans le plan $\mathcal{P}$, soit d_1 et d_2 les droites d'équations respectives $2x - y = 0$ et $x + 2y - 1 = 0$.

Donner l'expression analytique de la projection p sur d_2 parallèlement à d_1.

Résultats des exercices dont le numéro est en couleur

1. Pour tout point M du plan :

$$2\overrightarrow{MA} - 3\overrightarrow{MB} = -\overrightarrow{MG}.$$

En particulier

pour M = A : $\overrightarrow{AG} = 3\overrightarrow{AB}$ d'où AG = $3a$,

pour M = B : $\overrightarrow{BG} = 2\overrightarrow{AB}$ d'où BG = $2a$.

3. $3\overrightarrow{AA} + \overrightarrow{AB} + 4\overrightarrow{AC} = 8\overrightarrow{AG}$,

d'où $\overrightarrow{AG} = \frac{1}{8}\overrightarrow{AB} + \frac{1}{2}\overrightarrow{AC}$.

4. $2\overrightarrow{AA} + 3\overrightarrow{AB} - 4\overrightarrow{AC} + 5\overrightarrow{AD} = 6\overrightarrow{AG}$.

Or $\overrightarrow{AC} = \overrightarrow{AB} + \overrightarrow{AD}$, d'où $\overrightarrow{AG} = -\frac{1}{6}\overrightarrow{AB} + \frac{1}{6}\overrightarrow{AD}$.

6. L'égalité donnée peut s'écrire

$$-\overrightarrow{AA} + 2\overrightarrow{AB} + 3\overrightarrow{AC} = 4\overrightarrow{AD},$$

donc D est le barycentre du système (A ; – 1), (B ; 2), (C ; 3).

8. Pour tout point M du plan :

$$2\overrightarrow{MA} + 3\overrightarrow{MB} - \overrightarrow{MC} = 4\overrightarrow{MD},$$

d'où $\overrightarrow{MC} = 2\overrightarrow{MA} + 3\overrightarrow{MB} - 4\overrightarrow{MD}$.

C est donc le barycentre du système (A ; 2), (B ; 3), (D ; – 4).

10. Les coordonnées de G sont (– 8 ; – 3 ; 0).

11. Soit $(x ; y)$ les coordonnées de D, on obtient $x = -2$, $y = 4$.

13. On obtient le système :

$$\begin{cases} -3a + 3b + 5c = -(a+b+c) \\ a - 2b + 4c = -2(a+b+c) \end{cases}, \text{ d'où :}$$

$$\begin{cases} -a + 2b + 3c = 0 \\ a + \quad 2c = 0 \end{cases}$$

On prend par exemple $c = -2$, $a = 4$ et $b = 5$.

14. *a*) Le système (A ; 1), (B ; 3), (C ; – 2) a un barycentre G d'où $\vec{u}_1 = 2\overrightarrow{GM}$, $\vec{u}_1$ dépend de M.

b) Le système (A ; 4), (B ; 3), (C ; – 5), (D ; – 2) n'admet pas de barycentre. $\vec{u}_2$ est indépendant de M. En prenant M = A, on obtient :

$$\vec{u}_2 = 3\overrightarrow{BA} - 5\overrightarrow{CA} - 2\overrightarrow{DA}.$$

c) $\vec{u}_3 = 3\overrightarrow{AM} - 5\overrightarrow{BM} + 4\overrightarrow{CM} - 2\overrightarrow{DM}$ est indépendant de M car le système (A ; 3), (B ; – 5), (C ; 4), (D ; – 2) n'a pas de barycentre.

d) $\vec{u}_4 = 2\overrightarrow{AM} + \overrightarrow{BM} + 7\overrightarrow{CM} - 4\overrightarrow{DM} = 6\overrightarrow{GM}$ avec G barycentre du système (A ; 2), (B ; 1), (C ; 7), (D ; – 4).

17. Par exemple, A est le barycentre de (B ; 3) et (C ; – 1).

19. Par exemple, D est le barycentre de (A ; 2), (B ; 4) et (C ; – 5).

20. *a*) Faux : si D est barycentre du système, il est coplanaire à A, B et C.

b) Vrai : $\vec{u} = \overrightarrow{MA} + 2\overrightarrow{MB} - 4\overrightarrow{MC} + \overrightarrow{MD}$,

et 1 + 2 – 4 + 1 = 0 (voir solution **14**).

c) Vrai : $1\overrightarrow{AA} + 1\overrightarrow{AB} + 1\overrightarrow{AC} + 1\overrightarrow{AD} = 4\overrightarrow{AG}$.

d) Vrai : pour tout point M :

$3\overrightarrow{MD} = 2\overrightarrow{MA} - 3\overrightarrow{MB} + 4\overrightarrow{MC}$,

d'où $2\overrightarrow{MA} = 3\overrightarrow{MB} - 4\overrightarrow{MC} + 3\overrightarrow{MD}$.

22. $\overrightarrow{GA} + 2\overrightarrow{GB} + 3\overrightarrow{GC} = \vec{0}$.
Soit I le barycentre du système (A ; 1), (B ; 2), on a

$$\overrightarrow{GA} + 2\overrightarrow{GB} = 3\overrightarrow{GI} \text{ et donc } 3\overrightarrow{GI} + 3\overrightarrow{GC} = \vec{0}.$$

G est le milieu de [IC], ses projetés parallèlement à (AB) sont les milieux de [AC] et de [BC].

23. $\overrightarrow{GA} + \overrightarrow{GB} + 2\overrightarrow{GC} = \vec{0}$.
I est le barycentre du système (A ; 1), (C ; 2), on a

$$\overrightarrow{GA} + 2\overrightarrow{GC} = 3\overrightarrow{GI}, \text{ d'où } \overrightarrow{GB} + 3\overrightarrow{GI} = \vec{0}.$$

B, G et I sont donc alignés : (BI) passe par G.
On procède de même pour (AJ).

25. On a $2\overrightarrow{GA} + \overrightarrow{GB} + 4\overrightarrow{GC} + \overrightarrow{GD} = \vec{0}$

$$(\overrightarrow{GA} + \overrightarrow{GB}) + (\overrightarrow{GA} + \overrightarrow{GD}) + 4\overrightarrow{GC} = \vec{0}$$
$$(2\overrightarrow{GI} + 2\overrightarrow{GJ}) + 4\overrightarrow{GC} = \vec{0}$$
$$4\overrightarrow{GK} + 4\overrightarrow{GC} = \vec{0} \text{ ; d'où G milieu de [KC].}$$

26. B milieu de [AE] : E est le barycentre de (A ; 1) et (B ; – 2), de même F est le barycentre de (A ; 1) et (C ; – 2).
Le barycentre de (A ; 1), (B ; – 2) et (C ; – 2) est sur (EC), sur (BF) et sur (AI), puisque I est l'isobarycentre de B et C.
Autre méthode : chercher le barycentre de (A ; 2), (E ;1) et (F ;1).

28. $a = -8$; $b = 69$; $c = 29$.

30. Droite d'équation $3x + 2y = 3$.

31. 1° $\overrightarrow{AB}(-4;4)$, $\overrightarrow{AC}(-5;2)$, d'où
$AB = 4\sqrt{2}$, $AC = \sqrt{29}$.

2° $\overrightarrow{AB} \cdot \overrightarrow{AC} = 20 + 8 = 28$

$$\overrightarrow{AB} \cdot \overrightarrow{AC} = AB \times AC \times \cos \widehat{BAC}$$

d'où $\cos \widehat{BAC} = \dfrac{28}{4\sqrt{58}} = \dfrac{7}{\sqrt{58}}$, $\widehat{BAC} \simeq 23{,}2°$.

32. $\overrightarrow{AB} \cdot \overrightarrow{AC} = \dfrac{a^2}{2}$, $\overrightarrow{OA} \cdot \overrightarrow{AB} = -\dfrac{a^2}{2}$,

$\overrightarrow{OA} \cdot \overrightarrow{OB} = -\dfrac{a^2}{6}$.

34. *a*) et *b*) Droite Δ orthogonale à (AB) passant par D.

c) Image de Δ par la symétrie de centre A car $\overrightarrow{BA} \cdot \overrightarrow{BC} = -\overrightarrow{CB} \cdot \overrightarrow{CD}$.

d) La droite (DB).

36. 1° On a $\overrightarrow{MA} + 2\overrightarrow{MB} = 3\overrightarrow{MI}$

$$\overrightarrow{MA} - 3\overrightarrow{MB} = -2\overrightarrow{MJ} \text{ ;}$$

d'où M est un point de l'ensemble E si et seulement si $\overrightarrow{MI} \cdot \overrightarrow{MJ} = 0$.
E est le cercle de diamètre [IJ].

2° L'ensemble cherché est la droite (AB).

38. *a*) Soit I le barycentre de (A ; 1), (B ; – 4) et J le barycentre de (A ; 1) et (B ; 2).
L'ensemble E est la médiatrice de [IJ].

b) Soit K tel que : $\overrightarrow{MA} - 5\overrightarrow{MB} = -4\overrightarrow{MK}$;
E est le cercle de centre K, de rayon $\dfrac{AB}{4}$.

c) G barycentre de (A ; $\sqrt{5}+1$) et (B ; – 1) ;
E = {G}.

d) L'ensemble cherché est le plan.

39. Segment [AB], avec
A(5 ; 0 ; – 4) et B(– 1 ; 3 ; 5).

41. Après étude de la fonction, $\dfrac{\lambda}{1+\lambda^2}$ décrit l'intervalle $\left[-\dfrac{1}{2};\dfrac{1}{2}\right]$; donc l'ensemble est [AB] avec :

$$A\left(\frac{3}{2};-\frac{5}{2};\frac{3}{2}\right) \quad \text{et} \quad B\left(\frac{5}{2};\frac{1}{2};\frac{1}{2}\right).$$

43. $\vec{n}(3;-2)$ est un vecteur normal à D, d'où

$$\Delta : 2x + 3y - 8 = 0 \quad \text{ou} \quad \begin{cases} x = 1 + 3\lambda \\ y = 2 - 2\lambda \\ \lambda \in \mathbb{R}. \end{cases}$$

45. $d = \dfrac{12\sqrt{13}}{13}$.

51. Soit M$(x ; y)$ un point quelconque du plan et soit $m(x';y')$ son image par p.

m est défini par :

$$m \in d_2 \text{ et } \overrightarrow{Mm} \text{ est un vecteur de } d_1.$$

On résout le système :

$$\begin{cases} x' + 2y' - 1 = 0 \\ 2(x - x') - (y - y') = 0. \end{cases} \qquad \begin{cases} x' = \dfrac{4x - 2y + 1}{5} \\ y' = \dfrac{-2x + y + 2}{5}. \end{cases}$$

POUR CHERCHER

Pour démontrer des résultats énoncés en information

52 Soit $(A\,;a)$, $(B\,;b)$ et $(C\,;c)$ un système de points massifs de masse totale non nulle.

a) Montrer que si les trois réels $a+b$, $a+c$ et $b+c$ sont nuls, alors $a=b=c=0$.
En déduire que pour trouver le barycentre du système $(A\,;a)$, $(B\,;b)$, $(C\,;c)$, on peut utiliser le théorème du barycentre partiel.

b) Soit f une projection, on sait que f conserve le barycentre de deux points.
En utilisant le théorème du barycentre partiel, montrer que f conserve le barycentre de trois points massifs.

c) En raisonnant par récurrence montrer que f conserve le barycentre de n points massifs.

Barycentres

53 A, B et C sont trois points non alignés du plan.
On pose $AB = c$, $BC = a$ et $AC = b$.
On appelle G le barycentre du système $(A\,;3)$, $(B\,;2)$ et $(C\,;4)$.

1° Exprimer $\overrightarrow{AG}$ en fonction de $\overrightarrow{AB}$ et de $\overrightarrow{AC}$.

2° En utilisant l'égalité $\overrightarrow{BC} = \overrightarrow{AC} - \overrightarrow{AB}$, calculer $\overrightarrow{AB} \cdot \overrightarrow{AC}$ en fonction de a, b et c.
En déduire AG en fonction de a, b et c.

54 ABC est un triangle dont les trois angles sont aigus (triangle acutangle).
Démontrer que le barycentre de $(A\,;\tan\widehat{BAC})$, $(B\,;\tan\widehat{ABC})$ et $(C\,;\tan\widehat{BCA})$ est l'orthocentre du triangle ABC.

55 ABCD est un tétraèdre. On appelle I, J, K et L les centres de gravité des faces du tétraèdre.
Démontrer que les points I, J, K et L ont même isobarycentre que les points A, B C et D.

56 ABCDEFGH est un parallélépipède.

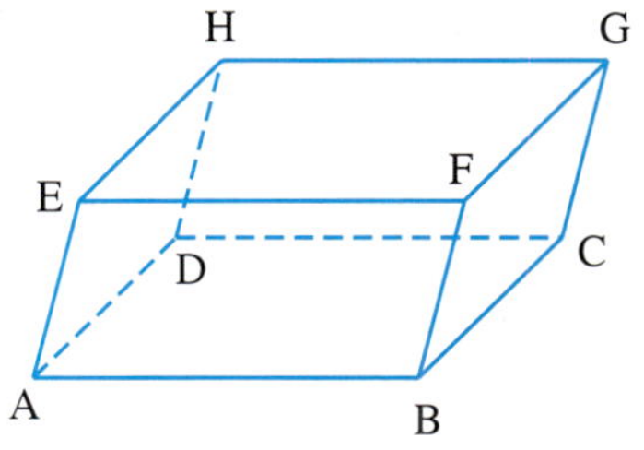

1° Exprimer le vecteur $\overrightarrow{AB} + \overrightarrow{AD} + \overrightarrow{AE}$ en utilisant des points de la figure.
En déduire que le centre de gravité I du triangle BEH est situé sur la diagonale [AG]. Préciser sa position sur [AG].

2° On appelle J l'intersection de la droite (AG) et du plan (FHC).
Préciser la position de J sur [AG].

57 ***Isobarycentre d'un tétraèdre***

A, B, C, D sont 4 points non coplanaires.
On désigne par A′, B′, C′, D′ les centres de gravité respectifs des triangles BCD, ACD, ABD et ABC et par M, N, P, Q, R, S les milieux respectifs des segments [AB], [AC], [AD], [BC], [BD] et [CD]. Soit G l'isobarycentre de A, B, C, D.

1° A l'aide du théorème du barycentre partiel, montrer que G est le milieu commun des segments [MS], [RN] et [QP].

2° Montrer de même que les droites (AA′), (BB′), (CC′) et (DD′) sont concourantes en G.
Définir la position du point G sur les segments [AA′], [BB′], [CC′] et [DD′].

58 ABCD est un quadrilatère convexe.

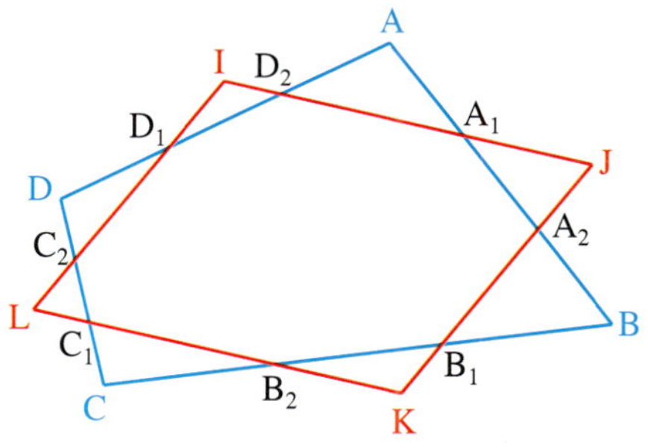

On place sur [AB] les points A_1 et A_2 tels que

$$\overrightarrow{AA_1} = \overrightarrow{A_1A_2} = \overrightarrow{A_2B}.$$

On partage de même [BC], [CD] et [DA], et on construit le quadrilatère IJKL comme indiqué sur la figure.

1° Démontrer que IJKL est un parallélogramme.

On appelle G le point de concours des diagonales de IJKL.

2° ABCD est une plaque homogène d'épaisseur constante, on veut démontrer que G est le centre d'inertie de cette plaque.

a) Démontrer que le centre de gravité G_1 de ABC est le milieu de $[A_1B_2]$. Placer le centre de gravité G_2 de ADC.

b) Démontrer que G est situé sur la droite (G_1G_2).

c) Démontrer que G et les centres de gravité des triangles ADB et DCB sont alignés.

d) Déduire de ce qui précède que G est le centre d'inertie de la plaque.

Barycentres et transformations

59 ABC est un triangle de centre de gravité G.

1° Exprimer $\overrightarrow{AG}$ en fonction de $\overrightarrow{AB}$ et $\overrightarrow{AC}$.

2° On appelle G′ l'image de G par l'homothétie de centre A et de rapport $-\dfrac{5}{2}$.

Trouver deux réels β et γ tels que G′ soit le barycentre du système $(A ; 1)$, $(B ; \beta)$ et $(C ; \gamma)$.

60 On donne trois points A, B et C. G est le barycentre du système $(A ; 2)$, $(B ; 3)$ et $(C ; -1)$.
On appelle B′ et C′ les images respectives de B et C par l'homothétie de centre A et de rapport $\dfrac{3}{2}$.

Trouver deux réels β et γ tels que G′ soit le barycentre du système $(A ; 1)$, $(B ; \beta)$ et $(C ; \gamma)$.

61 A et B sont deux points distincts du plan et α est un réel.

1° Soit M un point du plan. Quel est l'ensemble des valeurs de α pour lesquelles le système S de points pondérés

$$(A ; \alpha),\ (B ; \alpha - 2) \text{ et } (M ; 1)$$

admet un barycentre ?

2° Dans cette question on prend $\alpha = 1$.
Quelle est la transformation qui à tout point M du plan associe le barycentre M′ du système S ?

3° On suppose maintenant que $\alpha \neq 1$ et que S admet un barycentre. On appelle I le barycentre de $(A ; \alpha)$ et $(B ; \alpha - 2)$.
Quelle est la transformation qui à tout point M du plan associe le barycentre M′ du système S ?

62 On donne trois points A, B et C. Définir la transformation qui à tout point M de l'espace associe le point M′ tel que :

$$2\overrightarrow{M'A} + 3\overrightarrow{M'B} - \overrightarrow{M'C} + 2\overrightarrow{M'M} = \vec{0}.$$

63 Même énoncé que le **62** avec :

$$2\overrightarrow{M'A} - 3\overrightarrow{M'B} + \overrightarrow{M'C} + 2\overrightarrow{M'M} = \vec{0}.$$

64 Soit A, B, C trois points distincts et non alignés du plan P. Soit a un réel.
On considère l'application f_a qui à tout point M de P associe le point M′ de P tel que :

$$\overrightarrow{MM'} = a\overrightarrow{MA} + a\overrightarrow{MB} - \overrightarrow{MC}.$$

1° Déterminer a pour que f_a soit une translation, dont on précisera le vecteur. On note a_0 la valeur obtenue.

2° a est différent de a_0 dans toute la suite de l'exercice.

a) Montrer que f_a admet un seul point invariant, noté O.

b) Déterminer et représenter l'ensemble des points O lorsque a décrit $\mathbb{R} - \{a_0\}$.

c) Montrer que, si de plus a est distinct de 1, f_a est une homothétie dont on déterminera les éléments caractéristiques. Que peut-on dire de f_1 ?

65 ABCD est un tétraèdre régulier. On appelle A′ l'image de A par la réflexion de plan (BCD) (c'est-à-dire que le plan (BCD) est plan médiateur de [AA′]).
Déterminer 4 réels a, b, c et d tels que A′ soit le barycentre du système de points pondérés $(A ; a)$, $(B ; b)$, $(C ; c)$, $(D ; d)$.

66 ABCD est un tétraèdre.
On appelle I, J et K les milieux respectifs de [DC], [DB] et [BC]. On mène par I la droite D_1 parallèle à (AB), par J la droite D_2 parallèle à (AC) et par K la droite D_3 parallèle à (AD).
Le but de cet exercice est de démontrer que les droites D_1, D_2 et D_3 sont concourantes.

1° On appelle G le barycentre du système :

$$\left(A ; -\frac{1}{2}\right), \left(B ; \frac{1}{2}\right), \left(C ; \frac{1}{2}\right), \left(D ; \frac{1}{2}\right).$$

Exprimer $\overrightarrow{AG}$ en fonction de $\overrightarrow{AB}$, $\overrightarrow{AC}$ et $\overrightarrow{AD}$.
En déduire que le point G appartient aux trois droites D_1, D_2 et D_3. Conclure.

2° Établir la propriété en utilisant une transformation de l'espace qui transforme A en G.

67 ABC est un triangle

1° Quel est l'ensemble E des valeurs de α pour lesquelles le système de points pondérés

$$(A\,;1),\ (B\,;\alpha) \text{ et } (C\,;2\alpha)$$

admet un barycentre G ?

2° Quel est l'ensemble des points G lorsque α décrit E ?

68 ABCD est un parallélogramme

a) Donner la position du point M qui vérifie

$$\overrightarrow{MA} + \overrightarrow{MB} - 2\overrightarrow{MC} - 2\overrightarrow{MD} = 2\overrightarrow{DB}.$$

b) Quel est l'ensemble des points N du plan qui vérifient :

$$\overrightarrow{NA} + 2\overrightarrow{NB} + 3\overrightarrow{NC} - 6\overrightarrow{ND} = 5\overrightarrow{AB} - 3\overrightarrow{AD} \text{ ?}$$

69 ABCD est un tétraèdre. On appelle J et K les milieux respectifs de [AD] et de [BC].
Soit N le point du segment [AB] et M le point du segment [DC] définis par :
$\overrightarrow{AN} = k\overrightarrow{AB}$ et $\overrightarrow{AM} = k\overrightarrow{DC}$ où $k \in [0\,;1]$.

1° Montrer que N est le barycentre de $(A\,;1-k)$ et $(B\,;k)$ et que M est le barycentre de $(D\,;1-k)$ et $(C\,;k)$.

2° On appelle I le milieu de [MN], montrer que I est le barycentre de $(J\,;1-k)$ et $(K\,;k)$.

3° Quel est l'ensemble des points I lorsque k décrit l'intervalle $[0\,;1]$?

70 On donne dans le plan P un carré ABCD de centre O et de côté a. Définir puis construire les ensembles E_1, E_2 et E_3 des points M du plan qui vérifient respectivement :

a) $MA^2 + MB^2 + MC^2 + MD^2 = 4a^2$;

b) $\left\|\overrightarrow{MA} - \overrightarrow{MB} - \overrightarrow{MC} + \overrightarrow{MD}\right\| = \left\|\overrightarrow{MA} + \overrightarrow{MB} + \overrightarrow{MC} + \overrightarrow{MD}\right\|$

c) $\left(\overrightarrow{MA}-\overrightarrow{MB}-\overrightarrow{MC}+\overrightarrow{MD}\right)\cdot\left(\overrightarrow{MA}+\overrightarrow{MB}+\overrightarrow{MC}+\overrightarrow{MD}\right) = 2a^2.$

71 Dans le plan muni d'un repère orthonormal $(O, \vec{i}, \vec{j})$ on donne $A(1\,;3)$, $B(7\,;1)$, et $C(7\,;11)$.

a) Déterminer l'isobarycentre G de ces trois points.

b) Déterminer l'ensemble E des points M du plan tels que $MA^2 + MB^2 + MC^2 = k$. Discuter selon les valeurs de k.

c) Tracer E pour $k = 107$.

d) Pour quelle valeur de k le point O appartient-il à E ?

72 Dans le plan, on considère un triangle équilatéral ABC de côté a.

a) Déterminer les nombres réels b et c pour que le point D, image de B par la réflexion d'axe (AC), soit le barycentre des points A, B, C affectés respectivement des coefficients 1, b et c. (On pourra rapporter le plan au repère $(A, \overrightarrow{AB}, \overrightarrow{AC})$.)

b) Soit k un nombre réel quelconque. Étudier suivant les valeurs de k l'ensemble C_k des points M du plan tels que :

$$MA^2 - MB^2 + MC^2 = ka^2.$$

73 ABC étant un triangle équilatéral, on considère l'application Φ qui, à tout point M du plan, associe le réel :

$$\Phi(M) = MA^2 + 2MB^2 - MC^2.$$

On pose $\left\|\overrightarrow{AB}\right\| = a$ avec $a > 0$.

1° Soit G le point défini par $\overrightarrow{GB} = \dfrac{1}{2}\overrightarrow{AC}$.

Calculer GA^2, GB^2 et GC^2 en fonction de a.

2° Déterminer des réels α, β et γ tels que G soit le barycentre du système $(A\,;\alpha)$, $(B\,;\beta)$, $(C\,;\gamma)$.

3° Trouver et représenter l'ensemble Γ des points M satisfaisant à : $\Phi(M) = a^2$.

74 Dans le plan P on considère trois points A, B et C tels que :

$$\left\|\overrightarrow{AB}\right\| = \left\|\overrightarrow{AC}\right\| = 4d \text{ et } \left\|\overrightarrow{BC}\right\| = 2d,$$

où d est un réel strictement positif donné.
On considère les points A, B et C affectés respectivement des coefficients λ, 1 et 1 où $\lambda \in \mathbb{R} - \{-2\}$.

1° Déterminer l'ensemble Δ des barycentres G_λ de ces points lorsque λ décrit $\mathbb{R} - \{-2\}$.

2° Dans le cas où $\lambda = -1$, on appelle G le barycentre des points A, B et C affectés respectivement des coefficients -1, 1 et 1.

a) Déterminer G.

b) Déterminer l'ensemble E des points M du plan vérifiant l'égalité : $\left\|\overrightarrow{MB}\right\|^2 + \left\|\overrightarrow{MC}\right\|^2 = \left\|\overrightarrow{MA}\right\|^2$.

3° *a*) Démontrer que pour tout point M du plan P, $\overrightarrow{MB} + \overrightarrow{MC} - 2\overrightarrow{MA}$ est un vecteur constant que l'on déterminera.

b) Déterminer l'ensemble Δ' des points M du plan P tels que :

$$\left\|\overrightarrow{MB}\right\|^2 + \left\|\overrightarrow{MC}\right\|^2 - 2\left\|\overrightarrow{MA}\right\|^2 = 32d^2.$$

8

PRODUIT SCALAIRE DANS L'ESPACE

CONTENU

- Produit scalaire de deux vecteurs
- Orthogonalité de droites et de plans
- Projections orthogonales
- Équations de plans et de sphères

Activités

ACTIVITÉ 1 Produit scalaire dans l'espace

$(O, \vec{i}, \vec{j}, \vec{k})$ est un repère orthonormal de l'espace.

1° On donne deux points $A(x\,;y\,;z)$ et $B(x'\,;y'\,;z')$.

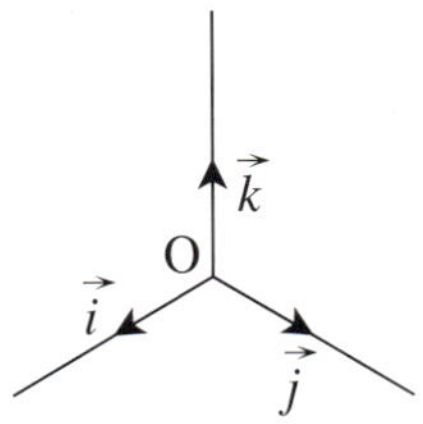

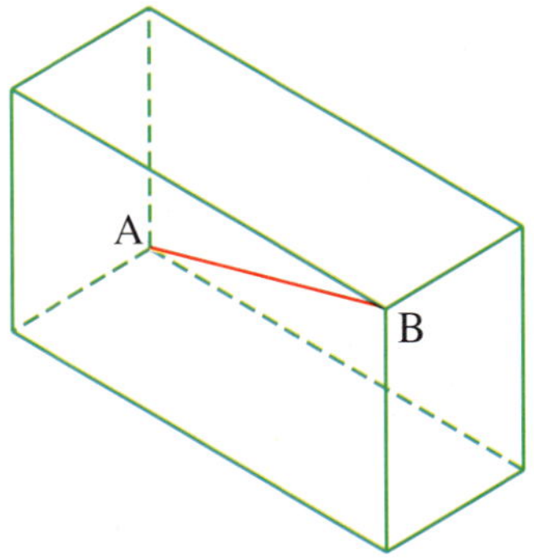

Calculer AB^2 *en fonction des coordonnées de* A *et de* B.

Soit $\vec{u} = \alpha\vec{i} + \beta\vec{j} + \gamma\vec{k}$.

Exprimer $\|\vec{u}\|^2$ *en fonction de* α, β *et* γ.

2° *a*) Soit deux vecteurs $\vec{u}(x\,;y\,;z)$ et $\vec{v}(x'\,;y'\,;z')$. On définit le produit scalaire :

$$\vec{u}\cdot\vec{v} = \frac{1}{2}\left(\|\vec{u}+\vec{v}\|^2 - \|\vec{u}\|^2 - \|\vec{v}\|^2\right).$$

Exprimer $\vec{u}\cdot\vec{v}$ *en fonction des coordonnées de* $\vec{u}$ *et de* $\vec{v}$.

b) *Pourquoi le produit scalaire* $\vec{u}\cdot\vec{v}$ *est-il indépendant de la base choisie ?*

Vérifier que la définition du produit scalaire dans l'espace prolonge celle donnée dans le plan.
En déduire que pour trois points quelconques de l'espace :

$$\overrightarrow{AB} \cdot \overrightarrow{AC} = AB \times AC \times \cos \widehat{BAC}$$

$$\overrightarrow{AB} \cdot \overrightarrow{AC} = \overline{AB} \times \overline{AC'} = \overline{AC} \times \overline{AB'}$$

avec B′ *et* C′ *à préciser.*

3° ABCDEFGH est un cube.
Choisir un repère orthonormal et calculer de deux façons différentes $\overrightarrow{AH} \cdot \overrightarrow{FC}$.
En déduire une valeur approchée de l'angle de deux diagonales du cube.

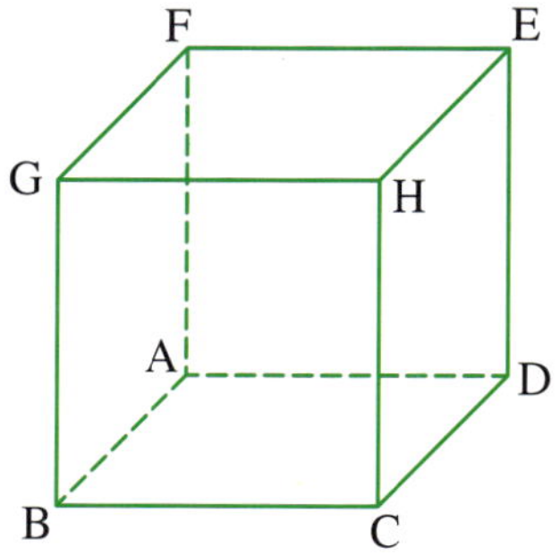

ACTIVITÉ 2 Hauteur du tétraèdre régulier

ABCD est un tétraèdre régulier de côté a.
Le but de cette activité est de calculer la hauteur h de ce tétraèdre.

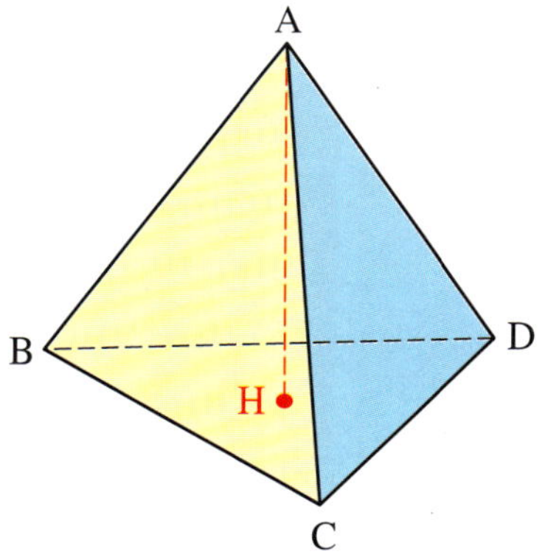

1° On appelle H le projeté orthogonal de A sur le plan (BCD).
Démontrer que H *est équidistant de* B, C *et* D.
En déduire que $\overrightarrow{AB} + \overrightarrow{AC} + \overrightarrow{AD} = 3\,\overrightarrow{AH}$.

2° On étend les propriétés du produit scalaire à l'espace.
Développer le carré scalaire $\left(\overrightarrow{AB} + \overrightarrow{AC} + \overrightarrow{AD}\right)^2$ *et le calculer en fonction de* a.
En déduire la valeur h *de* AH *en fonction de* a.

PRODUIT SCALAIRE DANS L'ESPACE

INFORMATION

1. PRODUIT SCALAIRE DE DEUX VECTEURS DE L'ESPACE

Une base orthonormale $(\vec{i}, \vec{j}, \vec{k})$ de l'espace est donnée.

a Définition

Pour un vecteur $\vec{u}$ et deux points A et B tels que $\overrightarrow{AB} = \vec{u}$:
si $\vec{u} = x\vec{i} + y\vec{j} + z\vec{k}$ alors $\|\vec{u}\| = AB = \sqrt{x^2 + y^2 + z^2}$.

Pour deux vecteurs $\vec{u}$ et $\vec{v}$ définis par $\vec{u} = x\vec{i} + y\vec{j} + z\vec{k}$ et $\vec{v} = x'\vec{i} + y'\vec{j} + z'\vec{k}$, on a :

Pour la démonstration de ce résultat, voir l'activité 1 page 175.

$$xx' + yy' + zz' = \frac{1}{2}\left[\|\vec{u} + \vec{v}\|^2 - \|\vec{u}\|^2 - \|\vec{v}\|^2\right].$$

On en déduit que le réel $xx' + yy' + zz'$ ne dépend pas de la base orthonormale choisie.

Définition

Soit $(\vec{i}, \vec{j}, \vec{k})$ une base orthonormale de l'espace.
Le produit scalaire des vecteurs $\vec{u} = x\vec{i} + y\vec{j} + z\vec{k}$ et $\vec{v} = x'\vec{i} + y'\vec{j} + z'\vec{k}$ est le réel

$$\vec{u} \cdot \vec{v} = xx' + yy' + zz'.$$

b Propriétés

On démontre les propriétés du produit scalaire de la même façon que dans le plan.

Propriétés

Pour tous vecteurs $\vec{u}$, $\vec{v}$, $\vec{w}$ et pour tout réel λ,

$\vec{u} \cdot \vec{v} = \vec{v} \cdot \vec{u}$;

$(\lambda\vec{u}) \cdot \vec{v} = \vec{u} \cdot (\lambda\vec{v}) = \lambda(\vec{u} \cdot \vec{v})$;

$\vec{u} \cdot (\vec{v} + \vec{w}) = \vec{u} \cdot \vec{v} + \vec{u} \cdot \vec{w}$.

c Vecteurs orthogonaux

D'après le théorème de Pythagore et sa réciproque, $\vec{u}$ et $\vec{v}$ sont orthogonaux si et seulement si :

$$\| \vec{u} + \vec{v} \|^2 = \| \vec{u} \|^2 + \| \vec{v} \|^2 .$$

ce qui est équivalent à $xx' + yy' + zz' = 0$.

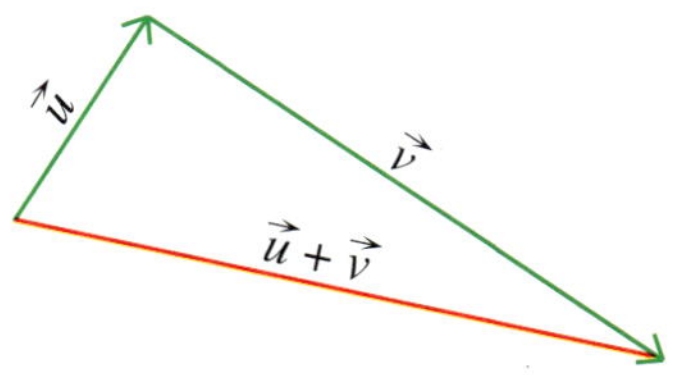

2. ORTHOGONALITÉ DANS L'ESPACE

a Orthogonalité de deux droites, d'une droite et d'un plan

Définition

Deux droites D_1 de vecteur directeur $\vec{u_1}$ et D_2 de vecteur directeur $\vec{u_2}$ sont orthogonales lorsque $\vec{u_1}$ et $\vec{u_2}$ sont orthogonaux.

CONSÉQUENCE : D_1 est orthogonale à D_2 si et seulement si $\vec{u_1} \cdot \vec{u_2} = 0$.

Soit D une droite et soit A un point de D ; dans tout plan contenant D, on peut mener par A une droite orthogonale à D.

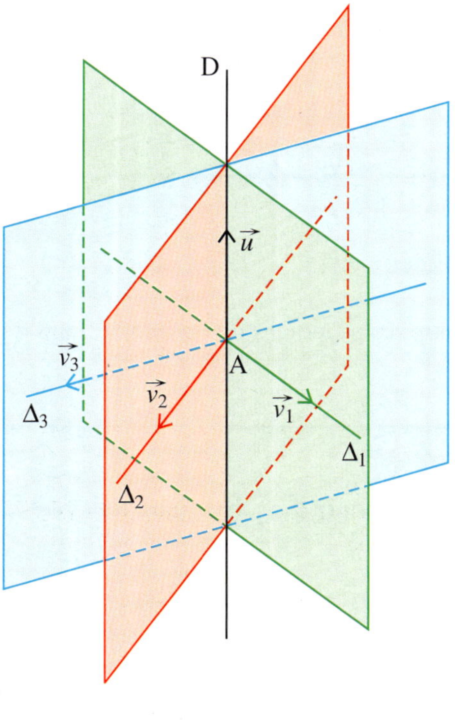

$\vec{u} \cdot \vec{v_1} = 0$: Δ_1 est orthogonale à D.

$\vec{u} \cdot \vec{v_2} = 0$: Δ_2 est orthogonale à D.

$\vec{u} \cdot \vec{v_3} = 0$: Δ_3 est orthogonale à D.

Toutes les droites passant par A et orthogonales à D sont contenues dans un plan P. Réciproquement toute droite de P est orthogonale à D ; on dit que le plan P et la droite D sont orthogonaux.

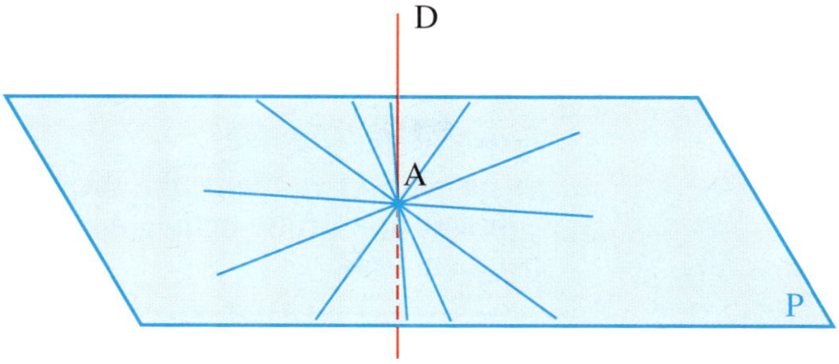

Définition

Une droite D et un plan P sont orthogonaux lorsque D est orthogonale à toute droite de P.

$\vec{v}$ et $\vec{w}$ non colinéaires donc non nuls.

Soit D une droite de repère $(A, \vec{u})$ et soit $\vec{v}$ et $\vec{w}$ deux vecteurs non colinéaires et de plus orthogonaux à $\vec{u}$: $\vec{u} \cdot \vec{v} = 0$ et $\vec{u} \cdot \vec{w} = 0$.
Il existe un plan P et un seul de repère $(A, \vec{v}, \vec{w})$ et P est orthogonal à D.
En effet, pour toute droite Δ incluse dans P, un vecteur directeur $\vec{t}$ de Δ est coplanaire à $\vec{v}$ et $\vec{w}$. Il existe donc deux réels α et β tels que :

$$\vec{t} = \alpha \vec{v} + \beta \vec{w}.$$

On en déduit : $\vec{u} \cdot \vec{t} = \alpha \vec{u} \cdot \vec{v} + \beta \vec{u} \cdot \vec{w}$
d'où $\vec{u} \cdot \vec{t} = 0$,
ce qui établit que Δ est orthogonale à D.

Théorème

Pour qu'une droite D et un plan P soient orthogonaux, il suffit que D soit orthogonale à deux sécantes de P.

b Plans perpendiculaires

P est un plan et D une droite orthogonale à P en un point A.

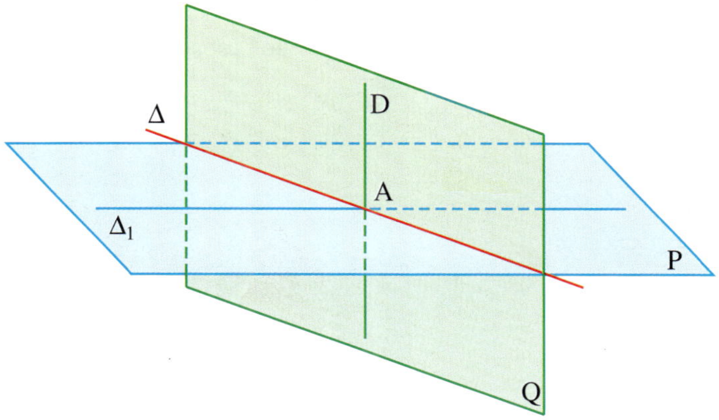

Tout plan Q contenant D est sécant à P : soit Δ l'intersection de P et de Q. Dans P, on mène par A la perpendiculaire Δ_1 à Δ. La droite D est orthogonale à toutes les droites de P et en particulier à Δ_1.
La droite Δ_1 est orthogonale à deux droites sécantes D et Δ de Q, elle est donc orthogonale à Q.

> ***Propriété et définition***
> **Si un plan Q contient une droite orthogonale à un plan P, alors P contient une droite orthogonale à Q et on dit que P et Q sont perpendiculaires.**

3. PROJECTIONS ORTHOGONALES DE L'ESPACE

a Projection orthogonale sur une droite

Par tout point M de l'espace il passe un plan et un seul orthogonal à une droite donnée.

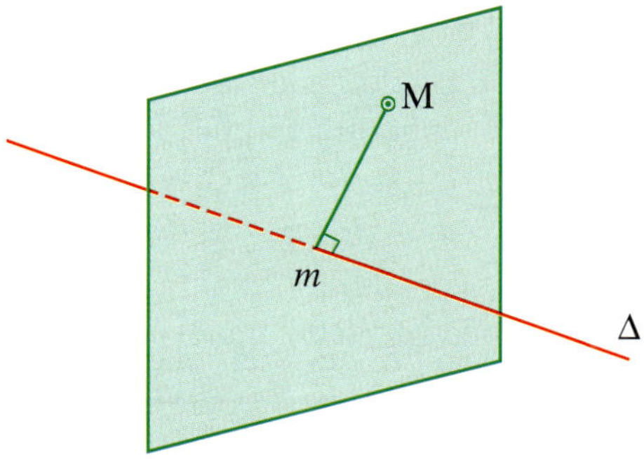

> ***Définition***
> **Soit Δ une droite, la projection orthogonale sur Δ associe à tout point M de l'espace le point *m* de Δ, intersection de Δ et du plan orthogonal à Δ passant par M.**

b Projection orthogonale sur un plan

Par tout point M de l'espace il passe une droite et une seule orthogonale à un plan donné.

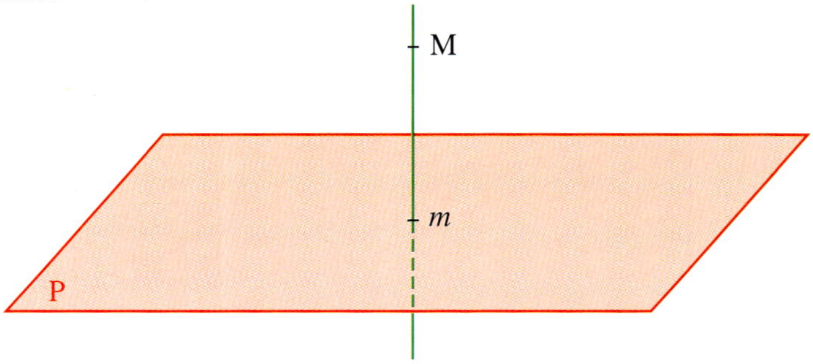

Définition

Soit P un plan, la projection orthogonale sur P associe à tout point M de l'espace le point *m*, intersection de P et de la droite orthogonale à P passant par M.

c Projection orthogonale d'un angle droit

On donne un plan P et trois points A, B et C tels que (AB) et (AC) soient orthogonales.

Les projetés orthogonaux de A, B et C sur P sont a, b et c (avec $a \neq b$ et $a \neq c$).

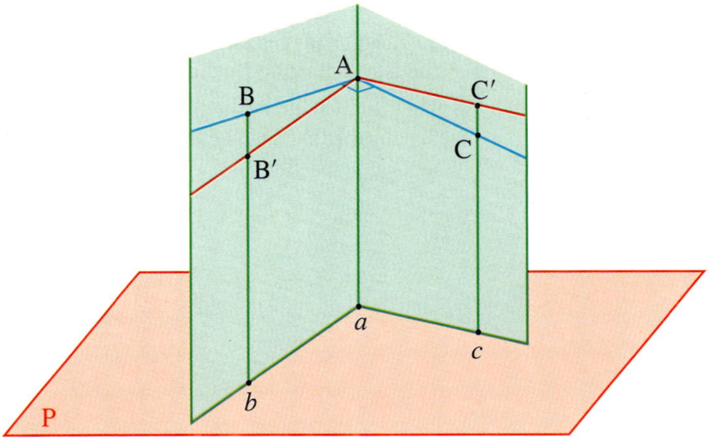

Soit B′ et C′ tels que $\overrightarrow{AB'} = \overrightarrow{ab}$ et $\overrightarrow{AC'} = \overrightarrow{ac}$.

Par hypothèse : $\overrightarrow{AB} \cdot \overrightarrow{AC} = 0$,

ce que l'on peut aussi écrire :

$$\left(\overrightarrow{AB'} + \overrightarrow{B'B}\right) \cdot \left(\overrightarrow{AC'} + \overrightarrow{C'C}\right) = 0$$

$$\overrightarrow{AB'} \cdot \overrightarrow{AC'} + \overrightarrow{AB'} \cdot \overrightarrow{C'C} + \overrightarrow{BB'} \cdot \overrightarrow{AC'} + \overrightarrow{B'B} \cdot \overrightarrow{C'C} = 0.$$

Or $\overrightarrow{C'C}$ et $\overrightarrow{B'B}$ sont orthogonaux au plan P donc à $\overrightarrow{AB'}$ et $\overrightarrow{AC'}$

d'où :

$$\overrightarrow{AB'} \cdot \overrightarrow{C'C} = \overrightarrow{B'B} \cdot \overrightarrow{AC'} = 0.$$

Nous obtenons, puisque $\overrightarrow{AB'} \cdot \overrightarrow{AC'} = \overrightarrow{ab} \cdot \overrightarrow{ac}$:

$$\overrightarrow{AB'} \cdot \overrightarrow{AC'} + \overrightarrow{AB'} \cdot \overrightarrow{C'C} + \overrightarrow{B'B} \cdot \overrightarrow{AC'} + \overrightarrow{B'B} \cdot \overrightarrow{C'C} = \overrightarrow{ab} \cdot \overrightarrow{ac} + \overrightarrow{B'B} \cdot \overrightarrow{C'C} = 0.$$

D'où :

$$\overrightarrow{ab} \cdot \overrightarrow{ac} = 0 \text{ si et seulement si } \overrightarrow{B'B} \cdot \overrightarrow{C'C} = 0.$$

Or les vecteurs $\overrightarrow{B'B}$ et $\overrightarrow{C'C}$ sont colinéaires, donc

B = B′ équivaut à $\overrightarrow{AB} = \overrightarrow{ab}$.

$$\overrightarrow{B'B} \cdot \overrightarrow{C'C} = 0 \text{ si et seulement si : } \begin{cases} B = B' \\ \text{ou} \\ C = C' \end{cases}$$

autrement dit, si et seulement si l'une des droites (AB) ou (AC) est parallèle à P.

Théorème

Dans une projection orthogonale sur un plan P, l'image d'un angle droit est un angle droit, si et seulement si l'un des côtés de cet angle est parallèle à P et l'autre non orthogonal à P.

4. ÉQUATION D'UN PLAN

a Vecteur normal à un plan

Étant donné un plan P de l'espace, les droites orthogonales à P sont paralèles entre elles, et donc ont mêmes vecteurs directeurs.

Soit D une droite orthogonale à P et $\vec{n}$ un vecteur directeur de D.

Le vecteur $\vec{n}$ est un **vecteur normal** à P.

Un vecteur normal à un plan est non nul.

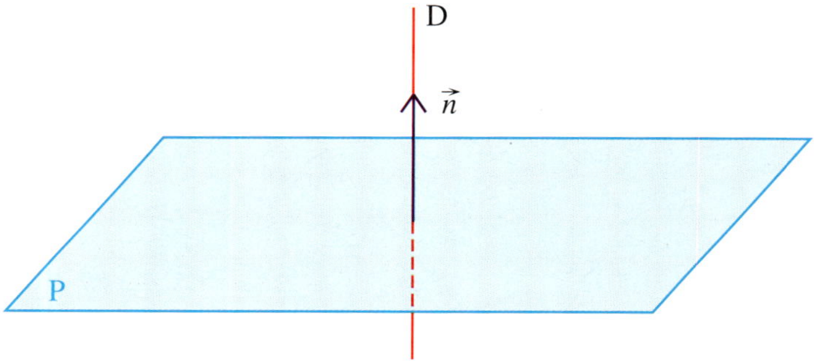

C'est le plan orthogonal à D passant par A.

Le plan passant par un point A et de vecteur normal $\vec{n}$ est l'ensemble des points M tels que $\overrightarrow{AM} \cdot \vec{n} = 0$.

Traduction analytique

Soit $(O, \vec{i}, \vec{j}, \vec{k})$ un repère orthonormal de l'espace.

On appelle P le plan passant par $A(x_A ; y_A ; z_A)$ et de vecteur normal $\vec{n}(a ; b ; c)$.

$\vec{n} \neq \vec{0}$ donc *a*, *b*, *c* ne sont pas simultanément nuls.

$M \in P \Leftrightarrow \overrightarrow{AM} \cdot \vec{n} = 0$

$M \in P \Leftrightarrow a(x - x_A) + b(y - y_A) + c(z - z_A) = 0$

que l'on peut écrire, en posant $d = -ax_A - by_A - cz_A$, $ax + by + cz + d = 0$.

Théorème

Dans un repère orthonormal, un plan P a une équation de la forme :

$$ax + by + cz + d = 0$$

où a, b, c ne sont pas simultanément nuls,
et $\vec{n}(a ; b ; c)$ est un vecteur normal à P.

Réciproquement l'ensemble P des points $M(x\,;y\,;z)$ dont les coordonnées vérifient l'équation :

(E) $ax + by + cz + d = 0.$

où a, b, c ne sont pas simultanément nuls est un plan.
En effet :

- Il existe un point M_0 dans l'ensemble P :

Si $a = 0$, on procède de même avec b ou c.

par exemple, si $a \neq 0$, $\left(-\dfrac{d}{a}\,;0\,;0\right)$ est un point de P.

- Soit $M_0(x_0\,;y_0\,;z_0)$ un point de P ; ses coordonnées vérifient (E) :

$ax_0 + by_0 + cz_0 + d = 0.$

Donc $M(x\,;y\,;z)$ est un point de P si et seulement si

$ax + by + cz + d = 0 = ax_0 + by_0 + cz_0 + d.$

soit $a(x - x_0) + b(y - y_0) + c(z - z_0) = 0$

c'est-à-dire $\vec{n}\cdot\overrightarrow{M_0M} = 0$, si on pose $\vec{n}(a\,;b\,;c)$.
P est donc le plan passant par M_0 et de vecteur normal $\vec{n}$.

b Distance d'un point à un plan

Soit un plan P et un point A. Appelons H le projeté orthogonal de A sur P.

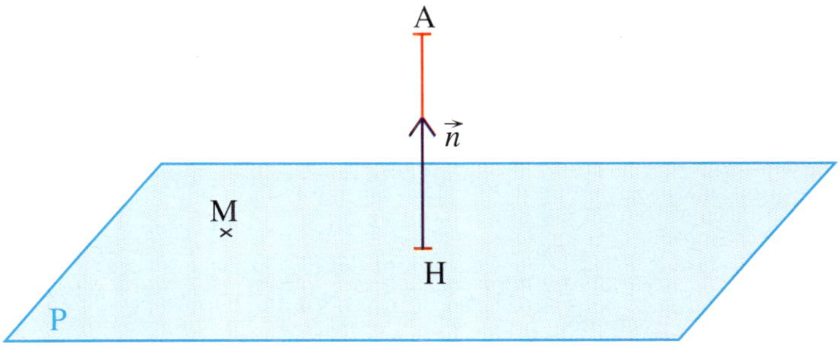

La distance du point A au plan P est AH. Calculons AH.

Principe du calcul :

Soit M un point de P et $\vec{n}$ un vecteur non nul normal à P.
On a alors :

$\overrightarrow{AM}\cdot\vec{n} = \overrightarrow{AH}\cdot\vec{n}.$

Or les vecteurs $\overrightarrow{AH}$ et $\vec{n}$ sont colinéaires, d'où :

$AH \times \|\vec{n}\| = |\overrightarrow{AM}\cdot\vec{n}|$

ou encore

$$AH = \frac{|\overrightarrow{AM}\cdot\vec{n}|}{\|\vec{n}\|}.$$

Traduction analytique :

Dans un repère orthonormal, P a pour équation : $ax + by + cz + d = 0$;
d'où $\vec{n}(a\,;b\,;c)$ est un vecteur normal à P.
A est donné par ses coordonnées $(x_A\,;y_A\,;z_A)$.
On a alors

$\overrightarrow{AM}\cdot\vec{n} = a(x - x_A) + b(y - y_A) + c(z - z_A)$

$\overrightarrow{AM}\cdot\vec{n} = ax + by + cz - ax_A - by_A - cz_A.$

Puisque M est un point de P : $ax + by + cz = -d$
et $\overrightarrow{AM} \cdot \vec{n}$ est égal à : $-ax_A - by_A - cz_A - d$.

$$\mathbf{AH = \frac{|ax_A + by_A + cz_A + d|}{\sqrt{a^2+b^2+c^2}}}$$

Exercice résolu

Soit $(O, \vec{i}, \vec{j}, \vec{k})$ un repère orthonormal de l'espace.
On donne la droite

$$\mathbf{D} \begin{cases} x = 2 - t \\ y = 2 - 3t \\ z = 1 + t \\ t \in \mathbb{R} \end{cases}$$ **et le point A(3 ; – 2 ; 1).**

***a*) Trouver une équation du plan P orthogonal à D et passant par A.**

***b*) En déduire les coordonnées du projeté orthogonal H de A sur D.**

$\vec{n}(-1\,;-3\,;1)$ est un vecteur directeur de D.
$M(x\,;y\,;z)$ est un point de P, si et seulement si $\overrightarrow{AM} \cdot \vec{n} = 0$.
Or $\overrightarrow{AM}(x-3\,;y+2\,;z-1)$, d'où une équation de P est :

$$-(x-3) - 3(y+2) + (z-1) = 0, \text{ soit}$$
$$x + 3y - z + 4 = 0.$$

b) Le point H est l'intersection de D et de P. Cherchons pour quelle valeur de t un point M de D appartient à P.

$$2 - t + 3(2 - 3t) - (1 + t) + 4 = 0.$$

On obtient $t = 1$.
Les coordonnées de H sont $(1\,;-1\,;2)$.

5. SPHÈRE

Un repère orthonormal $(O, \vec{i}, \vec{j}, \vec{k})$ de l'espace est donné.

a Équation d'une sphère définie par son centre et son rayon

La boule de centre I et de rayon *r* est l'ensemble des points de l'espace dont la distance à I est inférieure ou égale à *r*.

La sphère S de centre I et de rayon r est l'ensemble des points situés à la distance r de I.

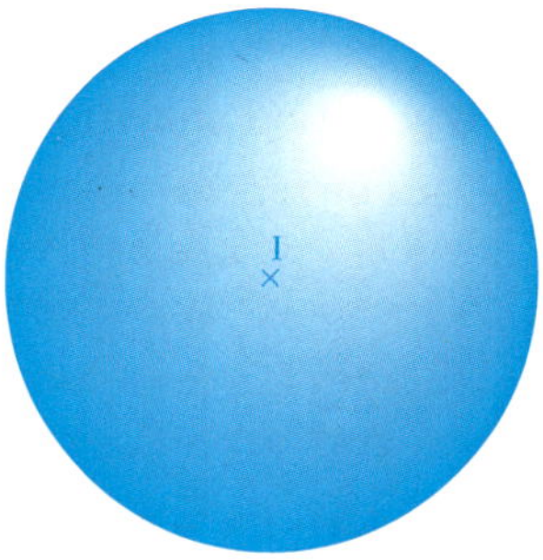

$M \in S \Leftrightarrow IM^2 = r^2$

$M \in S \Leftrightarrow (x-a)^2 + (y-b)^2 + (z-c)^2 = r^2$ en appelant $(a\,;b\,;c)$ les coordonnées de I.

b Équation d'une sphère définie par un de ses diamètres

Soit A et B deux points de l'espace et S la sphère de diamètre [AB].

$M \in S \Leftrightarrow \overrightarrow{AM} \cdot \overrightarrow{BM} = 0.$

Exercice résolu

Déterminer les ensembles suivants définis par une équation.

***a*) $S_1 : x^2 + y^2 + z^2 - 4x + 6y - 2z - 2 = 0.$**

***b*) $S_2 : x^2 + y^2 + z^2 - 3x + 4y + 7 = 0.$**

***c*) $S_3 : x^2 + y^2 + z^2 - 2x + 4y + 5 = 0.$**

a) Une équation de S_1 est :

$$(x-2)^2 + (y+3)^2 + (z-1)^2 = 16.$$

Soit I le point de coordonnées $(2\,;-3\,;1)$.

$$M \in S_1 \Leftrightarrow IM^2 = 16.$$

S_1 est la sphère de centre I et de rayon 4.

b) Une équation de S_2 est :

$$\left(x - \frac{3}{2}\right)^2 + (y+2)^2 + z^2 = -\frac{3}{4}.$$

Une somme de carrés de réels ne peut pas être strictement négative :

S_2 est l'ensemble vide.

c) Une équation de S_3 est :

$$(x-1)^2 + (y+2)^2 + z^2 = 0.$$

Une somme de carrés est nulle si et seulement si chaque terme de la somme est nul, donc :

$$x = 1,\ y = -2,\ z = 0.$$

S_3 est réduit au point $I(1\,;-2\,;0)$.

PRODUIT SCALAIRE DANS L'ESPACE

EXERCICES ET PROBLÈMES

POUR SAVOIR FAIRE *Objectifs à atteindre*	**Exercices appropriés**
Calculer des produits scalaires	1 à 6
Reconnaître des propriétés sur l'orthogonalité	7 à 12
Trouver des ensembles de points	13 à 17
Écrire des équations de droites et de plans	18 à 27
Calculer la distance d'un point à un plan	28 et 29
Utiliser des projections	30 et 31
Écrire des équations de sphères	32 à 45

POUR CHERCHER *Sujets abordés*	**Exercices appropriés**
Orthogonalité dans les polyèdres	46 à 52
Démonstrations	53 à 59
Ensembles de points	60
Projection orthogonale	61 à 65
Distances	66 et 67
Sphères	68 et 69
Problèmes	70 et 71

POUR SAVOIR FAIRE

Un repère orthonormal $\left(O, \vec{i}, \vec{j}, \vec{k}\right)$ de l'espace est donné.

Produit scalaire

1 Calculer $\vec{u} \cdot \vec{v}$ dans chacun des cas suivants :

a) $\vec{u}(-2;3;1)$, $\vec{v}(4;1;5)$;

b) $\vec{u}(-1;0;-3)$, $\vec{v}(0;1;-4)$;

c) $\vec{u}(3;-2;4)$, $\vec{v}(-1;-1;-1)$.

2 Les vecteurs $\vec{u}$ et $\vec{v}$ vérifient :

$\vec{u} \cdot \vec{i} = -2$; $\vec{u} \cdot \vec{j} = 4$; $\vec{u} \cdot \vec{k} = -1$;

$\vec{v} \cdot \vec{i} = -1$; $\vec{v} \cdot \vec{j} = 2$; $\vec{v} \cdot \vec{k} = -1$.

Calculer $\vec{u} \cdot \vec{v}$.

3 Montrer que les vecteurs $\vec{u}$, $\vec{v}$ et $\vec{w}$ ont même norme et sont orthogonaux deux à deux :

$\vec{u}(8;-1;-4)$, $\vec{v}(-1;8;-4)$, $\vec{w}(-4;-4;-7)$.

4 On donne $\vec{u}\left(\frac{2}{3};-\frac{1}{3};-\frac{2}{3}\right)$ et $\vec{v}\left(\frac{2}{3};\frac{2}{3};\frac{1}{3}\right)$.

1° Vérifier que $\vec{u}$ et $\vec{v}$ ont pour norme 1 et sont orthogonaux.

2° Déterminer les coordonnées d'un vecteur $\vec{w}$ tel que $(\vec{u}, \vec{v}, \vec{w})$ soit une base orthonormale.

5 ABCDEFGH est un cube de centre O et d'arête a.

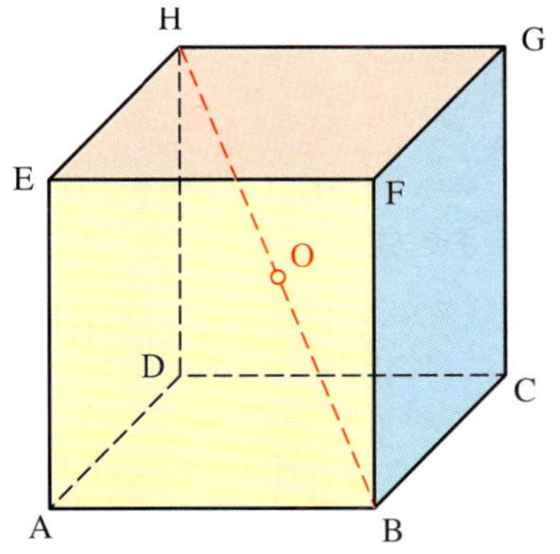

Calculer en fonction de a :

$\overrightarrow{AB} \cdot \overrightarrow{AC}$; $\overrightarrow{AE} \cdot \overrightarrow{BG}$; $\overrightarrow{AH} \cdot \overrightarrow{EC}$; $\overrightarrow{OA} \cdot \overrightarrow{OG}$; $\overrightarrow{OE} \cdot \overrightarrow{FB}$.

6 SABCD est une pyramide régulière à base carrée et dont toutes les arêtes sont égales.

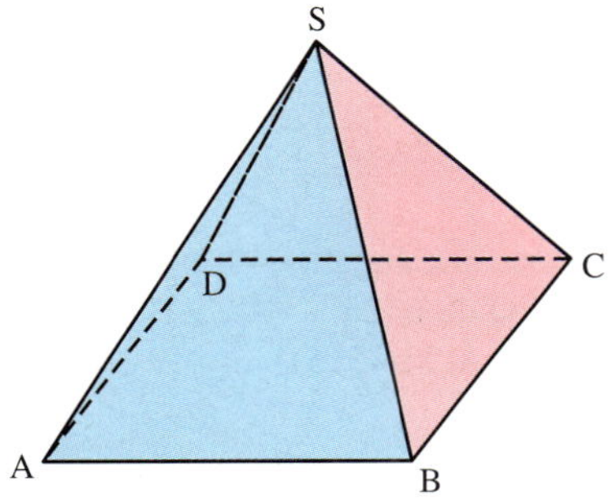

Calculer $\overrightarrow{SA} \cdot \overrightarrow{SB}$, $\overrightarrow{SA} \cdot \overrightarrow{SC}$, $\overrightarrow{SA} \cdot \overrightarrow{AC}$.

Vrai ou faux

Pour les exercices 7 et 8

Indiquer si les propriétés énoncées sont vraies.

7 Il existe un plan et un seul passant par un point donné et :

a) parallèle à une droite donnée ;
b) orthogonal à une droite donnée ;
c) parallèle à un plan donné ;
d) orthogonal à un plan donné.

8 Il existe une droite et une seule passant par un point donné et :

a) parallèle à une droite donnée ;
b) orthogonale à une droite donnée ;
c) parallèle à un plan donné ;
d) orthogonale à un plan donné.

Pour les exercices 9 à 12

Indiquer si les propriétés énoncées sont vraies.
D, D′ *et* D″ *désignent trois droites de l'espace et* P, P′ *et* P″ *trois plans de l'espace.*

9 *a*) $\left.\begin{array}{l}\text{si } D' \perp D\\ \text{et } D'' \perp D\end{array}\right\}$ alors $D' \,//\, D''$.

b) $\left.\begin{array}{l}\text{si } D \perp P\\ \text{et } D' \perp P\end{array}\right\}$ alors $D' \,//\, D$.

10 *a*) $\left.\begin{array}{l}\text{si } P' \perp P\\ \text{et } P'' \perp P\end{array}\right\}$ alors $P' \,//\, P''$.

b) $\left.\begin{array}{l}\text{si } P \perp D\\ \text{et } P' \perp D\end{array}\right\}$ alors $P \,//\, P'$.

11 *a*) $\left.\begin{array}{l}\text{si } P \perp D\\ \text{et } P' \,//\, D\end{array}\right\}$ alors $P' \perp P$.

b) $\left.\begin{array}{l}\text{si } P' \perp P\\ \text{et } P'' \,//\, P\end{array}\right\}$ alors $P' \perp P''$.

12 *a*) $\left.\begin{array}{l}\text{si } P \,//\, D\\ \text{et } D' \perp D\end{array}\right\}$ alors $D' \perp P$.

b) $\left.\begin{array}{l}\text{si } D \,//\, P\\ \text{et } P' \perp P\end{array}\right\}$ alors $D \perp P'$.

c) $\left.\begin{array}{l}\text{si } D' \,//\, D\\ \text{et } P \perp D\end{array}\right\}$ alors $D' \perp P$.

d) $\left.\begin{array}{l}\text{si } P' \,//\, P\\ \text{et } D \perp P\end{array}\right\}$ alors $D \perp P'$.

Ensembles de points

13 A et B sont deux points distincts, on pose AB = a. Quel est l'ensemble des points M de l'espace tels que :

a) $\overrightarrow{AM} \cdot \overrightarrow{AB} = 0$?

b) $\overrightarrow{AM} \cdot \overrightarrow{AB} = a^2$?

c) $\overrightarrow{AM} \cdot \overrightarrow{AB} = -\dfrac{a^2}{2}$?

d) $\overrightarrow{MA} \cdot \overrightarrow{MB} = 0$?

e) $\overrightarrow{AM} \cdot \overrightarrow{AB} < a^2$?

14 A et B sont deux points de l'espace.
On appelle I le barycentre du système de points pondérés

$(A;2)$, $(B;3)$

et J le barycentre du système

$(A;1)$, $(B;2)$.

Quel est l'ensemble des points M tels que les vecteurs

$$2\overrightarrow{MA} - 3\overrightarrow{MB} \text{ et } \overrightarrow{MA} + 2\overrightarrow{MB}$$

soient orthogonaux ?

Pour les exercices 15 à 17
A *et* B *sont deux points donnés de l'espace.*
On pose AB = a *et on appelle* I *le milieu de* [AB].

15 Quel est l'ensemble des points M vérifiant :

a) $MA^2 + MB^2 = a^2$?

b) $MA^2 + MB^2 = \dfrac{a^2}{2}$?

c) $MA^2 + MB^2 = \dfrac{a^2}{3}$?

16 Quel est l'ensemble des points M vérifiant :

a) $MA^2 - MB^2 = a^2$?

b) $MA^2 - MB^2 = 0$?

c) $MA^2 - MB^2 = -2a^2$?

17 Quel est l'ensemble des points M vérifiant :

a) $\overrightarrow{MA} \cdot \overrightarrow{MB} = 2a^2$?

b) $\overrightarrow{MA} \cdot \overrightarrow{MB} = \dfrac{a^2}{4}$?

c) $\overrightarrow{MA} \cdot \overrightarrow{MB} = a^2$?

Équations de droites et de plans

18 Donner une équation du plan passant par le point $A(1;-2;1)$ et de vecteur normal $\vec{n}(1;3;-5)$.

19 Même énoncé que **18** avec :

$A(2;-3;5)$ et $\vec{n}(-2;4;-3)$.

20 On donne les points $A(2;1;3)$ et $B(1;2;3)$.
Trouver une équation du plan P passant par A et orthogonal à la droite (AB).

21 Donner une équation du plan P passant par le point $A(2;-5;1)$ et orthogonal à la droite :

$$\begin{cases} x = -3 + 3\lambda \\ y = 4 - \lambda \\ z = 2 + 5\lambda \\ \lambda \in \mathbb{R}. \end{cases}$$

22 Donner un système d'équations paramétriques de la droite D passant par $A(-5;3;4)$ et orthogonale au plan P d'équation

$$2x - 4y + 3z - 1 = 0.$$

23 Écrire une équation cartésienne du plan P, sachant que le projeté orthogonal de l'origine sur P est le point $A(1;-5;7)$.

24 Dans chacun des cas suivants, les plans P et P′ sont-ils perpendiculaires ?

a) $P : 2x + 3y - z + 2 = 0$ $\quad P' : x - y + z = 0$.

b) $P : x - 2z - 3 = 0$ $\quad P' : 2x + 3y - 4 = 0$.

c) $P : -2x - y + z + 1 = 0$ $\quad P' : x - y + z + 3 = 0$.

25 Donner une équation du plan P parallèle au plan Q d'équation $2x + y - 3z + 7 = 0$ et passant par le point $A(3;-2;5)$.

26 *a*) Quelle est la valeur de p pour laquelle les deux plans d'équations $2x + y - z = 12$ et $6x + py - 3z = 0$ sont parallèles ?

b) Même question avec les plans d'équations :

$$x - 2y - z = 0 \text{ et } 2x + 4y + pz - 5 = 0.$$

27 Trouver les coordonnées du point d'intersection du plan P d'équation $2x + 3y + 6z = 117$ avec la perpendiculaire D à P passant par $A(5;3;0)$.

Distance d'un point à un plan

28 Calculer la distance du point $A(2;4;1)$ au plan défini par chacune des équations suivantes :

a) $2x - 2y - z = 15$;

b) $3x + 4y + 25 = 0$;

c) $7x + 6 = 0$.

29 Calculer la distance du point $A(-2;3;-1)$ au plan P passant par le point $B(0;-1;5)$ et admettant pour vecteur normal $\vec{n}(-1;-1;2)$.

Projections

30 Comment doit être situé un carré par rapport à un plan P pour que sa projection orthogonale sur P soit :

a) un rectangle ?

b) un losange ?

31 A′B′C′ est la projection orthogonale d'un triangle isocèle ABC (AB = AC) sur un plan P.
Déterminer la position du triangle ABC par rapport au plan P pour que A′B′C′ soit isocèle de sommet A′.

Équations de sphères

Pour les exercices 32 et 33
Écrire une équation de la sphère de centre I(a ; b ; c) *et de rayon* r.

32 $a = 1$ $b = 2$ $c = 3$ $r = 1$.

33 $a = 3b = -4$ $c = 0$ $r = \sqrt{2}$.

Pour les exercices 34 et 35
Écrire une équation de la sphère de centre I, *passant par le point* A.

34 I(2 ; – 1 ; 2) A(1 ; – 2 ; 3).

35 I(3 ; 1 ; – 4) A(4 ; 2 ; 1).

Pour les exercices 36 à 38
Écrire une équation de la sphère de diamètre [AB].

36 A(– 1 ; 1 ; 2) B(3 ; – 5 ; 4).

37 A(0 ; 0 ; 0) B(4 ; – 6 ; 2).

38 A(3 ; – 4 ; 1) B(– 1 ; 2 ; 5).

Pour les exercices 39 à 42
Déterminer l'ensemble des points M(x ; y ; z) *qui vérifient l' équation donnée. Si cet ensemble est une sphère, calculer son centre et son rayon.*

39 $x^2 + y^2 + z^2 - 4x + 6y - 2z - 2 = 0$.

40 $x^2 + y^2 + z^2 + 2x - 4y - 6z + 12 = 0$.

41 $2x^2 + 2y^2 + 2z^2 - 2x + 6y - 4z + 5 = 0$.

42 $x^2 + y^2 + z^2 - x + 2y + 2 = 0$.

Pour les exercices 43 à 45
Vérifier que A *est un point de la sphère* S *; écrire une équation du plan tangent en* A *à* S.

43 S : $x^2 + y^2 + z^2 - 2x + 4y - 6z - 12 = 0$.
A(1 ; – 3 ; – 2).

44 S : $x^2 + y^2 + z^2 + 4x - 6y - 8z + 26 = 0$.
A(– 1 ; 4 ; 5).

45 S : $x^2 + y^2 + z^2 - 6x + 2y + 4z - 3 = 0$.
A(4 ; – 1 ; 2).

Résultats des exercices dont le numéro est en couleur

1. *a*) $\vec{u} \cdot \vec{v} = 0$; *b*) $\vec{u} \cdot \vec{v} = 12$; *c*) $\vec{u} \cdot \vec{v} = -5$.

4. $\|\vec{u}\| = \|\vec{v}\| = 1$ $\vec{u} \cdot \vec{v} = 0$.
Soit $\vec{w} = x\vec{i} + y\vec{j} + z\vec{k}$, $\vec{w}$ vérifie
$\vec{u} \cdot \vec{w} = 0$; $\vec{v} \cdot \vec{w} = 0$; $\|\vec{w}\| = 1$.

On obtient $\begin{cases} 2x - y - 2z = 0 \\ 2x + 2y + z = 0 \\ x^2 + y^2 + z^2 = 1 \end{cases}$

Deux solutions : $\vec{w}_1 \left(\frac{1}{3} ; -\frac{2}{3} ; \frac{2}{3}\right)$ ou $\vec{w}_2 = -\vec{w}_1$.

5. $\overrightarrow{AB} \cdot \overrightarrow{AC} = a^2$; $\overrightarrow{AE} \cdot \overrightarrow{BG} = a^2$; $\overrightarrow{AH} \cdot \overrightarrow{EC} = 0$;

$\overrightarrow{OA} \cdot \overrightarrow{OG} = -\frac{3a^2}{4}$; $\overrightarrow{OE} \cdot \overrightarrow{FB} = -\frac{a^2}{2}$.

7. *a*) Faux ; *b*) Vrai ; *c*) Vrai ; *d*) Faux.

8. *a*) Vrai ; *b*) Faux ; *c*) Faux ; *d*) Vrai.

9. *a*) Faux ; *b*) Vrai.

10. *a*) Faux ; *b*) Vrai.

15. $MA^2 + MB^2 = 2MI^2 + \dfrac{AB^2}{2} = 2MI^2 + \dfrac{a^2}{2}$.

a) Sphère de diamètre [AB] ; *b*) {I} ; *c*) ∅.

17. $\overrightarrow{MA} \cdot \overrightarrow{MB} = (\overrightarrow{MI} + \overrightarrow{IA}) \cdot (\overrightarrow{MI} + \overrightarrow{IB}) = MI^2 - \dfrac{a^2}{4}$.

Sphères de centre I et de rayons $\dfrac{3a}{2}$, $\dfrac{a\sqrt{2}}{2}$, $\dfrac{a\sqrt{5}}{2}$.

18. $x + 3y - 5z + 10 = 0$.

21. $\vec{n}(3\,;-1\,;5)$ est un vecteur normal à P

$3x - y + 5z - 16 = 0$.

23. P est l'ensemble des points M tels que :

$\overrightarrow{AM} \cdot \overrightarrow{OA} = 0$

$(x - 1) - 5(y + 5) + 7(z - 7) = 0$

$x - 5y + 7z - 75 = 0$.

26. *a*) Les plans sont parallèles si et seulement si tout vecteur normal de l'un est un vecteur normal de l'autre, c'est-à-dire si et seulement si $\vec{n}(2\,;1\,;-1)$ et $\vec{n}\,'(6\,;p\,;-3)$ sont colinéaires : une seule solution $p = 3$.

b) Aucune solution : $\vec{n}(1\,;-2\,;-1)$ et $\vec{n}\,'(2\,;4\,;p)$ ne sont colinéaires pour aucune valeur de p.

27. Le vecteur $\vec{n}(2\,;3\,;6)$ normal à P, est un vecteur directeur de D, d'où un système d'équations paramétriques de D est

$$\begin{cases} x = 5 + 2t \\ y = 3 + 3t \\ z = \quad 6t \\ t \in \mathbb{R} \end{cases}$$

L'intersection de D et P est le point A(9 ; 9 ; 12), ($t = 2$).

28. *a*) $\dfrac{20}{3}$; *b*) $\dfrac{47}{5}$; *c*) $\dfrac{20}{7}$.

30. *a*) Il faut et il suffit que le carré ait un côté parallèle à P.

b) Il faut et il suffit que le carré ait une diagonale parallèle à P.

Remarque : le rectangle ou le losange peut être aplati.

32. $x^2 + y^2 + z^2 - 2x - 4y - 6z + 13 = 0$.

34. $x^2 + y^2 + z^2 - 4x + 2y - 4z + 6 = 0$.

36. $x^2 + y^2 + z^2 - 2x + 4y - 6z = 0$.

40. Sphère de centre I(– 1 ; 2 ; 3), $r = \sqrt{2}$.

43. $y + 5z + 13 = 0$.

POUR CHERCHER

Orthogonalité dans les polyèdres

46 ***Tétraèdre dont les arêtes opposées sont orthogonales***

Soit A, B, C et D quatre points de l'espace

1° Montrer que :

$$\overrightarrow{AB} \cdot \overrightarrow{CD} + \overrightarrow{AC} \cdot \overrightarrow{DB} + \overrightarrow{AD} \cdot \overrightarrow{BC} = 0.$$

2° On considère un tétraèdre ABCD tel que (AB) est orthogonale à (CD) et (BC) est orthogonale à (AD). Montrer que (BD) est orthogonale à (AC). En déduire que le projeté orthogonal de A sur le plan (BCD) est l'orthocentre du triangle BCD.

47 ***Tétraèdre régulier (1)***

On donne ABCD un tétraèdre régulier (toutes ses arêtes ont la même longueur, que l'on notera a).

1° Montrer que $\overrightarrow{AB} \cdot \overrightarrow{AC} = \dfrac{a^2}{2}$

et que $\overrightarrow{AB} \cdot \overrightarrow{BC} = -\dfrac{a^2}{2}$.

2° *a*) En remarquant que $\overrightarrow{CD} = \overrightarrow{AD} - \overrightarrow{AC}$, calculer $\overrightarrow{AB} \cdot \overrightarrow{CD}$.

b) Que peut-on en déduire pour les droites (AB) et (CD) ?

c) Que peut-on dire pour les droites (AC) et (BD) ? (AD) et (CB) ?

3° On note I le milieu de [AB] et J le milieu de [CD].

a) Calculer $\overrightarrow{AB} \cdot \overrightarrow{IJ}$.

(On pourra écrire $\overrightarrow{IJ} = \overrightarrow{IB} + \overrightarrow{BC} + \overrightarrow{CJ}$).

b) Que peut-on en déduire ?

48 ***Tétraèdre régulier (2)***

ABCD est un tétraèdre régulier (voir n°**47**), I est le milieu de [AB] et J le milieu de [CD].
Montrer que les points I, C et D appartiennent au plan médiateur de [AB].
En déduire que le plan (ICD) est perpendiculaire aux plans (JAB) ,(ABC) et (ABD).

49 Montrer que dans un tétraèdre régulier (voir n°**47**), la somme des distances aux quatre faces d'un point intérieur est constante.

50 ABCD est un tétraèdre tel que les triangles ABC, ABD et ACD soient rectangles en A. On appelle H l'orthocentre du triangle BCD.

1° Démontrer que (AH) et (BC) sont orthogonales (considérer le plan (AHD)).

2° En déduire que (AH) est orthogonale au plan (DBC).

51 ABCDEFGH est un cube.
Démontrer que les droites (DB) et (EB) sont orthogonales à la droite (AG).
En déduire que B, D et E ont même projeté orthogonal I sur la diagonale [AG] et que C, F et H ont même projeté orthogonal J sur [AG].

Montrer que $\overrightarrow{AI} = \overrightarrow{IJ} = \overrightarrow{JG}$.

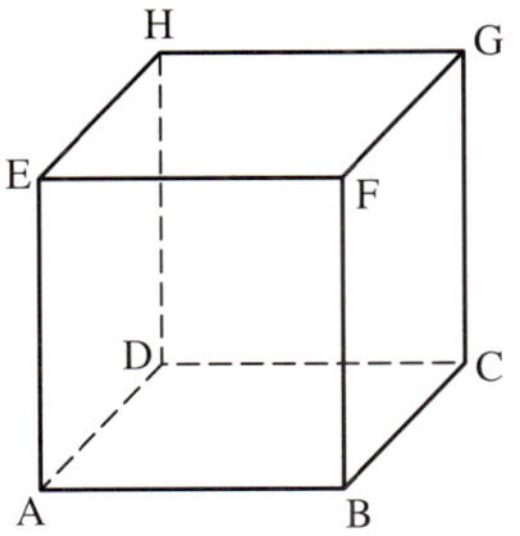

52 Déterminer l'intersection d'un cube et d'un plan orthogonal à une diagonale du cube et passant par le centre du cube.

Démonstrations

53 Montrer que si une droite D et un plan P sont orthogonaux à un plan P′, alors D est parallèle à P. Faire une figure.

54 Montrer que si une droite D et un plan P sont orthogonaux à une droite D′, alors D est parallèle à P. Faire une figure.

55 Montrer que si deux plans sont parallèles, alors tout plan perpendiculaire à l'un est perpendiculaire à l'autre. Faire une figure.

56 Montrer que si un plan P est parallèle à une droite D et orthogonal à une droite D′, alors D et D′ sont orthogonales. Faire une figure.

57 Montrer que si une droite D est parallèle à un plan P et orthogonale à un plan P′, alors P et P′sont orthogonaux. Faire une figure.

58 Trois plans P_1, P_2 et P_3 sont perpendiculaires deux à deux, montrer que :

a) Une droite est parallèle à P_1 si et seulement si elle est orthogonale à l'intersection des deux autres.

b) Une droite est orthogonale à P_1 si et seulement si elle est parallèle à l'intersection de P_3 et P_2.

59 Trois droites D_1, D_2 et D_3 sont orthogonales deux à deux, montrer que :

a) Une droite est parallèle à D_1 si et seulement si elle est orthogonale à D_2 et D_3.

b) Un plan est orthogonal à D_1 si et seulement si il est parallèle à D_2 et D_3.

Ensembles de points

60 L'espace est rapporté à un repère orthonormal $(O, \vec{i}, \vec{j}, \vec{k})$. Soit A(6 ; 0 ; 0) et B(0 ; 6 ; 0). Faire une figure.

1° Déterminer le barycentre G du système (O ; 1), (A ; 2), (B ; 3). Le placer sur la figure.

2° Soit C(0 ; 0 ; 4). Déterminer l'ensemble S des points M de l'espace définis par

$$\left(\overrightarrow{MO} + 2\overrightarrow{MA} + 3\overrightarrow{MB}\right) \cdot \overrightarrow{MC} = 0.$$

Donner une équation cartésienne de S.

3° Déterminer l'intersection de S et du plan d'équation $x = 0$. Dessiner cette intersection sur la figure.

4° Soit P l'ensemble des points M de l'espace tels que :

$$MO^2 + 2MA^2 - 3MB^2 = 24.$$

Montrer que G appartient à P. Déterminer P.

Projection orthogonale

61 ***Théorème des trois perpendiculaires***

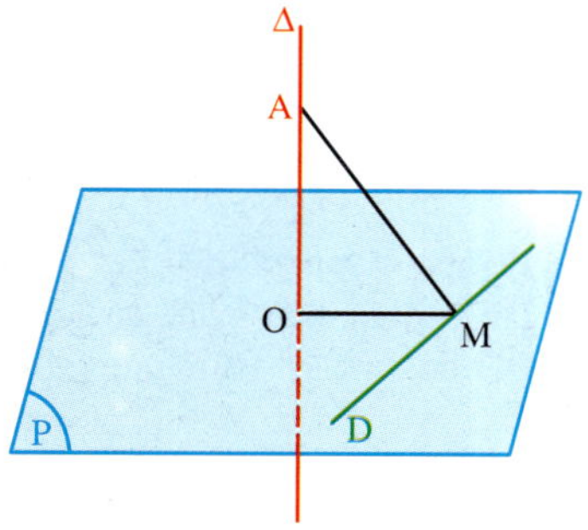

Une droite Δ est perpendiculaire en O à un plan P. D est une droite de P ne passant pas par O. Si A est un point de Δ distinct de O et M un point de D, montrer que (AM) est orthogonale à D, si et seulement si (OM) est orthogonale à D.

62 L'image par projection orthogonale sur un plan P d'un rectangle dont les côtés mesurent 10 cm et 20 cm est un carré. Préciser la position du rectangle. Quelle est la longueur du côté du carré ?

63 Même énoncé que le **62** avec un losange de côté 10 cm et qui a un angle de 60 degrés.

64 L'image par projection orthogonale sur un plan P d'un triangle ABC est un triangle A′B′C′, le projeté de l'orthocentre H de ABC est l'orthocentre H′ de A′B′C′. Préciser la position du triangle ABC par rapport au plan P.

65 ABC est un triangle rectangle en B, tel que : $\widehat{BAC} = 60°$.
A, B et C se projettent orthogonalement en A′, B′ et C′ sur un plan P parallèle à (AB). $\widehat{B'A'C'}$ mesure 45°.
Faire une figure soignée et calculer l'angle aigu formé par (BC) et (B′C′).

Distances

66 *a*) A, B et C sont trois points non alignés de l'espace, quel est l'ensemble des points équidistants de A, B et C ?

b) Quel est l'ensemble des points de l'espace équidistants des sommets d'un carré ?

c) A, B, C et D sont quatre points non coplanaires. Montrer qu'il existe un point I et un seul équidistant de A, B C et D.

67 Soit A(– 1 ; 2 ; 3) et B(0 ; 4 ; – 1) deux points de l'espace muni d'un repère orthonormal.
Déterminer une équation du plan médiateur de [AB].

Sphères

68 Déterminer les plans de symétrie de la figure formée par deux sphères. Discuter. En déduire l'étude de la position relative de deux sphères et la nature de l'intersection de deux sphères lorsqu'elles ont des points communs.

69 Soit S une sphère de centre O et de rayon r, et D une droite ; on pose d = OH distance de O à D.
Déterminer suivant les valeurs de d et r les positions relatives de S et D.

Problèmes

70 ***Section d'un tétraèdre***

ABCD est un tétraèdre, tel que AB = CD = a. On appelle I, J, K et L les milieux respectifs de [AD], [BC], [AC] et [BD].

1° Montrer que $\overrightarrow{AB} + \overrightarrow{DC} = 2\overrightarrow{IJ}$
et que $\overrightarrow{AB} - \overrightarrow{DC} = 2\overrightarrow{KL}$.

2° Montrer que (IJ) et (KL) sont sécantes et orthogonales.

3° Quelle est la nature du quadrilatère IKJL ?
Calculer la longueur de ses côtés en fonction de a.

4° Trouver une condition nécessaire et suffisante pour que IKJL soit un carré.

71 ***Orthogonalité et coordonnées***

Dans l'espace muni d'un repère orthonormal $\left(O, \vec{i}, \vec{j}, \vec{k}\right)$ on considère les points A(1 ; 0 ; 0), B(0 ; 1 ; 0), C(0 ; 0 ; 1) et D(0 ; – 1 ; 0).

1° Vérifier que le triangle ABC est équilatéral.

2° Les droites (AD) et (BC) sont-elles orthogonales ?

3° Soit I le milieu de [AB] et J le milieu de [AD].
Calculer $\overrightarrow{CI} \cdot \overrightarrow{CJ}$. En déduire une mesure en degrés de l'angle $\widehat{ICJ}$.

4° On appelle H le projeté orthogonal de J sur la droite (CI).
Calculer les coordonnées de H.
Quel rôle joue le point H pour le triangle ABC ?

9

ORIENTATION ET PRODUIT VECTORIEL

CONTENU

- Angles orientés du plan
- Déterminant
- Points cocycliques
- Orientation de l'espace
- Compléments sur les transformations

ACTIVITÉS

ACTIVITÉ 1 Aires déterminantes

Soit A, B et C trois points non alignés du plan orienté $\mathcal{P}$.

1° *Montrer que l'ensemble des points* M *du plan tels que les aires des triangles* ABC *et* ABM *sont égales est formé de deux droites* D_1 *et* D_2 *dont on précisera la position.*

2° Soit B′ le point tel que $\begin{cases} AB' = AB \\ (\widehat{\overrightarrow{AB}, \overrightarrow{AB'}}) = \dfrac{\pi}{2}. \end{cases}$

a) Montrer que $\text{aire(ABC)} = \dfrac{1}{2}\left|\overrightarrow{AB'}\cdot\overrightarrow{AC}\right|$.

b) Comparer $\overrightarrow{AB'}\cdot\overrightarrow{AM}$ *et* $\overrightarrow{AB'}\cdot\overrightarrow{AC}$ *pour* $M \in D_1$ *et* $M \in D_2$.

3° Au couple de vecteurs $(\vec{u}, \vec{v})$, on associe le réel $D(\vec{u}, \vec{v}) = \vec{u}'\cdot\vec{v}$ où $\vec{u}'$ est le vecteur défini par :

$$\begin{cases} \|\vec{u}'\| = \|\vec{u}\| \\ (\widehat{\vec{u}, \vec{u}'}) = \dfrac{\pi}{2}. \end{cases}$$

a) Exprimer $D(\vec{u}, \vec{v})$ *en fonction de* $\|\vec{u}\|$, $\|\vec{v}\|$ et de $\theta = (\widehat{\vec{u}, \vec{v}})$.

b) $(\vec{i}, \vec{j})$ étant une base orthonormale directe de $\mathcal{P}$, on pose $\vec{u} = a\vec{i} + b\vec{j}$ et $\vec{v} = c\vec{i} + d\vec{j}$.

Donner les coordonnées de $\vec{u}'$ *et en déduire* $D(\vec{u}, \vec{v})$ *en fonction de* a, b, c *et* d.

ACTIVITÉ 2 Repère à portée de la main

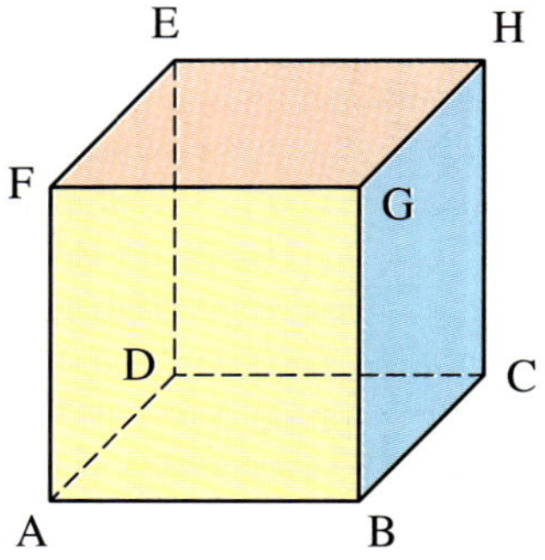

1° ABCDEFGH est un cube, les sommets ayant la disposition indiquée sur la figure. Par convention, le repère $(A, \overrightarrow{AB}, \overrightarrow{AD}, \overrightarrow{AF})$ est dit de sens direct car pour l'observateur placé en F, $(A, \overrightarrow{AB}, \overrightarrow{AD})$ est un repère direct (sens trigonométrique) du plan (ABCD).

a) Trouver, parmi les repères suivants, ceux qui sont de sens direct :

$(A, \overrightarrow{AB}, \overrightarrow{AF}, \overrightarrow{AD})$; $(A, \overrightarrow{AD}, \overrightarrow{AF}, \overrightarrow{AB})$; $(A, \overrightarrow{AF}, \overrightarrow{AD}, \overrightarrow{AB})$;

$(B, \overrightarrow{BG}, \overrightarrow{BA}, \overrightarrow{BC})$; $(C, \overrightarrow{CH}, \overrightarrow{CB}, \overrightarrow{CD})$; $(E, \overrightarrow{EF}, \overrightarrow{EH}, \overrightarrow{ED})$.

b) En utilisant les sommets du cube, citer des repères directs et des repères indirects.

2° *Les trois doigts de la main droite, pouce, index, majeur placés en trièdre, forment-ils "dans cet ordre" un repère direct ou indirect ?*
Et ceux de la main gauche ?

ORIENTATION ET PRODUIT VECTORIEL

INFORMATION

1. ANGLES ORIENTÉS DU PLAN

a Orientation du plan

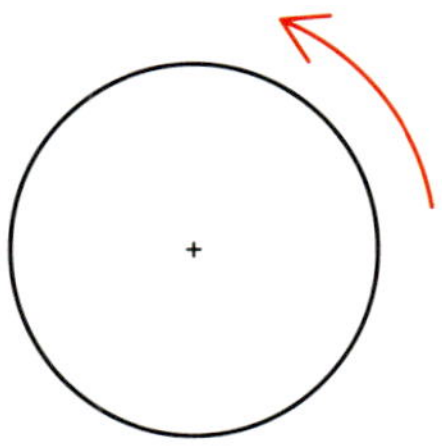

Orienter le plan $\mathcal{P}$, c'est choisir le même sens sur tous les cercles du plan : en général, on choisit le sens trigonométrique.
Dans ce qui suit, on suppose que le plan $\mathcal{P}$ est orienté.

b Angles orientés de vecteurs

Lorsqu'il n'y a pas de confusion posssible avec un couple de vecteurs, on utilise par commodité, la notation $(\vec{u}, \vec{v})$ pour un angle orienté.

Deux vecteurs $\vec{u}$ et $\vec{v}$ non nuls définissent un angle orienté noté $(\widehat{\vec{u}, \vec{v}})$ ou $(\vec{u}, \vec{v})$.

Si $\overrightarrow{OA} = \vec{u}$ et $\overrightarrow{OB} = \vec{v}$ alors $(\widehat{\vec{u}, \vec{v}}) = (\widehat{Oa, Ob})$,
[Oa) et [Ob) étant les demi-droites d'origine O passant par A et B.

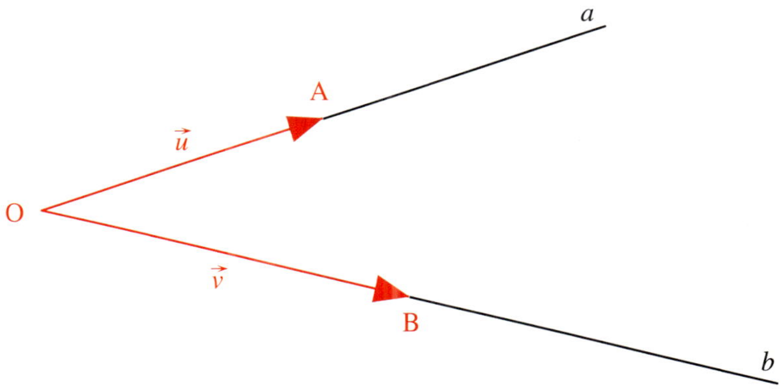

c Mesures d'un angles orienté

Sauf avis contraire les mesures des angles sont données en radians.

On rappelle que :

- Si α est une mesure en radians d'un angle orienté $(\vec{u}, \vec{v})$, alors $\alpha + 2k\pi$, avec $k \in \mathbb{Z}$ sont les autres mesures de cet angle.
- La mesure principale de l'angle est celle qui est élément de $]-\pi ; +\pi]$.

Abus de notation :
on confond souvent les angles et leurs mesures et on écrit :

$$(\vec{u}, \vec{v}) = \alpha + 2k\pi \quad \text{ou} \quad (\vec{u}, \vec{v}) = \alpha \ (2\pi)$$

ou sans préciser $(\vec{u}, \vec{v}) = \alpha$.

Propriétés

Pour tous vecteurs $\vec{u}$, $\vec{v}$ et $\vec{w}$ non nuls :

$$(\vec{u}, \vec{v}) + (\vec{v}, \vec{w}) = (\vec{u}, \vec{w}) \quad \textbf{(Relation de Chasles)}$$

$$(\vec{v}, \vec{u}) = -(\vec{u}, \vec{v})$$

$$(\vec{u}, -\vec{u}) = \pi$$

$$\text{si } (\vec{u}, \vec{v}) = \alpha \text{ alors } \begin{cases} (-\vec{u}, \vec{v}) = (\vec{u}, -\vec{v}) = \alpha + \pi \\ (-\vec{u}, -\vec{v}) = \alpha. \end{cases}$$

"Changer un vecteur en son opposé revient à ajouter π à la mesure de l'angle".

On en déduit par exemple que :

pour tout $k > 0$ $\quad (k\vec{u}, \vec{v}) = (\vec{u}, \vec{v})$

pour tout $k < 0$ $\quad (k\vec{u}, \vec{v}) = (\vec{u}, \vec{v}) + \pi.$

d Bases orthonormales directes et indirectes

$(\vec{i}, \vec{j})$ signifie ici "couple de vecteurs".

Dans le plan $\mathcal{P}$ non orienté, choisir la base $(\vec{m}, \vec{n})$ comme base directe, c'est orienter $\mathcal{P}$ dans le sens trigonométrique :

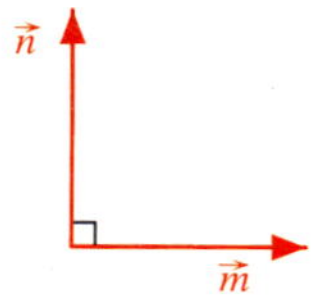

Soit $(\vec{i}, \vec{j})$ une base orthonormale.

Lorsque $(\vec{i}, \vec{j}) = \frac{\pi}{2}$, on dit que la base est directe.

Lorsque $(\vec{i}, \vec{j}) = -\frac{\pi}{2}$, on dit que la base est indirecte.

Choisir une base directe c'est orienter le plan.

2. DÉTERMINANT D'UN COUPLE DE VECTEURS

a Définition, exemple

On note en abrégé det et non dét.

Définition

Dans le plan orienté $\mathcal{P}$, le déterminant du couple de vecteurs $(\vec{u}, \vec{v})$ est le réel, noté $\det(\vec{u}, \vec{v})$, tel que :

- **Si $\vec{u} \neq 0$ et si $\vec{v} \neq 0$, alors $\det(\vec{u}, \vec{v}) = \|\vec{u}\| \, \|\vec{v}\| \sin(\vec{u}, \vec{v})$**
- **Si $\vec{u} = 0$ ou si $\vec{v} = 0$, alors $\det(\vec{u}, \vec{v}) = 0.$**

Exercice résolu

Le plan étant orienté dans le sens trigonométrique, on considère le rectangle ABCD tel que

$$\left(\widehat{\overrightarrow{AB}, \overrightarrow{AD}}\right) = \frac{\pi}{2}.$$

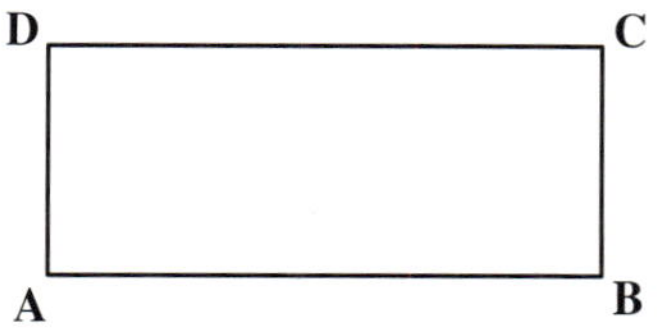

Calculer $\det(\overrightarrow{AB}, \overrightarrow{AD})$, $\det(\overrightarrow{AB}, \overrightarrow{CD})$ et $\det(\overrightarrow{AB}, \overrightarrow{AC})$ en fonction de AB et AD.

On sait que $\widehat{(\overrightarrow{AB}, \overrightarrow{AD})} = \dfrac{\pi}{2}$; d'où $\sin\widehat{(\overrightarrow{AB}, \overrightarrow{AD})} = 1$ et :

$$\det(\overrightarrow{AB}, \overrightarrow{AD}) = AB \times AD.$$

On a $\overrightarrow{CD} = -\overrightarrow{AB}$; d'où $\widehat{(\overrightarrow{AB}, \overrightarrow{CD})} = \pi$ et :

$$\det(\overrightarrow{AB}, \overrightarrow{CD}) = 0.$$

La mesure principale de $(\overrightarrow{AB}, \overrightarrow{AC})$ est positive, d'où

$$\sin\widehat{(\overrightarrow{AB}, \overrightarrow{AC})} = \sin\widehat{BAC}$$

$$\det(\overrightarrow{AB}, \overrightarrow{AC}) = AB \times AC \times \sin\widehat{BAC} \text{ ; on obtient}$$

$$\det(\overrightarrow{AB}, \overrightarrow{AC}) = AB \times AD.$$

On peut remarquer que $\det(\overrightarrow{AB}, \overrightarrow{AC}) = \det(\overrightarrow{AB}, \overrightarrow{AD})$, et que ces réels sont égaux à l'aire du rectangle.

b Déterminant et produit scalaire

Considérons $\vec{u}\,'$ tel que

$$\begin{cases} \|\vec{u}\| = \|\vec{u}\,'\| \\ (\vec{u}, \vec{u}\,') = \dfrac{\pi}{2}. \end{cases}$$

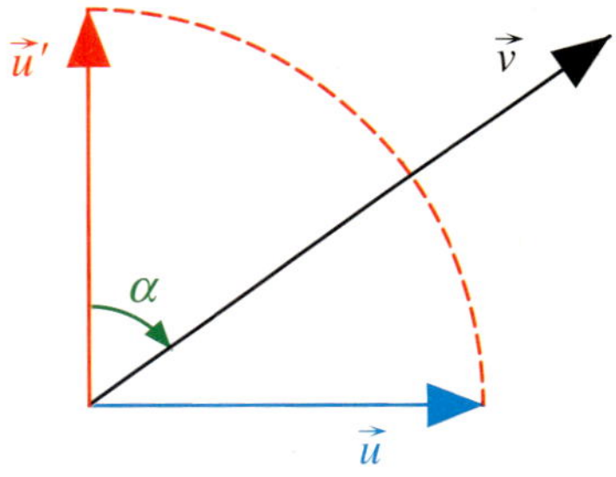

Posons $(\vec{u}\,', \vec{v}) = \alpha$.

On a alors :

$$(\vec{u}, \vec{v}) = (\vec{u}, \vec{u}\,') + (\vec{u}\,', \vec{v}) = \frac{\pi}{2} + \alpha$$

$$\det(\vec{u}, \vec{v}) = \|\vec{u}\,'\| \times \|\vec{v}\| \sin\left(\frac{\pi}{2} + \alpha\right)$$

$$\det(\vec{u}, \vec{v}) = \|\vec{u}\,'\| \times \|\vec{v}\| \cos\alpha = \vec{u}\,' \cdot \vec{v}.$$

Propriété

Pour tous vecteurs $\vec{u}$ et $\vec{v}$, avec $\vec{u} \neq 0$,

$$\det(\vec{u}, \vec{v}) = \vec{u}\,' \cdot \vec{v}$$

où $\|\vec{u}\,'\| = \|\vec{u}\|$ et $(\vec{u}, \vec{u}\,') = \dfrac{\pi}{2}$.

$\vec{u}\,'$ est un vecteur de même norme que $\vec{u}$ et directement orthogonal à $\vec{u}$.

c Expression dans une base orthonormale directe

Deux vecteurs $\vec{u}$ et $\vec{v}$ sont définis dans la base orthonormale directe $(\vec{i}, \vec{j})$ par :

$$\vec{u} = x\vec{i} + y\vec{j} \quad \text{et} \quad \vec{v} = x'\vec{i} + y'\vec{j}.$$

1° Si $\vec{u}$ et $\vec{v}$ sont non nuls, posons

$$(\vec{i}, \vec{u}) = \alpha \quad \text{et} \quad (\vec{i}, \vec{v}) = \beta.$$

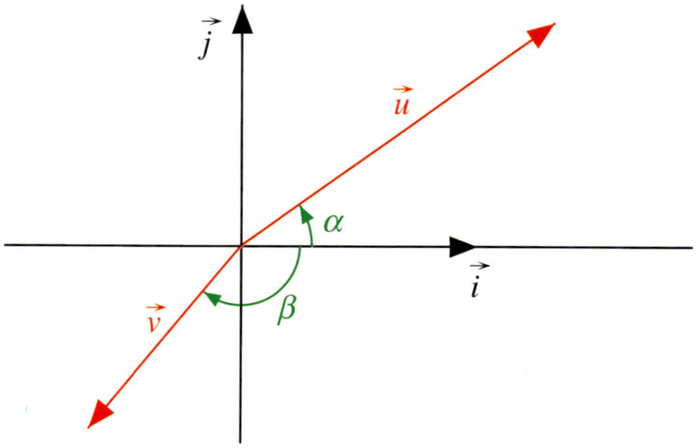

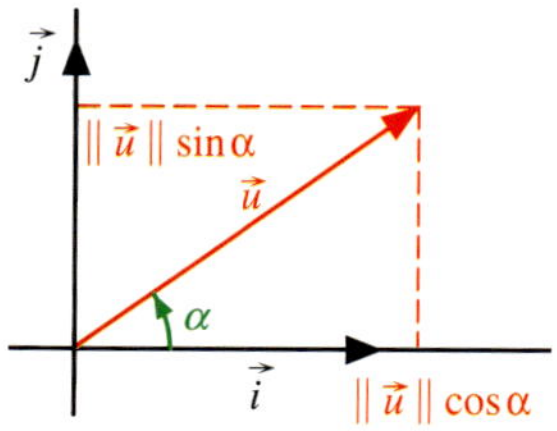

Nous avons alors $(\vec{u}, \vec{v}) = \beta - \alpha$

d'où $\det(\vec{u}, \vec{v}) = \|\vec{u}\|\,\|\vec{v}\|\sin(\beta - \alpha)$

et en développant $\sin(\beta - \alpha)$, nous obtenons :

$$\det(\vec{u}, \vec{v}) = \|\vec{u}\|\,\|\vec{v}\|(\sin\beta\cos\alpha - \sin\alpha\cos\beta)$$

$$\det(\vec{u}, \vec{v}) = \|\vec{u}\|\cos\alpha \times \|\vec{v}\|\sin\beta - \|\vec{u}\|\sin\alpha \times \|\vec{v}\|\cos\beta.$$

Or,

$$\|\vec{u}\|\cos\alpha = x,\ \|\vec{u}\|\sin\alpha = y,\ \|\vec{v}\|\cos\beta = x',\ \|\vec{v}\|\sin\beta = y',$$

d'où

$$\det(\vec{u}, \vec{v}) = xy' - yx'.$$

2° Si l'un des vecteurs est nul, par exemple si $\vec{u} = \vec{0}$, alors $x = y = 0$. Nous obtenons $xy' - yx' = 0$, on a encore $\det(\vec{u}, \vec{v}) = xy' - yx'$.

det $(\vec{u}, \vec{v})$ a été défini indépendamment de la base. Le réel $xy' - yx'$ ne dépend donc pas de la base orthonormale choisie.

Théorème

Si dans une base orthonormale directe $(\vec{i}, \vec{j})$,
$\vec{u} = x\vec{i} + y\vec{j}$ et $\vec{v} = x'\vec{i} + y'\vec{j}$ alors $\det(\vec{u}, \vec{v}) = xy' - yx'$.

On note : $\det(\vec{u}, \vec{v}) = \begin{vmatrix} x & x' \\ y & y' \end{vmatrix}$.

d Propriétés du déterminant d'un couple de vecteurs

Théorème

Deux vecteurs $\vec{u}$ et $\vec{v}$ sont colinéaires si et seulement si $\det(\vec{u}, \vec{v}) = 0$.

D'après la définition,

$$\det(\vec{u}, \vec{v}) = 0 \text{ si et seulement si } \begin{cases} \text{l'un des deux vecteurs est nul} \\ \text{ou } \sin(\vec{u}, \vec{v}) \text{ est nul.} \end{cases}$$

Par exemple :

La droite D de repère $(A, \vec{u})$ est l'ensemble des points M du plan tels que

$$\det\left(\overrightarrow{AM}, \vec{u}\right) = 0.$$

Le déterminant vérifie les propriétés suivantes :

(1) $\det(\vec{v}, \vec{u}) = -\det(\vec{u}, \vec{v})$

(2) $\det(\vec{u}, \vec{v} + \vec{w}) = \det(\vec{u}, \vec{v}) + \det(\vec{u}, \vec{w})$.

En effet, soit $\vec{u}\,'$ tel que $\|\vec{u}\,'\| = 1$ et $(\vec{u}, \vec{u}\,') = \dfrac{\pi}{2}$.

On peut aussi établir la propriété (2) en utilisant les coordonnées des vecteurs.

Nous savons que :

$$\det(\vec{u}, \vec{v} + \vec{w}) = \vec{u}\,' \cdot (\vec{v} + \vec{w})$$

et que

$$\vec{u}\,' \cdot (\vec{v} + \vec{w}) = \vec{u}\,' \cdot \vec{v} + \vec{u}\,' \cdot \vec{w},$$

ce qui établit la propriété (2).

$\begin{vmatrix} kx & x' \\ ky & y' \end{vmatrix} = k \begin{vmatrix} x & x' \\ y & y' \end{vmatrix}$

(3) $\det(k\vec{u}, \vec{v}) = k\det(\vec{u}, \vec{v})$

(4) Si on change l'orientation du plan $\mathcal{P}$, le déterminant est changé en son opposé.

Exercice résolu

On donne deux points A et B distincts et un réel k. Déterminer l'ensemble E des points M tels que

$$\det\left(\overrightarrow{AB}, \overrightarrow{AM}\right) = k.$$

Cherchons un point C de E sur la droite orthogonale à (AB) en A.

Soit $\vec{n}$ tel que

$$\begin{cases} \|\vec{n}\| = 1 \\ \left(\overrightarrow{AB}, \vec{n}\right) = \dfrac{\pi}{2}. \end{cases}$$

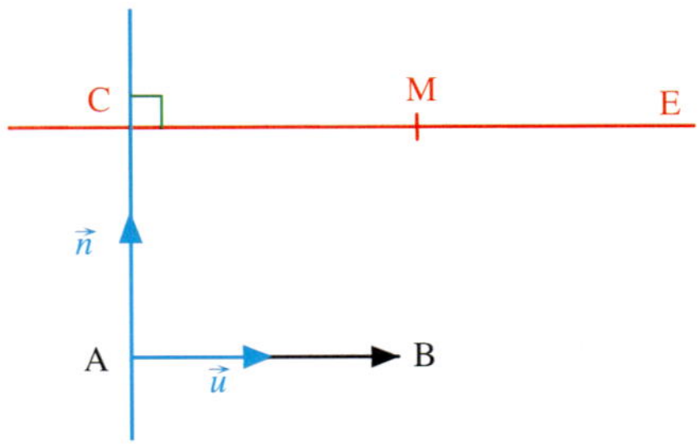

On peut procéder analytiquement en choisissant, par exemple, pour repère orthonormal direct $(A, \vec{u}, \vec{n})$.

On a alors $\det\left(\overrightarrow{AB}, \vec{n}\right) = AB$.

Le point C, défini par $\overrightarrow{AC} = \lambda\vec{n}$, vérifie :

$\det\left(\overrightarrow{AB}, \overrightarrow{AC}\right) = \lambda \times AB = k$. C est un point de E si et seulement si $\lambda = \dfrac{k}{AB}$.

D'où M est un point de E si et seulement si

$$\det\left(\overrightarrow{AB}, \overrightarrow{AM}\right) = \det\left(\overrightarrow{AB}, \overrightarrow{AC}\right)$$

ce qui équivaut à

$$\det\left(\overrightarrow{AB}, \overrightarrow{AM} - \overrightarrow{AC}\right) = 0$$

$$\det\left(\overrightarrow{AB}, \overrightarrow{CM}\right) = 0$$

Conclusion : l'ensemble E est la droite de repère $\left(C, \overrightarrow{AB}\right)$.

e Déterminant et orientation

Soit $(\vec{i}, \vec{j})$ une base orthonormale :

$$\det(\vec{i}, \vec{j}) = \|\vec{i}\|\,\|\vec{j}\|\sin(\vec{i}, \vec{j}) = \sin(\vec{i}, \vec{j}).$$

Donc si $(\vec{i}, \vec{j})$ est une base **orthonormale directe**, alors $\det(\vec{i}, \vec{j}) = 1$
et si $(\vec{i}, \vec{j})$ est une base **orthonormale indirecte**, alors $\det(\vec{i}, \vec{j}) = -1$.

Plus généralement, pour deux vecteurs non nuls $\vec{u}$ et $\vec{v}$, $\det(\vec{u}, \vec{v})$ est du signe de $\sin(\vec{u}, \vec{v})$, donc du signe de la détermination principale de $(\vec{u}, \vec{v})$.
Lorsque $\det(\vec{u}, \vec{v}) > 0$, on dit que $(\vec{u}, \vec{v})$ est une base directe.

Image d'un angle orienté par réflexion.

Soit Δ une droite. Notons s la réflexion d'axe Δ.
Choisissons un repère orthonormal direct tel que $(\mathrm{O}, \vec{i})$ soit un repère de Δ.
Soit A, B et C trois points distincts. Posons :

$$\overrightarrow{\mathrm{AB}} = a\vec{i} + b\vec{j} \quad \text{et} \quad \overrightarrow{\mathrm{AC}} = c\vec{i} + d\vec{j}.$$

Leurs images A′, B′ et C′ par s vérifient :

$$\overrightarrow{\mathrm{A'B'}} = a\vec{i} - b\vec{j} \quad \text{et} \quad \overrightarrow{\mathrm{A'C'}} = c\vec{i} - d\vec{j}.$$

L'image par s de l'angle orienté $(\overrightarrow{\mathrm{AB}}, \overrightarrow{\mathrm{AC}})$ est l'angle orienté $(\overrightarrow{\mathrm{A'B'}}, \overrightarrow{\mathrm{A'C'}})$.

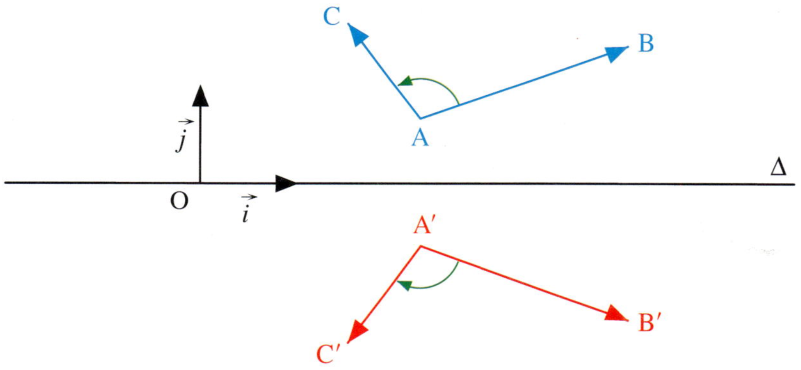

$$\widehat{\mathrm{B'A'C'}} = \widehat{\mathrm{BAC}} \text{ d'où } \begin{cases} (\overrightarrow{\mathrm{A'B'}}, \overrightarrow{\mathrm{A'C'}}) = (\overrightarrow{\mathrm{AB}}, \overrightarrow{\mathrm{AC}}) \\ \text{ou} \\ (\overrightarrow{\mathrm{A'B'}}, \overrightarrow{\mathrm{A'C'}}) = -(\overrightarrow{\mathrm{AB}}, \overrightarrow{\mathrm{AC}}). \end{cases}$$

Calculons les déterminants :

$$\det(\overrightarrow{\mathrm{AB}}, \overrightarrow{\mathrm{AC}}) = ad - bc \quad \text{et} \quad \det(\overrightarrow{\mathrm{A'B'}}, \overrightarrow{\mathrm{A'C'}}) = \begin{vmatrix} a & c \\ -b & -d \end{vmatrix} = -ad + bc.$$

Ces nombres sont opposés, nous en déduisons :

$$\mathrm{A'B'} \times \mathrm{A'C'} \sin(\overrightarrow{\mathrm{A'B'}}, \overrightarrow{\mathrm{A'C'}}) = -\mathrm{AB} \times \mathrm{AC} \sin(\overrightarrow{\mathrm{AB}}, \overrightarrow{\mathrm{AC}})$$

La réflexion est une isométrie.

$$\sin(\overrightarrow{\mathrm{A'B'}}, \overrightarrow{\mathrm{A'C'}}) = -\sin(\overrightarrow{\mathrm{AB}}, \overrightarrow{\mathrm{AC}})$$

$$\text{puis} (\overrightarrow{\mathrm{A'B'}}, \overrightarrow{\mathrm{A'C'}}) = -(\overrightarrow{\mathrm{AB}}, \overrightarrow{\mathrm{AC}})$$

Théorème
La réflexion change un angle orienté en son opposé.

f Interprétation géométrique du déterminant de deux vecteurs

Deux vecteurs $\vec{u}$ et $\vec{v}$, non nuls sont donnés.
Choisissons un point O dans le plan et plaçons les points A et B tels que $\overrightarrow{OA} = \vec{u}$ et $\overrightarrow{OB} = \vec{v}$.

Par définition :

$$\det(\vec{u}, \vec{v}) = OA \times OB \times \sin(\overrightarrow{OA}, \overrightarrow{OB}).$$

Nous en déduisons que :

$$|\det(\vec{u}, \vec{v})| = OA \times OB \times \sin \widehat{AOB}$$

$$|\det(\vec{u}, \vec{v})| = OA \times HB,$$

en appelant H le projeté orthogonal de B sur (OA).

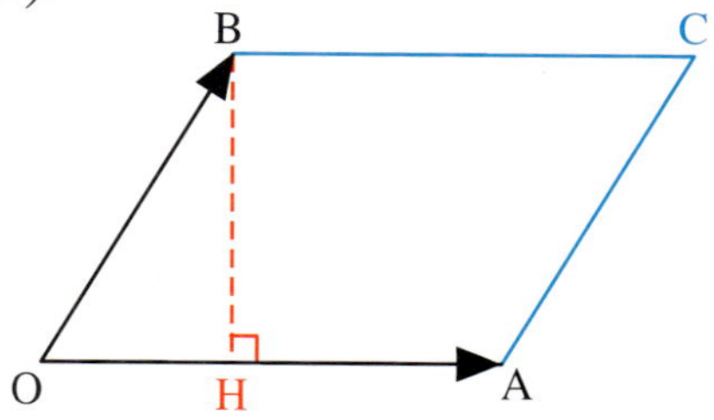

Construisons C tel que OACB soit un parallélogramme ; il vient :

$$\boldsymbol{|\det(\vec{u}, \vec{v})| = \text{aire}(OACB)}$$

De même : $\text{aire}(OAB) = \dfrac{1}{2}|\det(\vec{u}, \vec{v})|$.

Le sinus d'un angle géométrique est positif.

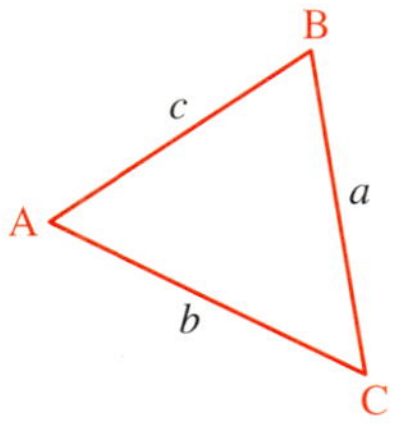

On retrouve un résultat : l'aire S d'un triangle ABC est donnée par la formule :

$$S = \frac{1}{2} bc \sin A.$$

3. POINTS COCYCLIQUES

a Ensemble des points M tels que $(\overrightarrow{MA}, \overrightarrow{MB}) = \alpha + k\pi$

α est un réel donné, A et B sont deux points distincts du plan.

1er cas $\alpha = k\pi, k \in \mathbb{Z}$

$(\overrightarrow{MA}, \overrightarrow{MB}) = k\pi$ équivaut à M, A et B sont alignés (avec M distinct de A et B).
L'ensemble des points M tels que $(\overrightarrow{MA}, \overrightarrow{MB}) = k\pi$ est donc la droite (AB) privée de A et B.

2nd cas $\alpha \neq k\pi, k \in \mathbb{Z}$

$$(\overrightarrow{MA}, \overrightarrow{MB}) = \alpha + k\pi \Leftrightarrow (\overrightarrow{MA}, \overrightarrow{MB}) - \alpha = k\pi$$

$$(\overrightarrow{MA}, \overrightarrow{MB}) = \alpha + k\pi \Leftrightarrow \sin((\overrightarrow{MA}, \overrightarrow{MB}) - \alpha) = 0$$

$$(\overrightarrow{MA}, \overrightarrow{MB}) = \alpha + k\pi \Leftrightarrow \sin(\overrightarrow{MA}, \overrightarrow{MB}) \cos\alpha - \cos(\overrightarrow{MA}, \overrightarrow{MB}) \sin\alpha = 0.$$

Or, $\det(\overrightarrow{MA}, \overrightarrow{MB}) = MA \times MB \times \sin(\overrightarrow{MA}, \overrightarrow{MB})$

et $\overrightarrow{MA} \cdot \overrightarrow{MB} = MA \times MB \times \cos(\overrightarrow{MA}, \overrightarrow{MB})$

On en déduit donc, pour tout point M distinct de A et B :

$$(\overrightarrow{MA}, \overrightarrow{MB}) = \alpha + k\pi \Leftrightarrow \det(\overrightarrow{MA}, \overrightarrow{MB}) \cos\alpha - \overrightarrow{MA} \cdot \overrightarrow{MB} \sin\alpha = 0.$$

Soit O le milieu de [AB] et $(\vec{i}, \vec{j})$ une base orthonormale directe telle que $\overrightarrow{OB} = a\vec{i}$.

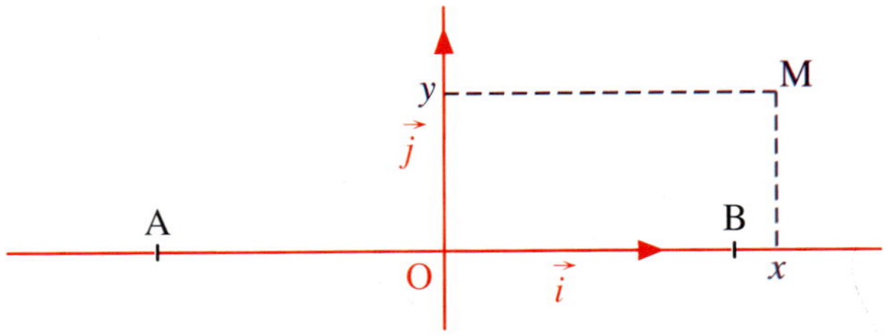

Dans le repère $(O, \vec{i}, \vec{j})$, A$(-a\,;0)$, B$(a\,;0)$, M$(x\,;y)$,

donc $\overrightarrow{MA}(-a-x\,;-y)$ et $\overrightarrow{MB}(a-x\,;-y)$,

d'où $\overrightarrow{MA}\cdot\overrightarrow{MB} = (-a-x)(a-x)+y^2 = x^2+y^2-a^2$

et $\det(\overrightarrow{MA}, \overrightarrow{MB}) = (-a-x)(-y)+y(a-x) = 2ay$.

On obtient donc :

$(\overrightarrow{MA}, \overrightarrow{MB}) = \alpha + k\pi \iff 2ay\cos\alpha - (x^2+y^2-a^2)\sin\alpha = 0$

$\sin\alpha \neq 0$ car $\alpha \neq k\pi$.

$(\overrightarrow{MA}, \overrightarrow{MB}) = \alpha + k\pi \iff x^2+y^2-2ay\dfrac{\cos\alpha}{\sin\alpha} - a^2 = 0.$

On vérifie que l'ensemble des points M tels que $(\overrightarrow{MA}, \overrightarrow{MB}) = \alpha + k\pi$ est un cercle, privé des points A et B.

Notons-le $\mathscr{C}_\alpha$.

Son centre est le point $\Omega\left(0\,;\,a\dfrac{\cos\alpha}{\sin\alpha}\right)$.

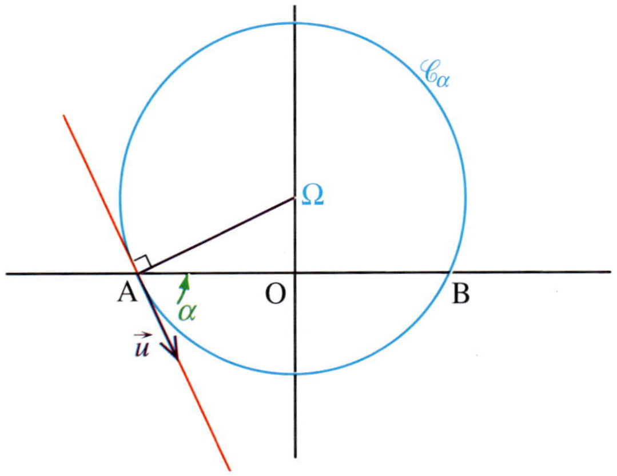

Construction du cercle :

On a : $\overrightarrow{\Omega A}\left(-a\,;-a\dfrac{\cos\alpha}{\sin\alpha}\right)$.

Soit $\vec{u}(\cos\alpha\,;-\sin\alpha)$.

On a $\overrightarrow{\Omega A}\,.\,\vec{u} = 0$, donc $\vec{u}$ est un vecteur directeur de la tangente en A au cercle.

Pour construire $\mathscr{C}_\alpha$ on place $\vec{u}$ tel que $(\vec{u}, \overrightarrow{AB}) = \alpha + k\pi$ et la droite orthogonale en A à la droite $(A, \vec{u})$ coupe l'axe des ordonnées en Ω.

> ***Théorème***
> **Soit A et B deux points distincts du plan.**
> **• L'ensemble des points M du plan tels que $(\overrightarrow{MA}, \overrightarrow{MB}) = k\pi, k \in \mathbb{Z}$ est la droite (AB) privée des points A et B.**
> **• L'ensemble des points M du plan tels que $(\overrightarrow{MA}, \overrightarrow{MB}) = \alpha + k\pi, k \in \mathbb{Z}$ où α n'est pas multiple entier de π, est un cercle passant par A et B privé des points A et B.**

b Condition de cocyclicité de quatre points

Du théorème précédent on déduit le résultat suivant :

> ***Théorème***
> **Soit A, B, C et D quatre points distincts du plan.**
> **A, B, C et D sont cocycliques ou alignés si et seulement si il existe $k \in \mathbb{Z}$ tel que : $(\overrightarrow{CA}, \overrightarrow{CB}) = (\overrightarrow{DA}, \overrightarrow{DB}) + k\pi$.**

c Ensemble des points M tels que $(\overrightarrow{MA}, \overrightarrow{MB}) = \alpha + 2k\pi$

Nous avons vu que l'ensemble des points M du plan tels que

$$(\overrightarrow{MA}, \overrightarrow{MB}) = \alpha + k\pi, k \in \mathbb{Z}, \text{ où } \alpha \text{ n'est pas multiple entier de } \pi,$$

est un cercle passant par A et B privé des points A et B.
Nous admettons que pour tout point M de l'un des arcs de cercle $\overset{\frown}{AB}$, $(\overrightarrow{MA}, \overrightarrow{MB}) = \alpha + 2k\pi$, et pour tout point de l'autre, $(\overrightarrow{MA}, \overrightarrow{MB}) = \alpha + \pi + 2k\pi$.
Nous avons donc le théorème suivant :

> ***Théorème***
> **Soit A et B deux points distincts du plan et α un réel donné, non multiple entier de π.**
> **L'ensemble des points M du plan tels que $(\overrightarrow{MA}, \overrightarrow{MB}) = \alpha + 2k\pi, k \in \mathbb{Z}$, est un arc de cercle d'extrémités A et B privé des points A et B.**

Qu'obtient-on si $\alpha = 0$ ou si $\alpha = \pi$?

EXEMPLE

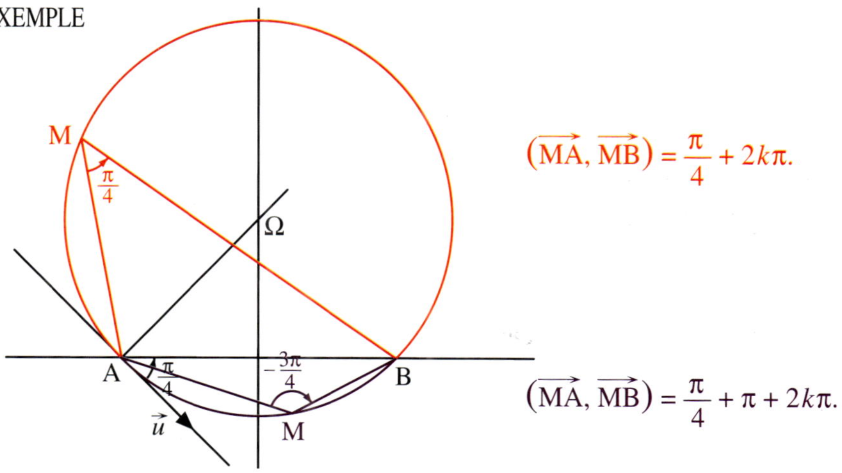

d Angles inscrits

Nous admettons le résultat suivant :

> ***Théorème de l'angle inscrit***
> **Soit A, B et M trois points distincts d'un cercle $\mathscr{C}$ de centre O.**
> **On a : $(\overrightarrow{OA}, \overrightarrow{OB}) = 2(\overrightarrow{MA}, \overrightarrow{MB}) + 2k\pi,\ k \in \mathbb{Z}$.**

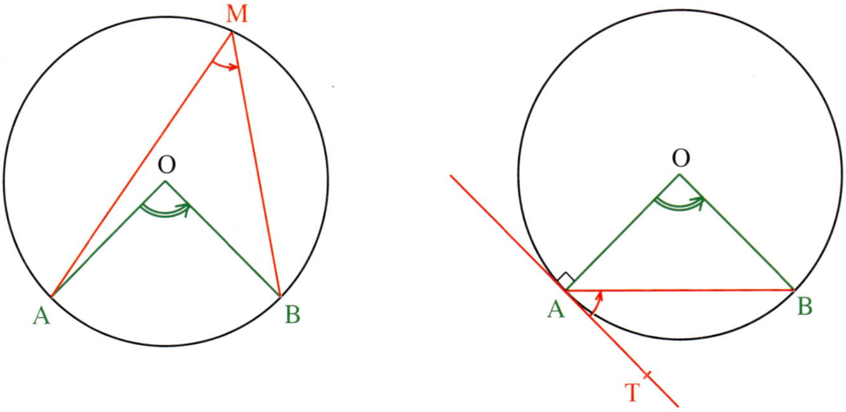

De même, si T est un point de la tangente en A à $\mathscr{C}$, distinct de A, on a :
$(\overrightarrow{OA}, \overrightarrow{OB}) = 2(\overrightarrow{AT}, \overrightarrow{AB}) + 2k\pi,\ k \in \mathbb{Z}$.

4. ORIENTATION DE L'ESPACE

a Repère direct, base directe

Soit $(O, \vec{i}, \vec{j}, \vec{k})$ un repère de l'espace.
Considérons les points I, J et K tels que

$\overrightarrow{OI} = \vec{i}$, $\overrightarrow{OJ} = \vec{j}$ et $\overrightarrow{OK} = \vec{k}$.

Le repère est direct si, pour un observateur placé en K, le repère $(O, \vec{i}, \vec{j})$ oriente le plan (OIJ) dans le sens trigonométrique.
Dans le cas contraire, on dit que le repère est indirect.

En fait, c'est ce que chacun observe en "regardant au-dessus" de sa feuille de papier.

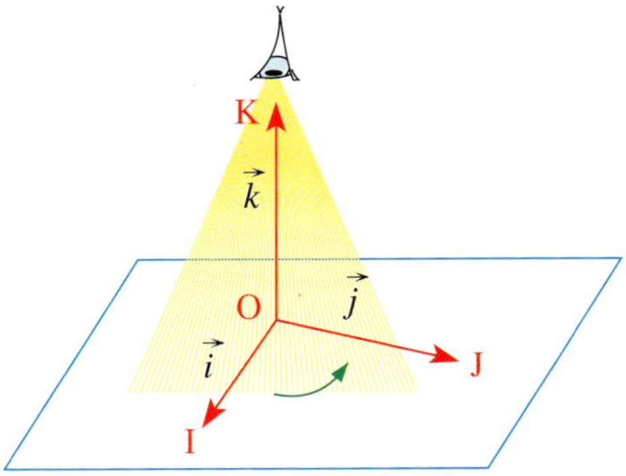

D'une autre manière, on dit que le repère $(O, \vec{i}, \vec{j}, \vec{k})$ est direct si un observateur placé “debout” sur (OK), les “pieds” en O et regardant le point I, a le point J “sur sa gauche”, dans le demi espace limité par le plan (OIK).

Comparer à la règle “du bonhomme d'Ampère” en physique.

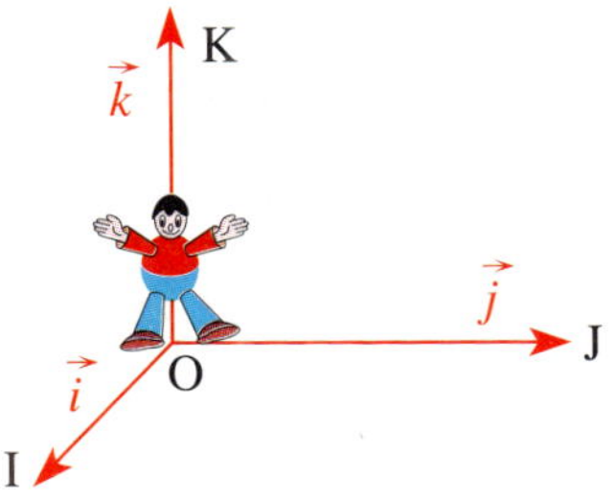

Nous admettons que l'orientation des repères de l'espace ne dépend pas du point O.
Une base $(\vec{i}, \vec{j}, \vec{k})$ est directe si pour tout point O de l'espace, le repère $(O, \vec{i}, \vec{j}, \vec{k})$ est direct. Dans l'autre cas, elle est indirecte.

EXEMPLE

Les bases $(\vec{i}, \vec{j}, \vec{k})$ et $(\vec{j}, \vec{i}, \vec{k})$ n'ont pas la même orientation, et donc les bases $(\vec{i}, \vec{j}, \vec{k})$ et $(\vec{j}, \vec{k}, \vec{i})$ ont, elles, la même orientation.
Orienter l'espace, c'est distinguer les repères directs des repères indirects.

b Définition du produit vectoriel

Définition

$\vec{u}$ et $\vec{v}$ sont deux vecteurs de l'espace orienté ; soit A, B et C trois points tels que $\overrightarrow{AB} = \vec{u}$ et $\overrightarrow{AC} = \vec{v}$.
Le produit vectoriel du vecteur $\vec{u}$ par le vecteur $\vec{v}$ est le vecteur $\vec{w}$, noté $\vec{u} \wedge \vec{v}$, tel que :
- **si $\vec{u}$ et $\vec{v}$ sont colinéaires, alors $\vec{w} = \vec{0}$,**
- **si $\vec{u}$ et $\vec{v}$ ne sont pas colinéaires, alors $\vec{w}$ est défini par :**

$$\begin{cases} 1° \ \vec{w} \text{ est normal au plan (ABC),} \\ 2° \ (\vec{u}, \vec{v}, \vec{w}) \text{ est une base directe,} \\ 3° \ \|\vec{w}\| = \|\vec{u}\| \, \|\vec{v}\| \sin \widehat{BAC}. \end{cases}$$

On note aussi quelquefois le produit vectoriel $\vec{u} \times \vec{v}$.

$\sin \widehat{BAC} = \left|\sin\left(\overrightarrow{AB}, \overrightarrow{AC}\right)\right|$.

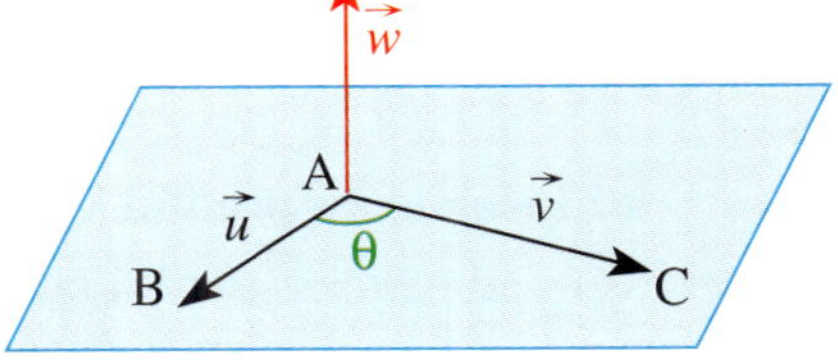

EXEMPLE

Si $(\vec{i}, \vec{j}, \vec{k})$ est une base orthonormale directe, alors $\vec{i} \wedge \vec{j} = \vec{k}$, $\vec{j} \wedge \vec{k} = \vec{i}$, $\vec{k} \wedge \vec{i} = \vec{j}$.

Les bases $(\vec{j}, \vec{k}, \vec{i})$ et $(\vec{k}, \vec{i}, \vec{j})$ sont aussi des bases orthonormales directes.

C Propriétés du produit vectoriel

• Produit vectoriel nul

Par définition, le produit vectoriel de deux vecteurs colinéaires est le vecteur nul. En revanche, le produit vectoriel de deux vecteurs non colinéaires $\vec{u}$ et $\vec{v}$ est non nul car la norme de $\vec{u} \wedge \vec{v}$ est le produit de trois réels non nuls : $\|\vec{u}\|$, $\|\vec{v}\|$ et $\sin\theta$.

Le produit vectoriel de deux vecteurs est nul si et seulement si ces vecteurs sont colinéaires.

En particulier, pour tout vecteur $\vec{u}$

$\vec{u} \wedge \vec{0} = \vec{0} \wedge \vec{u}$ et $\vec{u} \wedge \vec{u} = \vec{0}$.

• Comparaison de $\vec{u} \wedge \vec{v}$ et de $\vec{v} \wedge \vec{u}$

Pour $\vec{u}$ et $\vec{v}$ non colinéaires, on a :

1° $\vec{u} \wedge \vec{v}$ et $\vec{v} \wedge \vec{u}$ sont normaux au plan (ABC) ; ils sont donc colinéaires.

2° $(\vec{u}, \vec{v}, \vec{u} \wedge \vec{v})$ et $(\vec{v}, \vec{u}, \vec{v} \wedge \vec{u})$ sont deux bases directes, donc $\vec{u} \wedge \vec{v}$ et $\vec{v} \wedge \vec{u}$ ne sont pas de même sens.

3° $\|\vec{u} \wedge \vec{v}\| = \|\vec{v} \wedge \vec{u}\|$.

Pour $\vec{u}$ et $\vec{v}$ colinéaires, on a : $\vec{u} \wedge \vec{v} = \vec{v} \wedge \vec{u} = \vec{0}$.

En conclusion :
pour tous vecteurs $\vec{u}$ et $\vec{v}$

$$\vec{u} \wedge \vec{v} = -\vec{v} \wedge \vec{u}.$$

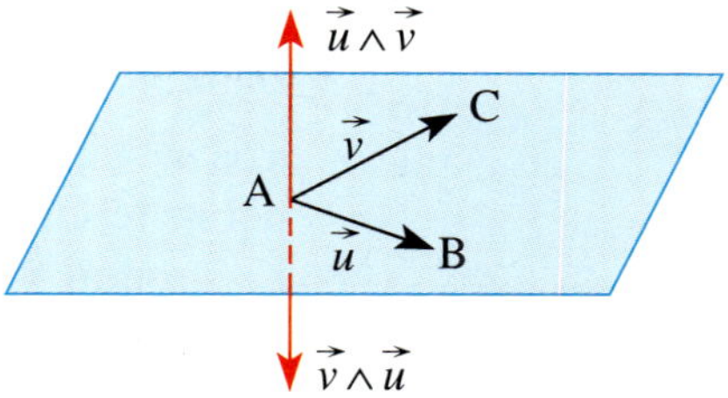

On dit que le produit vectoriel est antisymétrique.

Propriété
Pour tous vecteurs $\vec{u}$ et $\vec{v}$, $\vec{v} \wedge \vec{u} = -\vec{u} \wedge \vec{v}$.

En particulier si $(\vec{i}, \vec{j}, \vec{k})$ est une base orthonormale directe :

$\vec{j} \wedge \vec{i} = -\vec{i} \wedge \vec{j} = -\vec{k}$; de même : $\vec{k} \wedge \vec{j} = -\vec{i}$ et $\vec{i} \wedge \vec{k} = -\vec{j}$.

• Linéarité du produit vectoriel

Nous admettons les résultats suivants :

pour tous vecteurs $\vec{u}$, $\vec{v}$ et $\vec{v}'$, et pour tout réel k :

$$(k\vec{u}) \wedge \vec{v} = k(\vec{u} \wedge \vec{v})$$
$$\vec{u} \wedge (\vec{v} + \vec{v}') = \vec{u} \wedge \vec{v} + \vec{u} \wedge \vec{v}'.$$

On a des égalités analogues pour le développement de $\vec{u} \wedge (k\vec{v})$ et $(\vec{u} + \vec{u}') \wedge \vec{v}$.

d Expression analytique dans une base orthonormale directe

Soit une base directe $(\vec{i}, \vec{j}, \vec{k})$ de l'espace.

Pour deux vecteurs $\vec{u}$ et $\vec{v}$ donnés, posons :

$$\vec{u} = x\vec{i} + y\vec{j} + z\vec{k} \quad \text{et} \quad \vec{v} = x'\vec{i} + y'\vec{j} + z'\vec{k}$$

et calculons $\vec{u} \wedge \vec{v}$.

D'après les propriétés précédentes de linéarité, $\vec{u} \wedge \vec{v}$ va s'écrire comme somme de $3 \times 3 = 9$ vecteurs.

Rappelons que $\vec{i} \wedge \vec{i} = \vec{j} \wedge \vec{j} = \vec{k} \wedge \vec{k} = \vec{0}$
$\vec{j} \wedge \vec{i} = -(\vec{i} \wedge \vec{j})$...

$$\begin{aligned}\vec{u} \wedge \vec{v} = \ & xx'(\vec{i} \wedge \vec{i}) + xy'(\vec{i} \wedge \vec{j}) + xz'(\vec{i} \wedge \vec{k}) \\ & + yx'(\vec{j} \wedge \vec{i}) + yy'(\vec{j} \wedge \vec{j}) + yz'(\vec{j} \wedge \vec{k}) \\ & + zx'(\vec{k} \wedge \vec{i}) + zy'(\vec{k} \wedge \vec{j}) + zz'(\vec{k} \wedge \vec{k})\end{aligned}$$

$$\vec{u} \wedge \vec{v} = (xy' - yx')(\vec{i} \wedge \vec{j}) + (zx' - xz')(\vec{k} \wedge \vec{i}) + (yz' - zy')(\vec{j} \wedge \vec{k}).$$

Finalement :

$\vec{i} \wedge \vec{j} = \vec{k}$, $\vec{j} \wedge \vec{k} = \vec{i}$ et $\vec{k} \wedge \vec{i} = \vec{j}$.

> ***Théorème***
> **Dans une base orthonormale directe $(\vec{i}, \vec{j}, \vec{k})$,**
> **si $\vec{u} = x\vec{i} + y\vec{j} + z\vec{k}$ et $\vec{v} = x'\vec{i} + y'\vec{j} + z'\vec{k}$, alors :**
> $$\vec{u} \wedge \vec{v} = (yz' - zy')\vec{i} + (zx' - xz')\vec{j} + (xy' - yx')\vec{k}.$$

• Disposition pratique du calcul de $\vec{u} \wedge \vec{v}$

Si $\vec{u} = x\vec{i} + y\vec{j} + z\vec{k}$ et $\vec{v} = x'\vec{i} + y'\vec{j} + z'\vec{k}$, notons $\vec{u} \wedge \vec{v} = X\vec{i} + Y\vec{j} + Z\vec{k}$.

On écrit les coordonnées des deux vecteurs $\vec{u}$ et $\vec{v}$ en colonnes en respectant l'ordre et deux lignes supplémentaires identiques aux deux premières.

$\vec{u}$	$\vec{v}$		$\vec{u}$	$\vec{v}$		$\vec{u}$	$\vec{v}$
x	x'		x	x'		x	x'
y	y'		y	y'		y	y'
z	z'		z	z'		z	z'
x	x'		x	x'		x	x'
y	y'		y	y'		y	y'

On a : $\quad X = \begin{vmatrix} y & y' \\ z & z' \end{vmatrix} \qquad Y = \begin{vmatrix} z & z' \\ x & x' \end{vmatrix} \qquad Z = \begin{vmatrix} x & x' \\ y & y' \end{vmatrix}$

si l'on note $\begin{vmatrix} a & c \\ b & d \end{vmatrix} = ad - bc$

e Utilisation du produit vectoriel

Exercice résolu

Déterminer une équation du plan P de repère $(A, \vec{u}, \vec{v})$ avec $A(1\,;2\,;-2)$, $\vec{u}(-2\,;0\,;3)$ et $\vec{v}(-3\,;2\,;5)$.

Calculons $\vec{u} \wedge \vec{v} = \vec{n}$. On obtient : $\vec{n}(-6\,;1\,;-4)$.

$\vec{n}$ étant non nul, $\vec{u}$ et $\vec{v}$ sont non colinéaires ; donc il existe un plan et un seul P, de repère $(A, \vec{u}, \vec{v})$.

P est le plan passant par A et de vecteur normal $\vec{n}$:

$M \in P$ si et seulement si $\overrightarrow{AM} \cdot \vec{n} = 0$,

ce qui équivaut à :

$$6x - y + 4z + 4 = 0.$$

5. COMPLÉMENTS SUR LES TRANSFORMATIONS

Exercice résolu 1

Le plan est muni d'un repère orthonormal $(O, \vec{i}, \vec{j})$. Soit $\vec{u}(-2\,;5)$.
Soit M un point du plan de coordonnées $(x\,;y)$.
On note $M'(x'\,;y')$ l'image de M par la translation de vecteur $\vec{u}$.
Calculer x' et y' en fonction de x et y.

$\overrightarrow{MM'} = \vec{u}$ se traduit par $\begin{cases} x' - x = -2 \\ y' - y = 5 \end{cases}$

d'où $\begin{cases} x' = x - 2 \\ y' = y + 5. \end{cases}$

Exercice résolu 2

Le plan est muni d'un repère orthonormal $(O, \vec{i}, \vec{j})$. Soit h la transformation du plan qui à tout point $M(x\,;y)$ associe le point $M'(x'\,;y')$ tel que :

$$\begin{cases} x' = -2x + 3 \\ y' = -2y - 9. \end{cases}$$

1° Rechercher les points invariants par h.

2° Montrer que h est une homothétie dont on précisera le centre et le rapport.

1° $M(x\,;y)$ est invariant par h si et seulement si

$\begin{cases} x = -2x + 3 \\ y = -2y - 9 \end{cases}$ donc $\begin{cases} x = 1 \\ y = -3. \end{cases}$

h a donc un unique point invariant : $I(1\,;-3)$.

2° $\overrightarrow{IM'}(x' - 1\,;y' + 3)$ et $\overrightarrow{IM}(x - 1\,;y + 3)$.

Or $\begin{cases} x' - 1 = -2x + 2 = -2(x-1) \\ y' + 3 = -2y - 6 = -2(y+3) \end{cases}$

donc pour tout point M du plan, son image M′ par h vérifie $\overrightarrow{IM'} = -2\overrightarrow{IM}$:
h est l'homothétie de centre I et de rapport – 2.

Exercice résolu 3

Le plan est muni d'un repère orthonormal direct $(O, \vec{i}, \vec{j})$. Soit r la rotation de centre $\Omega(-1\,;1)$ et d'angle $\dfrac{\pi}{3}$.

Soit $M(x\,;y)$, on note $M'(x'\,;y')$ son image par r.
Calculer x' et y' en fonction de x et y.

Notons m l'image de M par le quart de tour direct de centre Ω.

On a : $\overrightarrow{\Omega M'} = \cos\dfrac{\pi}{3}\,\overrightarrow{\Omega M} + \sin\dfrac{\pi}{3}\,\overrightarrow{\Omega m}$

donc $\overrightarrow{\Omega M'} = \dfrac{1}{2}\overrightarrow{\Omega M} + \dfrac{\sqrt{3}}{2}\overrightarrow{\Omega m}.$

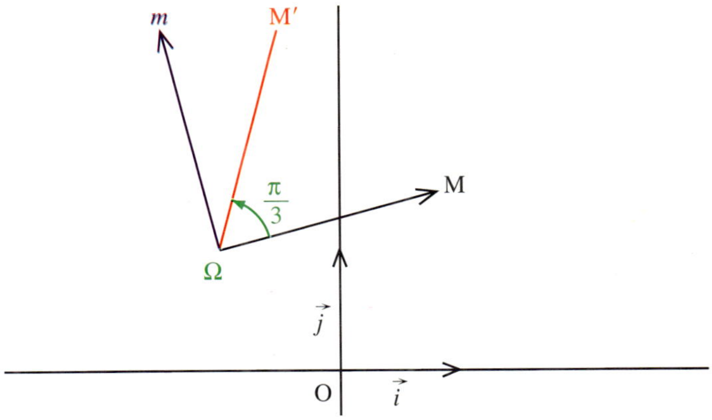

Notons M(X ; Y) et M′(X′ ; Y′) dans le repère $(\Omega, \vec{i}, \vec{j})$.
L'égalité précédente se traduit par :

$$\begin{cases} X' = \dfrac{1}{2}X - \dfrac{\sqrt{3}}{2}Y \\ Y' = \dfrac{1}{2}Y + \dfrac{\sqrt{3}}{2}X \end{cases} \text{ avec } \begin{cases} X = x+1 \\ Y = y-1 \end{cases} \text{ et } \begin{cases} X' = x'+1 \\ Y' = y'-1 \end{cases}$$

d'où $\begin{cases} x'+1 = \dfrac{1}{2}(x+1) - \dfrac{\sqrt{3}}{2}(y-1) \\ y'-1 = \dfrac{1}{2}(y-1) + \dfrac{\sqrt{3}}{2}(x+1) \end{cases}$

soit $\begin{cases} x' = \dfrac{1}{2}x - \dfrac{\sqrt{3}}{2}y + \dfrac{\sqrt{3}-1}{2} \\ y' = \dfrac{\sqrt{3}}{2}x + \dfrac{1}{2}y + \dfrac{\sqrt{3}+1}{2}. \end{cases}$

ORIENTATION ET PRODUIT VECTORIEL

EXERCICES ET PROBLÈMES

POUR SAVOIR FAIRE ***Objectifs à atteindre***	**Exercices appropriés**
Déterminer une mesure d'un angle orienté	1 à 4 8 et 9
Calculer un déterminant de deux vecteurs	5 à 7 14
Établir des propriétés du déterminant de deux vecteurs	10 à 13
Déterminer un ensemble de points défini par – un déterminant – un angle – un produit vectoriel	 15 et 16 19 et 20 36 et 37
Utiliser des propriétés des points cocycliques	17 et 18
Reconnaître des bases orthonormales directes	21 à 23
Calculer un produit vectoriel	24 à 32
Établir des propriétés du produit vectoriel	33 à 35
Écrire une équation d'un plan	38 à 41

POUR CHERCHER ***Sujets abordés***	**Exercices appropriés**
Points cocycliques	42 à 46
Déterminant et produit vectoriel	47 à 49
Produit vectoriel	50 à 58
Problèmes divers	59 à 65

POUR SAVOIR FAIRE

Dans tous les exercices qui suivent, on suppose le plan (ou l'espace) orienté et qu'un repère orthonormal direct $(O, \vec{i}, \vec{j})$*, ou* $(O, \vec{i}, \vec{j}, \vec{k})$ *est donné.*

Angles orientés

1 On donne $(\vec{u}, \vec{v}) = \alpha$; exprimer en fonction de α :

$(-2\vec{u}, \vec{v})$, $(\vec{u}, -\vec{v})$, $(3\vec{v}, -2\vec{u})$, $\left(-\frac{1}{4}\vec{v}, 3\vec{u}\right)$.

2 On donne $(\vec{u}, \vec{v}) = \frac{3\pi}{5}$ et $(-\vec{u}, \vec{w}) = \frac{2\pi}{3}$.

Calculer $(\vec{v}, \vec{w})$.

3 ABCD est un parallélogramme de centre O.

On donne $\left(\overrightarrow{OA}, \overrightarrow{OB}\right) = \frac{2\pi}{3}$.

Calculer les angles suivants :

$\left(\overrightarrow{OA}, \overrightarrow{OD}\right)$, $\left(\overrightarrow{OB}, \overrightarrow{OC}\right)$, $\left(\overrightarrow{OD}, \overrightarrow{OC}\right)$.

4 On donne $\left(\overrightarrow{AB}, \overrightarrow{AC}\right) = \frac{3\pi}{4}$ et $\left(\overrightarrow{BA}, \overrightarrow{BC}\right) = -\frac{\pi}{5}$.

Calculer $\left(\overrightarrow{CA}, \overrightarrow{CB}\right)$.

Déterminant d'un couple de vecteurs

5 Calculer $\det(\vec{u}, \vec{v})$ pour chacun des couples $(\vec{u}, \vec{v})$ de vecteurs donnés par leurs coordonnées :

a) $\vec{u}\left(\sqrt{3}\,;\sqrt{5}\right)$ et $\vec{v}\left(\dfrac{1}{\sqrt{5}}\,;-\dfrac{1}{\sqrt{3}}\right)$.

b) $\vec{u}\begin{pmatrix}\dfrac{1}{k}\,;k\end{pmatrix}$ et $\vec{v}\begin{pmatrix}k\,;-\dfrac{1}{k}\end{pmatrix}$ avec $k \neq 0$.

c) $(4{,}9\,;0{,}1)$ et $\vec{v}\begin{pmatrix}7\,;\dfrac{1}{7}\end{pmatrix}$. Conclure.

6 Même énoncé que le n°**5** avec :

a) $\vec{u}(\sin\alpha\,;\cos\alpha)$ et $\vec{v}(\sin(\alpha+\pi)\,;\cos(\alpha+\pi))$.

b) $\vec{u}(a\,;0)$ et $\vec{v}(a\,;2a)$ avec $a \in \mathbb{R}$.

c) $\vec{u}\left(\sqrt{a}+\sqrt{b}\,;1\right)$ et $\vec{v}\left(a-b\,;\sqrt{a}-\sqrt{b}\right)$

avec a et $b \in [0\,;+\infty[$.

7 On donne deux points distincts A et B avec $AB = a$.
C est l'image de B par la rotation de centre A et d'angle $\dfrac{\pi}{3}$.

Calculer $\det\left(\overrightarrow{AB}, \overrightarrow{AC}\right)$.

8 Dans un repère orthonormal on donne les points : $A(-1\,;2)$, $B(1\,;1)$ et $C(-6\,;-3)$.
Calculer la mesure principale en radians de $\left(\overrightarrow{AB}, \overrightarrow{AC}\right)$.
(On pourra calculer $\det\left(\overrightarrow{AB}, \overrightarrow{AC}\right)$ et $\overrightarrow{AB}\cdot\overrightarrow{AC}$).

9 Même énoncé que le n°**8** avec :
$A(-3\,;-1)$, $B\left(4\,;\sqrt{2}\right)$ et $C(-3\,;7)$.

10 Montrer que : $\vec{u} = \det(\vec{u}, \vec{j})\,\vec{i} + \det(\vec{i}, \vec{u})\,\vec{j}$.

11 Justifier l'égalité : $\det(k\vec{u}, \vec{v}) = k\det(\vec{u}, \vec{v})$,
en utilisant $\det(\vec{u}, \vec{v}) = \|\vec{u}\| \times \|\vec{v}\| \sin(\vec{u}, \vec{v})$.

12 Dans une base orthonormale directe $(\vec{i}, \vec{j})$, on donne les vecteurs $\vec{u}(a\,;b)$, $\vec{v}(c\,;d)$ et $\vec{w}(e\,;f)$.
Vérifier analytiquement que :

$$\det(\vec{u}, \vec{v}+\vec{w}) = \det(\vec{u}, \vec{v}) + \det(\vec{u}, \vec{w}).$$

13 Énoncer une condition nécessaire et suffisante pour que :

$$\det(\vec{u}, \vec{v}) = \|\vec{u}\| \times \|\vec{v}\|.$$

Faire la démonstration.

14 ***Aire d'un parallélogramme***
Calculer l'aire du parallélogramme ABCD.

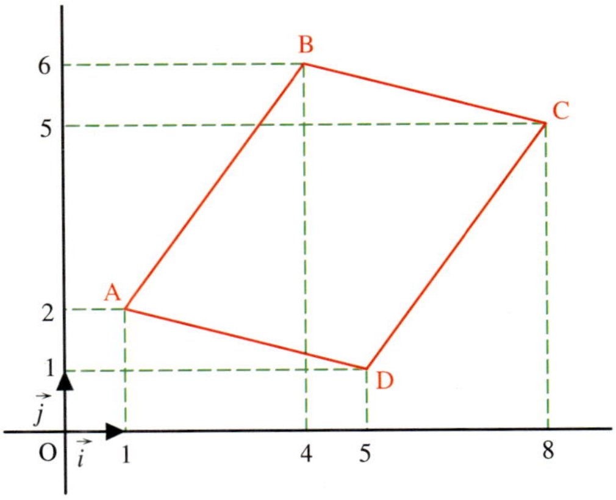

Déterminant et recherche d'ensembles

15 On donne trois points non alignés A, B et C.
Quelle est, dans chacun des cas, l'ensemble des points M du plan tels que :

a) $\det\left(\overrightarrow{AB}, \overrightarrow{AM}\right) = \det\left(\overrightarrow{AB}, \overrightarrow{AC}\right)$?

b) $\det\left(\overrightarrow{AM}, \overrightarrow{BC}\right) = \det\left(\overrightarrow{AB}, \overrightarrow{BC}\right)$?

c) $\det\left(\overrightarrow{AB}, \overrightarrow{AM}\right) = \det\left(\overrightarrow{BA}, \overrightarrow{AC}\right)$?

16 Même énoncé que le n°**15** avec :

a) $\det\left(\overrightarrow{AB}, \overrightarrow{CM}\right) = 0$.

b) $\det\left(\overrightarrow{AB}, \overrightarrow{AM}\right) < 0$.

c) $\det\left(\overrightarrow{AM}, \overrightarrow{AB}\right) + \det\left(\overrightarrow{AM}, \overrightarrow{AC}\right) = 0$.

d) $\det\left(\overrightarrow{AM}, \overrightarrow{AB}\right) = \dfrac{1}{2}\,AB^2$.

Points cocycliques

$\mathcal{P}$ est le plan orienté.

17 ABC est un triangle ; O est le point de concours des médiatrices du triangle.
Exprimer les angles $\left(\overrightarrow{OA}, \overrightarrow{OB}\right)$, $\left(\overrightarrow{OB}, \overrightarrow{OC}\right)$ et $\left(\overrightarrow{OC}, \overrightarrow{OA}\right)$ à l'aide des angles définis par le triangle.

18 A et B sont deux points distincts d'un cercle C de centre O tels que : $\left(\overrightarrow{OA}, \overrightarrow{OB}\right) = \dfrac{2\pi}{3}$;
les tangentes à C en A et B se coupent en D.
Montrer que le triangle ABD est équilatéral.

19 On donne trois points non alignés A, B et C.

a) Quel est l'ensemble E des points M de $\mathcal{P}$ tels que :

$$\left(\overrightarrow{MB}, \overrightarrow{MC}\right) = \left(\overrightarrow{AB}, \overrightarrow{AC}\right) \ ?$$

b) Soit E′ l'image de l'ensemble E par la réflexion d'axe (BC). Caractériser les points de E′.

c) Quel est l'ensemble F des points M de $\mathcal{P}$ tels que :

$$\widehat{BMC} = \widehat{BAC} \ ?$$

20 On donne trois points A, B et C non alignés. Montrer que l'ensemble des points M du plan $\mathcal{P}$ tels que :

$$\left(\overrightarrow{MB}, \overrightarrow{MC}\right) = \frac{1}{2}\left(\overrightarrow{AB}, \overrightarrow{AC}\right) \quad (\pi)$$

est un cercle privé de B et C, dont on précisera le centre et le rayon.

Orientation de l'espace

21 Parmi les bases orthonormales suivantes, indiquer celles qui sont directes et celles qui sont indirectes [on rappelle que $(\vec{i}, \vec{j}, \vec{k})$ a été choisie directe].

a) $\mathcal{B}_1 = (\vec{i}, \vec{j}, \vec{k})$
$\mathcal{B}_2 = (\vec{i}, \vec{j}, -\vec{k})$
$\mathcal{B}_3 = (\vec{i}, -\vec{j}, \vec{k})$
$\mathcal{B}_4 = (\vec{i}, -\vec{j}, -\vec{k})$
$\mathcal{B}_5 = (-\vec{i}, \vec{j}, \vec{k})$
$\mathcal{B}_6 = (-\vec{i}, \vec{j}, -\vec{k})$
$\mathcal{B}_7 = (-\vec{i}, -\vec{j}, \vec{k})$
$\mathcal{B}_8 = (-\vec{i}, -\vec{j}, -\vec{k})$

b) $\mathcal{B}_1 = (\vec{i}, \vec{j}, \vec{k})$
$\mathcal{B}_2 = (\vec{i}, \vec{k}, \vec{j})$
$\mathcal{B}_3 = (\vec{j}, \vec{i}, \vec{k})$
$\mathcal{B}_4 = (\vec{j}, \vec{k}, \vec{i})$
$\mathcal{B}_5 = (\vec{k}, \vec{i}, \vec{j})$
$\mathcal{B}_6 = (\vec{k}, \vec{j}, \vec{i})$

22 Soit les trois vecteurs : $\vec{u}\left(\dfrac{1}{\sqrt{2}} ; -\dfrac{1}{\sqrt{2}} ; 0\right)$;

$\vec{v}\left(\dfrac{1}{\sqrt{3}} ; \dfrac{1}{\sqrt{3}} ; -\dfrac{1}{\sqrt{3}}\right)$ et $\vec{w}\left(\dfrac{1}{\sqrt{6}} ; \dfrac{1}{\sqrt{6}} ; \dfrac{2}{\sqrt{6}}\right)$.

Montrer que $(\vec{u}, \vec{v}, \vec{w})$ est une base orthonormale directe.

23 Même énoncé que l'exercice **22** avec :

$\vec{u}\left(-\dfrac{8}{9} ; \dfrac{4}{9} ; \dfrac{1}{9}\right)$;

$\vec{v}\left(\dfrac{4}{9} ; \dfrac{7}{9} ; \dfrac{4}{9}\right)$ et $\vec{w}\left(\dfrac{1}{9} ; \dfrac{4}{9} ; -\dfrac{8}{9}\right)$.

Produit vectoriel

24 Le repère $(A, \overrightarrow{AB}, \overrightarrow{AD}, \overrightarrow{AF})$ formé sur le cube ABCDEFGH est orthonormal et direct.

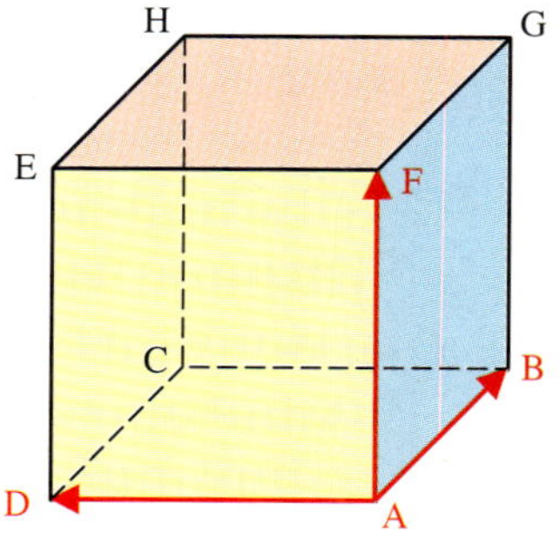

À l'aide des points de la figure définir les vecteurs suivants :

$\overrightarrow{AB} \wedge \overrightarrow{AD}$; $\overrightarrow{AB} \wedge \overrightarrow{AC}$; $\overrightarrow{AC} \wedge \overrightarrow{BD}$;
$\overrightarrow{AC} \wedge \overrightarrow{AH}$; $\overrightarrow{AC} \wedge \overrightarrow{AG}$; $\overrightarrow{AG} \wedge \overrightarrow{BH}$.

25 Voici des couples de vecteurs définis par leurs coordonnées :

a) $\vec{u}(2 ; -2 ; 1)$ et $\vec{v}(7 ; -3 ; 2)$;

b) $\vec{u}(-4 ; -2 ; 0)$ et $\vec{v}(1 ; 2 ; 0)$;

c) $\vec{u}(0 ; 6 ; 2)$ et $\vec{v}(5 ; 0 ; 0)$;

d) $\vec{u}(3 ; 2 ; 4)$ et $\vec{v}(-4 ; 4 ; 1)$;

e) $\vec{u}\left(-\dfrac{1}{3} ; 0 ; \dfrac{1}{4}\right)$ et $\vec{v}\left(-\sqrt{2} ; 0 ; 0\right)$;

f) $\vec{u}(9 ; -21 ; 57)$ et $\vec{v}(-3 ; 7 ; -19)$.

Pour chacun des couples $(\vec{u}, \vec{v})$ indiqués ci-dessus, calculer le produit vectoriel $\vec{u} \wedge \vec{v}$.

26 Soit $\vec{u} = 3\vec{i} - 4\vec{j} + 7\vec{k}$ et $\vec{v} = \vec{i} + \vec{j} - \vec{k}$.
Trouver deux vecteurs unitaires orthogonaux à $\vec{u}$ et à $\vec{v}$.

27 1° On donne les vecteurs $\vec{u}_1$ et $\vec{v}_1$ de coordonnées respectives $(1 ; 1 ; 1)$ et $(1 ; 2 ; -3)$.
Vérifier qu'ils sont orthogonaux.

2° Trouver trois vecteurs $\vec{u}$, $\vec{v}$ et $\vec{w}$ tels que $(\vec{u}, \vec{v}, \vec{w})$ soit une base orthonormale directe et que $\vec{u}$ et $\vec{v}$ soient respectivement colinéaires à $\vec{u}_1$ et $\vec{v}_1$.

28 Soit $\vec{u}\left(\sqrt{2}-1\,;1\,;\sqrt{2}+1\right)$

et $\vec{v}\left(1\,;\sqrt{2}+1\,;3+2\sqrt{2}\right)$.

Calculer $\vec{u}\wedge\vec{v}$; qu'en déduit-on pour $\vec{u}$ et $\vec{v}$? Vérifier ce résultat par un autre calcul.

29 Soit $\vec{u}(1\,;0\,;1)$, $\vec{v}(2\,;1\,;0)$ et $\vec{w}(1\,;-1\,;2)$.
Calculer $(\vec{u}\wedge\vec{v})\wedge\vec{w}$ et $\vec{u}\wedge(\vec{v}\wedge\vec{w})$.
Qu'en déduit-on pour le produit vectoriel ?

30 Simplifier, dans le cas où $\vec{u}$ et $\vec{v}$ sont des vecteurs quelconques :

$\vec{a}=(2\vec{u}+3\vec{v})\wedge(2\vec{u}+3\vec{v})$;

$\vec{b}=(2\vec{u}+3\vec{v})\wedge(2\vec{u}-3\vec{v})$;

$\vec{c}=(x\vec{u}+y\vec{v})\wedge(x'\vec{u}+y'\vec{v})$.

31 $\vec{u}$ et $\vec{v}$ sont deux vecteurs non colinéaires de l'espace.

a) Calculer $(a\vec{u}+b\vec{v})\wedge(c\vec{u}+d\vec{v})$ où *a*, *b* *c* et *d* sont des réels.

b) En déduire que $a\vec{u}+b\vec{v}$ et $c\vec{u}+d\vec{v}$ sont colinéaires si et seulement si :

$ad-bc=0$.

32 *a*) On considère les vecteurs :
$\vec{u}(-1\,;-1\,;0)$ et $\vec{v}(2\,;-2\,;2)$.
Donner deux vecteurs $\vec{w}$ tels que :

$\vec{u}\wedge\vec{w}=\vec{v}$.

b) Même question avec $\vec{u}(1\,;-2\,;1)$ et $\vec{v}(-1\,;3\,;5)$.

33 *a*) Démontrer que $\vec{u}$, $\vec{v}$ et $\vec{w}$ sont coplanaires si et seulement si $(\vec{u}\wedge\vec{v})\cdot\vec{w}=0$.

b) On donne les vecteurs :
$\vec{u}(2\,;-1\,;1)$ et $\vec{v}(1\,;-1\,;3)$.
Utiliser le *a*) pour vérifier que :
$\vec{w}(4\,;-3\,;7)$ est coplanaire à $\vec{u}$ et $\vec{v}$.

Écrire une condition sur les réels *a*, *b* et *c* pour que le vecteur $\vec{t}(a\,;b\,;c)$ soit coplanaire aux vecteurs $\vec{u}$ et $\vec{v}$.

34 Soit $\vec{v}$ un vecteur quelconque et $\vec{u}$ un vecteur unitaire. Démontrer que :

$$\|(\vec{u}\wedge\vec{v})\wedge\vec{u}\|=\|\vec{u}\wedge\vec{v}\|.$$

35 Montrer que $\|\vec{u}\wedge\vec{v}\|=\|\vec{u}\|\times\|\vec{v}\|$ si et seulement si $\vec{u}$ et $\vec{v}$ sont orthogonaux.

Ensembles de points

36 *a*) Quel est l'ensemble E des points M de l'espace tels que : $\overrightarrow{AM}\wedge\overrightarrow{AB}=\vec{0}$,

lorsque $A\neq B$? lorsque $A=B$?

b) Quel est l'ensemble F des points M de l'espace tels que : $\overrightarrow{AM}\cdot\overrightarrow{AB}=0$,

lorsque $A\neq B$? lorsque $A=B$?

37 $\vec{u}$ et $\vec{v}$ sont deux vecteurs non colinéaires de l'espace $\mathscr{E}$ et A est un point donné.

a) Quel est l'ensemble des points M de $\mathscr{E}$ tels que :

$(\vec{u}\wedge\vec{v})\wedge\overrightarrow{AM}=\vec{0}$?

b) Quel est l'ensemble des points M de $\mathscr{E}$ tels que :

$(\vec{u}\wedge\vec{v})\cdot\overrightarrow{AM}=0$?

Équation d'un plan

38 Écrire une équation du plan de repère $(A, \vec{u}, \vec{v})$ avec $A(1\,;-2\,;3)$, $\vec{u}(2\,;-1\,;5)$ et $\vec{v}(1\,;3\,;1)$.

39 Écrire une équation du plan de repère $(A, \vec{u}, \vec{v})$ avec $A(-3\,;5\,;2)$, $\vec{u}(-1\,;3\,;4)$ et $\vec{v}(0\,;1\,;2)$.

40 Écrire une équation du plan passant par :

$A(1\,;0\,;0)$, $B(0\,;1\,;0)$ et $C(0\,;0\,;1)$.

41 Écrire une équation du plan passant par :

$A(1\,;2\,;1)$, $B(3\,;-1\,;1)$ et $C(-1\,;0\,;2)$.

Résultats des exercices dont le numéro est en couleur

1. $(-2\vec{u}, \vec{v}) = (\vec{u}, -\vec{v}) = \alpha + \pi$;

$(3\vec{v}, -2\vec{u}) = \left(-\frac{1}{4}\vec{v}\,; 3\vec{u}\right) = \pi - \alpha.$

2. $(\vec{v}, \vec{w}) = (\vec{u}, \vec{w}) - (\vec{u}, \vec{v}) = \pi + \frac{2\pi}{3} - \frac{3\pi}{5} = \frac{16\pi}{15}$

$(\vec{v}, \vec{w}) = -\frac{14\pi}{15}.$

4. $(\overrightarrow{CA}, \overrightarrow{CB}) = (\overrightarrow{BA}, \overrightarrow{CB}) - (\overrightarrow{BA}, \overrightarrow{CA}) =$

$$\pi - \frac{\pi}{5} - \frac{3\pi}{4} = \frac{\pi}{20}.$$

5. *a*) -2 ; *b*) $-\left(k^2 + \frac{1}{k^2}\right)$ strictement négatif ;

c) 0 donc $\vec{u}$ et $\vec{v}$ sont colinéaires.

8. $\overrightarrow{AB}(2\,;-1)$ et $\overrightarrow{AC}(-5\,;-5)$.
On obtient :

$\det(\overrightarrow{AB}, \overrightarrow{AC}) = -15$; $\overrightarrow{AB} \cdot \overrightarrow{AC} = -5$;

$AB = \sqrt{5}$ et $AC = 5\sqrt{2}$.

D'où en posant $\alpha = (\overrightarrow{AB}, \overrightarrow{AC})$

$$\left.\begin{aligned} \sin\alpha &= \frac{\det(\overrightarrow{AB},\overrightarrow{AC})}{AB \times AC} = \frac{-15}{5\sqrt{10}} = \frac{-3}{\sqrt{10}} \\ \cos\alpha &= \frac{\overrightarrow{AB}\,.\,\overrightarrow{AC}}{AB \times AC} = \frac{-5}{5\sqrt{10}} = \frac{-1}{\sqrt{10}} \end{aligned}\right\} \alpha \simeq -108{,}5.$$

10. Posons $\vec{u} = a\vec{i} + b\vec{j}$;
$\det(\vec{u}, \vec{j}) = a$, $\det(\vec{i}, \vec{u}) = b$.

11. Pour $k \neq 0$, $\vec{u} \neq 0$ et $\vec{v} \neq 0$:

si $k > 0$, alors $(k\vec{u}, \vec{v}) = (\vec{u}, \vec{v})$: les sinus de ces angles sont égaux et de plus $\|k\vec{u}\| = k\|\vec{u}\|$;

si $k < 0$, alors $(k\vec{u}, \vec{v}) = (\vec{u}, \vec{v}) + \pi$: les sinus de ces angles sont opposés mais $\|k\vec{u}\| = -k\|\vec{u}\|$.

Dans les autres cas, $\det(\vec{u}, \vec{v}) = 0$.

14. $|\det(\overrightarrow{AB}, \overrightarrow{AD})| = 19$.

15. *a*) Droite de repère $(C, \overrightarrow{AB})$.

b) Droite (BC)

c) La condition donnée est équivalente à :

$\det(\overrightarrow{AB}, \overrightarrow{AM}) = \det(\overrightarrow{AB}, \overrightarrow{CA})$.

Soit C′ tel que $\overrightarrow{AC'} = \overrightarrow{CA}$, nous obtenons :

$\det(\overrightarrow{AB}, \overrightarrow{AM}) = \det(\overrightarrow{AB}, \overrightarrow{AC'})$.

$\det(\overrightarrow{AB}, \overrightarrow{C'M}) = 0$.

L'ensemble cherché est la droite de repère $(C', \overrightarrow{AB})$.

19. *a*) Soit $\mathscr{C}$ le cercle circonscrit à A, B et C.
E est l'arc $\overset{\frown}{BC}$ de $\mathscr{C}$ contenant A.

b) $M' \in E'$ si et seulement si
$(\overrightarrow{M'B}, \overrightarrow{M'C}) = -(\overrightarrow{AB}, \overrightarrow{AC})$.

c) $F = E \cup E'$.

21. *a*) Les bases formées avec un nombre pair de signes moins sont directes : $\mathscr{B}_1$, $\mathscr{B}_4$, $\mathscr{B}_6$ et $\mathscr{B}_7$.

b) $\mathscr{B}_1$, $\mathscr{B}_4$, et $\mathscr{B}_5$ sont directes.

22. et **23.** $\|\vec{u}\| = \|\vec{v}\| = 1$,
$\vec{u} \cdot \vec{v} = 0$ et $\vec{u} \wedge \vec{v} = \vec{w}$.

24. $\overrightarrow{AB} \wedge \overrightarrow{AD} = \overrightarrow{AF}$; $\overrightarrow{AB} \wedge \overrightarrow{AC} = \overrightarrow{AB} \wedge \overrightarrow{AD} = \overrightarrow{AF}$;

$\overrightarrow{AC} \wedge \overrightarrow{BD} = (\overrightarrow{AD} + \overrightarrow{AB}) \wedge (\overrightarrow{AD} - \overrightarrow{AB})$
$= 2\overrightarrow{AB} \wedge \overrightarrow{AD} = 2\overrightarrow{AF}$;

$\overrightarrow{AC} \wedge \overrightarrow{AH} = \overrightarrow{AC} \wedge \overrightarrow{AF} = (\overrightarrow{AD} + \overrightarrow{AB}) \wedge \overrightarrow{AF}$
$= \overrightarrow{AB} - \overrightarrow{AD} = \overrightarrow{DB}$;

$\overrightarrow{AC} \wedge \overrightarrow{AG} = (\overrightarrow{AB} + \overrightarrow{AD}) \wedge (\overrightarrow{AB} + \overrightarrow{AF})$
$= -\overrightarrow{AD} - \overrightarrow{AF} + \overrightarrow{AB} = \overrightarrow{EB}$;

$\overrightarrow{AG} \wedge \overrightarrow{BH} = (\overrightarrow{AB} + \overrightarrow{AF}) \wedge (\overrightarrow{AD} + \overrightarrow{AF})$
$= \overrightarrow{AF} - \overrightarrow{AD} - \overrightarrow{AB} = \overrightarrow{CF}$.

25. *a*) $(-1\,;3\,;8)$. *b*) $(0\,;0\,;-6)$. *c*) $(0\,;10\,;-30)$.

d) $(-14\,;-19\,;20)$. *e*) $\left(0\,; -\frac{\sqrt{2}}{4}\,; 0\right)$. *f*) $(0\,;0\,;0)$.

28. $\vec{u} \wedge \vec{v} = \vec{0}$; $\vec{u}$ et $\vec{v}$ sont donc colinéaires.

$\vec{v} = \left(\sqrt{2} + 1\right)\vec{u}$.

$(\vec{u} \wedge \vec{v}) \wedge \vec{w}(5\,;3\,;-1)$
$\vec{u} \wedge (\vec{v} \wedge \vec{w})(4\,;5\,;-4)$.

29. $(\vec{u} \wedge \vec{v}) \wedge \vec{w} \neq \vec{u} \wedge (\vec{v} \wedge \vec{w})$.
Le produit vectoriel n'est pas associatif.

30. $\vec{a} = \vec{0}$; $\vec{b} = -12\vec{u} \wedge \vec{v}$; $\vec{c} = (xy' - x'y)\vec{u} \wedge \vec{v}$.

32. *a*) $\vec{w}_1(2\,;0\,;-2)$ et $\vec{w}_2(0\,;-2\,;-2)$.

b) Pas de solution car $\vec{u}$ et $\vec{v}$ ne sont pas orthogonaux.

34. $\|(\vec{u}\wedge\vec{v})\wedge\vec{u}\| = \|\vec{u}\wedge\vec{v}\|\times\|\vec{u}\|\,|\sin(\vec{u}\wedge\vec{v},\vec{u})|$.
Or $\vec{u}\wedge\vec{v}$ et $\vec{u}$ sont orthogonaux, donc :
$|\sin(\vec{u}\wedge\vec{v},\vec{u})| = 1$.
D'où l'égalité cherchée.

36. *a*) Si A ≠ B, E est la droite (AB).
Si A = B, E est l'espace.
b) Si A ≠ B, F est le plan perpendiculaire à (AB) en A.
Si A = B, F est l'espace.
Remarque : si A ≠ B, E est orthogonal à F.

40. $\overrightarrow{AB}\wedge\overrightarrow{AC}$ est un vecteur normal à P.
On obtient :

$$x + y + z - 1 = 0.$$

41. $3x + 2y + 10z - 17 = 0$ (voir **40**).

POUR CHERCHER

Points cocycliques

42 Un triangle ABC est inscrit dans un cercle de de centre O.
On appelle A′ le milieu de l'arc $\overset{\frown}{BC}$ ne contenant pas A, B′ le milieu de $\overset{\frown}{AC}$ ne contenant pas B et C′ le milieu de $\overset{\frown}{AB}$ ne contenant pas C.
Montrer que les droites (AA′), (BB′) et (CC′) sont concourantes.

43 1° M, N, P et Q sont 4 points du plan tels que (MP) soit orthogonale à (NP) et (MQ) orthogonale à (NQ). Montrer que les points M, N, P et Q sont cocycliques. En déduire qu'il existe $k \in \mathbb{Z}$ tel que : $(\overrightarrow{MP}, \overrightarrow{MQ}) = (\overrightarrow{NP}, \overrightarrow{NQ}) + k\pi$.

2° A, B, C et D sont quatre points cocycliques. Les perpendiculaires à (AC) en A et C et les perpendiculaires à (BD) en B et D se coupent en I, J, K et L. Montrer que les points I, J, K et L sont cocycliques.

44 Soit un triangle ABC, et les points P, Q et R pris respectivement sur (BC), (CA), (AB) tous distincts de A, B et C. Démontrer que les cercles circonscrits aux triangles CPQ, AQR et BRP passent par un même point I puis démontrer que A, B, C et I sont cocycliques si et seulement si, les points P, Q et R sont alignés.

45 Soit ABC un triangle (de sens direct) ayant ses trois angles aigus.

1° Construire les cercles C_a, C_b et C_c tels que :

$C_a - \{C, B\}$ soit l'ensemble des points P tels que

$$\widehat{(\overrightarrow{PC}, \overrightarrow{PB})} \equiv \frac{\pi}{3} \quad (\pi)$$

$C_b - \{A, C\}$ soit l'ensemble des points Q tels que

$$\widehat{(\overrightarrow{QA}, \overrightarrow{QC})} \equiv \frac{\pi}{3} \quad (\pi)$$

$C_c - \{B, A\}$ soit l'ensemble des points R tels que

$$\widehat{(\overrightarrow{RB}, \overrightarrow{RA})} \equiv \frac{\pi}{3} \quad (\pi)$$

(on pourra utiliser les triangles équilatéraux construits à l'extérieur du triangle ABC et dont un côté est [CB], [AC] ou [BA]).
Démontrer que C_a, C_b et C_c ont un point commun, noté I.

2° Soit P un point de C_a extérieur au triangle ABC. La droite (PC) recoupe C_b en un point Q. Soit R le point d'intersection des droites (QA) et (PB). Montrer que R est un point de C_c. Quelle est la nature du triangle PQR ?

3° A chaque triangle PQR on associe :

$$l(PQR) = IP + IQ + IR.$$

a) Déterminer P pour que IP soit maximum. Soit P_0 ce point. Construire le triangle $P_0Q_0R_0$ déterminé à partir de P_0.
b) Montrer que $l(PQR)$ est maximum pour $P_0Q_0R_0$.

46 On considère le plan complexe rapporté à un repère orthonormal $(O, \vec{u}, \vec{v})$. Soit U le point d'affixe 1 et V le point d'affixe i. On notera $\arg z$ un argument du nombre complexe non nul z.

1° Démontrer que si A, B, C sont trois points du plan, deux à deux distincts, d'affixes respectives a, b, c on a :

$$(\overrightarrow{AB}, \overrightarrow{AC}) = \arg\left(\frac{c-a}{b-a}\right) \quad (2\pi).$$

2° Quel est l'ensemble des points M du plan, d'affixe z, tels que $\frac{z-i}{z-1}$ soit un imaginaire pur non nul ?

3° On considère dans le plan les points U d'affixe 1, M d'affixe z, M′ d'affixe z' et P d'affixe zz' où z et z' sont deux nombres complexes distincts et différents de 0 et 1.

a) Démontrer que les points M, M′, P sont distincts deux à deux.

b) Démontrer que pour tout z et tout z' vérifiant les conditions ci-dessus :

$$\arg\frac{zz'-z'}{zz'-z} = \arg\frac{z'}{z'-1} - \arg\frac{z}{z-1} \quad (2\pi).$$

c) En déduire que M, M′, P sont alignés si et seulement si les points O, U, M et M′ sont cocycliques ou alignés.

Déterminant et produit vectoriel

47 A, B et C sont trois points non alignés.

a) En utilisant $\overrightarrow{CB} = \overrightarrow{AB} - \overrightarrow{AC}$, comparer $\det(\overrightarrow{AB}, \overrightarrow{AC})$ et $\det(\overrightarrow{CA}, \overrightarrow{CB})$.

b) Comparer $\det(\overrightarrow{AB}, \overrightarrow{AC})$ et $\det(\overrightarrow{BC}, \overrightarrow{BA})$.

c) Combien peut-on construire de parallélogrammes dont trois sommets sont A, B et C. Comparer leurs aires. Pouvait-on prévoir le résultat ?

48 Dans l'espace orienté muni d'une base orthonormale directe $(\vec{i}, \vec{j}, \vec{k})$, on considère les trois points :

$$A(2;0;0)\ ;\ B(0;4;0)\ ;\ C(0;0;3).$$

a) Calculer $\overrightarrow{AB} \wedge \overrightarrow{AC}$, $\overrightarrow{BC} \wedge \overrightarrow{BA}$ et $\overrightarrow{CA} \wedge \overrightarrow{CB}$. Que constate-t-on ?

b) Montrer que cette propriété est générale.

49 Comparer les résultats des deux exercices précédents.

Produit vectoriel

50 ***Vrai ou stupide ?***

Que pensez-vous des égalités suivantes ?

a) $(\vec{u} \cdot \vec{v}) \wedge \vec{w} = (\vec{w} \cdot \vec{u}) \wedge \vec{v}$.

b) $(\vec{u} \wedge \vec{v}) \cdot \vec{w} = (\vec{u} \cdot \vec{w}) \wedge (\vec{v} \cdot \vec{w})$.

c) $\dfrac{\|\vec{u} \wedge \vec{v}\|}{\|\vec{u} \wedge \vec{w}\|} = \left\|\dfrac{\vec{u} \wedge \vec{v}}{\vec{u} \wedge \vec{w}}\right\|$.

51 ***Vrai ou faux ?***

Les énoncés suivants sont-ils vrais ? Donner un contre exemple dans le cas où ils sont faux.

a) Si $\vec{u} \wedge \vec{v} = \vec{u} \wedge \vec{w}$ alors $\vec{v} = \vec{w}$.

b) Si $\vec{u} \wedge \vec{v} = \vec{v}$ alors $\vec{v} = 0$.

c) $(\vec{u} \wedge \vec{v}) \wedge \vec{v} = \vec{u}$ si et seulement si $\vec{u}$ et $\vec{v}$ sont orthogonaux.

d) Si $\|\vec{u}\| = \|\vec{v}\| = \|\vec{u} \wedge \vec{v}\| = 1$ alors $\vec{u}$ et $\vec{v}$ sont orthogonaux.

52 A, B, C et D étant 4 points quelconques de l'espace orienté, montrer que :

$$\overrightarrow{AB} \wedge \overrightarrow{AC} + \overrightarrow{AC} \wedge \overrightarrow{AD} + \overrightarrow{AD} \wedge \overrightarrow{AB} = \overrightarrow{BC} \wedge \overrightarrow{BD}.$$

53 A, B, C et D étant 4 points quelconques de l'espace orienté, montrer que :

$$\overrightarrow{AB} \wedge \overrightarrow{CD} + \overrightarrow{AC} \wedge \overrightarrow{DB} + \overrightarrow{AD} \wedge \overrightarrow{BC} = 2\,\overrightarrow{BD} \wedge \overrightarrow{BC}.$$

54 Soit A, B et C trois points fixes de l'espace orienté $\mathscr{E}$. On considère la fonction

$$\vec{\varphi} : M \mapsto \vec{\varphi}(M) = \overrightarrow{MA} \wedge \overrightarrow{MB} + \overrightarrow{MB} \wedge \overrightarrow{MC} + \overrightarrow{MC} \wedge \overrightarrow{MA}.$$

1° Montrer que $\vec{\varphi}$ est une fonction constante.

2° A quelle condition la fonction $\vec{\varphi}$ est-elle nulle ?

55 On donne le vecteur $\vec{v}(a;b;c)$.

a) Calculer $(\vec{i} \wedge \vec{v}) \wedge \vec{i}$, $(\vec{j} \wedge \vec{v}) \wedge \vec{j}$ et $(\vec{k} \wedge \vec{v}) \wedge \vec{k}$.

b) Reconnaître les fonctions de l'ensemble des vecteurs de l'espace dans lui-même :

$$f : \vec{v} \mapsto (\vec{i} \wedge \vec{v}) \wedge \vec{i}$$

$$g : \vec{v} \mapsto (\vec{j} \wedge \vec{v}) \wedge \vec{j}$$

$$h : \vec{v} \mapsto (\vec{k} \wedge \vec{v}) \wedge \vec{k}.$$

56 ***Distance d'un point à une droite***

Dans l'espace orienté on donne un repère orthonormal direct $(O, \vec{i}, \vec{j}, \vec{k})$.
On considère un point A et une droite D définie par l'un de ses points B et par un vecteur directeur $\vec{u}$.

a) Montrer que la distance de A à D est :

$$AH = \frac{\| \overrightarrow{AB} \wedge \vec{u} \|}{\| \vec{u} \|}.$$

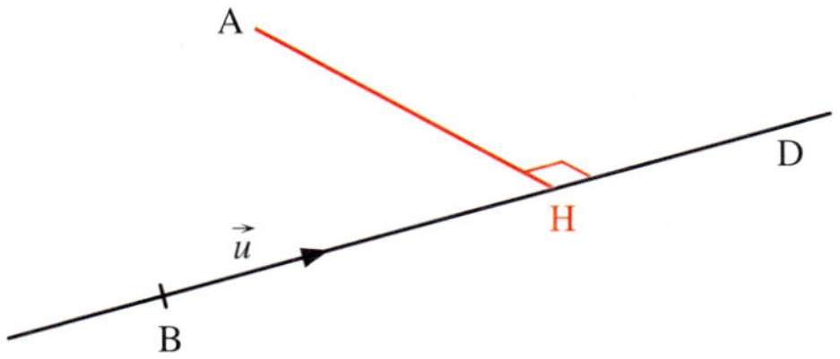

b) Application numérique
Calculer par ce procédé la distance de A à D avec : A(2 ; 2 ; 1), B(4 ; 2 ; 0) et $\vec{u}(-2;3;1)$.

57 ***Cylindre***

a) Quel est l'ensemble E des points M de l'espace tels que : $\| \overrightarrow{OM} \wedge \vec{k} \| = 1$?

b) Étant donnés un point A, un vecteur non nul $\vec{u}$ et un réel positif α, déterminer l'ensemble E′ des points de l'espace tels que $\| \overrightarrow{AM} \wedge \vec{u} \| = \alpha$.

58 A quelles conditions a-t-on $\vec{u} \wedge \vec{v} = \vec{0}$?
Soit A, B et C trois points non alignés.
Déterminer l'ensemble E des points de l'espace tels que :

$$(\overrightarrow{AM} \wedge \overrightarrow{BM}) \wedge \overrightarrow{CM} = \vec{0}.$$

Faire une figure dans le plan (ABC) et situer E par rapport à ce plan.

Problèmes

59 ***Distance et produit vectoriel***

Dans l'espace rapporté à un repère orthonormal direct $(O, \vec{i}, \vec{j}, \vec{k})$, on donne les points :

$$A\left(-\frac{1}{2};0;0\right),\ B\left(\frac{1}{2};0;0\right) \text{ et } F(0;1;0).$$

a) Soit M(*x* ; *y* ; *z*) un point de l'espace. Calculer les coordonnées du vecteur $\overrightarrow{MA} \wedge \overrightarrow{MB}$.
Déterminer le point M_0 tel que :

$$\overrightarrow{M_0A} \wedge \overrightarrow{M_0B} = \overrightarrow{M_0F}.$$

b) Déterminer l'ensemble des points M du plan $(O, \vec{j}, \vec{k})$ tels que :

$$\| \overrightarrow{MA} \wedge \overrightarrow{MB} \| = \| \overrightarrow{MF} \|.$$

En interprétant $\| \overrightarrow{MA} \wedge \overrightarrow{MB} \|$ comme une aire, montrer que ces points M sont à égale distance du point F et de la droite (AB).

c) Résoudre les mêmes questions qu'en *b*) en remplaçant le plan $(O, \vec{j}, \vec{k})$ par le plan $(O, \vec{i}, \vec{j})$.

60 ***Produit vectoriel et barycentre***

Dans l'espace E, on donne un repère orthonormal direct $(O, \vec{i}, \vec{j}, \vec{k})$.
Soit A et B deux points de E de coordonnées respectives (– 2 ; 1 ; 0) et (2 ; – 1 ; 1).

1° *a*) Soit le point M de coordonnées (*x* ; *y* ; *z*).
Déterminer les coordonnées, en fonction de *x*, *y* et *z*, du vecteur : $(\overrightarrow{OA} \wedge \overrightarrow{OB}) \wedge \overrightarrow{OM}$.

b) Déterminer les équations de l'ensemble des points M vérifiant : $(\overrightarrow{OA} \wedge \overrightarrow{OB}) \wedge \overrightarrow{OM} = \vec{k}$.

2° Soit C et D deux points de E de coordonnées respectives (1 ; 3 ; 0) et (– 1 ; – 10 ; – 1).
On affecte le point A du coefficient 2, le point B du coefficient 1, le point C du coefficient 3 et le point D du coefficient 1.

a) Déterminer le barycentre des quatre points A, B, C et D affectés de leurs coefficients respectifs.

b) Soit I le milieu de [BD] et J le point vérifiant :

$$2\overrightarrow{JA} + 3\overrightarrow{JC} = \vec{0}.$$

Montrer que les points O, I et J sont alignés.

61 ***Suite de points***

Dans l'espace muni d'un repère orthonormal direct $(O, \vec{i}, \vec{j}, \vec{k})$, on considère une suite de points (M_n) définie par :

$$\overrightarrow{OM_0} = \vec{i},\ OM_1 = \frac{2}{3}\vec{j}$$

et pour tout $n \in \mathbb{N}$, $\overrightarrow{OM_{n+2}} = \overrightarrow{OM_n} \wedge \overrightarrow{OM_{n+1}}$.
Quel sens peut-on donner à l'expression :
“La suite de points (M_n) admet pour limite le point L” ? Déterminer L.

62 ***Hauteur d'un tétraèdre***

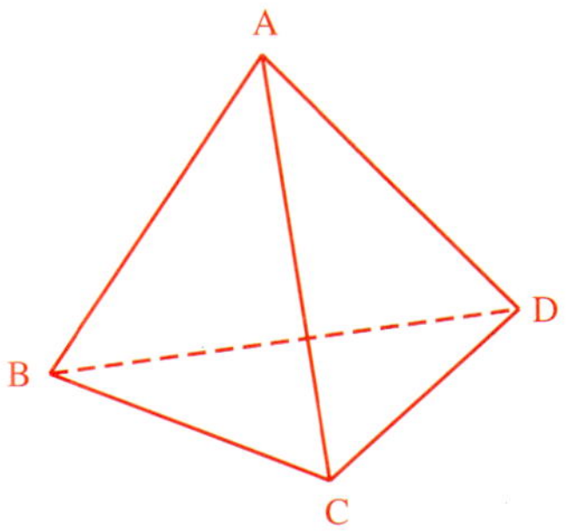

a) Montrer que l'aire d'un triangle BCD est égale à :

$$\frac{1}{2} \| \overrightarrow{BC} \wedge \overrightarrow{BD} \|.$$

b) Montrer que le volume d'un tétraèdre ABCD est :

$$\left|\frac{1}{6}(\overrightarrow{BC}\wedge\overrightarrow{BD})\cdot\overrightarrow{BA}\right|.$$

c) En déduire que la hauteur issue de A est :

$$AH=\frac{|(\overrightarrow{BC}\wedge\overrightarrow{BD})\cdot\overrightarrow{BA}|}{\|\overrightarrow{BC}\wedge\overrightarrow{BD}\|}.$$

d) Calculer la hauteur AH du tétraèdre ABCD avec :
A(– 1 ; 4 ; 5), B(0 ; 1 ; 1), C(1 ; 4 ; 0) et D(– 3 ; 5 ; 0).

e) Déterminer une équation cartésienne du plan (BCD) et retrouver la hauteur AH du tétraèdre.

63 ***Perpendiculaire commune à deux droites***

Deux droites D et D′ sont données par leurs équations paramétriques :

$$D\begin{cases}x=1+\lambda\\ y=1-\lambda \quad \lambda\in\mathbb{R}\\ z=\lambda\end{cases}\qquad D'\begin{cases}x=2t\\ y=1 \quad t\in\mathbb{R}\\ z=-2t.\end{cases}$$

a) Montrer que les droites perpendiculaires à D et D′ ont toutes la même direction et donner un vecteur directeur de ces droites.

b) Montrer que parmi les droites précédentes une seule droite coupe à la fois D et D′. On la note Δ.

c) Soit H et H′ les points d'intersection de Δ avec D et D′. Déterminer les coordonnées de H et H′.

d) Donner des équations paramétriques de Δ.

64 ***Distance de deux droites***

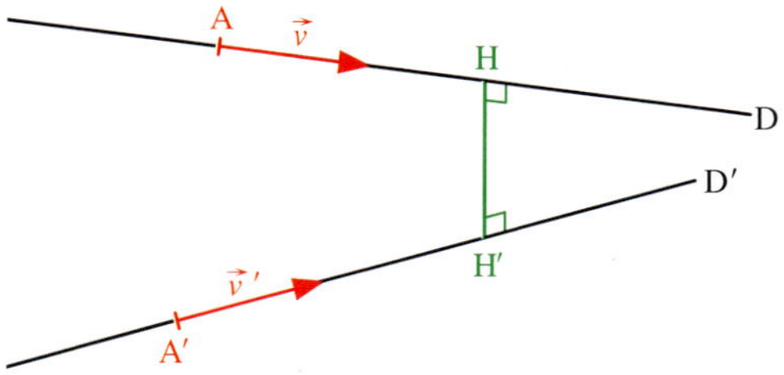

La droite D est définie par un point A et un vecteur directeur $\vec{v}$.
La droite D′ est définie par un point A′ et un vecteur directeur $\vec{v}\,'$.

a) Montrer que, pour tout M ∈ D et pour tout M′ ∈ D′ :

$$(\vec{v}\wedge\vec{v}\,')\cdot\overrightarrow{AA'}=(\vec{v}\wedge\vec{v}\,')\cdot\overrightarrow{MM'}.$$

b) Soit H et H′ les intersections de D et D′ avec leur perpendiculaire commune. Montrer que :

$$HH'=\frac{|(\vec{v}\wedge\vec{v}\,')\cdot\overrightarrow{AA'}|}{\|(\vec{v}\wedge\vec{v}\,')\|}.$$

c) *Application numérique*
Calculer la distance entre les droites D et D′ suivantes définies par des équations paramétriques :

$$D\begin{cases}x=3+\lambda\\ y=-1-\lambda \quad \lambda\in\mathbb{R}\\ z=1+2\lambda\end{cases}\qquad D'\begin{cases}x=2t\\ y=3-3t \quad t\in\mathbb{R}\\ z=1+3t.\end{cases}$$

65 ***Problème de la division vectorielle***

1re partie : la formule du double produit vectoriel.
Pour trois vecteurs quelconques $\vec{u}$, $\vec{v}$ et $\vec{w}$ de l'espace, démontrer que :

$$\vec{u}\wedge(\vec{v}\wedge\vec{w})=(\vec{u}\cdot\vec{w})\vec{v}-(\vec{u}\cdot\vec{v})\vec{w}.$$

Indication
Montrer qu'il existe une base orthonormale directe $(\vec{i},\vec{j},\vec{k})$ telle que :

$$\vec{u}=a\vec{i},\ \vec{v}=b\vec{i}+b'\vec{j}\ \text{ et }\ \vec{w}=c\vec{i}+c'\vec{j}+c''\vec{k}.$$

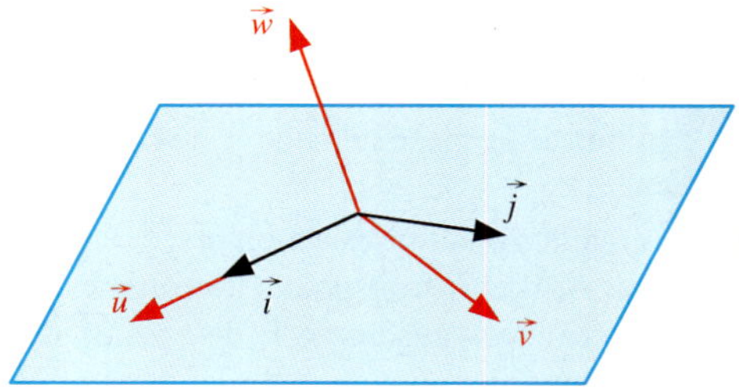

2e partie : résolution d'une équation.
Étant donnés deux vecteurs $\vec{u}$ et $\vec{v}$ de l'espace orienté, il s'agit de trouver l'ensemble des vecteurs $\vec{x}$ tels que $\vec{u}\wedge\vec{x}=\vec{v}$.
La discussion organisée selon le schéma ci-dessous laisse apparaître 4 cas :

- $\vec{u}$ et $\vec{v}$ ne sont pas orthogonaux → cas 1.
- $\vec{u}$ et $\vec{v}$ sont orthogonaux.
  - $\vec{u}=\vec{0}$ →
    - $\vec{v}=\vec{0}$ → cas 2.
    - $\vec{v}\neq\vec{0}$ → cas 3.
  - $\vec{u}\neq\vec{0}$ → cas 4.

a) Trouver l'ensemble des vecteurs $\vec{x}$ dans le cas 1, le cas 2 et le cas 3.

b) Dans le cas 4, montrer qu'il existe une solution particulière $\vec{x}_0$ de la forme $\vec{x}_0=k\,\vec{v}\wedge\vec{u}$ et déterminer le réel *k*. (La formule du double produit vectoriel sera utile.)

c) Toujours dans le cas 4, montrer que toute autre solution est de la forme $\vec{x}=\vec{x}_0+\lambda\vec{u}$ où λ est un réel quelconque.

d) On donne $\vec{u}(-4;1;3)$ et $\vec{v}(1;-5;3)$. Déterminer les vecteurs $\vec{x}$ tels que $\vec{u}\wedge\vec{x}=\vec{v}$.

10

ISOMÉTRIES PLANES

CONTENU

- Propriétés générales
- Composées de réflexions
- Isométries fixant un point
- Classification des isométries planes
- Étude des déplacements
- Isométries vectorielles

ACTIVITÉS

ACTIVITÉ 1 Trois points c'est tout !

On donne trois points A, B, C non alignés du plan, et f une isométrie plane (c'est-à-dire une transformation du plan qui conserve les distances).

1° On donne l'image A′ de A par f.

a) Quelle condition doit vérifier un point B′ *pour être l'image de* B *par* f *?*

b) Quel est l'ensemble des points B′ *possibles ?*

c) Représenter l'ensemble trouvé au b).

2° Placer dans le plan les points A, B, A′ et B′ tels que A′ et B′ soient les images respectives de A et B par f.

a) Quelles conditions doit vérifier un point C′ *pour être l'image de* C *par* f *?*

b) Quel est l'ensemble des points C′ *possibles ?*

c) Représenter l'ensemble trouvé au b).

3° On donne les images respectives A′, B′ et C′ de A, B et C par f. Soit M un point du plan distinct de A, B et C.

a) Quelles conditions doit vérifier un point M′ *pour être l'image de* M *par* f *?*

b) Placer les points A, B, C, A′, B′, C′ *sur une figure, et construire l'ensemble des points* M′ *possibles.*

c) Effectuer la construction demandée au b) pour *différentes positions du point* M. *Qu'observe-t-on ? (On ne demande pas de démontrer le résultat observé.)*

ACTIVITÉ 2 Cherchons le centre

1° On donne deux points distincts A et A′.

a) Quelles conditions doit vérifier le point O *pour que, par le quart de tour direct de centre* O*, le point* A *ait pour image* A′ *?*
Construire O*. Combien de solutions obtient-on ?*

b) Soit α un réel différent de $k\pi$, $k \in \mathbb{Z}$.
Quelles conditions doit vérifier le point O *pour que, par la rotation de centre* O *et d'angle* α*, le point* A *ait pour image* A′ *?*
Construire O*. Combien de solutions obtient-on ?*

c) Reprendre la question b) avec $\alpha = 0$ *puis* $\alpha = \pi$.

2° On donne quatre points distincts A, A′, B et B′ tels que AB = A′B′ et $\overrightarrow{AB} \neq \overrightarrow{A'B'}$.

a) S'il existe une rotation r *telle que* r(A) = A′ *et* r(B) = B′*, quel est son angle ?*

b) En utilisant le résultat constaté au 1° *montrer qu'il existe une unique rotation* r *telle que* r(A) = A′ *et* r(B) = B′.

3° *a) Construire le centre de* r *lorsque* $\overrightarrow{A'B'} = -\overrightarrow{AB}$.

b) Construire le centre de r *lorsque* (AA′) *et* (BB′) *sont sécantes.*

c) On suppose que (AA′) et (BB′) sont parallèles et que $\overrightarrow{A'B'} \neq -\overrightarrow{AB}$. On note O le point d'intersection de (AB) et (A′B′).
Montrer que les triangles OAA′ *et* OBB′ *sont homothétiques.*
Quel est le centre de r *?*

ACTIVITÉ 3 Les triangles

On donne quatre triangles isométriques.

a) Trouver une isométrie qui transforme le triangle ① en le triangle ②. Donner les éléments géométriques de cette transformation.

b) Trouver une isométrie qui transforme le triangle ① en le triangle ③.

c) Trouver une isométrie qui transforme le triangle ③ en le triangle ④.

d) Établir qu'il existe une isométre qui transforme le triangle ① en le triangle ④. Cette isométrie est-elle de même nature que l'une des isométries précédentes ?

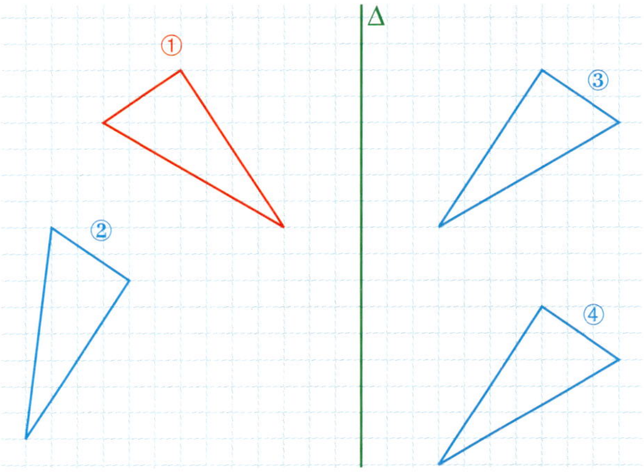

ISOMÉTRIES PLANES

INFORMATION

On note $\mathcal{P}$ le plan orienté et on appelle transformation du plan une bijection de $\mathcal{P}$ dans $\mathcal{P}$.

1. GÉNÉRALITÉS

a Définition et exemples d'isométries

Définition

Une isométrie du plan $\mathcal{P}$ est un transformation f de $\mathcal{P}$ telle que : pour tous points M et N de $\mathcal{P}$, $M'N' = MN$ où l'on note $M' = f(M)$ et $N' = f(N)$.

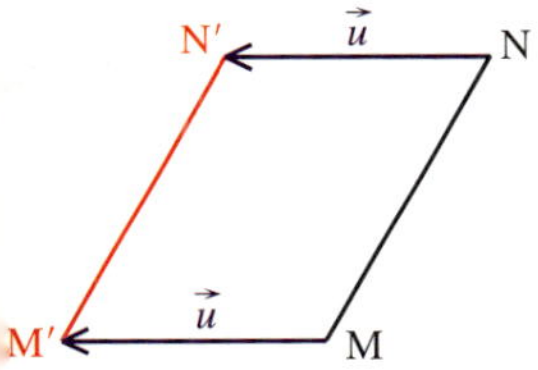

Propriété caractéristique de la translation.

Une isométrie est donc une transformation de $\mathcal{P}$ qui "conserve les distances".

EXEMPLES

- Les translations : pour tous points M et N, $\overrightarrow{M'N'} = \overrightarrow{MN}$.
- Les réflexions ou symétries axiales orthogonales.
- Les rotations : pour tous points M et N distincts, leurs images M′ et N′ par une rotation d'angle θ vérifient :

$$\begin{cases} M'N' = MN \\ \widehat{(\overrightarrow{MN}, \overrightarrow{M'N'})} = \theta. \end{cases}$$

L'identité de $\mathcal{P}$ est une rotation d'angle nul.

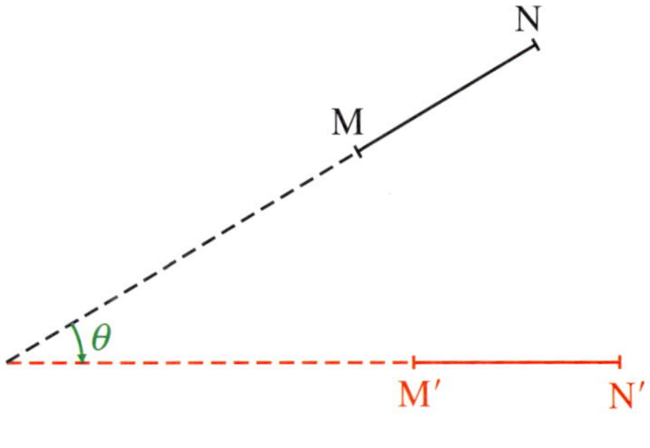

b Composition d'isométries

Propriétés

La composée de deux isométries est une isométrie.
La transformation réciproque d'une isométrie est une isométrie.

▶ Démontrer ces propriétés.

▶ Quelle est la composée de 2 rotations de même centre ? Quelle est la réciproque d'une rotation $r(O, \theta)$?

On sait, en particulier, que si s est une réflexion alors $s^{-1} = s$.

C Invariants des isométries

Propriété

Une isométrie plane conserve le produit scalaire.

En effet, soit trois points A, B et C et leurs images A′, B′ et C′ par une isométrie ; on a :

$$BC^2 = (\overrightarrow{AC} - \overrightarrow{AB})^2 = AC^2 + AB^2 - 2\overrightarrow{AC} \cdot \overrightarrow{AB}$$

d'où $$\overrightarrow{AC} \cdot \overrightarrow{AB} = \frac{1}{2}(AC^2 + AB^2 - BC^2).$$

On établit de même

$$\overrightarrow{A'C'} \cdot \overrightarrow{A'B'} = \frac{1}{2}(A'C'^2 + A'B'^2 - B'C'^2).$$

Or f est une isométrie, on obtient finalement :

$$\overrightarrow{A'C'} \cdot \overrightarrow{A'B'} = \overrightarrow{AC} \cdot \overrightarrow{AB}.$$

CONSÉQUENCE

Une isométrie conserve l'orthogonalité.

Propriété

Une isométrie plane conserve le barycentre de *n* points massifs.

Ce qui signifie que : si $\sum_{i=1}^{n} a_i \overrightarrow{GA_i} = \vec{0}$ avec $\sum_{i=1}^{n} a_i \neq 0$, alors $\sum_{i=1}^{n} a_i \overrightarrow{G'A'_i} = \vec{0}$.

Le principe de la démonstration est le même pour n points.

Établissons ce résultat pour $n = 3$.

Soit (A ; a), (B ; b), (C ; c) un système de points massifs tel que $a + b + c \neq 0$ et soit G son barycentre.

Calculons :

$$(a\overrightarrow{G'A'} + b\overrightarrow{G'B'} + c\overrightarrow{G'C'})^2 = a^2G'A'^2 + b^2G'B'^2 + c^2G'C'^2 + 2ab\overrightarrow{G'A'} \cdot \overrightarrow{G'B'} + 2ac\overrightarrow{G'A'} \cdot \overrightarrow{G'C'} + 2bc\overrightarrow{G'B'} \cdot \overrightarrow{G'C'},$$

d'où :

$$(a\overrightarrow{G'A'} + b\overrightarrow{G'B'} + c\overrightarrow{G'C'})^2 = a^2GA^2 + b^2GB^2 + c^2GC^2 + 2ab\overrightarrow{GA} \cdot \overrightarrow{GB} + 2ac\overrightarrow{GA} \cdot \overrightarrow{GC} + 2bc\overrightarrow{GB} \cdot \overrightarrow{GC}$$

car une isométrie conserve les distances et le produit scalaire.

On a donc :

$$(a\overrightarrow{G'A'} + b\overrightarrow{G'B'} + c\overrightarrow{G'C'})^2 = (a\overrightarrow{GA} + b\overrightarrow{GB} + c\overrightarrow{GC})^2 = 0.$$

D'où

$$a\overrightarrow{G'A'} + b\overrightarrow{G'B'} + c\overrightarrow{G'C'} = \vec{0}.$$

En particulier, l'image du milieu d'un segment [AB] est le milieu de [A′B′].

d Image de configurations par une isométrie

De la propriété précédente, on déduit que par une isométrie :

- l'image d'une droite est une droite
- l'image d'un segment [AB] est le segment [A′B′]
- l'image d'un cercle de centre I et de rayon r est le cercle de centre I′ et de rayon r.

La démonstration de ces propriétés fait l'objet des exercices 32 à 36.

De plus une isométrie conserve

- le parallélisme : si D et Δ sont parallèles, alors D′ et Δ′ sont parallèles
- l'équipollence : si $\overrightarrow{AB} = \overrightarrow{CD}$ alors $\overrightarrow{A'B'} = \overrightarrow{C'D'}$
- l'orthogonalité car une isométrie conserve le produit scalaire
- le contact : si D est tangente à C en T, alors D′ est tangente à C′ en T′
- les aires : si E est un domaine d'aire A, son image E′ a une aire égale à A
- les angles géométriques.

La conservation du contact et des aires est admise.

▶ Le justifier en utilisant la conservation du produit scalaire.

La recherche des isométries qui conservent les angles orientés est l'objet du paragraphe 5.

2. COMPOSITIONS DE RÉFLEXIONS

a Composée de deux réflexions d'axes parallèles

Soit D et Δ deux droites parallèles.
Étudions la composée $s_\Delta \circ s_D$ des deux réflexions.

Désignons par $\vec{u}$ l'unique vecteur orthogonal à D et Δ tel que : $t_{\vec{u}}(D) = \Delta$.

Pour tout point M de $\mathcal{P}$, notons :

$M_1 = s_D(M)$, $M' = s_\Delta(M_1)$, H et K les projetés de M respectivement sur D et Δ.

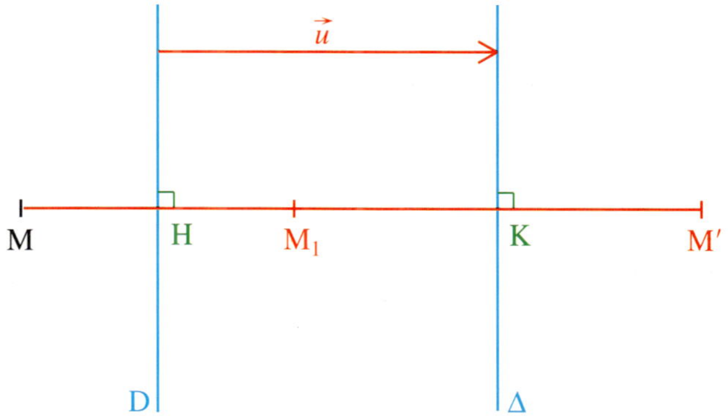

$$\overrightarrow{MM'} = \overrightarrow{MM_1} + \overrightarrow{M_1M'}$$
$$\overrightarrow{MM'} = 2\overrightarrow{HM_1} + 2\overrightarrow{M_1K}$$
$$\overrightarrow{MM'} = 2\overrightarrow{HK}$$
$$\overrightarrow{MM'} = 2\vec{u}$$

▶ Définir $s_D \circ s_\Delta$.

$s_\Delta \circ s_D$ est la translation de vecteur $2\vec{u}$.

Si d est l'image de D par la translation de vecteur $-\frac{1}{2}\vec{v}$, on obtient :
$s_D \circ s_d = t$.

Réciproquement :

Soit t une translation de vecteur $\vec{v}$ non nul.
Choisissons une droite D quelconque admettant $\vec{v}$ pour vecteur normal et désignons par Δ l'image de D par la translation de vecteur $\frac{1}{2}\vec{v}$.
D'après la propriété précédente : $s_\Delta \circ s_D = t$.

Théorème

1° La composée $s_\Delta \circ s_D$ de deux réflexions d'axes parallèles D et Δ est la translation de vecteur $2\vec{u}$, où $\vec{u}$ est le vecteur normal à D tel que :

$$t_{\vec{u}}(D) = \Delta.$$

2° Toute translation de vecteur non nul est la composée de deux réflexions d'axes parallèles D et Δ : $t = s_\Delta \circ s_D$.

Le choix d'un des deux axes est arbitraire, et ensuite il reste deux possibilités pour l'autre axe, suivant l'ordre dans lequel on veut composer les réflexions.

b Composée de deux réflexions d'axes sécants

Soit D et Δ deux droites sécantes en O ; désignons par $\vec{u}$ et $\vec{v}$ des vecteurs directeurs respectifs de D et Δ.
Étudions la composée $s_\Delta \circ s_D$ des deux réflexions.

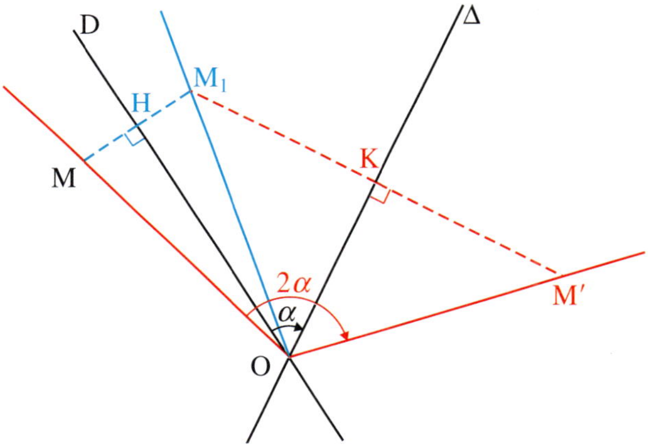

- $s_\Delta \circ s_D(O) = O$.
- Pour tout point M, distinct de O,

notons : $s_D(M) = M_1$ et $s_\Delta(M_1) = M'$.

D est bissectrice de $(\overrightarrow{OM}, \overrightarrow{OM_1})$, d'où :

$$(\widehat{\overrightarrow{OM}, \overrightarrow{OM_1}}) = 2(\widehat{\vec{u}, \overrightarrow{OM_1}}) \quad (2\pi)$$

Δ est bissectrice de $(\overrightarrow{OM_1}, \overrightarrow{OM'})$, d'où :

$$(\widehat{\overrightarrow{OM_1}, \overrightarrow{OM'}}) = 2(\widehat{\overrightarrow{OM_1}, \vec{v}}) \quad (2\pi).$$

On en déduit, puisque $(\widehat{\overrightarrow{OM}, \overrightarrow{OM_1}}) + (\widehat{\overrightarrow{OM_1}, \overrightarrow{OM'}}) = (\widehat{\overrightarrow{OM}, \overrightarrow{OM'}})$, que :

$$(\widehat{\overrightarrow{OM}, \overrightarrow{OM'}}) = 2(\widehat{\vec{u}, \vec{v}}) \quad (2\pi).$$

▶ Pourquoi $2(\widehat{\vec{u}, \vec{v}})$ ne dépend pas des vecteurs $\vec{u}$ et $\vec{v}$ choisis ?

▶ Définir $s_D \circ s_\Delta$.

Conclusion :

$s_\Delta \circ s_D$ est la rotation de centre O, d'angle $2(\widehat{\vec{u}, \vec{v}})$.

Si d est l'image de D par la rotation de centre O et d'angle $-\frac{\theta}{2}$, on obtient :

$s_D \circ s_d = r$.

Réciproquement :

Soit r une rotation de centre O et d'angle θ ; choisissons une droite D quelconque passant par O et désignons par Δ l'image de D par la rotation de centre O et d'angle $\frac{\theta}{2}$.

En utilisant la propriété précédente, nous obtenons : $s_\Delta \circ s_D = r$.

Le choix d'un des deux axes est arbitraire, et ensuite il reste deux possibilités pour l'autre axe suivant l'ordre dans lequel on veut composer les réflexions.

Théorème

1° La composée $s_\Delta \circ s_D$ de deux réflexions d'axes D et Δ sécants en O est la rotation de centre O et d'angle $2(\widehat{\vec{u}, \vec{v}})$, où $\vec{u}$ et $\vec{v}$ sont des vecteurs directeurs respectifs de D et Δ.

2° Toute rotation r de centre O et d'angle θ est la composée de deux réflexions, dont les axes D et Δ sont sécants en O : $r = s_\Delta \circ s_D$.

3. ISOMÉTRIES FIXANT UN POINT O

O est appelé point fixe ou point invariant par f lorsque $f(O) = O$.

Soit f une isométrie de $\mathcal{P}$ fixant O.

1er cas : f fixe O, A et B, trois points non alignés de $\mathcal{P}$.

Pour tout point M de $\mathcal{P}$, son image $M' = f(M)$ vérifie :

$$\begin{cases} M'O = MO \\ M'A = MA \\ M'B = MB. \end{cases}$$

Si $M' \neq M$, alors O, A et B sont sur la médiatrice de [MM′], donc sont alignés, ce qui contredit l'hypothèse. On en déduit que $M' = M$, pour tout point M de $\mathcal{P}$.

Propriété

Si une isométrie plane a trois points fixes non alignés, c'est l'identité.

2e cas : f fixe O et A, deux points de $\mathcal{P}$, et f n'est pas l'identité.

f n'est pas l'identité, donc il existe un point B tel que $B' \neq B$, où $B' = f(B)$.
f étant une isométrie on a :

$$\begin{cases} OB' = OB \\ AB' = AB \end{cases}$$

donc la droite (OA) est la médiatrice de [BB′] et par conséquent B n'appartient pas à la droite (OA).

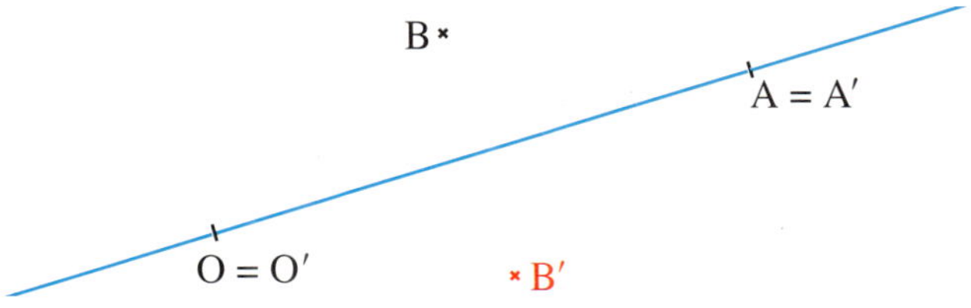

Notons s la réflexion d'axe (OA).
$s \circ f$ est une isométrie telle que :

$$\begin{cases} s \circ f(\mathrm{O}) = s(\mathrm{O}) = \mathrm{O} \\ s \circ f(\mathrm{A}) = s(\mathrm{A}) = \mathrm{A} \\ s \circ f(\mathrm{B}) = s(\mathrm{B}') = \mathrm{B} \end{cases}$$

d'après le 1er cas, $s \circ f$ est l'identité :
$s \circ f = \mathrm{Id}$ donc $f = s^{-1} = s$.

Propriété

Si une isométrie plane différente de l'identité a deux points fixes distincts O et A, c'est la réflexion d'axe (OA).

3e cas : f a un seul point fixe O.

f ayant un seul point fixe n'est ni l'identité, ni une réflexion.
Soit C un point de $\mathcal{P}$ distinct de O.
On a $\mathrm{C}' \neq \mathrm{C}$, où $\mathrm{C}' = f(\mathrm{C})$.
Notons s_Δ la réflexion d'axe Δ, médiatrice de [CC′]. On a :

$$\begin{cases} s_\Delta \circ f(\mathrm{O}) = s_\Delta(\mathrm{O}) = \mathrm{O} \quad \text{car OC = OC}' \\ s_\Delta \circ f(\mathrm{C}) = s_\Delta(\mathrm{C}') = \mathrm{C} \end{cases}$$

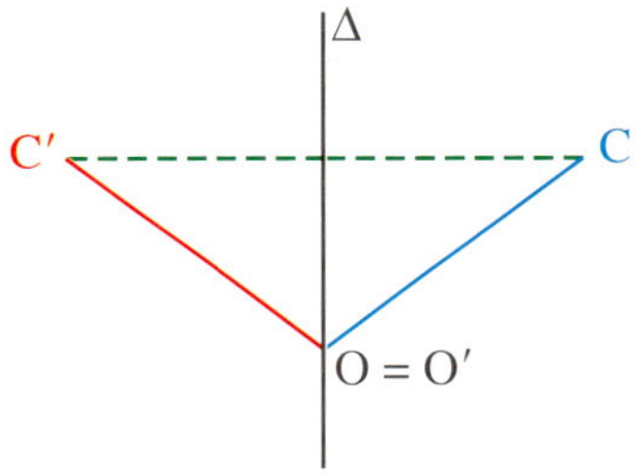

$s_\Delta \circ f$ est donc une isométrie de $\mathcal{P}$ qui fixe deux points distincts O et C. D'après les deux cas précédents, on peut avoir :

- $s_\Delta \circ f = \mathrm{Id}$, ce qui entraîne $f = s_\Delta$, donc une contradiction

ou bien

- $s_\Delta \circ f = s_{(\mathrm{OC})}$ (réflexion d'axe (OC)), ce qui entraîne $f = s_\Delta \circ s_{(\mathrm{OC})}$ avec les deux axes Δ et (OC) sécants en O ; alors f est une rotation de centre O.

L'angle de la rotation est $(\overrightarrow{\mathrm{OC}}, \overrightarrow{\mathrm{OC}'})$.

Propriété

Si une isométrie plane a un seul point fixe O, alors c'est une rotation de centre O.

On peut résumer les trois propriétés précédentes par le théorème suivant, puisque l'identité est une rotation d'angle nul.

Théorème

Une isométrie plane fixant le point O est

- **une réflexion d'axe passant par O**

ou

- **une rotation de centre O.**

Exercice résolu

Déterminer toutes les isométries qui laissent un carré ABCD invariant.

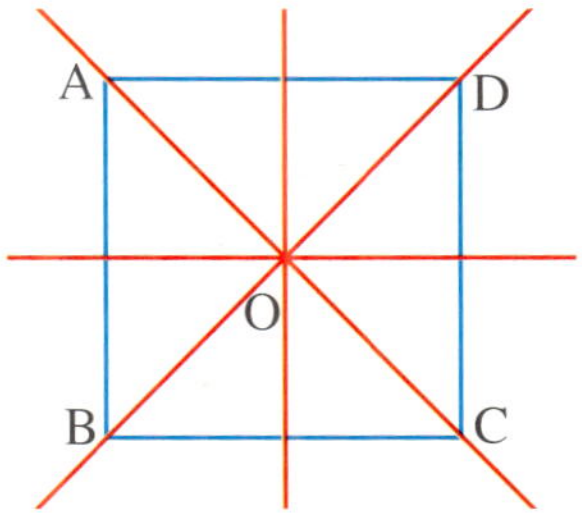

Appelons O le centre du carré.
Une isométrie qui laisse le carré ABCD invariant, conserve l'ensemble formé par les quatre sommets, donc aussi le centre O, isobarycentre de ces quatre points.
Les isométries cherchées sont donc des rotations de centre O, ou des réflexions dont l'axe passe par O.
Un sommet A pour image un autre sommet, l'image de A peut donc être A, B, C ou D ; nous obtenons :

4 rotations de centre O : l'identité et les rotations d'angle $\frac{\pi}{2}$, $-\frac{\pi}{2}$ et π,

4 réflexions ayant pour axes les diagonales et les médiatrices des côtés.

4. ÉTUDES DES ISOMÉTRIES

a Décomposition d'une isométrie

Théorème

Soit O un point du plan.
Toute isométrie plane f se décompose de manière unique en $f = t \circ u$ où t est une translation et u une isométrie fixant O.

DÉMONSTRATION

- Unicité de la décomposition :

si $t \circ u = t' \circ u'$ avec $u(\text{O}) = u'(\text{O}) = \text{O}$, alors $t(\text{O}) = t'(\text{O})$ et $t = t'$, puisque t et t' sont des translations.
On en déduit alors que $t \circ u = t \circ u'$ et donc $t^{-1} \circ t \circ u = t^{-1} \circ t \circ u'$, soit $u = u'$.

- Existence de la décomposition :

notons $\text{O}' = f(\text{O})$, t la translation de vecteur $\overrightarrow{\text{OO}'}$ et $u = t^{-1} \circ f$.
On a : $f = t \circ u$ et $u(\text{O}) = t^{-1} \circ f(\text{O}) = t^{-1}(\text{O}') = \text{O}$.

b Classification des isométries de $\mathcal{P}$

Dressons un inventaire des isométries de $\mathcal{P}$. Toute isométrie f est la composée d'une isométrie u fixant O et d'une translation t.

$$f = t \circ u.$$

Discutons suivant la nature de u :

- Si u est l'identité, alors f est une translation (donc une composée de deux réflexions).

t est la composée de deux réflexions.
La composée de 3 réflexions ne peut pas toujours se réduire à une seule : voir l'Activité 3 et l'exercice 55.

- Si u est une réflexion, alors f est la composée de 3 réflexions (dans certains cas cette composée peut se réduire à une seule réflexion, par exemple : $s_\Delta \circ s_\Delta \circ s_\Delta = s_\Delta$).

- Si u est une rotation différente de l'identité, alors f est une rotation. En effet : soit O le centre et $\theta \neq 2k\pi$ l'angle de la rotation u.

Si $\vec{u} = \vec{0}$, $t = \text{Id}$ et $t \circ u = u$.

Soit d la droite passant par O et de vecteur normal $\vec{u}$, où $\vec{u}$ est le vecteur de la translation t, $\vec{u} \neq \vec{0}$.
Il existe une droite Δ, parallèle à d, telle que $t = s_\Delta \circ s_d$ et il existe une droite Δ', passant par O, telle que $u = s_d \circ s_{\Delta'}$.

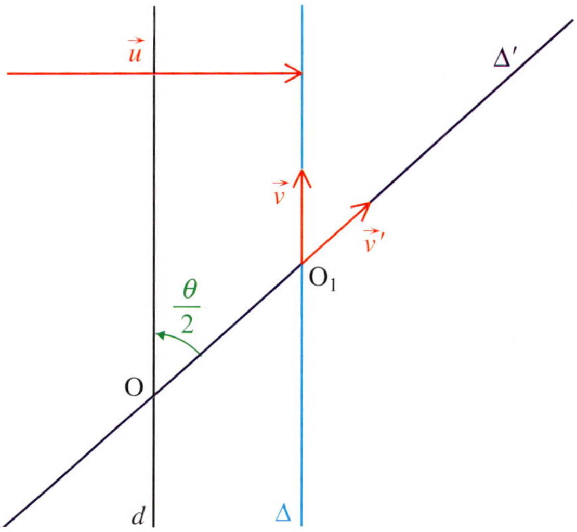

On en déduit que $t \circ u = s_\Delta \circ s_d \circ s_d \circ s_{\Delta'} = s_\Delta \circ s_{\Delta'}$, les axes Δ et Δ' étant sécants en un point noté O_1 : f est la composée de deux réflexions.

$t \circ u$ est donc la rotation de centre O_1 et d'angle $2(\widehat{\vec{v}, \vec{v}'}) = 2 \times \frac{\theta}{2} = \theta$, où $\vec{v}$ et $\vec{v}'$ sont des vecteurs directeurs respectifs de Δ et Δ'

▶ Étudier la composée $u \circ t$ d'une rotation et d'une translation.

Propriété

La composée d'une rotation d'angle $\theta \neq 2k\pi$ ($k \in \mathbb{Z}$) et d'une translation est une rotation d'angle θ.

L'étude des trois cas précédents nous permet d'énoncer le théorème suivant :

Théorème

Les isométries planes sont :

- **les réflexions**
- **les composées de deux réflexions : translations et rotations**
- **les composées de trois réflexions.**

5. DÉPLACEMENTS

a Déplacements, antidéplacements

Ce résultat a été établi au chapitre 9, page 200.

Nous savons que l'image d'un angle orienté par réflexion est un angle opposé. La composée de deux réflexions conserve donc les angles orientés.

Définition

Un déplacement est une isométrie qui conserve les angles orientés.
Un antidéplacement est une isométrie qui change un angle en son opposé.

Faire le lien avec la règle des signes.

Les réflexions et les composées de trois réflexions changent l'orientation des angles : ce sont des antidéplacements. Seuls les produits de deux réflexions sont des déplacements.

Propriété

Les déplacements du plan sont les translations et les rotations.

b Composition des déplacements

▶ Démontrer cette propriété.

On établit sans peine que la composée de deux déplacements est un déplacement.

Nous savons que la composée de deux translations est une translation et que la composée d'une rotation d'angle θ et d'une translation est une rotation d'angle θ. Cherchons la nature de la composée de deux rotations.
Soit f_1 et f_2 deux rotations d'angles θ_1 et θ_2.
Pour deux points A et B distincts, posons :

$$A_1 = f_1(A) \quad \text{et} \quad B_1 = f_1(B)$$
$$A_2 = f_2(A_1) \quad \text{et} \quad B_2 = f_2(B_1).$$

On a alors

$$A_1B_1 = AB \quad \text{et} \quad \left(\widehat{\overrightarrow{AB}, \overrightarrow{A_1B_1}}\right) = \theta_1$$
$$A_2B_2 = A_1B_1 \quad \text{et} \quad \left(\widehat{\overrightarrow{A_1B_1}, \overrightarrow{A_2B_2}}\right) = \theta_2$$

d'où

$$A_2B_2 = AB \quad \text{et} \quad \left(\widehat{\overrightarrow{AB}, \overrightarrow{A_2B_2}}\right) = \theta_1 + \theta_2.$$

Ce qui amène à envisager deux cas :

- $\theta_1 + \theta_2 = 0 \ (2\pi)$, on obtient $\overrightarrow{A_2B_2} = \overrightarrow{AB}$ et $f_2 \circ f_1$ est une translation.
- $\theta_1 + \theta_2 \neq 0 \ (2\pi)$, $f_2 \circ f_1$ ne peut être qu'une rotation d'angle $\theta_1 + \theta_2$.

Ce résultat a été établi en Première, dans le cas de deux rotations de même centre.

Théorème

Soit deux rotations f_1 et f_2 d'angles θ_1 et θ_2,
si $\theta_1 + \theta_2 = 2k\pi$ ($k \in \mathbb{Z}$), alors $f_2 \circ f_1$ est une translation.
si $\theta_1 + \theta_2 \neq 2k\pi$ ($k \in \mathbb{Z}$), alors $f_2 \circ f_1$ est une rotation d'angle $\theta_1 + \theta_2$.

c Détermination d'un déplacement

Pour deux points distincts A et B, leurs images A′ et B′ par un déplacement vérifient $A'B' = AB$.

Réciproquement : soit A, B, A′ et B′ quatre points tels que $A \neq B$ et $A'B' = AB$. Montrons qu'il existe un unique déplacement f tel que $f(A) = A'$ et $f(B) = B'$.

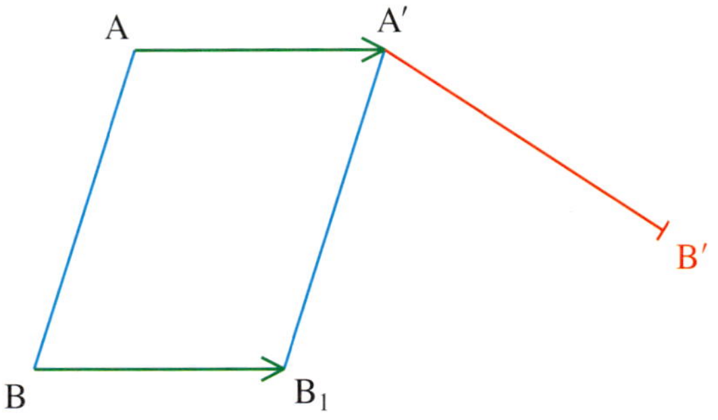

Si A = A′ alors $t = \text{Id}$.
De même,
si B = B′ alors $r = \text{Id}$.

Appelons t la translation de vecteur $\overrightarrow{AA'}$ et posons $t(B) = B_1$.
On a alors $A'B_1 = AB = A'B'$, il existe donc une rotation r de centre A′ telle que $r(B_1) = B'$.
La transformation $f = r \circ t$ composée de deux déplacements est un déplacement, de plus elle vérifie

$$f(A) = A' \text{ et } f(B) = B'.$$

Montrons que ce déplacement est unique.

Soit g un déplacement vérifiant $\begin{cases} g(A) = A' \\ g(B) = B'. \end{cases}$

On a :

$$\begin{cases} f^{-1} \circ g(A) = A \\ f^{-1} \circ g(B) = B \end{cases}$$

donc on peut envisager deux cas :

- $f^{-1} \circ g = \text{Id}$ ce qui entraîne $g = f$ et f est bien un déplacement

ou

- $f^{-1} \circ g$ est une réflexion : $f^{-1} \circ g = s_\Delta$ d'où $g = f \circ s_\Delta$ ce qui contredit l'hypothèse (g est un déplacement).

La nature du déplacement f vérifiant $f(A) = A'$ et $f(B) = B'$ dépend de la position relative des points A, B, A′ et B′.

1er cas

Si $\overrightarrow{A'B'} = \overrightarrow{AB}$, alors f est la translation de vecteur $\overrightarrow{AA'}$.

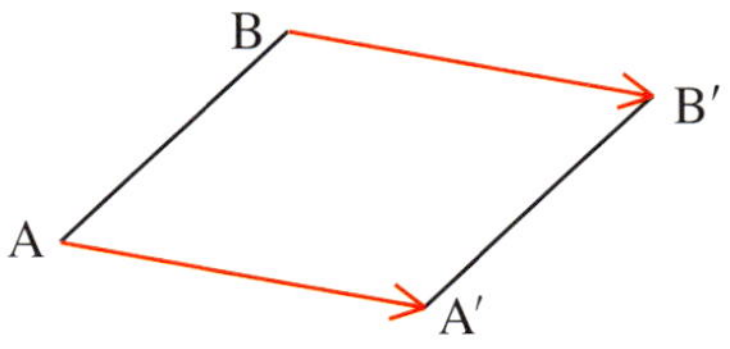

2e cas

Si $\overrightarrow{A'B'} \neq \overrightarrow{AB}$, alors f n'est pas une translation.

f est donc une rotation d'angle $(\widehat{\overrightarrow{AB}, \overrightarrow{A'B'}})$.
Notons I son centre.

Si $A \neq A'$ et $B \neq B'$, alors I vérifie $\begin{cases} IA = IA' \\ IB = IB' \end{cases}$

d'où I appartient à la médiatrice de [AA′] et à la médiatrice de [BB′], ces deux droites étant donc sécantes ou confondues.

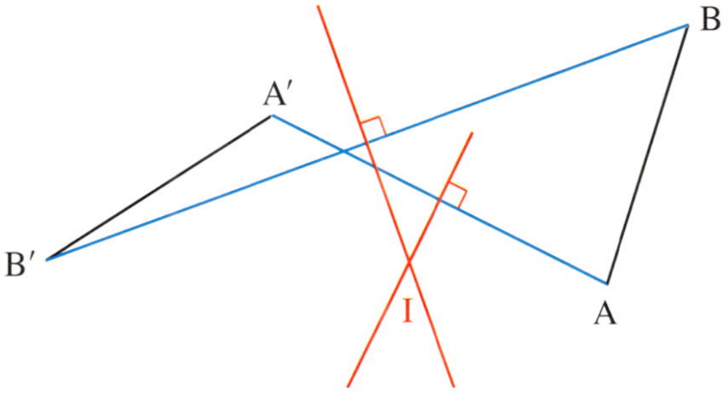

Dans le cas général, I est le point d'intersection des médiatrices de [AA′] et de [BB′].

Si [AA′] et [BB′] ont la même médiatrice Δ, on montre que I est l'intersection de (AB) et de Δ.

La démonstration de ce résultat fait l'objet de l'exercice 37.

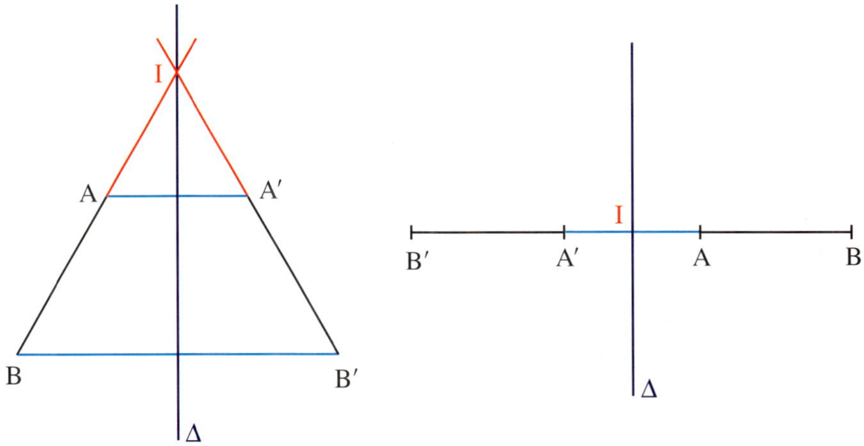

Les points peuvent ne pas être tous distincts mais il faut $A \neq B$, et donc $A' \neq B'$.

> ***Théorème***
>
> **Étant donnés les points A, B A′ et B′ tels que $A'B' = AB$ et $A \neq B$, il existe un déplacement f et un seul tel que :**
>
> $$A' = f(A) \text{ et } B' = f(B).$$
>
> **Si $\overrightarrow{A'B'} = \overrightarrow{AB}$, ce déplacement est la translation de vecteur $\overrightarrow{AA'}$.**
>
> **Si $\overrightarrow{A'B'} \neq \overrightarrow{AB}$, ce déplacement est une rotation d'angle $(\overrightarrow{AB}, \overrightarrow{A'B'})$.**

Exercice résolu

Deux carrés isométriques ABCD et AEFG ont un sommet commun A et même orientation : $(\overrightarrow{AB}, \overrightarrow{AD}) = (\overrightarrow{AE}, \overrightarrow{AG}) = \frac{\pi}{2}$.

Déterminer toutes les isométries planes f qui fixent A et qui transforment ABCD en AEFG.

Les isométries fixant un point sont des rotations ou des réflexions.

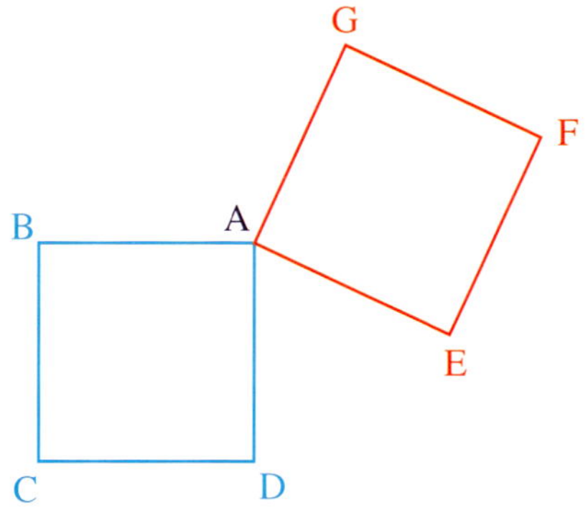

● Une rotation de centre A qui transforme ABCD en AEFG transforme B en E et D en G ou bien B en G et D en E, il y a donc deux possibilités.

Si $r(\mathrm{B}) = \mathrm{G}$ et $r(\mathrm{D}) = \mathrm{E}$ alors l'image de l'angle $(\overrightarrow{\mathrm{AB}}, \overrightarrow{\mathrm{AD}})$ est $(\overrightarrow{\mathrm{AG}}, \overrightarrow{\mathrm{AE}})$.

Or, $(\overrightarrow{\mathrm{AG}}, \overrightarrow{\mathrm{AE}}) = -(\overrightarrow{\mathrm{AB}}, \overrightarrow{\mathrm{AD}}) = -\frac{\pi}{2}$: il n'existe pas de telle rotation car une rotation conserve les angles orientés.

Si $r(\mathrm{B}) = \mathrm{E}$ et $r(\mathrm{D}) = \mathrm{G}$ alors r est la rotation de centre A et d'angle $(\overrightarrow{\mathrm{AB}}, \overrightarrow{\mathrm{AE}})$. Cette rotation transforme le carré ABCD en le carré AEFG.

Il existe donc une unique rotation solution.

● On établit de même que l'image de B, par un antidéplacement qui transforme ABCD en AEFG et qui fixe A, ne peut être que G. Cet antidéplacement est donc la réflexion d'axe la médiatrice de [BG], qui est aussi médiatrice de [DE] et de [CF].

6. ISOMÉTRIES VECTORIELLES

a Définition

Soit f une isométrie de $\mathcal{P}$ et A un point situé dans $\mathcal{P}$. Pour tout vecteur $\vec{u}$, il existe un unique point M tel que $\overrightarrow{\mathrm{AM}} = \vec{u}$. Appelons A′ et M′ les images de A et M par f. À l'isométrie f on associe l'application φ

$\mathcal{V}$ désigne l'ensemble des vecteurs du plan.

$$\varphi : \mathcal{V} \to \mathcal{V}$$
$$\vec{u} = \overrightarrow{\mathrm{AM}} \mapsto \vec{u}\,' = \overrightarrow{\mathrm{A'M'}}.$$

Une isométrie conserve l'équipollence, cette définition est donc indépendante du point A choisi. En effet

si $\overrightarrow{\mathrm{BN}} = \overrightarrow{\mathrm{AM}}$, alors $\overrightarrow{\mathrm{B'N'}} = \overrightarrow{\mathrm{A'M'}}$.

φ est appelée **isométrie vectorielle associée à *f*.**

EXEMPLES

● Si f est une translation, on sait que $\overrightarrow{\mathrm{A'M'}} = \overrightarrow{\mathrm{AM}}$, φ est donc l'application identique de $\mathcal{V}$ et réciproquement si φ est l'application identique, f est une translation.

- Si f est la réflexion d'axe D tout vecteur $\vec{u}$ de $\mathcal{V}$ s'écrit alors d'une manière unique :

$$\vec{u} = \vec{u}_1 + \vec{u}_2$$

où $\vec{u}_1$ a la direction de D et $\vec{u}_2$ la direction orthogonale à D.

Si $\vec{u} = \vec{u}_1 + \vec{u}_2$, $\varphi(\vec{u}) = \vec{u}_1 - \vec{u}_2$.

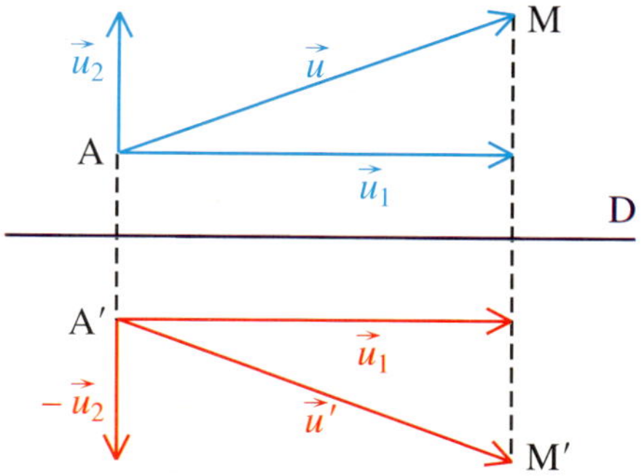

- Si f est la rotation de centre I et d'angle θ, on a alors pour tout point M distinct de A :

$$A'M' = AM \text{ et } (\overrightarrow{AM}, \overrightarrow{A'M'}) = \theta.$$

φ est définie par $\varphi(\vec{u}) = \vec{u}'$ avec

si $\vec{u} = \vec{0}$, $\vec{u}' = \vec{0}$

si $\vec{u} \neq \vec{0}$, $\vec{u}'$ est le vecteur tel que $\|\vec{u}'\| = \|\vec{u}\|$ et $(\vec{u}, \vec{u}') = \theta$.

b Isométries vectorielles associées à $g \circ f$ et à f^{-1}

On démontre les résultats suivants :

La démonstration de ce théorème fait l'objet des exercices 38 et 39.

Théorème

1° Si φ et ψ sont les isométries vectorielles respectivement associées aux isométries f et g, la transformation vectorielle associée à $g \circ f$ est $\psi \circ \varphi$.

2° Si φ est l'isométrie vectorielle associée à une isométrie f alors φ est bijective et φ^{-1} est l'isométrie vectorielle associée à f^{-1}.

CONSÉQUENCE

D'après le théorème du paragraphe **4a**.

Le point A étant fixe, à toute isométrie fixant A on associe une isométrie vectorielle et une seule.

Réciproquement : soit φ une isométrie vectorielle associée à l'isométrie f, on sait que f s'écrit d'une manière unique $f = t \circ u$, où t est une translation et u une isométrie fixant A.

Appelons ψ l'isométrie vectorielle associée à u, l'isométrie vectorielle associée à t est l'identité donc ψ = φ. Donc à φ on associe une isométrie fixant A.

De plus cette isométrie est unique.

En effet, soit f et g deux isométries fixant A et associées à la même isométrie vectorielle φ.

À $g^{-1} \circ f$ est associée $\varphi^{-1} \circ \varphi = \mathrm{Id}$, $g^{-1} \circ f$ est donc une translation qui a un point fixe, d'où $g = f$.

Ceci amène à identifier **les isométries vectorielle**s et **les isométries qui fixent un point A**.

On en déduit que les isométries vectorielles conservent le produit scalaire, la norme et le barycentre.

De plus une isométrie vectorielle φ est linéaire ce qui signifie que, pour tous vecteurs $\vec{u}$ et $\vec{v}$ et pour tout réel k :

▶ Établir ces propriétés en utilisant les isométries fixant un point.

$$\varphi(\vec{u} + \vec{v}) = \varphi(\vec{u}) + \varphi(\vec{v})$$

$$\varphi(k\vec{u}) = k\varphi(\vec{u}).$$

ISOMÉTRIES PLANES

EXERCICES ET PROBLÈMES

POUR SAVOIR FAIRE *Objectifs à atteindre*	Exercices appropriés
Définir des isométries planes fixant un point	1 à 4
Composer des isométries planes	5 à 18
Reconnaître si une propriété est vraie	19
Utiliser des rotations planes	20 à 24
Utiliser des déplacements du plan	25 à 31

POUR CHERCHER *Sujets abordés*	Exercices appropriés
Démonstrations de résultats donnés en Information	32 à 39
Constructions	40 à 43
Problèmes divers	44 à 65

POUR SAVOIR FAIRE

Isométries fixant un point

1 Soit O, A et B trois points distincts tels que OA = OB.
Montrer qu'il existe deux isométries fixant O et pour lesquelles l'image de A est B. Définir ces isométries.

Pour les exercices 2 à 4
Trouver toutes les isométries qui laissent la figure F *globalement invariante.*

2 F = [AB] où A et B sont deux points distincts.

3 F est un rectangle.

4 F est la réunion de deux droites orthogonales

Composées d'isométries

5 ABC est un triangle équilatéral direct, c'est-à-dire tel que $(\overrightarrow{AB}, \overrightarrow{AC}) = \frac{\pi}{3}$. On appelle r_1, r_2 et r_3 les rotations de centres A, B et C et d'angle $\frac{\pi}{3}$.
Définir la transformation $r_3 \circ r_2 \circ r_1$.

6 r_1 et r_2 sont deux rotations distinctes de l'identité, et de centres respectifs I_1 et I_2.
À quelle condition a-t-on $r_1 \circ r_2 = r_2 \circ r_1$?

7 Quelle est la nature de l'isométrie $r_1 \circ r_2$ où r_1 et r_2 sont deux rotations d'angles α et $-\alpha$?

8 Trouver toutes les rotations r de centre O telles que :

$$r^{12} = \underbrace{r \circ r \circ \dots r}_{12 \text{ fois}} \text{ soit l'identité.}$$

9 On donne un cercle $\mathscr{C}$ et deux points distincts A et B de ce cercle. Pour tout point M de $\mathscr{C}$ distinct de A et B, on appelle $s_{(AM)}$ et $s_{(BM)}$ les réflexions d'axes (AM) et (BM).

Que peut-on dire des isométries $s_{(AM)} \circ s_{(BM)}$ pour M élément de $\mathscr{C}$?

Pour les exercices 10 à 12

On note s_A *la symétrie centrale de centre* A.

10 *a*) Reconnaître la transformation composée de deux symétries centrales.

b) A, B et C sont trois points non alignés. Préciser la nature des transformations $s_C \circ s_B \circ s_A$ et $s_B \circ s_C \circ s_A$, les définir géométriquement.

11 A et B sont deux points distincts du plan. Définir la transformation $s_B \circ t_{\overrightarrow{AB}}$.

12 ABCD est un parallélogramme. Définir $s_A \circ s_B \circ s_C \circ s_D$ et $s_A \circ s_B \circ s_D \circ s_C$.

13 s_1 et s_2 sont deux réflexions d'axes D_1 et D_2.

a) Définir la transformation réciproque de $s_1 \circ s_2$.

b) À quelle condition a-t-on $s_1 \circ s_2 = s_2 \circ s_1$?

14 s_D est la réflexion d'axe D, définir :

$$s_D^2 = s_D \circ s_D \text{ et } (s_D)^n = s_D \circ (s_D)^{n-1}.$$

15 ABCD est un parallélogramme non aplati. On note $s_{(AB)}$ la réflexion d'axe (AB).

a) Préciser la nature des transformations suivantes :

$$T_1 = s_{(AB)} \circ s_{(CD)} \circ s_{(AD)} \circ s_{(CB)} ;$$

$$T_2 = s_{(AB)} \circ s_{(AD)} \circ s_{(CB)} \circ s_{(CD)} ;$$

$$T_3 = s_{(AB)} \circ s_{(AD)} \circ s_{(CD)} \circ s_{(CB)}.$$

b) Définir géométriquement ces transformations lorsque ABCD est un rectangle.

16 D et D_1 sont deux droites parallèles. On pose $D_2 = s_D(D_1)$, où s_D est la réflexion d'axe D.

Montrer que :

$$s_{D_2} = s_D \circ s_{D_1} \circ s_D.$$

Obtient-on la même égalité lorsque D et D_1 sont deux droites sécantes ?

17 D_1, D_2 et D_3 sont trois droites concourantes. s_1, s_2 et s_3 sont les trois réflexions d'axes D_1, D_2 et D_3.

Quelle est la nature de la transformation $s_3 \circ s_2 \circ s_1$?

18 On donne quatre points A, B, C et D tels que :

$$A \neq B \text{ et } CD = AB.$$

Montrer qu'il existe deux isométries f_1 et f_2 qui transforment A en C et B en D et définir la transformation f telle que $f \circ f_1 = f_2$.

Vrai ou faux

19 Les affirmations suivantes sont-elles vraies ? Justifier les réponses.

a) Une isométrie qui n'a qu'un point invariant est une rotation.

b) Une isométrie qui a deux points invariants a une infinité de points invariants.

c) La composée de trois réflexions est une réflexion.

d) La composée de deux rotations d'angles respectifs α et β est une rotation d'angle $\alpha + \beta$.

e) Une isométrie qui a trois points invariants est l'identité.

f) Un déplacement qui a deux points distincts invariants est l'identité.

Rotations

20 On considère un triangle ABC de centre de gravité G. On appelle A′, B′ et C′ les images de A, B et C par une rotation de centre G et d'angle θ quelconque.

Faire une figure.

Montrer que $\overrightarrow{AA'} + \overrightarrow{BB'} + \overrightarrow{CC'} = \vec{0}$.

21 *a*) Construire un polygone invariant par une rotation d'angle $\dfrac{2\pi}{n}$ ($n \in \mathbb{N}$, $n \geqslant 3$) et non régulier.

b) Montrer que si un polygone de n côtés est invariant par une rotation d'angle $\dfrac{2\pi}{n}$ ($n \in \mathbb{N}$, $n \geqslant 3$), alors il est régulier.

22 ABCD est un trapèze isocèle tel que (AB) est parallèle à (CD). Montrer qu'il existe une rotation r et une seule telle que :

$$r(A) = B \text{ et } r(D) = C.$$

Préciser le centre et l'angle de cette rotation.

23 Soit A, B, C et D quatre points distincts tels que C soit le milieu de [AB] et B le milieu de [CD]. Montrer qu'il existe une rotation r et une seule telle que :

$$r(\mathrm{A}) = \mathrm{D} \text{ et } r(\mathrm{B}) = \mathrm{C}.$$

Préciser le centre et l'angle de cette rotation.

24 ABCD est un rectangle tel que : AD = 2AB.
On construit E et G tels que :

$$\overrightarrow{\mathrm{AE}} = 2\overrightarrow{\mathrm{AB}} \text{ et } \overrightarrow{\mathrm{AG}} = -\frac{1}{2}\overrightarrow{\mathrm{AD}}.$$

Montrer qu'il existe deux rotations dont on précisera le centre et l'angle qui transforment le rectangle ABCD en le rectangle AEFG.

Déplacements

25 Que peut-on dire d'un déplacement qui a deux points invariants distincts ?

26 On considère un triangle équilatéral ABC et on construit D et E tels que :

$$\overrightarrow{\mathrm{BD}} = \overrightarrow{\mathrm{AB}} \text{ et } \overrightarrow{\mathrm{BE}} = \overrightarrow{\mathrm{AC}}.$$

Déterminer tous les déplacements qui transforment :

$$\{\mathrm{A, B, C}\} \text{ en } \{\mathrm{B, D, E}\}.$$

27 On considère un triangle équilatéral ABC et on construit F et G tels que B soit le milieu de [AF] et de [CG].
Déterminer tous les déplacements qui transforment :

$$\{\mathrm{A, B, C}\} \text{ en } \{\mathrm{B, F, G}\}.$$

28 On donne deux points distincts A et B et une rotation r d'angle α ($\alpha \neq k\pi$, $k \in \mathbb{Z}$).
On pose $\mathrm{C} = r(\mathrm{A})$ et $\mathrm{D} = r(\mathrm{B})$.
Montrer qu'il existe un seul déplacement d tel que :

$$\mathrm{D} = d(\mathrm{A}) \text{ et } \mathrm{C} = d(\mathrm{B}).$$

Définir d.

29 On considère deux droites D et D′ et deux points, A situé sur D et A′ situé sur D′.
Montrer qu'il existe deux déplacements f tels que :

$$\begin{cases} f(\mathrm{A}) = \mathrm{A}' \\ f(\mathrm{D}) = \mathrm{D}'. \end{cases}$$

Définir ces déplacements, selon la position relative de D et de D′.

30 On donne quatre points A, B, C et D tels que :

$$\begin{cases} \mathrm{A} \neq \mathrm{B} \\ \mathrm{CD} = \mathrm{AB}. \end{cases}$$

1° Montrer qu'il existe deux déplacements f tels que :

$$f([\mathrm{AB}]) = [\mathrm{CD}].$$

2° Définir ces déplacements dans les 2 cas :

a) (CD) parallèle à (AB) ;

b) (CD) non parallèle à (AB).

31 Trouver tous les déplacements qui transforment [IB] en [DJ] avec :
ABCD est un carré et I et J sont les milieux respectifs de [AB] et [AD].

Résultats des exercices dont le numéro est en couleur

1. Une rotation de centre O et d'angle $(\overrightarrow{OA}, \overrightarrow{OB})$. Une réflexion d'axe la médiatrice de [AB].

5. $r_3 \circ r_2 \circ r_1$ est une rotation d'angle $3 \times \frac{\pi}{3} = \pi$ donc une symétrie centrale. Pour trouver son centre on cherche l'image de B par exemple. $r_1(B) = C$, $r_2(C) = A$, $r_3(A) = B$. Le centre est donc B.

6. • Il est nécessaire que $r_1 \circ r_2(I_1) = r_2 \circ r_1(I_1)$
donc $r_1 \circ r_2(I_1) = r_2(I_1)$
soit $r_2(I_1) = I_1$,
finalement $I_2 = I_1$.

• Réciproquement, si $I_2 = I_1$ on a bien $r_1 \circ r_2 = r_2 \circ r_1$.

9. Toutes les isométries $s_{(AM)} \circ s_{(BM)}$ sont des rotations de même angle (propriété des points cocycliques).

10. *a)* $s_B \circ s_A = t_{2\overrightarrow{AB}}$.

b) $s_C \circ s_B \circ s_A$ est une rotation d'angle π donc une symétrie centrale de centre I :

De $s_C \circ s_B \circ s_A(A) = D$ avec $\overrightarrow{AD} = 2\overrightarrow{BC}$

et I est le milieu de [AD], on déduit que $\overrightarrow{AI} = \overrightarrow{BC}$.

11. $s_B \circ t_{\overrightarrow{AB}}$ est une symétrie centrale, de centre I milieu de [AB].

12. La première est l'identité et la seconde la translation de vecteur $4\overrightarrow{BA}$.

13. *a)* La transformation réciproque de $s_1 \circ s_2$ est $s_2 \circ s_1$.

b) • Si D_1 et D_2 sont sécantes, alors $s_1 \circ s_2$ est la rotation d'angle non nul θ, $s_2 \circ s_1$ est la rotation d'angle $-\theta$.

$s_1 \circ s_2 = s_2 \circ s_1$ est équivalent à
$\theta = -\theta + 2k\pi$ soit $\theta = k\pi$,
D_1 et D_2 sont orthogonales.

• Si D_1 et D_2 sont parallèles, alors $s_1 \circ s_2$ est la translation de vecteur $\vec{u}$, $s_2 \circ s_1$ est la translation de vecteur $-\vec{u}$.

$s_1 \circ s_2 = s_2 \circ s_1$ est équivalent à $\vec{u} = -\vec{u}$ soit $\vec{u} = \vec{0}$.

Conclusion : $s_1 \circ s_2 = s_2 \circ s_1$ si D_1 et D_2 sont perpendiculaires ou confondues.

15. *a)* T_1 est la composée de deux translations donc est une translation, en effet :

$$T_1 = (s_{(AB)} \circ s_{(CD)}) \circ (s_{(AD)} \circ s_{(CB)}).$$

T_2 est la composée de deux rotations d'angles opposés donc est une translation.

T_3 est la composée de deux rotations d'angles égaux, et différents de π, donc est une rotation lorsque ABCD n'est pas un rectangle.

b) $T_1 = t_{2\overrightarrow{CA}}$, $T_2 = s_A \circ s_C = t_{2\overrightarrow{CA}}$, $T_3 = s_A \circ s_C = t_{2\overrightarrow{CA}}$.

17. $s_3 \circ s_2 \circ s_1$ est un antidéplacement qui a un point fixe donc est une réflexion.

20. G est aussi le cente de gravité du triangle A′B′C′.

$$\overrightarrow{AA'} + \overrightarrow{BB'} + \overrightarrow{CC'} = \overrightarrow{AG} + \overrightarrow{BG} + \overrightarrow{CG} + \overrightarrow{GA'} + \overrightarrow{GB'} + \overrightarrow{GC'} = \vec{0}.$$

22. Le centre de la rotation est l'intersection de (AD) et (BC) et l'angle est $(\overrightarrow{AD}, \overrightarrow{BC})$.
Cette rotation est unique car il y a un seul déplacement qui transforme A en B et D en C.

26. Soit G le centre de gravité de ABC.
Toute isométrie f qui transforme {A, B, C} en {B, D, E} s'écrit d'une manière unique $f = t \circ u$ avec u isométrie qui laisse invariant G.

On détermine les isométries qui conservent ABC (3 réflexions et 3 rotations dont l'identité) et on compose avec la translation de vecteur $\overrightarrow{AB}$.

28. De $C = r(A)$ et $D = r(B)$ on déduit que CD = AB, il existe donc un seul déplacement d tel que $D = d(A)$ et $C = d(B)$.
Appelons θ l'angle de r.

$$\theta = (\overrightarrow{AB}, \overrightarrow{CD}) \text{ d'où } (\overrightarrow{AB}, \overrightarrow{DC}) = \theta + \pi.$$

Si r n'est pas une symétrie centrale, d est une rotation d'angle $\theta + \pi$, et si r est une symétrie centrale alors d est une translation.

29. Soit B un point de D distinct de A. Il existe sur D′ deux points B'_1 et B'_2 tels que $A'B'_1 = A'B'_2 = AB$, donc deux déplacements tels que $f(A) = A'$ et $f(D) = D'$.

Si D et D′ sont parallèles ces deux déplacements sont la translation de vecteur $\overrightarrow{AA'}$ et la symétrie centrale de centre le milieu de [AA′].

Si D et D′ ne sont pas parallèles, ces deux déplacements sont des rotations d'angle θ et $\theta + \pi$, θ étant un angle défini par les deux droites.

POUR CHERCHER

Démonstrations de résultats donnés en Information

32 En considérant une droite (AB) comme l'ensemble des barycentres de $(A\,;t)$ et $(B\,;1-t)$ montrer que l'image d'une droite par isométrie est une droite.

33 Déduire du résultat de l'exercice précédent que l'image par isométrie d'un parallélogramme est un parallélogramme. En déduire qu'une isométrie conserve l'équipollence.

34 Montrer que l'image d'un segment [AB] par une isométrie f est le segment [A′B′], avec $A' = f(A)$ et $B' = f(B)$.

a) En procédant comme dans l'exercice **32**.

b) En considérant [AB] comme l'ensemble des points M tels que :

$$MA + MB = AB.$$

35 En utilisant les résultats de l'exercice **33**, montrer que les images de deux droites parallèles par isométrie sont deux droites parallèles.

36 Soit f une isométrie et $\mathscr{C}$ un cercle de centre I et de rayon r. On pose $I' = f(I)$.

1° Montrer que l'image d'un point M de $\mathscr{C}$ est un point M′ du cercle $\mathscr{C}'$ de centre I′ et de rayon r'.

2° En utilisant f^{-1}, montrer que tout point M′ de $\mathscr{C}'$ est l'image d'un point M de $\mathscr{C}$.

3° Conclure.

37 On donne quatre points A, B, A′, B′ tels que :

- AA′, BB′ et AB soient non nuls.
- $\overrightarrow{A'B'}$ soit distinct de $\overrightarrow{AB}$.
- [AA′] et [BB′] aient la même médiatrice Δ.

1° Montrer que les images de A et B par la réflexion d'axe Δ sont A′ et B′.

2° En déduire que (AB) n'est pas parallèle à Δ ; on appelle I leur point d'intersection. Montrer que I est le centre de la rotation qui transforme A en A′ et B en B′.

38 Soit f et g deux isométries du plan, φ et ψ les isométries vectorielles respectivement associées à f et g.

Montrer que :

si $g\circ f(A) = A''$ et $g\circ f(M) = M''$,

alors $\psi\circ\varphi\left(\overrightarrow{AM}\right) = \overrightarrow{A''M''}$.

En déduire que l'isométrie vectorielle associée à $g\circ f$ est $\psi\circ\varphi$.

39 Soit f une isométrie et φ l'isométrie vectorielle associée.

1° Quelle est l'isométrie vectorielle associée à $f^{-1}\circ f$?

2° En utilisant le résultat de l'exercice précédent montrer que φ est bijective et que φ^{-1} est l'isométrie vectorielle associée à f^{-1}.

Constructions

40 On donne deux droites parallèles D_1 et D_2 et un point A, construire un triangle équilatéral ABC tel que B soit un point de D_1 et C un point de D_2.

41 On donne trois droites parallèles distinctes. Construire un triangle équilatéral ayant un sommet sur chacune des parallèles données.

42 D_1, D_2, et D_3 sont trois droites données dans le plan. Construire un carré ABCD tel que A et C soient sur D_1, B sur D_2 et D sur D_3.

43 ABCD est un parallélogramme. Construire un carré MNPQ tel que $M\in(AB)$, $N\in(BC)$, $P\in(CD)$, $Q\in(AD)$.

Problèmes divers

44 On donne dans le plan P orienté, un triangle isocèle OO′A avec $\left(\widehat{\overrightarrow{AO}, \overrightarrow{AO'}}\right) = \dfrac{\pi}{2}$.

Les cercles $\mathscr{C}$ et $\mathscr{C}'$ passant par A de centres respectifs O et O′ se recoupent en B.
À tout point M de $\mathscr{C}$, on associe le point M′ de $\mathscr{C}'$ tel qu'une mesure de $\left(\widehat{\overrightarrow{OM}, \overrightarrow{O'M'}}\right)$ soit $-\dfrac{\pi}{2}$.

1° Montrer qu'il existe une rotation r, que l'on caractérisera, transformant O en O′ et M en M′.

2° M étant distinct de B, les droites (BM) et (BM′) recoupent respectivement $\mathscr{C}'$ en N′ et $\mathscr{C}$ en N.
Montrer que N′ est l'image de N par la rotation r.

45 P est le plan orienté. On appelle “triangle équilatéral direct” tout triplet (A, B, C) de points de P vérifiant les deux propriétés suivantes :

le triangle ABC est équilatéral,

$\frac{\pi}{3}$ est une mesure en radians de l'angle $(\overrightarrow{AB}, \overrightarrow{AC})$.

On donne : un cercle $\mathscr{C}$ de centre O et de rayon R
une droite D ne coupant pas $\mathscr{C}$.

1° Soit A un point de D. On note E_A l'ensemble des points M de P vérifiant la propriété : “Il existe un point N de $\mathscr{C}$ tel que le triplet (A, M, N) soit un triangle équilatéral direct”. Montrer que E_A est un cercle dont on déterminera le centre Ω_A et le rayon R_A. Construire E_A.

2° Quel est l'ensemble des points Ω_A lorsque A décrit D ? Construire cet ensemble.

46 Dans P, plan orienté muni d'un repère orthonormal direct $(O, \vec{u}, \vec{v})$ deux points A et B ont pour coordonnées respectives $(-a\,;0)$ et $(a\,;0)$. (a réel strictement positif.)

r_A est la rotation de centre A, d'angle $\frac{\pi}{3}$.

r_B est la rotation de centre B, d'angle $-\frac{2\pi}{3}$.

Pour tout point M du plan P, on note

$M_A = r_A(M)$ et $M_B = r_B(M)$.

1° M étant un point donné de P, construire les points M_A et M_B ; justifier la construction.

2° Démontrer que le milieu du segment $[M_AM_B]$ est un point fixe indépendant du choix de M :

a) en composant les applications r_A^{-1} et r_B ;

b) en utilisant les nombres complexes.

3° Démontrer par le procédé de votre choix, que lorsque $M \neq M_A$ et $M \neq M_B$,

$$(\overrightarrow{MM_A}, \overrightarrow{MM_B}) = (\overrightarrow{MA}, \overrightarrow{MB}) + \frac{\pi}{2} + k2\pi,\ k \in \mathbb{Z}.$$

Quel est l'ensemble des points M du plan P tels que M, M_A et M_B soient alignés ? Construire cet ensemble.

47 Soit un triangle isocèle OAB, avec OA = OB, et un point P variable du segment [AB], $P \neq A$ et $P \neq B$. La parallèle menée de P à la droite (OB) coupe la droite (OA) en A′ et la parallèle menée de P à la droite (OA) coupe la droite (OB) en B′.

1° Démontrer que OA′ = BB′.

2° En déduire qu'il existe une rotation r telle que r(O) = B et r(A′) = B′ dont on déterminera l'angle en fonction de l'angle des vecteurs $\widehat{(\overrightarrow{OA}, \overrightarrow{OB})}$.

Démontrer que r(A) = O. Déterminer alors le centre Ω de cette rotation.

3° Démontrer que les quatre points O, A′, B′, Ω sont cocycliques.

48 Dans le plan orienté, on considère un triangle ABC.
A′, B′ et C′ désignent les milieux respectifs des segments [BC], [CA] et [AB].

1° Montrer qu'il existe un point P et un seul vérifiant les conditions suivantes : PA = PC et une mesure en radians de l'angle $(\overrightarrow{PA}, \overrightarrow{PC})$ est $\frac{\pi}{2}$.

Soit Q le point tel que :
QA = QB et une mesure en radians de l'angle $(\overrightarrow{QB}, \overrightarrow{QA})$ est $\frac{\pi}{2}$.

2° *a*) On désigne par :

- r_P la rotation de centre P et d'angle $\frac{\pi}{2}$,
- r_Q la rotation de centre Q et d'angle $\frac{\pi}{2}$,
- $s_{A'}$ la symétrie par rapport au point A′.

Étudier l'image de A par l'application :
$f = r_Q \circ s_{A'} \circ r_P$.
Que peut-on dire de f ?

b) Quelle est la nature du triangle A′PQ ?

49 Le plan orienté $\mathscr{P}$ étant rapporté à un repère orthonormal direct $(O, \vec{i}, \vec{j})$, on désigne par A, B et C les points de $\mathscr{P}$ de coordonnées respectives $(1\,;0)$, $(0\,;\sqrt{3})$ et $(-1\,;0)$ dans ce repère.

On appelle r la rotation de centre B, d'angle $\frac{\pi}{3}$,

r' la rotation de centre A, d'angle $-\frac{2\pi}{3}$, et s la symétrie par rapport à I (I milieu de [AB]).

Soit f l'application $r' \circ s \circ r$.

a) Déterminer la nature et les éléments caractéristiques de f (on utilisera f(C) et f(B)).

b) Déterminer les applications de $\mathbb{C}$ dans $\mathbb{C}$ associées à r, r', s et f et retrouver ainsi les résultats du *a*).

50 Le plan orienté P est rapporté à un repère ortonormal direct $(O, \vec{i}, \vec{j})$. Soit A, B, C et D les points de coordonnées respectives $(1\,;0)$, $(0\,;1)$, $(-1\,;0)$ et $(0\,;-1)$.

On appelle R_1 la rotation de centre D et d'angle $\frac{\pi}{2}$, R_2 la rotation de centre B et d'angle π, R_3 la rotation de centre C et d'angle $\frac{\pi}{2}$.

On pose $T = R_1 \circ R_2 \circ R_3$.

a) Quelle est la nature de T ? Déterminer complètement T.

b) On pose $\varphi = R_3 \circ T$.
Quelle est la nature de φ ? Déterminer complètement φ.

51 ***Triangle équilatéral inscrit***

Dans un plan P on considère un triangle équilatéral ABC inscrit dans un cercle Γ. Soit M un point, distinct de A et de C, situé sur celui des arcs $\overset{\frown}{AC}$ dont B n'est pas élément. I est le point du segment [MB] tel que $MI = MA$.

a) Montrer que le triangle IMA est équilatéral.

b) On oriente le plan P de façon qu'une mesure de l'angle $(\overrightarrow{AB}, \overrightarrow{AC})$ soit $\frac{\pi}{3}$.

Soit *r* la rotation de centre A et d'angle dont une mesure est $\frac{\pi}{3}$.

Déterminer les images par *r* des points B et I.
En déduire : $MA + MC = MB$.

52 Dans le plan orienté, on donne deux droites parallèles D et Δ, et un point A n'appartenant à aucune de ces droites.
Construire un triangle ABC vérifiant simultanément les conditions suivantes :

– ABC est rectangle en A.
– ABC est isocèle.
– B est sur D et C est sur Δ.

Préciser le nombre de solutions au problème posé. (Toute méthode sera acceptée : géométrique, analytique, utilisation de nombres complexes, ...).

53 Dans le plan orienté, on trace un triangle ABC non isocèle et tel que $(\overrightarrow{AB}, \overrightarrow{AC}) = \frac{\pi}{3} \quad (2\pi)$.

Soit d_1 la demi-droite d'origine B contenant A.
Soit d_2 la demi-droite d'origine C contenant A.
On place sur d_1 un point P différent de B et sur d_2 un point Q différent de C, tels que $BP = CQ$.

a) Justifier l'existence d'une unique rotation *r* transformant B en C et P en Q.
Préciser l'angle de *r*. Construire le centre O de *r* et prouver que ce point est indépendant de P et Q.

b) Quelle est la nature du triangle OPQ ?

c) Construire les points P sur d_1 et Q sur d_2 sachant que $BP = CQ = PQ$.

54 ***Transformation***

On considère, dans le plan, trois points non alignés O, A et B tels qu $OA = OB$.

Pour tout point M du plan on effectue la construction suivante :

la parallèle à (OB) menée par M coupe (OA) en N,
la parallèle à (OA) menée par M coupe (OB) en P,
la parallèle à (AB) menée par M coupe (OB) en P′,
la parallèle à (AB) menée par M coupe (OA) en N′,
la parallèle à (OA) passant par P′ et la parallèle à (OB) passant par N′ se coupent en M′.

Quelle est l'application qui à tout point M du plan associe le point M′ ? Justifier la réponse en précisant les propriétés utilisées.

55 ***Isométrie du quatrième type***

Soit *t* une translation de vecteur $\vec{u}$ et *s* une réflexion d'axe Δ.
On étudie l'isométrie $f = t \circ s$.

a) On pose $\vec{u} = \vec{v} + \vec{w}$, où $\vec{v}$ est un vecteur de Δ et $\vec{w}$ est orthogonal à Δ, et on appelle D l'image de Δ par la translation de vecteur $\frac{1}{2}\vec{w}$.

Montrer que $t_{\vec{w}} \circ s = s_D$ ($t_{\vec{w}}$ est la translation de vecteur $\vec{w}$ et s_D la réflexion d'axe D).
En déduire que $f = t_{\vec{v}} \circ s_D$.

b) Vérifier que $t_{\vec{v}} \circ s_D = s_D \circ t_{\vec{v}}$.
Montrer que *f* s'écrit d'une manière unique :
$f = t_{\vec{v}} \circ s_D$ avec $\vec{v}$ vecteur de D.

Indication : montrer que : $t_{\vec{v}} \circ s_D = t_{\vec{v}_1} \circ s_{D_1}$ avec $\vec{v}$ vecteur de D et $\vec{v}_1$ vecteur de D_1, entraîne $\vec{v} = \vec{v}_1$ et $D = D_1$.

c) L'isométrie *f* peut-elle se réduire à une réflexion ? à une translation ?

56 ***Un triangle et des carrés***

ABC est un triangle. On construit extérieurement au triangle les carrés ABDE, ACFG et BCHI.

a) Montrer que [BF] et [AH] sont isométriques et orthogonaux. Comparer de même [AI] et [DC].

b) On considère K et J deux points tels que BDKI et CHJF soient deux parallélogrammes.
Montrer que l'intersection de (IJ) et (HK) est l'orthocentre du triangle AIH.
En déduire la position de l'orthocentre du triangle ABC.

57 ***Un triangle et des carrés (bis)***

ABC est un triangle quelconque. On construit extérieurement au triangle ABC deux carrés ABDE et ACFG, et le parallélogramme AEHG.

a) Montrer que le triangle EAH est l'image du triangle ABC par une rotation dont on donnera le centre et l'angle.

b) Montrer que la médiane issue de A du triangle ABC est orthogonale à (EG) et la médiane issue de A du triangle AEG est orthogonale à (BC).

58 ***Point de Fermat d'un triangle***

À l'extérieur d'un triangle ABC, on construit les triangles équilatéraux ABI, BCJ et CAK.

a) Quelle est l'image de [IC] par la rotation de centre A et d'angle $\left(\widehat{\overrightarrow{AI}, \overrightarrow{AB}}\right)$?
Montrer que : IC = BK = AJ.

b) Calculer l'angle $\left(\widehat{\overrightarrow{IC}, \overrightarrow{BK}}\right)$. En déduire que les cercles circonscrits aux triangles ABI, BCJ et CAK passent par un même point F et que (IC), (BK) et (AJ) sont concourantes en ce point appelé point de Fermat du triangle ABC.

59 Trois cercles isométriques Γ_A, Γ_B et Γ_C de centres respectifs A, B et C ont un point commun O. Ces cercles ont deux à deux un second point d'intersection :
I pour Γ_B et Γ_C, J pour Γ_C et Γ_A et K pour Γ_A et Γ_B.

a) Préciser la position du point O dans les triangles ABC et IJK.

b) Montrer que l'orthocentre H de ABC est le centre du cercle circonscrit à IJK. Quel est l'orthocentre du triangle IJK ?

c) Montrer que [AI], [BJ] et [CK] se coupent en leur milieu M. En déduire que M est le milieu de [OH].

d) Quel est le centre et le rayon du cercle circonscrit à IJK ? Énoncer la propriété démontrée.

e) Montrer que O est centre d'un cercle Γ tangent à Γ_A, Γ_B et Γ_C. On appelle A′, B′ et C′ les points de contact de Γ_A, Γ_B et Γ_C avec Γ, montrer que I, J et K sont les milieux des côtés du triangle A′B′C′.

60 Dans le plan orienté, on considère un triangle équilatéral ABC tel qu'une mesure de l'angle $\left(\widehat{\overrightarrow{AB}, \overrightarrow{AC}}\right)$ soit $\frac{\pi}{3}$. On appelle Γ le cercle circonscrit au triangle ABC.

La médiatrice de [BC] coupe Γ en A et D ; on appelle A′ le point d'intersection des droites (BD) et (AC).

1° Démontrer que A′ est le symétrique de A par rapport à C.

2° On désigne par S_{BD}, S_{DC}, S_{CA}, S_{AB} les symétries orthogonales par rapport aux droites (BD), (DC), (CA) et (AB) respectivement.

a) Quelle est la nature des applications $S_{BD} \circ S_{DC}$ et $S_{CA} \circ S_{AB}$? On précisera les éléments caractéristiques.

b) Soit Δ la parallèle à (DC) menée par A et S_Δ la symétrie orthogonale par rapport à Δ.
Démontrer que $S_{BD} \circ S_{DC} = S_{DC} \circ S_{DA}$
et $S_{CA} \circ S_{AB} = S_{DA} \circ S_\Delta$.

c) Retrouver le résultat du 1° en utilisant l'application $t = S_{BD} \circ S_{DC} \circ S_{CA} \circ S_{AB}$
que l'on caractérisera.

61 Dans le plan orienté on considère un triangle rectangle isocèle ABC tel que l'angle $\left(\overrightarrow{AB}, \overrightarrow{AC}\right)$ a pour mesure $\frac{\pi}{2}$.

Soit I le milieu du segment [BC].

On note R_B la rotation de centre B et d'angle de mesure $\frac{\pi}{2}$, R_C la rotation de centre C et d'angle de mesure $\frac{\pi}{2}$, et T la translation de vecteur $\overrightarrow{BC}$.

On se propose de trouver *par deux méthodes* la nature et les éléments caractéristiques de la transformation : $S = R_C \circ T \circ R_B$.

1re méthode : (utilisation des nombres complexes)

On rapporte le plan au repère orthonormal direct $\left(A ; \overrightarrow{AB}, \overrightarrow{AC}\right)$.

a) Donner l'écriture complexe des transformations R_B, R_C, T, puis S.

b) Caractériser alors S.

2e méthode : (utilisation des propriétés des transformations)

a) Déterminer, sans calcul, la nature de S.

b) Préciser l'image de B par S.

c) Caractériser S.

62 Dans le plan orienté, on considère deux points distincts A et B. On note R_A et R_B les rotations de centres respectifs A et B et d'angle de mesure $\frac{\pi}{2}$.

Pour tout point M du plan, on note M_1 et M_2 les images respectives de M par R_A et R_B.

1° On considère la transformation $T = R_B \circ R_A^{-1}$.

a) Construire le point C image du point A par T.

b) Déterminer la nature et les éléments caractéristiques de T.

c) En déduire la nature du quadrilatère M_1M_2CA.

2° On suppose que le point M décrit le cercle Γ de diamètre [AB].

a) Déterminer et construire l'ensemble Γ_2 décrit par le point M_2 quand M décrit Γ.

b) Soit ω et ω_2 les milieux respectifs des segments [AB] et [BC].

Comparer les vecteurs $\overrightarrow{\omega\omega_2}$ et $\overrightarrow{AC}$.

c) Déterminer l'ensemble décrit par le point I, milieu de $[M_1M_2]$ quand M décrit Γ.

BAC

63 Dans le plan orienté on suppose donnés deux points distincts O et I.
On note r le quart de tour direct de centre O et s la symétrie centrale de centre I.

1° *a*) Soit OJO′G le carré direct de centre I, c'est-à-dire que $\left(\overrightarrow{OJ}, \overrightarrow{OG}\right) = \frac{\pi}{2}$.

Placer ces différents points sur la figure (on prendra $OI = 4$ cm).

b) Prouver que $s \circ r$ est la rotation de centre J d'angle $-\frac{\pi}{2}$.

c) En déduire que J est le seul point du plan tel que $r(J) = s(J)$.

Désormais, pour tout couple (M, N) de points du plan, on note :

A et B les images de M par r et s ;
C et D les images de N par r et s.

2° Soit M un point donné distinct de J. On suppose que J est le milieu du segment [MN].
Démontrer que ABCD est un carré de centre G.
Placer M et N et le carré ABCD sur la figure.

3° Le point M étant toujours donné distinct de J, on suppose inversement que N est tel que ABCD soit un carré. Prouver que J est le milieu de [MN] et que G est le centre du carré ABCD (on introduira le milieu J′ de [MN] et le centre G′ du carré ; on comparera alors $r(J')$ et $s(J')$).

4° Soit r' le quart de tour direct de centre G.
Prouver que $r' \circ r = s$. En déduire que sous les hypothèses de la question 2°, le carré ABCD est direct (c'est-à-dire que $r'(A) = B$).

BAC

64 Dans le plan orienté, on considère un triangle ABC tel que $AB = AC$ et $\left(\overrightarrow{AB}, \overrightarrow{AC}\right) = \frac{\pi}{2}$ (2π).

Soit I, J, K les milieux respectifs de [BC], [CA] et [AB].
On appelle R la rotation de centre I et d'angle de mesure $\frac{\pi}{2}$ et T la translation de vecteur $\frac{1}{2}\overrightarrow{BC}$.

On pose $f = R \circ T$ et $g = T \circ R$.

1° *a*) Déterminer l'image de K par f, et l'image de J par g.

b) Préciser la nature et les éléments caractéristiques des applications f et g.

2° *a*) Déterminer la nature de la transformation $g \circ f^{-1}$ (f^{-1} étant l'application réciproque de f).

b) Chercher l'image de A par $g \circ f^{-1}$ et caractériser alors cette application.

c) Soit M un point quelconque du plan, M_1 l'image de M par f et M_2 l'image de M par g.
Quelle est la nature du quadrilatère ACM_2M_1 ?

BAC

65 1° Dans un plan orienté, on considère un carré PQRS de centre O pour lequel l'angle $\widehat{\left(\overrightarrow{OP}, \overrightarrow{OQ}\right)}$ est égal à $\frac{\pi}{2}$. Soit ABCD un parallélogramme tel que P, Q, R, S appartiennent respectivement aux segments [AB], [BC], [CD], [DA].

a) Montrer que les droites (AD) et (DC) sont les images des droites (BC) et (AB) par la symétrie s de centre O.
Montrer que O est le centre du parallélogramme ABCD.

b) Soit Δ l'image de la droite (AB) par la rotation r de centre O, d'angle $\frac{\pi}{2}$.

Établir que Q est commun aux droites (BC) et Δ.

2° Soit A, B, C, D les points de coordonnées respectives $(1 ; -2)$, $(3 ; 2)$, $(-1 ; 2)$ et $(-3 ; -2)$, dans un plan orienté rapporté au repère orthonormal $(O, \vec{i}, \vec{j})$. En utilisant la question précédente, construire un carré inscrit dans le parallélogramme ABCD (on donnera les coordonnées des sommets de ce carré).

11

SIMILITUDES

CONTENU

- Composée d'une homothétie de rapport positif et d'une rotation de même centre
- Similitude plane directe
  - — forme réduite
  - — écriture complexe

ACTIVITÉS

ACTIVITÉ 1 Composée d'une homothétie et d'une rotation

Le plan est orienté.
Soit I un point du plan orienté. On note h l'homothétie de centre I de rapport 1,5 et r la rotation de centre I et d'angle $\frac{\pi}{3}$.
Le but de cette activité est de comparer les transformations $h \circ r$ et $r \circ h$ et de définir l'image d'un point par ces transformations.

A. Image d'un triangle

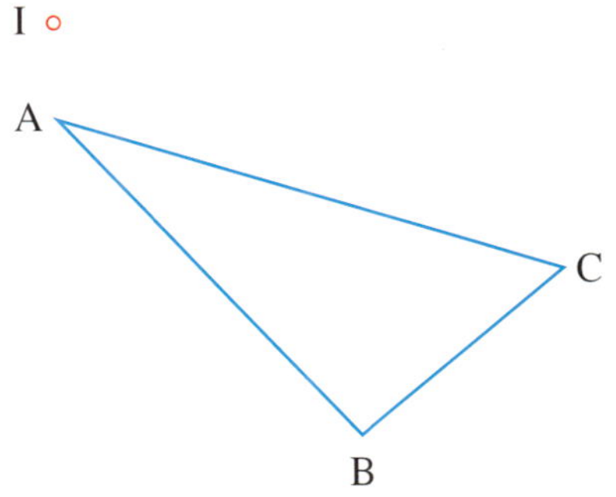

Construire l'image d'un triangle ABC *par* $h \circ r$ *puis par* $r \circ h$.
Que constate-t-on ?

B. Étude de $h \circ r$ et de $r \circ h$

Soit M un point quelconque distinct de I. On note $M_1 = h(M)$, $M' = r(M_1)$ et $M_2 = r(M)$.

1° *Placer les quatre points* M, M_1, M_2 *et* M' *sur une figure.*

2° *Démontrer que* $r \circ h = h \circ r$.

ACTIVITÉ 2 Lieu géométrique

Le plan est orienté.
Soit $\mathscr{C}$ un cercle de centre O et un point A extérieur au cercle $\mathscr{C}$.

1° M étant un point de $\mathscr{C}$, *construire le point* M′ *tel que le triangle* AMM′ *soit rectangle en* M *avec* $(\overrightarrow{AM}, \overrightarrow{AM'}) = -\frac{\pi}{6}$.

2° *Lorsque* M *décrit le cercle* $\mathscr{C}$, *quel ensemble décrit le point* M′ ?
On pourra montrer que $M' = h \circ r(M)$ où r et h sont deux transformations à déterminer.

ACTIVITÉ 3 Étude d'une transformation complexe

Le plan est orienté.
Le but de cette activité est d'étudier la transformation complexe

$$f : z \mapsto (1 + i)z + 1$$

et la transformation ponctuelle F associée à f

$$F : M(z) \mapsto M'(z') \text{ avec } z' = (1 + i)z + 1.$$

1° On donne A(1 + i), B(4 – i), C(2 + 3i).
Déterminer les affixes des points A′ = F(A), B′ = F(B) *et* C′ = F(C) *et placer ces points sur le graphique.*

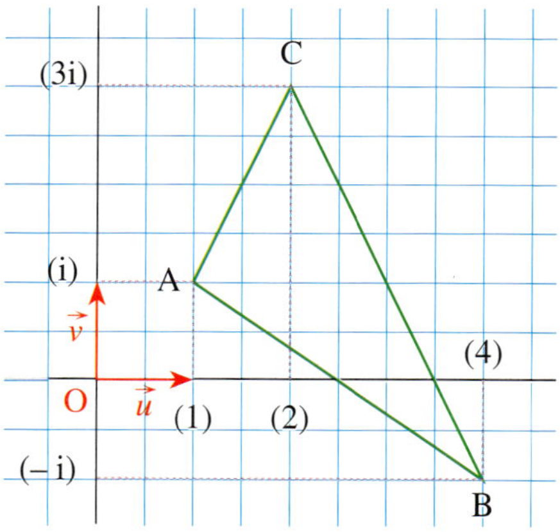

2° *Montrer que l'équation* f (z) = z *admet une solution unique* z_I *et placer sur le graphique le point* I *d'affixe* z_I.

3° *Indiquer en observant la figure la nature des triangles* IAA′, IBB′ *et* ICC ′. *Étant donné un point* M *distinct de* I, *déterminer la nature du triangle* IMM ′ *(justifier la réponse).*

4° *On admet que l'image d'une droite par* F *est une droite. En utilisant le* 3°, *déterminer l'image de l'axe des abscisses par* F.

5° *Montrer que* F = h ∘ r *où* h *et* r *sont deux transformations à déterminer. Construire l'image* d′ *de l'axe des abscisses par* r *puis construire* h (d′).

SIMILITUDES

INFORMATION

Dans tout le chapitre, le plan est orienté.

1. COMPOSÉE D'UNE HOMOTHÉTIE DE RAPPORT POSITIF ET D'UNE ROTATION DE MÊME CENTRE

Soit I un point du plan orienté.
On note h l'homothétie de centre I de rapport $\boldsymbol{k > 0}$,
r la rotation de centre I d'angle θ.

a Étude de $h \circ r$ et $r \circ h$

I étant invariant par r et h, on a donc $r \circ h(\mathrm{I}) = h \circ r(\mathrm{I}) = \mathrm{I}$.
Soit M un point quelconque distinct de I.
Posons $h(\mathrm{M}) = \mathrm{M}_1$, $r(\mathrm{M}_1) = \mathrm{M}'$ et $r(\mathrm{M}) = \mathrm{M}_2$.

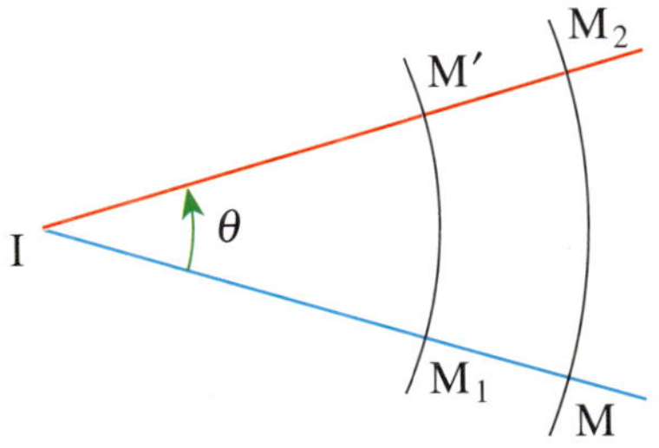

Nous avons :

- **D'une part**, $(\widehat{\overrightarrow{\mathrm{IM}_2}, \overrightarrow{\mathrm{IM}'}}) = (\widehat{\overrightarrow{\mathrm{IM}_2}, \overrightarrow{\mathrm{IM}}}) + (\widehat{\overrightarrow{\mathrm{IM}}, \overrightarrow{\mathrm{IM}_1}}) + (\widehat{\overrightarrow{\mathrm{IM}_1}, \overrightarrow{\mathrm{IM}'}})$
$= -\theta + 0 + \theta + 2n\pi, n \in \mathbb{Z}$.

Nous obtenons $(\widehat{\overrightarrow{\mathrm{IM}_2}, \overrightarrow{\mathrm{IM}'}}) = 0 + 2n\pi$ (1) : les points I, M_2 et M′ sont alignés et M_2 et M′ sont du même côté par rapport à I.

- **D'autre part**,

$$\left|\begin{array}{l}\mathrm{IM}_1 = k\mathrm{IM}\\ \mathrm{IM}' = \mathrm{IM}_1\\ \mathrm{IM}_2 = \mathrm{IM}\end{array}\right. \quad \text{donc } \mathrm{IM}' = k\mathrm{IM}_2 \quad (2).$$

Des deux résultats précédents (1) et (2) et du fait que $k > 0$, nous déduisons :

$$\overrightarrow{\mathrm{IM}'} = k\,\overrightarrow{\mathrm{IM}_2},$$

autrement dit M′ est l'image de M_2 par l'homothétie h : $h(\mathrm{M}_2) = \mathrm{M}'$.

$h(\mathrm{M}) = \mathrm{M}_1$ avec $k > 0$ équivaut à $\begin{cases}(\widehat{\overrightarrow{\mathrm{IM}}, \overrightarrow{\mathrm{IM}_1}}) = 0\\ \mathrm{IM}_1 = k\mathrm{IM}.\end{cases}$

Nous avons donc :
pour tout point M du plan distinct de I
$r \circ h(\mathrm{M}) = r(\mathrm{M}_1) = \mathrm{M}'$ et $h \circ r(\mathrm{M}) = h(\mathrm{M}_2) = \mathrm{M}'$.
De plus $r \circ h(\mathrm{I}) = h \circ r(\mathrm{I}) = \mathrm{I}$.
Conclusion : $r \circ h = h \circ r$.
Attention, cette propriété n'est vraie que si r et h ont le même centre.

b Propriétés de $h \circ r$

- Une homothétie et une rotation conservant les mesures d'angles orientés, il en est de même pour $h \circ r$.
- Soit deux points M et N du plan.

On note $M_1 = h(M)$, $N_1 = h(N)$, $M' = r(M_1)$ et $N' = r(N_1)$.

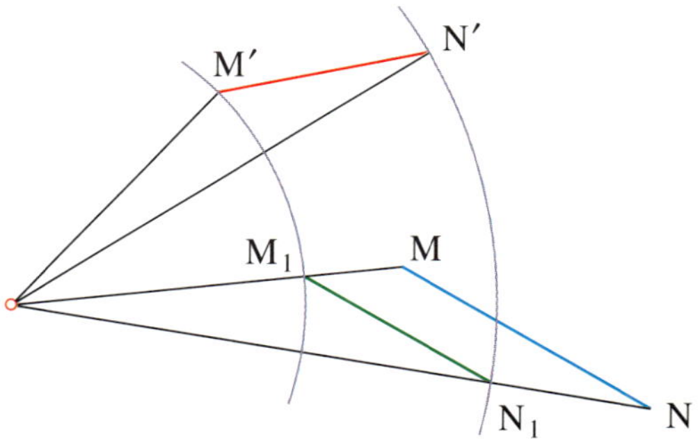

Nous avons $\begin{cases} \overrightarrow{M_1N_1} = k\overrightarrow{MN} \\ M'N' = M_1N_1 \end{cases}$ donc $\begin{cases} M_1N_1 = kMN \\ M'N' = M_1N_1 \end{cases}$ d'où $M'N' = kMN$.

> ***Propriétés***
>
> **$r \circ h$ conserve la mesure des angles orientés et multiplie les distances par k.**

Autrement dit :

- Pour trois points distincts A, B et C et leurs images respectives A′, B′ et C′ par $r \circ h$:

$$\widehat{(\overrightarrow{A'B'}, \overrightarrow{A'C'})} = \widehat{(\overrightarrow{AB}, \overrightarrow{AC})}.$$

- $A'B' = kAB$.

c Interprétation de $r \circ h$ dans le plan complexe

Le repère orthonormal direct $(O, \vec{u}, \vec{v})$ est un repère du plan complexe. On note z_0, z, z_1 et z' les affixes respectives des points I, M, M_1 et M′.

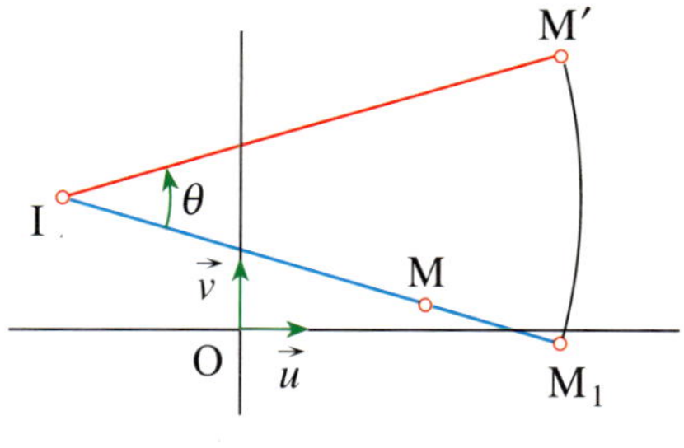

$\overrightarrow{IM_1} = k\,\overrightarrow{IM} \iff z_1 - z_0 = k(z - z_0)$

$M' = r(M_1) \iff z' - z_0 = e^{i\theta}(z_1 - z_0)$.

Finalement $r \circ h(M) = M' \iff z' - z_0 = ke^{i\theta}(z - z_0)$.

d Résumé

Soit h une homothétie de centre I de rapport $k > 0$ et r une rotation de centre I et d'angle θ.

- $r \circ h = h \circ r$.
- I est invariant par $r \circ h$.
- $r \circ h$ conserve les angles orientés et multiplie les distances par k.
- Le point $M(z)$ a pour image par $r \circ h$ le point $M'(z')$ avec $z' - z_0 = k e^{i\theta}(z - z_0)$. ($z_0$ étant l'affixe de I.)

2. SIMILITUDE PLANE DIRECTE

Nous étudions maintenant les transformations du plan orienté qui possèdent les propriétés de $r \circ h$ constatées précédemment.

a Définition, exemples

Définition

Toute transformation du plan orienté qui multiplie les distances par un réel k ($k > 0$) et qui conserve les angles orientés est appelée similitude plane directe.
Le réel k est appelé rapport de similitude.

Pour tous points A, B, C distincts du plan, leurs images respectives A′, B′ et C′ par une similitude directe vérifient :

$$\begin{cases} A'B' = kAB \\ (\overrightarrow{A'B'}, \overrightarrow{A'C'}) = (\overrightarrow{AB}, \overrightarrow{AC}). \end{cases}$$

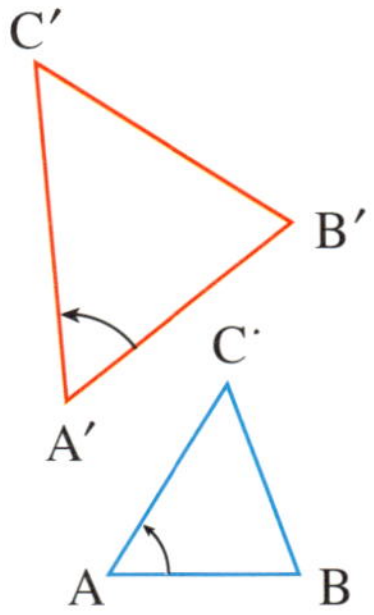

EXEMPLES

— Les rotations et les translations sont des similitudes directes de rapport 1.
— Les homothéties de rapport a ($a \in \mathbb{R}^*$) sont des similitudes directes de rapport $|a|$.

CONTRE EXEMPLE

Les réflexions ne sont pas des similitudes directes car elles ne conservent pas les angles orientés.

b Écriture complexe et forme réduite

Le plan P orienté est muni d'un repère orthonormal direct $(O, \vec{u}, \vec{v})$.
Soit f une similitude directe et deux points distincts A et B.

On note $\begin{cases} A' = f(A) \text{ et } B' = f(B) \\ \theta = (\overrightarrow{AB}, \overrightarrow{A'B'}) \text{ et } k = \dfrac{A'B'}{AB} \end{cases}$ (k est le rapport de la similitude f).

On sait que pour tout point M du plan ($M \neq A$) son image $M' = f(M)$ vérifie

$$\begin{cases} A'M' = kAM & (1) \\ (\overrightarrow{A'B'}, \overrightarrow{A'M'}) = (\overrightarrow{AB}, \overrightarrow{AM}) & (2). \end{cases}$$

On a $(\overrightarrow{AM}, \overrightarrow{A'M'}) = (\overrightarrow{AM}, \overrightarrow{A'B'}) + (\overrightarrow{A'B'}, \overrightarrow{A'M'})$.
D'après (2), on obtient

$$(\overrightarrow{AM}, \overrightarrow{A'M'}) = (\overrightarrow{AM}, \overrightarrow{A'B'}) + (\overrightarrow{AB}, \overrightarrow{AM}) = (\overrightarrow{AB}, \overrightarrow{A'B'}) = \theta.$$

Finalement, pour tout point M distinct de A, son image M′ est définie par

$$\begin{cases} A'M' = kAM & (1) \\ (\overrightarrow{AM}, \overrightarrow{A'M'}) = \theta & (3). \end{cases}$$

On désigne par $z, z', z_A, z_{A'}$ les affixes respectives de M, M′, A et A′.

D'après (1) on a $|z' - z_{A'}| = k\,|z - z_A|$ ou encore $\left|\dfrac{z' - z_{A'}}{z - z_A}\right| = k$.

D'après (3) on a $\arg\left(\dfrac{z' - z_{A'}}{z - z_A}\right) = \theta$.

On obtient $z' - z_{A'} = (z - z_A)\,ke^{i\theta}$.
D'où $z' = ke^{i\theta} z - z_A ke^{i\theta} + z_{A'}$,
c'est-à-dire $z' = az + b$ avec $a = ke^{i\theta}$ et $b = z_{A'} - z_A ke^{i\theta}$.

Théorème

Si f est une similitude plane directe, alors il existe deux complexes $a \in \mathbb{C}^*$ et $b \in \mathbb{C}$ tels que :
l'image de tout point M(z) est le point M′ d'affixe $z' = az + b$.

RÉCIPROQUE

On considère la transformation f du plan qui au point M(z) associe le point M′ (z') tel que

$$z' = az + b \text{ où } a \in \mathbb{C}^* \text{ et } b \in \mathbb{C}.$$

- Si $a = 1$ alors f est une translation donc une similitude directe.
- Si $a \neq 1$ alors il existe un unique point invariant I(z_0) par f.

En effet, $z_0 = az_0 + b \Leftrightarrow z_0 = \dfrac{b}{1-a}$.
Dans ce cas $z' = az + (1-a)z_0$ ou encore $z' - z_0 = a(z - z_0)$.
On pose $a = ke^{i\theta}$ ($\theta = \arg a$ et $k = |a|$).
On obtient $z' - z_0 = (z - z_0)\,ke^{i\theta}$.
f est la composée de l'homothétie de centre I de rapport k et de la rotation de centre I d'angle θ : f est donc une similitude directe.

Théorème

La transformation qui au point M d'affixe z associe le point M′ d'affixe $z' = az + b$ ($a \in \mathbb{C}^*, b \in \mathbb{C}$) est une similitude plane directe.

C Forme réduite

Pour $a \neq 1$, f admet un point invariant et un seul I.
On peut écrire f sous la forme $f = h \circ r$ avec r la rotation de centre I d'angle θ et h l'homothétie de centre I de rapport k.

Cette décomposition de f est appelée **forme réduite de f** ; on dit que f est **la similitude de centre I, de rapport k et d'angle θ.**

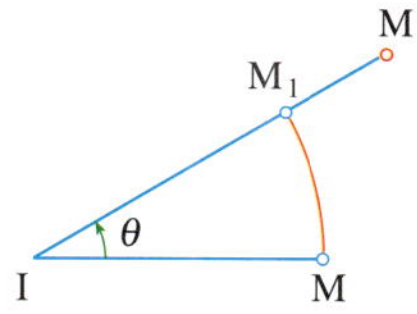

$$\begin{cases} (\overrightarrow{IM}, \overrightarrow{IM'}) = \theta \\ \dfrac{IM'}{IM} = k \end{cases}$$

Théorème

La transformation qui au point M d'affixe z associe le point M′ d'affixe $z' = az + b$ ($a \in \mathbb{C}^*, b \in \mathbb{C}$) est une similitude plane directe d'angle arg a, de rapport $|a|$.
De plus, pour $a \neq 1$, cette transformation a un unique point fixe, appelé centre de la similitude dont l'affixe est la solution de l'équation $z = az + b$.

Exercice résolu

Le plan est muni d'un repère orthonormal direct $(O, \vec{u}, \vec{v})$.
Soit f la transformation du plan qui à tout point M(z) associe le point M′ (z') avec $z' = (1 - i)z - 2$.
Déterminer la nature de f et l'image par f de A(2 + 2i) et de C(1 + i).

D'après le théorème précédent,
puisque $1 - i \neq 1$, f est une similitude directe d'angle arg (1 – i) et de rapport $|1 - i|$.

$$\begin{cases} \arg(1-i) = -\dfrac{\pi}{4} \\ |1-i| = \sqrt{2}. \end{cases}$$

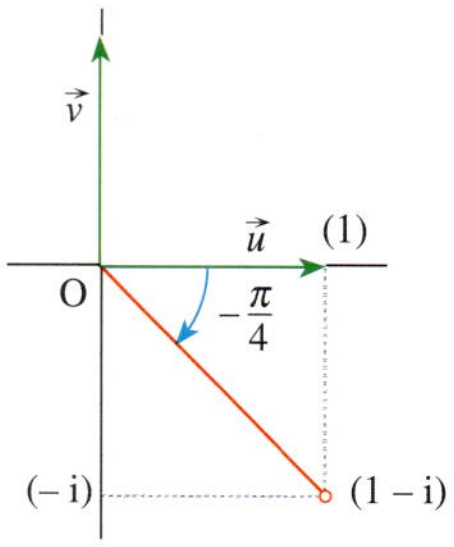

Recherche du point fixe de f.
$z' = z \iff (1 - i)z - 2 = z$
d'où $z' = z \iff z = 2i$.
L'unique point invariant de f est :
I (z_0) avec $z_0 = 2i$.
L'image A′ de A par f est A′($z_{A'}$).
On a $z_{A'} = (1 - i)(2 + 2i) - 2 = 2$.
L'image C′ de C par f est C′($z_{C'}$).
On a $z_{C'} = (1 - i)(1 + i) - 2 = 0$.

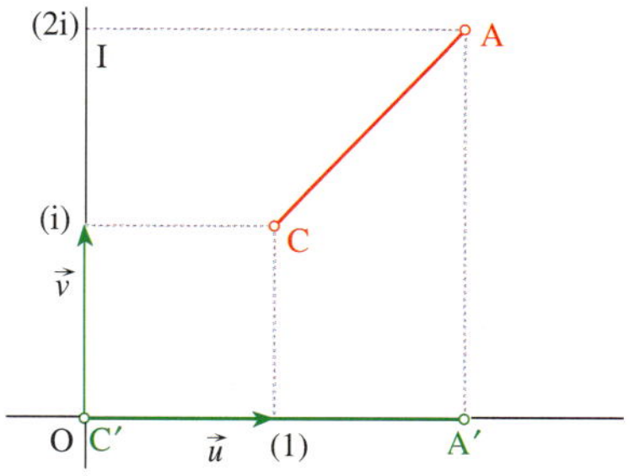

d Détermination d'une similitude plane directe

Soit I, A, A′ trois points distincts.
Il existe une similitude directe f et une seule telle que : $f(\mathrm{I}) = \mathrm{I}$ et $f(\mathrm{A}) = \mathrm{A}'$.

En effet f est la similitude directe :

– de centre I

– de rapport $\dfrac{\mathrm{IA}'}{\mathrm{IA}}$

– et d'angle $(\widehat{\overrightarrow{\mathrm{IA}}, \overrightarrow{\mathrm{IA}'}})$.

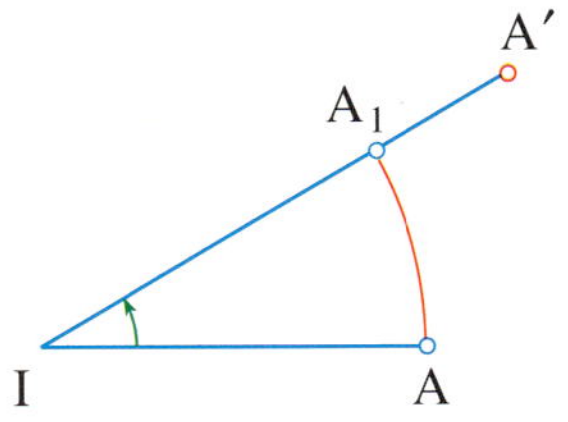

e Image de figures usuelles

On admet les résultats suivants (conséquences des propriétés de l'homothétie, de la rotation et de la translation).

Une similitude directe transforme :

— une droite en une droite,
— un segment en un segment,
— un cercle en un cercle,
— une conique en une conique de même excentricité.

Une similitude directe conserve :

— les angles, donc l'orthogonalité et le parallélisme,
— les points de contact,
— le barycentre.

Une similitude directe de rapport k multiplie les aires par k^2.

SIMILITUDES

EXERCICES ET PROBLÈMES

POUR SAVOIR FAIRE *Objectifs à atteindre*	**Exercices appropriés**
Construire l'image d'une figure par une similitude directe	1 à 4
Étudier une similitude directe dont on connaît le centre, un point et son image	5 à 11
Étudier une similitude directe dans le plan complexe	12 à 15

POUR CHERCHER *Sujets abordés*	**Exercices appropriés**
Similitude directe définie par $z' = az + b$	16 à 19
Similitude directe et lieu géométrique	20 à 26
Problèmes divers	27 à 30

POUR SAVOIR FAIRE

Dans tous les exercices qui suivent le plan P *est orienté et un repère orthonormal direct* $(O, \vec{u}, \vec{v})$ *est donné.*

Image d'une figure par une similitude directe

1 ABCD est un carré tel que $(\widehat{\overrightarrow{AB}, \overrightarrow{AD}}) = \frac{\pi}{2}$. Construire son image par la similitude directe de centre A, d'angle $\frac{\pi}{4}$ et de rapport $\sqrt{2}$.

2 LMNP est un rectangle avec $LM = a$, $MN = 3a$ $(a > 0)$ et $(\widehat{\overrightarrow{LM}, \overrightarrow{LP}}) = -\frac{\pi}{2}$.
Dessiner son image par la similitude directe s, d'angle $\frac{\pi}{2}$, de rapport $\frac{1}{3}$ et de centre L.

3 ABC est un triangle équilatéral tel que : $(\widehat{\overrightarrow{AB}, \overrightarrow{AC}}) = \frac{\pi}{3}$.
Dessiner son image par la similitude directe de centre, A de rapport 2 et d'angle $-\frac{\pi}{3}$.

4 RTVU est un losange tel que $(\widehat{\overrightarrow{RU}, \overrightarrow{RV}}) = \frac{\pi}{6}$.
Dessiner son image par la similitude directe S de centre R, de rapport $\frac{1}{2}$ et d'angle $-\frac{\pi}{6}$, puis construire son image par $S \circ S$.

Similitude définie par son centre, un point et son image

5 ABC est un triangle rectangle en C et isocèle avec $(\widehat{\overrightarrow{AC}, \overrightarrow{AB}}) = -\frac{\pi}{4}$.
Construire l'image de B par la similitude directe de centre A, qui transforme C en B.

6 Construire l'image d'un rectangle ABCD vérifiant $(\widehat{\overrightarrow{AB}, \overrightarrow{AD}}) = -\frac{\pi}{2}$ par la similitude directe de centre A, qui transforme D en C.

7 Construire l'image d'un losange ABCD de centre O par la similitude directe de centre O qui transforme A en B (on donne $(\overrightarrow{OA}, \overrightarrow{OB}) = \frac{\pi}{2}$).

8 ABC est un triangle rectangle en A vérifiant $(\overrightarrow{AB}, \overrightarrow{AC}) = \frac{\pi}{2}$, [AH] est une hauteur.

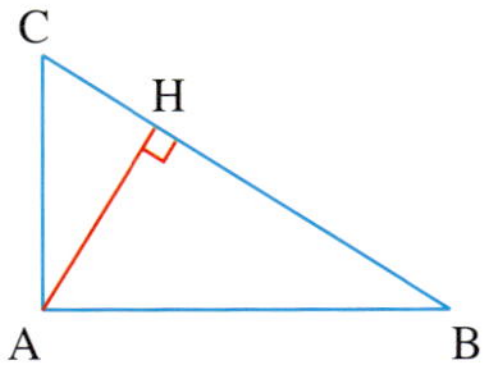

On considère la similitude de centre H qui transforme A en B. Déterminer son rapport, son angle et l'image du point C.

9 ABCD est un carré de centre O avec $(\overrightarrow{AB}, \overrightarrow{AD}) = \frac{\pi}{2}$.

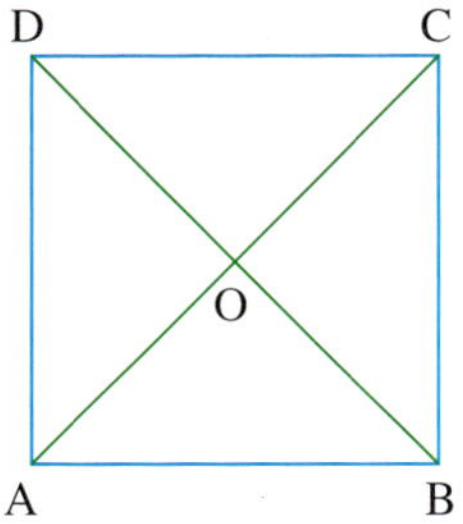

On considère la similitude de centre D qui transforme O en C. Déterminer son angle et son rapport.
Déterminer l'image du point A.
Construire l'image du point C.

10 ABCD est un carré tel que $(\overrightarrow{BC}, \overrightarrow{BA}) = \frac{\pi}{2}$ et D est le milieu de [AE] et de [IC].

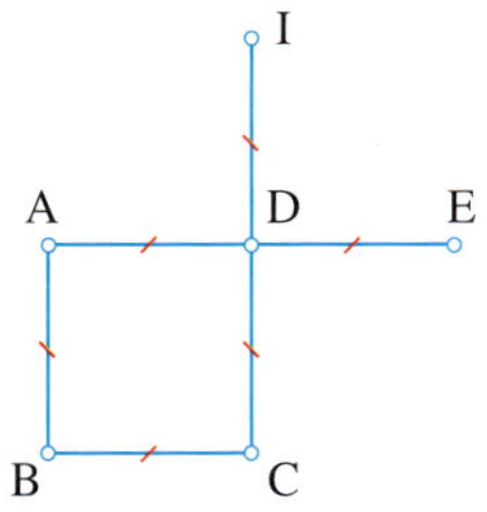

1° On considère la similitude directe s_1 de centre I qui transforme A en D. Déterminer son angle, son rapport et l'image du point C.

2° On considère la similitude directe s_2 de centre I qui transforme D en A. Déterminer son angle, son rapport et l'image du point E.

3° Construire l'image B_1 de B par s_1 et l'image B_2 de B_1 par s_2.

11 ABCD est un rectangle tel que $(\overrightarrow{BC}, \overrightarrow{BA}) = \frac{\pi}{2}$, BC = 2AB et D est le milieu de [AE].
I est le symétrique de A par rapport à (BD).

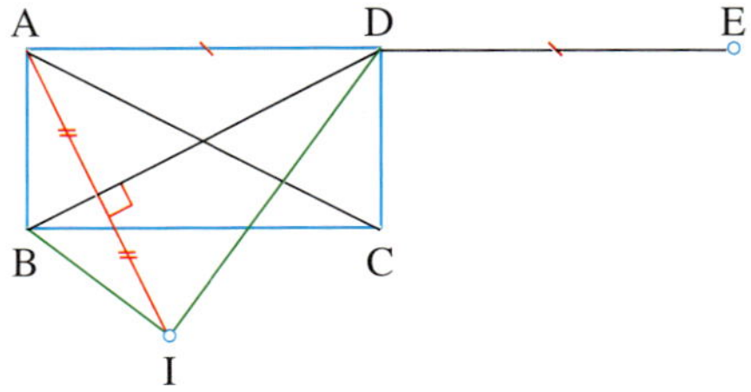

1° On considère la similitude directe de centre I qui transforme B en D. Déterminer son angle, son rapport et l'image du point A.

2° Montrer que I, C et E sont alignés. Trouver l'antécédent de C par la similitude précédente.

Similitude dans le plan complexe

12 Donner l'expression complexe des similitudes directes suivantes :

Centre d'affixe	Angle	Rapport
$1+2i$	$\frac{\pi}{2}$	2
$6-2i$	$\frac{3\pi}{2}$	4
$8-9i$	$\frac{2\pi}{3}$	5
$2i$	π	1
4	$-\frac{\pi}{4}$	$\frac{1}{2}$

13 Soit dans le plan complexe, la similitude directe f de centre le point P d'affixe $2 - 3i$, d'angle $\frac{\pi}{4}$, de rapport $3\sqrt{2}$.

a) Si z est l'affixe d'un point M, déterminer l'affixe z' du point M′ image de M par cette similitude.

b) Exprimer en fonction des coordonnées $(x\ ;\ y)$ de M les coordonnées $(x'\ ;\ y')$ du point M′.

c) Quelle est l'image par f de la droite d'équation $y = x + 1$?

14 Donner le centre, l'angle et le rapport des similitudes directes associées aux fonctions $f : z \mapsto az + b$ avec :

$a = 1+i$ $\quad b = 4+5i$

$a = 1-i$ $\quad b = 5-6i$

$a = i$ $\quad b = 2+2i$

$a = \sqrt{3}+i$ $\quad b = -2i$.

15 Reprendre les exercices 9 à 11 en utilisant les nombres complexes (on utilisera un repère judicieusement choisi).

Résultats des exercices dont le numéro est en couleur

1.

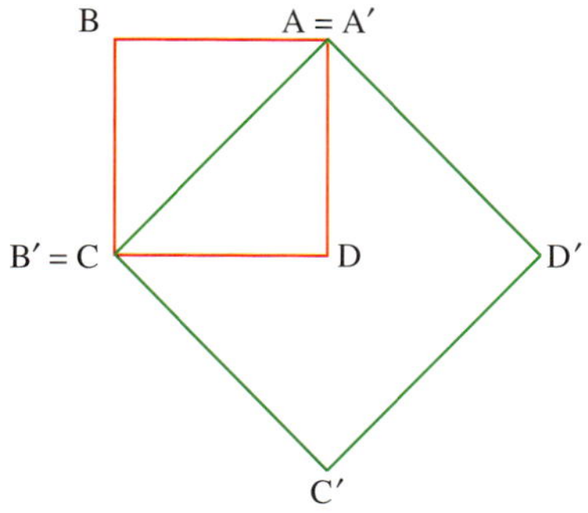

2.

3.

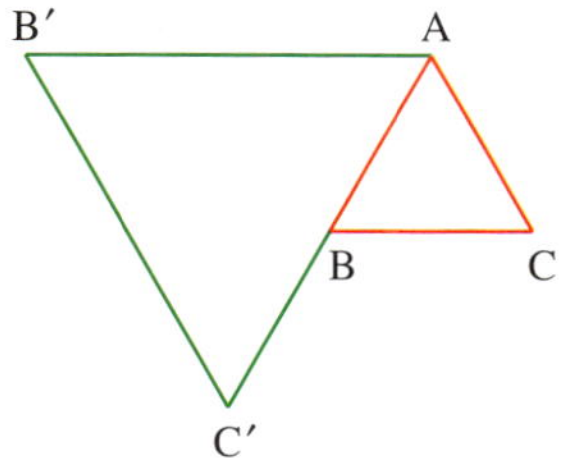

5. $\dfrac{AB}{AC} = \sqrt{2}$; le rapport est $\sqrt{2}$;

l'angle $(\widehat{\overrightarrow{AC}, \overrightarrow{AB}})$ est $\dfrac{\pi}{4}$.

On construit le triangle rectangle isocèle ABB′ pour obtenir B′ = s(B).

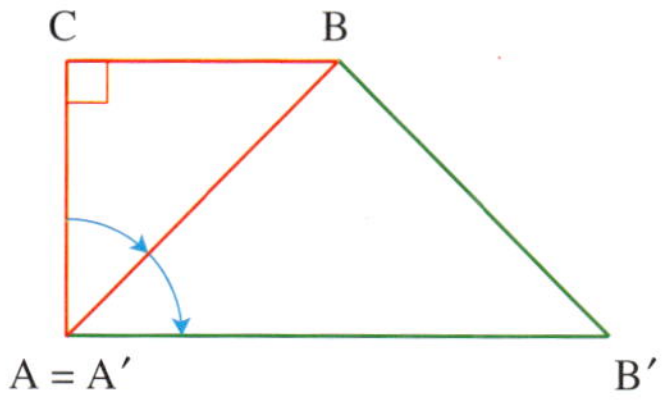

7. s est unique ; l'angle $(\widehat{\overrightarrow{OA}, \overrightarrow{OB}})$ est $\dfrac{\pi}{2}$; le rapport est $\dfrac{OB}{OA}$.

Pour construire l'image du losange ABCD, on cherche son image $A_1B_1C_1D_1$ par rotation $\left(O ; \dfrac{\pi}{2}\right)$ et on trace l'image par homothétie de centre O de rapport $\dfrac{OB_1}{OA}$.

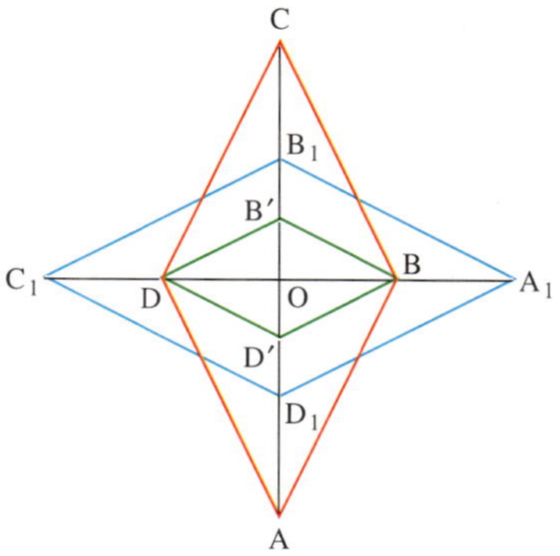

8. La similitude directe de centre H qui transforme A en B a pour rapport $\dfrac{AB}{AC}\left(= \dfrac{HB}{HA}\right)$ et son angle est $\dfrac{\pi}{2}$. L'image de C est A.

11. 1° La similitude directe de centre I qui transforme B en D a pour rapport $\dfrac{ID}{IB} = \dfrac{AD}{AB} = 2$ et pour angle $(\widehat{\overrightarrow{IB}, \overrightarrow{ID}}) = -\dfrac{\pi}{2}$. L'image de A est E.

13. *a)* $z' = az + b$ avec $a = 3\sqrt{2}\,e^{i\frac{\pi}{4}} = 3(1+i)$,
$b = (2 - 3i) - a(2 - 3i) = -13$.

b) $x' + iy' = 3(1 + i)(x + iy) - 13$.

$$\begin{cases} x' = 3(x - y) - 13 \\ y' = 3(x + y). \end{cases}$$

c) C'est la droite d'équation $x = -16$.

15. Solution de **10** en utilisant les complexes.
On utilise le repère orthonormal direct $(B, \overrightarrow{BC}, \overrightarrow{BA})$.
Les affixes de D, E et I sont respectivement $1 + i$, $2 + i$, $1 + 2i$.
1° Soit S_1 la transformation complexe associée à s_1.
Soit $S_1(z) = az + b$.

$S_1(z) = z \Leftrightarrow az + b = z$
$\Leftrightarrow a(1 + 2i) + b = 1 + 2i$ (1).

$S_1(i) = 1 + i \Leftrightarrow ai + b = 1 + i$ (2).

De (1) et (2), on déduit : $a = \dfrac{1+i}{2}$ et $b = \dfrac{3+i}{2}$.

D'où $s_1(z) = \left(\dfrac{1+i}{2}\right)z + \dfrac{3+i}{2}$;

$\left|\dfrac{1+i}{2}\right| = \dfrac{\sqrt{2}}{2}$ et $\arg\left(\dfrac{1+i}{2}\right) = \dfrac{\pi}{4}$.

s_1 a pour rapport $\dfrac{\sqrt{2}}{2}$ et pour angle $\dfrac{\pi}{4}$.

$S_1(1) = 2 + i$. Donc l'image de C par s_1 est E.

POUR CHERCHER

Similitudes définies par $z' = az + b$

16 Étudier dans le plan complexe, la similitude directe associée à la fonction

$$f : \mathbb{C} \to \mathbb{C}$$
$$z \mapsto 4jz - 1$$

avec $j = \dfrac{-1 + i\sqrt{3}}{2}$.

Donner le centre, l'angle et le rapport de cette similitude.

17 Le plan P est rapporté au repère orthonormal direct $(O, \vec{u}, \vec{v})$. On désigne par T l'application de P dans P qui, à tout point M d'affixe z, associe le point M′ d'affixe $z' = (1 + i)z - i$.

1° Montrer que T est une similitude directe de P dont on déterminera les éléments caractéristiques. On notera A le point invariant par T.

Donner une mesure de l'angle $(\overrightarrow{AM}, \overrightarrow{MM'})$, en supposant $M \neq A$.

2° *a*) Construire M′ pour un point M donné.

b) Déterminer l'image D′ par T de la droite D d'équation $y = x$. Construire D′.

3° *a*) Montrer qu'il existe un point B du plan distinct de A et un seul tel que les affixes z_0 de B et z_0' de B′ = T(B) soient liées par la relation $z_0 z_0' = 1$. Placer B et B′ sur la figure.

b) Soit A′ le symétrique de A par rapport à O. Montrer que les points A, A′, B et B′ sont cocycliques.

18 Le plan P est rapporté à un repère orthonormal direct $(O, \vec{u}, \vec{v})$. On considère la transformation s qui à tout point M d'affixe z fait correspondre le point M′ d'affixe z' telle que :

$$z' = (1 + i)z + 2.$$

1° Donner les éléments caractéristiques de la transformation, montrer qu'elle a un point invariant I. Donner une construction géométrique du point M′ image de M par s. Quelle est la nature du triangle IMM′ ?

2° Quel est l'ensemble C_1 des points M de P tels que

$$\| \overrightarrow{OM} \| = \| \overrightarrow{OM'} \| \ ?$$

3° Quel est l'ensemble C_2 des points M de P tels que

$$\overrightarrow{OM} \cdot \overrightarrow{OM'} = 0 \ ?$$

4° Déduire des questions précédentes une construction géométrique des images des points d'intersection de C_1 et de C_2.

19 Le plan P est rapporté au repère orthonormal direct $(O, \vec{u}, \vec{v})$. On note A le point d'affixe 2. Soit φ l'application de P dans P qui à tout point M d'affixe Z associe le point $M' = \varphi(M)$ d'affixe Z′ défini par

$$Z' = \frac{3 + \sqrt{3}i}{4} Z + \frac{1 - \sqrt{3}i}{2}.$$

1° Déterminer :

a) l'affixe de l'image $\varphi(A)$ du point A ;

b) l'affixe du point B tel que $\varphi(B) = 0$.

2° Déterminer la nature et les éléments caractéristiques de φ. (On pourra s'aider des résultats du 1°)

3° Lorsque M est distinct de A,

a) démontrer que le triangle AMM′, où $M' = \varphi(M)$ est rectangle en M′ ;

b) le point M et le milieu du segment [AM] étant donnés, en déduire une construction au compas du point M′.

Similitude directe et lieu géométrique

20 Soit ABO un triangle équilatéral du plan orienté tel que $(\overrightarrow{OA}, \overrightarrow{OB}) = \dfrac{\pi}{3}$ (à 2π près).

On note H le milieu de [AB], I celui de [OB] et Δ la médiatrice de [AB]. On note s la similitude plane directe de centre O transformant le point A en I. M désigne un point quelconque du plan et M′ son image par s.

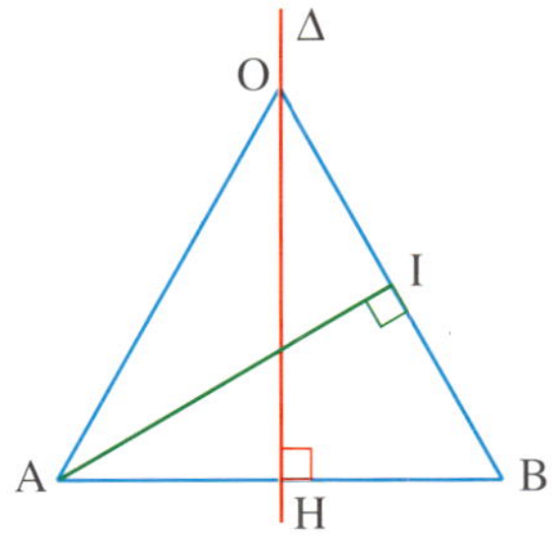

1° *a*) Déterminer l'angle et le rapport de la similitude directe s.

b) Construire le point C du plan tel que :

$$s(C) = A.$$

On justifiera soigneusement cette construction.

c) Exprimer AM′ en fonction de CM.

2° On note M″ l'image du point M par la réflexion d'axe Δ. On se propose de déterminer l'ensemble Γ des points M du plan tels que A soit équidistant de M′ et M″.

a) Montrer que :

$$AM'' = BM.$$

b) Montrer que M appartient à Γ si, et seulement si :

$$CM = 2BM.$$

c) Déterminer la nature de Γ, puis construire Γ.

21 Dans le plan orienté, on suppose donnés deux points distincts O et A. On note r la rotation de centre O et d'angle ayant pour mesure α, où $0 < \alpha < \pi$. Soit A′ l'image de A par r et I l'isobarycentre de (O, A, A′). Soit enfin $\mathscr{C}$ le cercle de centre A de rayon $R > 0$.

1° *a*) Déterminer l'image $\mathscr{C}'$ de $\mathscr{C}$ par la rotation r.

b) Placer les points O, A, A′ et les cercles $\mathscr{C}$ et $\mathscr{C}'$ sur une figure ; pour cette figure on prendra

$$OA = 8 \text{ cm}, \alpha = \frac{\pi}{3} \text{ et } R = 2 \text{ cm}.$$

2° À tout point M de $\mathscr{C}$ on associe son image M′ par la rotation r, et l'isobarycentre G de (O, M, M′).

a) Placer M, M′ et G sur la figure.

b) On suppose $M \neq O$. Soit σ la similitude directe de centre O telle que $\sigma(A) = M$.
Établir que $\sigma \circ r = r \circ \sigma$; en déduire que

$$\sigma(A') = M', \text{ puis que } \sigma(I) = G.$$

3° Soit s la similitude directe de centre O telle que $s(A) = I$.

a) Établir que $s \circ \sigma = \sigma \circ s$;
en déduire que $s(M) = G$.

b) Déterminer l'ensemble Γ décrit par G lorsque M parcourt $\mathscr{C}$. Placer Γ sur la figure.

4° Prouver que les droites (AM) et (A′M′) sont sécantes en un point N et que N appartient au cercle circonscrit à OAA′ et au cercle circonscrit à OMM′.

22 Dans le plan on considère deux cercles C et C′ de centres respectifs O et O′, de même rayon R, tangents extérieurement en un point A.
À tout point M de C on associe le point M′ de C′ tel que :

$$(\overrightarrow{OM}, \overrightarrow{O'M'}) = \frac{\pi}{2} + 2k\pi, k \text{ entier}.$$

1° Montrer qu'il existe une rotation de mesure $\frac{\pi}{2}$, dont on construira géométriquement le centre Ω, qui envoie C sur C′.

Quelle est l'image de M par cette rotation ?

2° Montrer que I, milieu de [MM′] est l'image de M par une similitude f directe de centre Ω.
Déterminer les éléments caractéristiques de cette similitude.
En déduire le lieu de I quand M décrit C.

3° Donner l'image de O par la similitude f et une mesure de l'angle $(\overrightarrow{OM}, \overrightarrow{AI})$.

23 Soit O un point du plan orienté. À chaque point M du plan on associe le point G défini de la manière suivante :
— si M est en O, G est en O ;
— si M est distinct de O, on construit le triangle OMM′ rectangle en M tel que :

$$(\overrightarrow{OM}, \overrightarrow{OM'}) = \frac{\pi}{4}.$$

Le point G est alors le centre de gravité du triangle OMM′.

1° Montrer que, si M est distinct de O,

a) $\cos(\overrightarrow{OM}, \overrightarrow{OG}) = \frac{2\sqrt{5}}{5}$.

b) $\sin(\overrightarrow{OM}, \overrightarrow{OG}) = \frac{\sqrt{5}}{5}$.

c) $\frac{OG}{OM} = \frac{\sqrt{5}}{3}$.

2° En déduire la nature et les éléments caractéristiques de la transformation s du plan qui à chaque point M associe G.

3° Soit D une droite ne passant pas par O. On suppose que M décrit D.

a) Quel est le lieu L du point G quand M décrit D ?

b) Indiquer une construction géométrique de L.

24 Le plan orienté est muni d'un repère orthonormal direct d'origine O. On note A et B les points ayant respectivement pour affixes 1 et i.
À tout point M d'affixe z on associe le point N d'affixe iz.

1° *a*) Identifier la transformation du plan ainsi définie.

b) Lorsque M est distinct de A, déduire de *a*) une mesure de l'angle $(\overrightarrow{AM}, \overrightarrow{BN})$.

2° Déterminer et représenter sur une figure l'ensemble E des points M du plan distincts de A et B tels que MBN soit un triangle rectangle en B.

3° On se propose de déterminer le lieu D du milieu I du segment [MN] lorsque M parcourt E.

a) Première méthode
Lorsque M appartient à E prouver que les points M, B et N appartiennent au cercle de centre I passant par O.
Tracer ce cercle. En déduire D et construire D.

b) Deuxième méthode
Déterminer une similitude directe s de centre O telle que, pour tout point M du plan, $s(M) = I$.
En déduire D.

25 Dans un plan orienté on considère un triangle rectangle isocèle AHH′ tel que $(\widehat{\overrightarrow{HH'}, \overrightarrow{HA}}) = \frac{\pi}{2}$.
Soit D la droite (HH′).
M est un point quelconque de la droite D et M′ le point tel que le triangle AMM′ est rectangle isocèle et vérifie

$$(\widehat{\overrightarrow{MM'}, \overrightarrow{MA}}) = \frac{\pi}{2}.$$

1° Préciser la similitude directe de centre A qui transforme M en M′.

2° Montrer que l'ensemble E des points M′, quand M décrit la droite D, est la droite perpendiculaire en H′ à la droite (AH′).

3° Soit J le mileu de [MM′] et J_0 le milieu de [HH′].

a) Calculer $\frac{AJ}{AM}$ et montrer que $(\widehat{\overrightarrow{AM}, \overrightarrow{AJ}})$ est indépendant de M.

b) Quelle est la nature de l'ensemble F des points J lorsque M décrit la droite D ?

c) Préciser la position de F. (On pourra se servir de la droite (AJ_0).) Représenter F sur une figure.

26 Dans un plan orienté on considère un carré direct ABCD de centre O c'est-à-dire tel que $(\widehat{\overrightarrow{OA}, \overrightarrow{OB}}) = \frac{\pi}{2}$.
Soit P un point du segment [BC] distinct de B.
On note Q l'intersection de (AP) avec (CD).
La perpendiculaire Δ à (AP) passant par A coupe (BC) en R et (CD) en S.

1° Faire une figure (prendre BC = 3 cm et BP = 1 cm et placer (BC) horizontale sur la feuille).

2° Soit r la rotation de centre A et d'angle $\frac{\pi}{2}$.

a) Préciser l'image de la droite (BC) par r.

b) Déterminer les images de R et P par r.

c) Quelle est la nature des triangles RAQ et PAS ?

3° On note N le milieu du segment [PS] et M celui du segment [QR].

Soit s la similitude directe de centre A, d'angle $\frac{\pi}{4}$ et de rapport $\frac{1}{\sqrt{2}}$.

a) Préciser les images des points R et P par s.

b) Quel est le lieu géométrique du point N quand P décrit le segment [BC] privé de B ?

c) De ce qui précède, déduire que les points M, B, N et D sont alignés.

Problèmes divers

27 Dans le plan orienté on considère un carré ABCD de centre O tel que $(\widehat{\overrightarrow{DA}, \overrightarrow{DC}}) = \frac{\pi}{2}$.

Soit E le milieu du segment [CD].

On considère alors le carré DEFG de centre O′ tel que $(\widehat{\overrightarrow{DE}, \overrightarrow{DG}}) = \frac{\pi}{2}$.

1° Faire une figure soignée avec AB = 6 cm.

2° Soit s la similitude directe de centre D qui transforme A en B.

a) Déterminer les éléments caractéristiques de s. Préciser l'image de E par s.

En déduire l'angle $(\widehat{\overrightarrow{AE}, \overrightarrow{BF}})$.

b) On note Γ le cercle circonscrit au carré ABCD et I le point d'intersection des droites (AE) et (BF). Placer Γ et I sur la figure. Montrer que I appartient à Γ.

c) Montrer que les droites (ID) et (BF) sont orthogonales.
Montrer que I appartient à Γ.

3° Établir que les points C, G et I sont alignés.

28 Dans le plan orienté, on considère un triangle équilatéral ABC, de centre O, tel qu'une mesure de de l'angle $(\widehat{\overrightarrow{AB}, \overrightarrow{AC}})$ soit $\frac{\pi}{3}$.

On appelle $\mathscr{C}$ le cercle circonscrit à ABC, I le milieu de [AB] et J le milieu de [OI]. Les droites (OA) et (OC) recoupent $\mathscr{C}$ respectivement en D et E.

1° Placer ces points sur une figure (unité graphique : OA = 4 cm).

2° On note G l'isobarycentre des points A, B, C, D, E.

a) Exprimer $\overrightarrow{OG}$ en fonction de $\overrightarrow{OB}$.

b) Exprimer $\overrightarrow{OG}$ en fonction de $\overrightarrow{OJ}$ et $\overrightarrow{OD}$.

c) En déduire que les droites (OB) et (DJ) se coupent en G. Placer G sur la figure.

3° À tout point M du plan, on fait correspondre le point $M' = f(M)$ défini par :
$4\,\overrightarrow{MM'} = \overrightarrow{MA} + \overrightarrow{MB} + \overrightarrow{MC} + \overrightarrow{MD} + \overrightarrow{ME}$.

a) Montrer que f est une homothétie, dont on précisera le centre et le rapport.

b) Quelles sont les images par f des points B et D ?

4° Soit r la rotation de centre O et d'angle de mesure $\frac{2\pi}{3}$, et $s = r \circ f$.

a) Démontrer que s est une similitude directe ; préciser son rapport et son angle.

b) Construire le point H, image de G par s.
Démontrer que le centre Ω de s appartient aux cercles circonscrits respectivement aux triangles OGH et BOD. Construire Ω.

29 Dans le plan orienté, on considère deux cercles C et C′, de centres respectifs O et O′, de rayons respectifs r et r', sécants en deux points A et B.

1° *a*) Placer sur une figure les cercles C et C′ et les points O, O′, A et B.

b) Montrer qu'il existe une similitude directe s de centre A et une seule transformant C en C′ ; préciser son angle et son rapport.

2° Soit M un point de C.

a) Construire son image M′ par la similitude s.

b) Comparer les angles orientés $(\overrightarrow{OA}, \overrightarrow{OM})$ et $(\overrightarrow{O'A}, \overrightarrow{O'M'})$.

c) Prouver que les points M, B et M′ sont alignés.

30 Le plan est rapporté à un repère orthonormal direct (unité 2 cm), r est un nombre réel strictement supérieur à 1.
On considère les points $A(-1\,;\,0)$, $A'(r\,;\,0)$ et $I(0\,;\,-r)$.
Soit C le cercle de centre A et de rayon 1, C′ le cercle de centre A′ et de rayon r.
La figure sera faite dans le cas $r = 2$.

1° Dans cette question, r est quelconque dans l'intervalle $]1\,;\,+\infty[$. Déterminer, en fonction de r, le centre et le rayon du cercle C_1 transformé du cercle C′ par la similitude de centre I, de rapport $\frac{1}{\sqrt{2}}$ et d'angle $\frac{\pi}{4}$.

2° Dans cette question, $r = 2$. Construire l'un des triangles rectangles isocèles IMM′ dont le sommet de l'angle droit M appartient au cercle C et le sommet M′ appartient au cercle C′.

12

TRANSFORMATIONS DE L'ESPACE

CONTENU

- Translations
- Homothéties
- Réflexions
- Rotations
- Composées de réflexions

ACTIVITÉS

ACTIVITÉ 1 Boule et billes

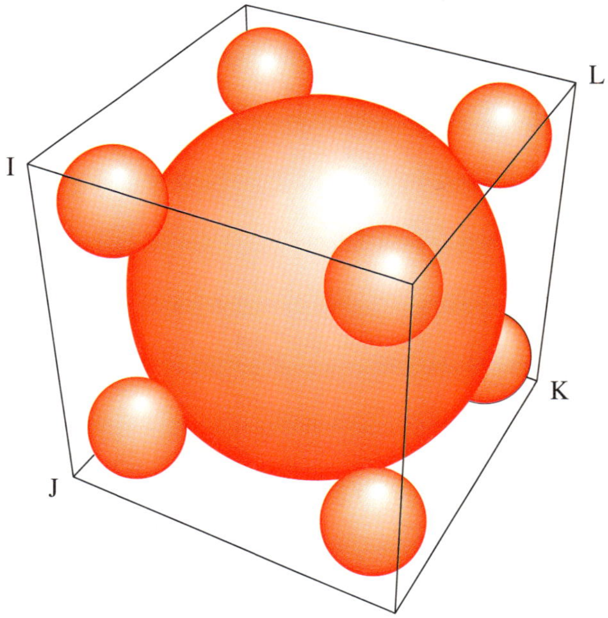

Dans une caisse dont l'intérieur est un cube d'arête 20 cm, on a placé une boule B de diamètre 20 cm, et 8 petites billes touchant B et 3 faces de la caisse.

Calculer le diamètre des petites billes.

Indication : On pourra faire une coupe de la figure selon un plan diagonal du cube, par exemple (IJKL).

ACTIVITÉ 2 Polyèdre de Lord Kelvin

ABCDEFGH est un cube.
I, J, K, L, M et N sont les milieux respectifs des arêtes [DF], [FG], [GH], [BH], [BC], [CD].

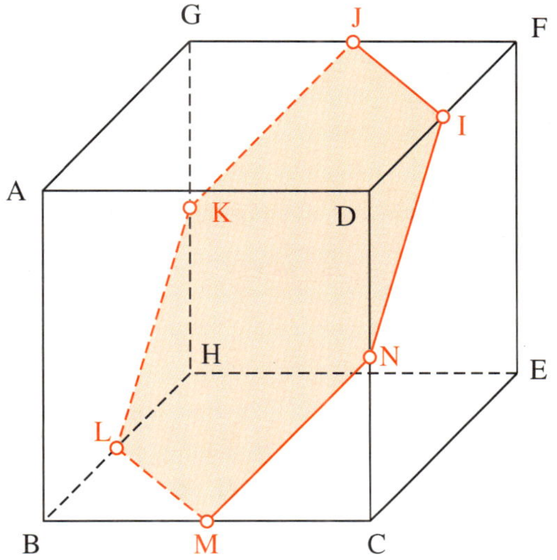

1° *Montrer que les points* I, J, K, L, M *et* N *sont coplanaires et sont les sommets d'un hexagone régulier qui partage le cube en deux solides isométriques.*

2° *Construire l'image du solide dont les sommets sont* L, M, N, I, J, K, C, E, H, F *par l'homothétie de centre* A *de rapport* $\frac{1}{2}$.

Quel est le volume de ce solide par rapport à celui du cube ?

3° Sur chaque face du cube, on construit un carré $\alpha\beta\gamma\delta$ tel que α, β, γ et δ soient les milieux respectifs de [OM], [ON], [OR] et [OS] avec O centre du carré ABCD et R et S les milieux respectifs de [AD] et [AB].

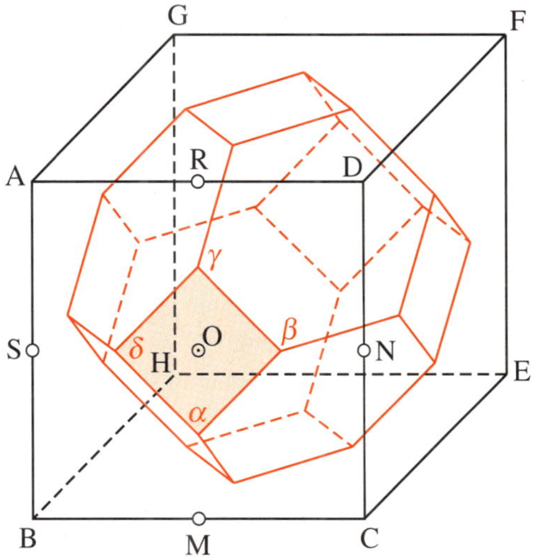

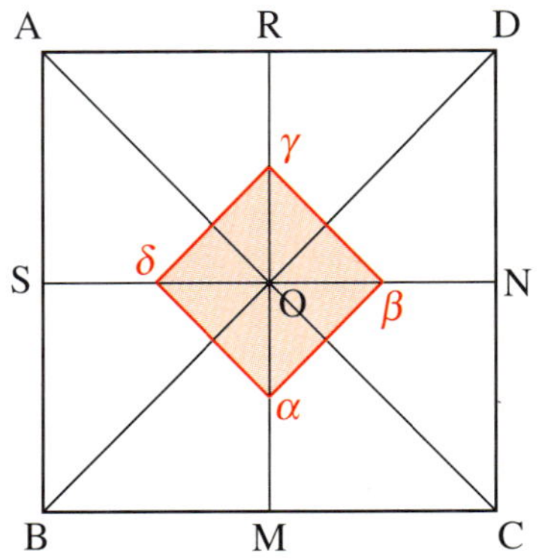

Les points ainsi obtenus sont les sommets du polyèdre de Lord Kelvin.

Calculer le volume de ce polyèdre par rapport à celui du cube.

ACTIVITÉ 3 Réflexions et rotations laissant globalement invariant un tétraèdre régulier

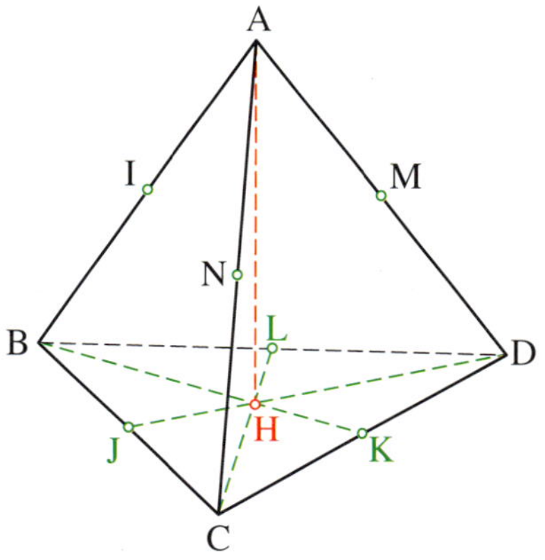

ABCD est un tétraèdre régulier. Le but de cette activité est de rechercher des isométries de l'espace qui conservent globalement les quatre sommets ABCD. Le cas échéant il sera peut-être nécessaire de voir en **Information** la définition d'une rotation et d'une réflexion dans l'espace.

A. Dans le plan

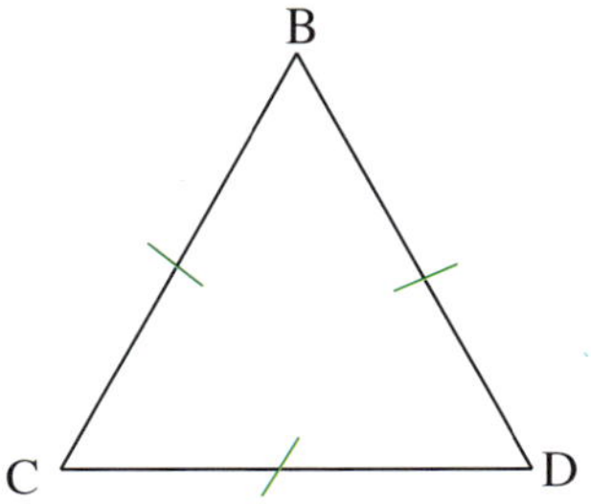

Le triangle BCD est équilatéral.

Rappeler les rotations et les réflexions du plan (BCD) *qui laissent globalement invariants les trois points* B, C *et* D.

B. Dans l'espace

1° Recherche de demi-tours

On note I et K les milieux respectifs des arêtes [AB] et [CD].

Démontrer que (IK) *est orthogonale à chacune des droites* (AB) *et* (CD).
En déduire que (IK) *est un axe de symétrie du tétraèdre.*
Déterminer deux autres axes de symétrie du tétraèdre.

2° Recherche de rotations (autres que des demi-tours)

On note H *le centre de gravité du triangle* BCD. *Montrer que* (AH) *est perpendiculaire au plan* (BCD).
Déterminer les rotations d'axe (AH) *laissant globalement invariants les points* B,C *et* D.
Déterminer huit rotations autres que l'identité laissant invariant le tétraèdre.

3° Recherche de réflexions

Montrer que la réflexion dont le plan est le plan médiateur de [CD] *laisse globalement invariant le tétraèdre.*
Déterminer cinq autres réflexions planes qui laissent globalement invariant le tétraèdre.

4° Pour ceux qui veulent aller plus loin...

Démontrer qu'il y a exactement douze rotations (dont l'identité) et six réflexions laissant invariant le tétraèdre ABCD.

Indication : *on pourra envisager les différents cas :*
– si A *a pour image* A *alors...*
– si A *a pour image* B *alors...*

REMARQUE

Il y a 24 isométries qui laissent globalement invariant un tétraèdre régulier.

ACTIVITÉ 4 Isométries laissant globalement invariant un cube

ABCDEFGH est un cube. Dans cette activité, on ne considère que des isométries laissant globalement invariant le cube.

A. Rotations de l'espace

1° *Quelles sont les rotations du plan* (ABGF) *qui conservent le carré* ABGF *?*
Définir des rotations de l'espace qui laissent invariant le carré ABGF *; quelle est l'image du cube par ces rotations ?*
Combien existe-t-il de rotations de l'espace qui conservent une face du cube ?

2° *Trouver les rotations de l'espace qui conservent un plan diagonal du cube, par exemple le plan* (ACHF) *?*

3° *Trouver les rotations de l'espace qui conservent le triangle* BFH *; quelle est l'image du cube par une telle rotation ?*

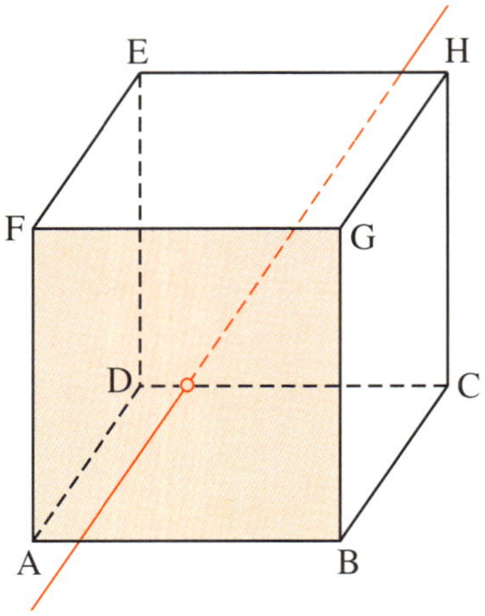

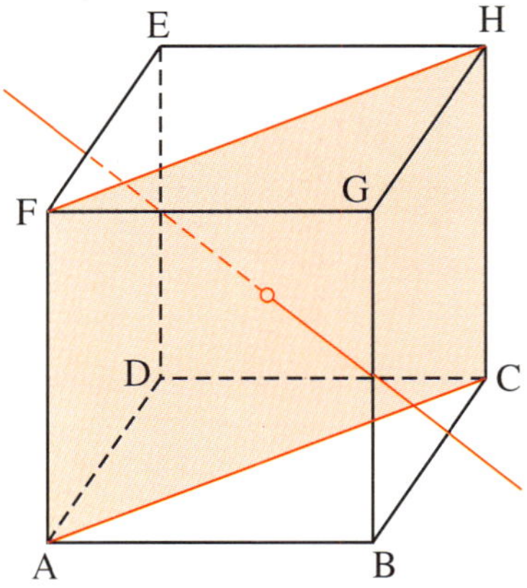

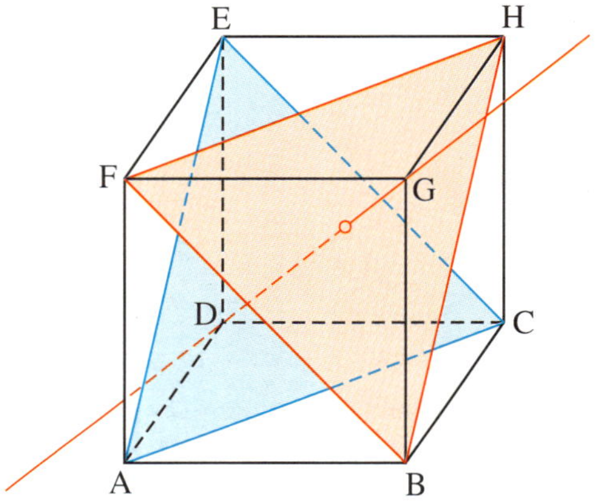

B. Réflexions de l'espace

1° *Déterminer les plans de symétrie du cube. Combien existe-t-il de tels plans ?*

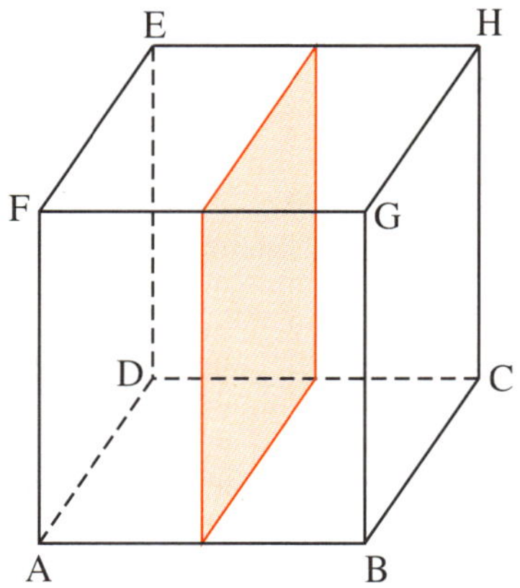

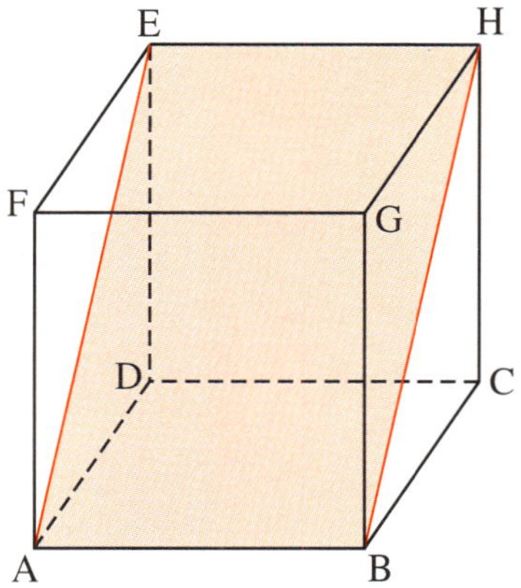

2° *Vérifier qu'il existe un point invariant par toutes les isométries étudiées au* **A** *et au* **B**. *Pouvait-on prévoir ce résultat ?*

TRANSFORMATIONS DE L'ESPACE

INFORMATION

- Une transformation t de l'espace est une bijection de l'espace dans lui-même, donc admet une bijection réciproque t^{-1}.
- Soit f une transformation de l'espace et P un plan globalement invariant par f.

La transformation $f_P : \begin{array}{l} P \to P \\ M \mapsto f(M) \end{array}$ est appelée transformation induite de f à P.

- Une isométrie dans l'espace comme dans le plan est une transformation qui conserve les distances.

1. TRANSLATION

a Définition et propriétés

Définition

La translation de vecteur $\vec{u}$ est la transformation qui à tout point M de l'espace associe le point M′ tel que $\overrightarrow{MM'} = \vec{u}$.

En raisonnant comme dans le plan, on établit :

Propriété caractéristique

Une transformation T de l'espace est une translation si et seulement si l'image de tout couple de points (M ; N) est un couple de points (M′ ; N′) tel que

$$\overrightarrow{M'N'} = \overrightarrow{MN}.$$

CONSÉQUENCE

M′N′ = MN (une translation est une isométrie).

b Composée de translations

On vérifie que :

– la composée de deux translations de vecteurs $\vec{u}$ et $\vec{v}$ est la translation de vecteur $\vec{u} + \vec{v}$.

$$t_{\vec{u}} \circ t_{\vec{v}} = t_{\vec{u}+\vec{v}}.$$

– la transformation réciproque de la translation de vecteur $\vec{u}$ est la translation de vecteur $-\vec{u}$.

$$t_{\vec{u}} \circ t_{-\vec{u}} = \text{Id}.$$

Id est la transformation identique de l'espace.

c Image d'un plan P par une translation de vecteur $\vec{u}$

On considère trois points A, B et C non alignés définissant le plan P. On note A′, B′ et C′ leurs images respectives par la translation t de vecteur $\vec{u}$.
P est l'ensemble des points M tels que $\overrightarrow{AM} = \lambda\overrightarrow{AB} + \mu\overrightarrow{AC}$ $\lambda \in \mathbb{R}$, $\mu \in \mathbb{R}$.
t(P) est donc l'ensemble des points M′ tels que $\overrightarrow{A'M'} = \lambda\overrightarrow{A'B'} + \mu\overrightarrow{A'C'}$ $\lambda \in \mathbb{R}$, $\mu \in \mathbb{R}$.
t(P) est donc le plan défini par les points A′, B′ et C′, c'est-à-dire le plan (A′B′C′) parallèle à P.

Les points A′, B′ et C′ ne peuvent être alignés sinon A, B et C le seraient également.

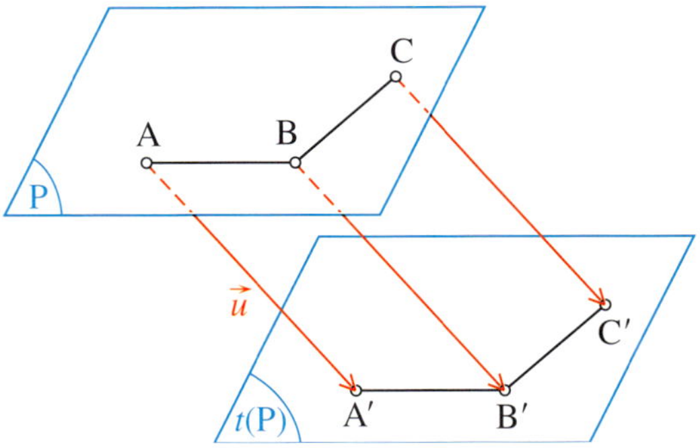

L'image d'un plan par une translation est un plan parallèle à ce plan.

REMARQUE

Si $\vec{u}$ est un vecteur directeur de P alors P est globalement invariant par $t_{\vec{u}}$.
La transformation induite de $t_{\vec{u}}$ à P est une translation plane.

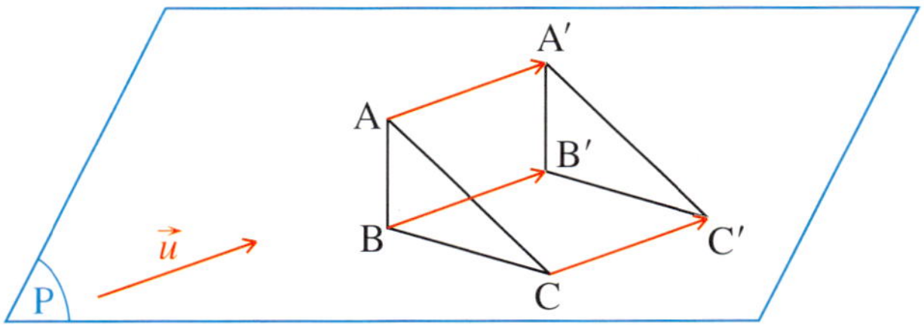

2. HOMOTHÉTIE

a Définition – Exemple

Définition

L'homothétie de centre I et de rapport $k \neq 0$ est la transformation qui à tout point M de l'espace associe le point M′ tel que

$$\overrightarrow{IM'} = k\,\overrightarrow{IM}.$$

Cas particulier : $k = -1$.
L'homothétie de centre I de rapport (– 1) est appelée **symétrie centrale de centre I**.
Si une figure F est globalement invariante par une symétrie de centre I, on dit que I est un centre de symétrie de F.

b Propriété caractéristique

Soit h l'homothétie de centre I de rapport k.

Quels que soient les points M et P de l'espace on a

$\overrightarrow{IP'} = k\,\overrightarrow{IP}$ avec $P' = h(P)$

$\overrightarrow{IM'} = k\,\overrightarrow{IM}$ avec $M' = h(M)$.

On en déduit $\overrightarrow{M'P'} = k\,\overrightarrow{MP}$.

Si $k = 1$ alors f est une translation.

Réciproquement, soit k un nombre réel non nul différent de 1 et f une transformation de l'espace vérifiant $\overrightarrow{M'P'} = k\,\overrightarrow{MP}$ pour tous les points M et P de l'espace avec $M' = f(M)$, $P' = f(P)$.

Soit un point A de l'espace. On note A′ son image par f.

Le barycentre du système (A, $-k$) et (A′, 1) existe car $k \neq 1$.

- Si $A' = A$ alors pour tout point P de l'espace $\overrightarrow{AP'} = k\,\overrightarrow{AP}$; f est donc l'homothétie de centre A de rapport k.
- Si $A' \neq A$ alors on note I le barycentre du système (A, $-k$) et (A′, 1).

Le point I vérifie l'égalité $\overrightarrow{IA'} = k\,\overrightarrow{IA}$ (1).

D'après la propriété de f, en notant $I' = f(I)$, on a $\overrightarrow{I'A'} = k\,\overrightarrow{IA}$ (2).

De (1) et (2) on déduit $I = I'$, c'est-à-dire que I est invariant par f.

Pour tout point M de l'espace on a alors $\overrightarrow{IM'} = k\,\overrightarrow{IM}$, autrement dit f est l'homothétie de centre I de rapport k.

> ***Propriété caractéristique***
>
> **Soit k un nombre réel non nul et différent de 1.**
> **Une transformation f de l'espace est une homothétie de rapport k si et seulement si l'image de tout couple de points (M ; P) est un couple (M′ ; P′) vérifiant $\overrightarrow{M'P'} = k\,\overrightarrow{MP}$.**

c Composition d'homothéties

Soit h_1 et h_2 deux homothéties de rapport k_1 et k_2.
Pour tout bipoint (M ; N), posons :

$h_1(M) = M_1$ et $h_2(M_1) = M_2$; donc $h_2 \circ h_1(M) = M_2$.

$h_1(N) = N_1$ et $h_2(N_1) = N_2$; donc $h_2 \circ h_1(N) = N_2$.

D'après la propriété caractéristique :

$\overrightarrow{M_2N_2} = k_2\,\overrightarrow{M_1N_1} = k_2k_1\,\overrightarrow{MN}$.

Nous en concluons que :

Remarque :
Comme dans le plan, la composée de deux homothéties peut être une translation.

- Si $k_2k_1 = 1$, alors $h_2 \circ h_1$ est une **translation**.
- Si $k_2k_1 \neq 1$, alors $h_2 \circ h_1$ est une **homothétie** de rapport k_2k_1.

De plus :

la transformation réciproque de l'homothétie de centre I et de rapport k est l'homothétie de centre I et de rapport $\frac{1}{k}$.

▶ Le vérifier.

d Image d'un plan par une homothétie

En procédant comme pour la translation, on établit que : l'image d'un plan P est un plan parallèle à P.

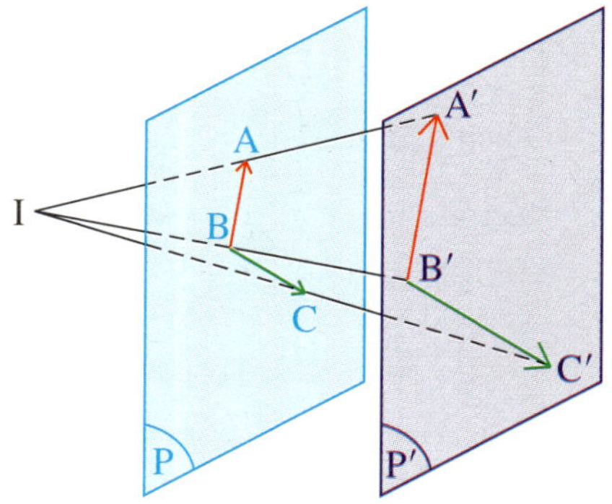

REMARQUE

Tout plan P passant par le centre de l'homothétie h, a pour image $h(P) = P$. L'application induite de h à P est une homothétie plane.

3. RÉFLEXION

a Définition ; réflexion réciproque

On dit de manière abrégée : "réflexion de plan P" au lieu de : réflexion par rapport au plan P.

Définition

La réflexion, ou symétrie orthogonale, par rapport au plan P est la transformation de l'espace dont l'ensemble des points invariants est P, et qui à tout point M non situé sur P, associe le point M′ tel que P soit le plan médiateur de [MM′].

La droite (MM′) est perpendiculaire à P en m et m est le milieu de [MM′].

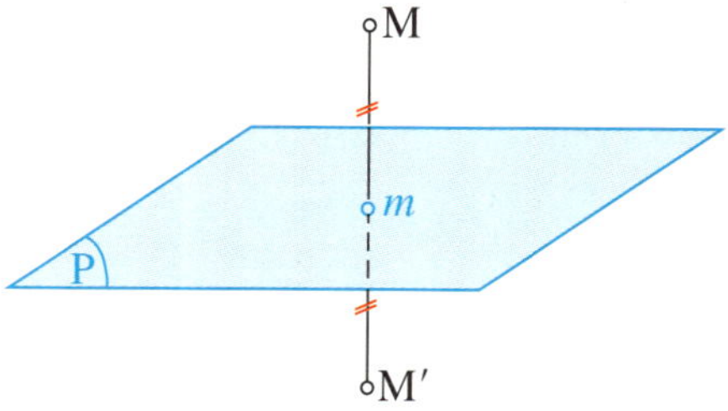

Transformation réciproque

Soit s une réflexion de plan P.

Si $M' = s(M)$ alors $s(M') = M$.

Une réflexion de plan P est égale à sa transformation réciproque : $s = s^{-1}$.

b Réflexion plane induite

P est un plan **invariant point par point** car chaque point de P est invariant.

Soit s une réflexion de plan P.
Considérons un plan Q perpendiculaire à P et soit Δ l'intersection de P et de Q.

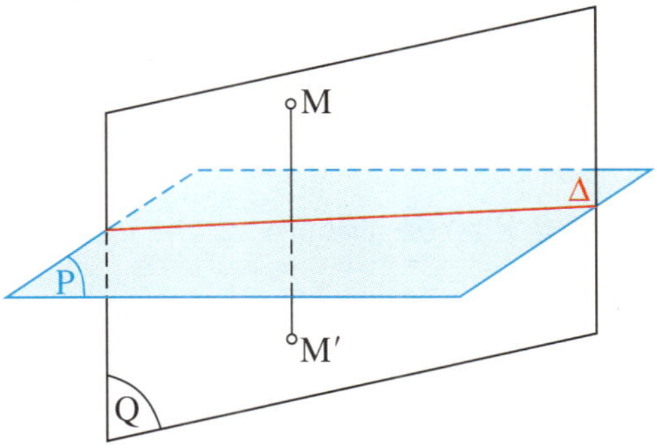

Puisque Δ ⊂ P, Δ est invariante point par point.

Soit M un point de Q, et M′ son image par s.

- Si M est un point de Δ, alors M′ = M.
- Si M n'est pas un point de Δ, alors la droite (MM′) qui est orthogonale à P, est parallèle à Q et donc incluse dans Q.

Dans les deux cas, si $M \in Q$, alors $s(M) \in Q$: donc,

$$s(Q) \subset Q.$$

On a $s(Q) = Q$.
Pour la démonstration, voir exercice **33**.

Puisque Δ est incluse dans P, tout point de Δ est équidistant de M et de M′; de ce fait la droite Δ dans le plan Q est médiatrice de [MM′].

On en déduit que l'application induite de s au plan Q (perpendiculaire à P) est la réflexion d'axe Δ.

c Propriétés

1° La réflexion s de plan P est une isométrie.

En effet deux points A et B et leurs images A′ et B′ par s sont situés dans un même plan Q perpendiculaire à P. On note Δ la droite d'intersection de P et Q.

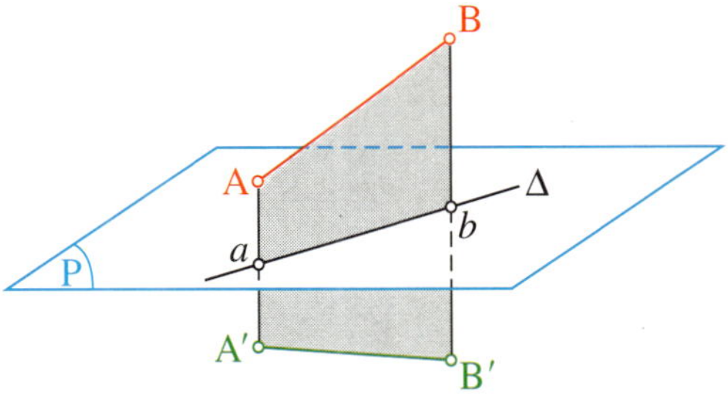

Figure dans le plan Q :

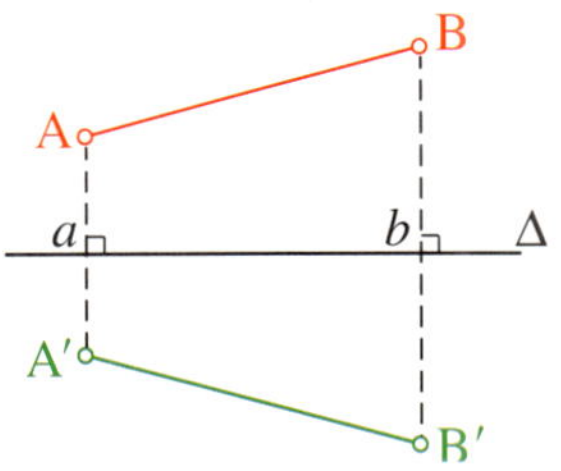

A′ et B′ sont les images de A et B par la réflexion d'axe Δ donc

$$AB = A'B'.$$

Le raisonnement est le même qu'au 1°.

2° La réflexion s de plan P conserve l'alignement et le barycentre.
Plus précisément, si $\overrightarrow{AC} = k\,\overrightarrow{AB}$ alors $\overrightarrow{A'C'} = k\,\overrightarrow{A'B'}$.

La démonstration de ces résultats fait l'objet des exercices **31** à **33**.

3° L'image d'un plan par la réflexion de plan P est un plan.
De plus :
- si Q est perpendiculaire à P alors $s(Q) = Q$;
- si Q est parallèle à P alors $s(Q)$ est parallèle à P.

d Plan de symétrie d'une figure

Une figure $\mathcal{F}$ admet un plan P comme plan de symétrie si $\mathcal{F}$ est globalement invariante dans la réflexion de plan P.

4. ROTATION AUTOUR D'UN AXE

$\vec{k}$ est un vecteur directeur de D, donc $\vec{k} \neq \vec{0}$. Une droite admet deux orientations.

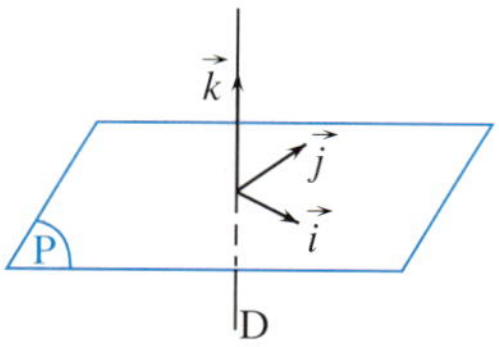

Une droite D de l'espace, orientée par un de ses vecteurs directeurs $\vec{k}$ est appelée axe, noté $(D, \vec{k})$.
Si A est un point de D, le repère $(A, \vec{k})$ de la droite D définit aussi cet axe.
Le vecteur $\vec{k}$ oriente tout plan orthogonal à D.

a Définition

Soit $(D, \vec{k})$ un axe et θ un réel.
Pour tout point M, on appelle ***m* le projeté orthogonal** de M sur D et on appelle **P le plan projetant**.

Définition

La rotation d'axe $(D, \vec{k})$ et d'angle θ est la transformation de l'espace qui laisse invariants les points de D et qui à tout point M, non situé sur D, associe le point M′ du plan P tel que :

$$\begin{cases} mM' = mM \\ (\widehat{\overrightarrow{mM}, \overrightarrow{mM'}}) = \theta \end{cases}$$ **dans le plan P orienté par $\vec{k}$.**

Si $\theta \neq 2k\pi$ ($k \in \mathbb{Z}$) alors seuls les points de D sont invariants.

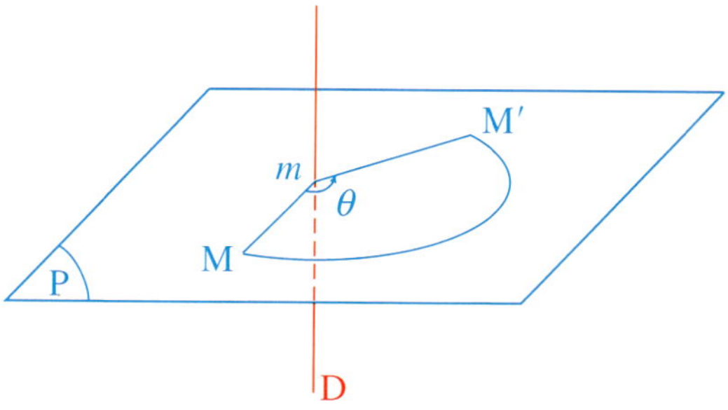

Quart de tour direct :

Soit $(O, \vec{i}, \vec{j}, \vec{k})$ un repère orthonormal direct. On pose $\overrightarrow{OI} = \vec{i}$ et $\overrightarrow{OJ} = \vec{j}$.

Par la rotation d'axe $(O, \vec{k})$ et d'angle $\frac{\pi}{2}$, I a pour image J.

Une telle rotation est appelée **quart de tour direct**.

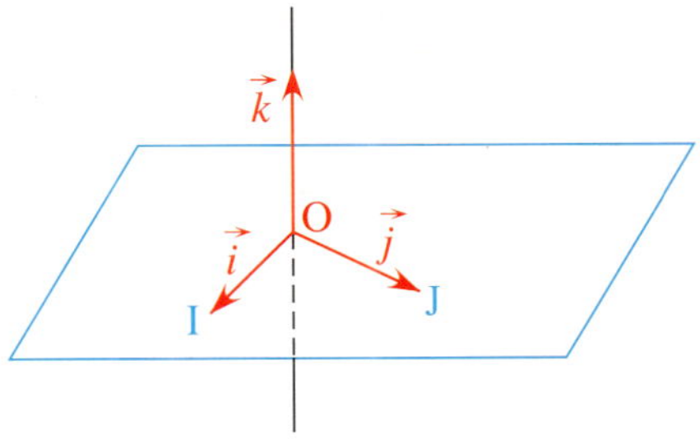

REMARQUE

Les rotations, d'axe $(D, \vec{k})$, d'angle θ et d'axe $(D, -\vec{k})$, d'angle – θ sont égales car si on change $\vec{k}$ en $-\vec{k}$, on change l'orientation de P.

EXEMPLE

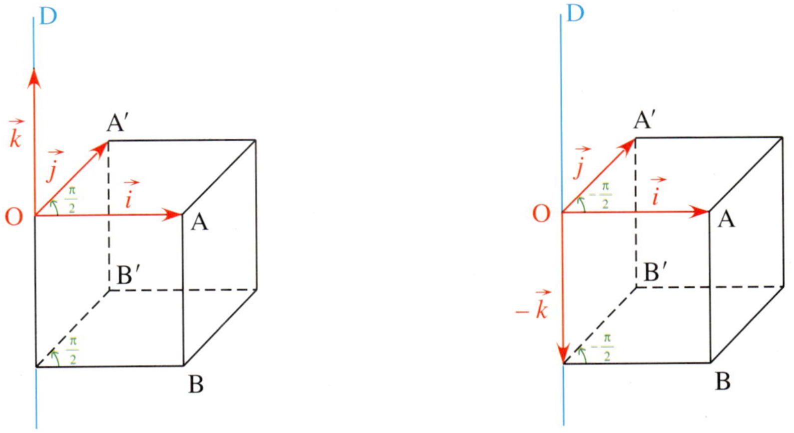

La rotation d'axe $(D, \vec{k})$ d'angle $\frac{\pi}{2}$ est égale à la rotation d'axe $(D, -\vec{k})$ d'angle $-\frac{\pi}{2}$. Dans les deux cas A et B ont pour image A′ et B′. (Pour le deuxième cas, les plans (OAA′) et (CPP′) sont orientés par $-\vec{k}$.)

b Rotation plane induite

Appelons r la rotation d'axe $(D, \vec{k})$ et d'angle θ.
Pour tout plan P orthogonal à D, $r(P) = P$:

Pour la démonstration de cette propriété voir exercice **34**.

Tout plan orthogonal à D est globalement invariant par r.

Le plan P est orienté par $\vec{k}$.

De plus si ce plan P coupe D en I, l'application induite de r à P est la rotation de centre I et d'angle θ.

c Demi-tour autour d'une droite

Ici l'orientation de D n'intervient pas car les rotations d'axe $(D, \vec{k})$ d'angles π et $-\pi$ sont égales.

Toute rotation d'axe $(D, \vec{k})$ d'angle π est appelée demi-tour autour de D.

– Si $M \in D$, M est invariant.

– Si $M \notin D$, son image M′ est telle que D soit médiatrice de [MM′].

On dit aussi que cette rotation est **une réflexion d'axe D**, (ou autour de la droite D).

Un demi-tour est une rotation d'angle $(2k+1)\pi$, $k \in \mathbb{Z}$.

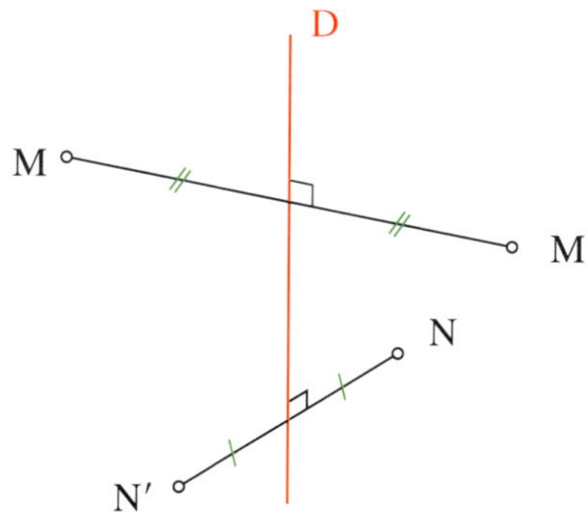

Si l'image d'une figure $\mathcal{F}$ par un demi-tour d'axe D est la figure $\mathcal{F}$, on dit que D est **axe de symétrie** de $\mathcal{F}$.

d Composition de rotations de même axe

La composition de deux rotations d'axe $(D, \vec{k})$ et d'angles respectifs θ_1 et θ_2 est une rotation d'axe $(D, \vec{k})$ et d'angle $\theta_1 + \theta_2$.

La réciproque de la rotation d'axe $(D, \vec{k})$, d'angle θ est la rotation d'axe $(D, \vec{k})$, d'angle $-\theta$.

5. COMPOSITION DE DEUX RÉFLEXIONS

a Avec des plans sécants

1° *Composition de deux réflexions de plans sécants* P_1 *et* P_2.

Soit P_1 et P_2 deux plans sécants suivant une droite D. On appelle s_1 et s_2 les réflexions par rapport aux plans P_1 et P_2.

Étudions la transformation $s_2 \circ s_1$

- si $M \in D$, alors M est invariant par $s_2 \circ s_1$;
- si $M \notin D$, alors il existe un plan P, unique passant par M et orthogonal à D.

Le plan P coupe P_1 et P_2 selon deux droites d_1 et d_2 sécantes en I et de vecteurs directeurs respectifs $\vec{u_1}$ et $\vec{u_2}$.

Le choix d'un vecteur directeur $\vec{k}$ de D oriente le plan P.

Les applications induites à P, de s_1 et de s_2 sont les deux réflexions d'axes d_1 et d_2 notées s_{d_1} et s_{d_2}.

$M_1 = s_1(M)$
$M' = s_2(M_1)$.

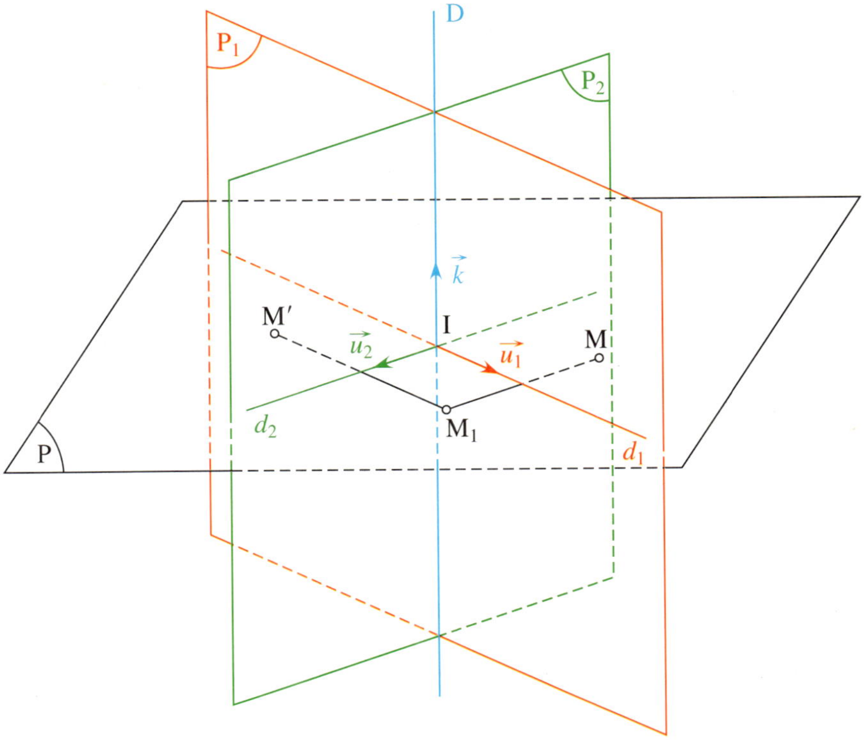

Figure dans le plan P :

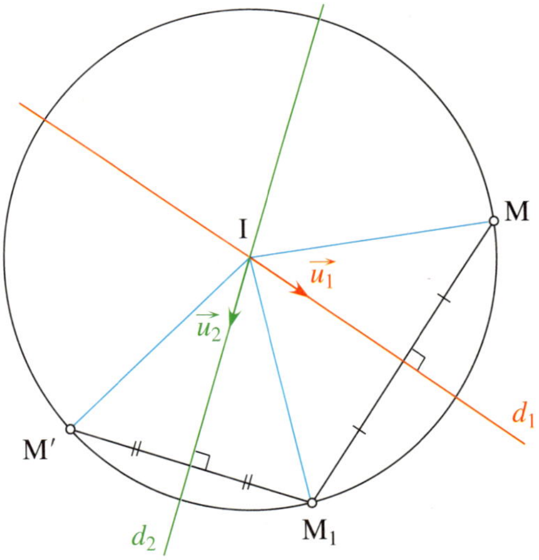

L'application induite à P de $s_2 \circ s_1$ est donc :

$$s_{d_2} \circ s_{d_1}$$

c'est-à-dire dans le plan P, la rotation de centre I et d'angle $2(\widehat{\vec{u_1}, \vec{u_2}})$ que l'on pose égal à α.

Dans l'espace, M′ image de M par $s_2 \circ s_1$ est donc l'image de M par la rotation d'axe $(D, \vec{k})$ et d'angle α.

Nous admettons que l'angle $\alpha = 2(\widehat{\vec{u_1}, \vec{u_2}})$ est indépendant du point M et il en résulte que :

$s_2 \circ s_1$ est une rotation d'axe $(D, \vec{k})$ et d'angle α.

2° *Décomposition d'une rotation en deux réflexions de plans sécants* P_1 *et* P_2.

Réciproquement, soit r une rotation d'axe $(D, \vec{k})$ et d'angle θ.

Prenons un plan P orthogonal à D en I.
L'application induite de r à P orienté par $\vec{k}$, est la rotation r' de centre I et d'angle θ.

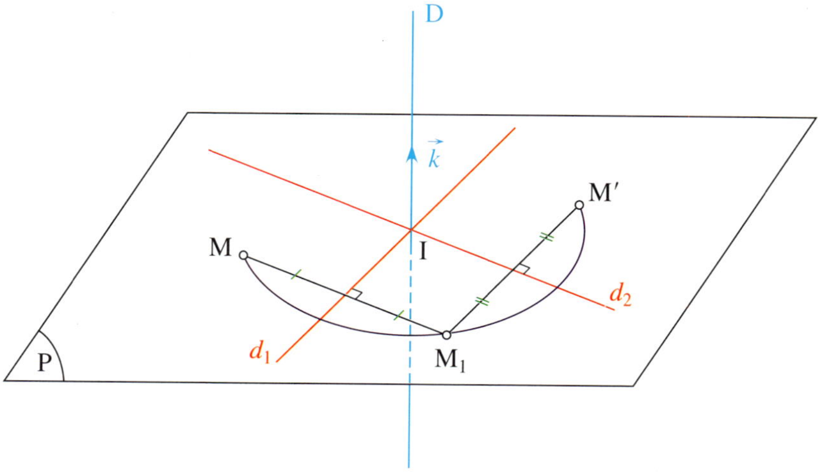

Dans P, il existe deux droites d_1 et d_2 passant par I, l'une de ces droites étant arbitrairement choisie, telle que

$$r' = s_{d_2} \circ s_{d_1}$$

Nous admettons que :

$$r = s_2 \circ s_1$$

si l'on note :

s_1 la réflexion de plan P_1 défini par D et d_1,
s_2 la réflexion de plan P_2 défini par D et d_2.

On peut donc énoncer :

Théorème

La composée de deux réflexions par rapport à des plans P_1 et P_2 sécants suivant une droite D est une rotation dont l'axe est défini par D.

Réciproquement, toute rotation d'axe $(D, \vec{k})$ peut être considérée comme la composée de deux réflexions par rapport à deux plans sécants suivant D.

L'un des deux plans P_1 ou P_2 est arbitrairement choisi.

CONSÉQUENCES

Toute rotation est la composée de deux réflexions, donc :

- une rotation est une isométrie ;
- une rotation conserve l'alignement, et le barycentre :

si $\overrightarrow{AC} = k\,\overrightarrow{AB}$ alors $\overrightarrow{A'C'} = k\,\overrightarrow{A'B'}$;

- l'image d'un plan par une rotation est un plan.

b Avec des plans parallèles

1° *Composition de deux réflexions de plans parallèles* P_1 *et* P_2.

Soit P_1 et P_2 deux plans parallèles.
On utilise les mêmes notations qu'au **a**.
Étudions la transformation $s_2 \circ s_1$.

H₁ et H₂ sont les projetés orthogonaux de M sur P₁ et P₂.

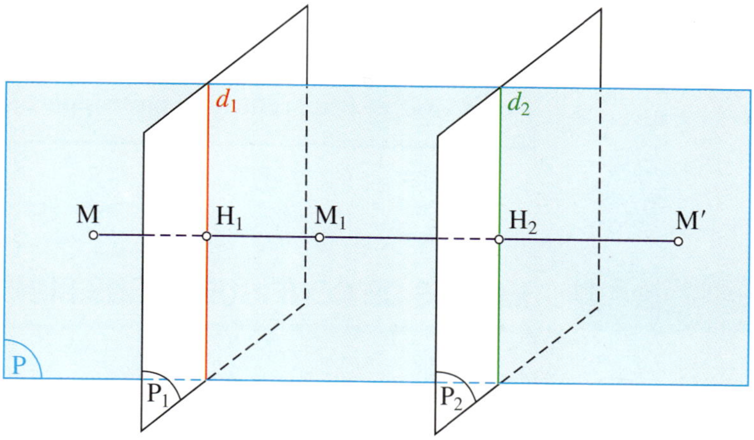

P est un plan perpendiculaire à P_1 et P_2 passant par M.
P coupe P_1 et P_2 selon deux droites parallèles d_1 et d_2.
Les applications induites à P, de s_1 et de s_2 sont les deux réflexions planes d'axes parallèles d_1 et d_2.
L'application induite à P de $s_2 \circ s_1$ est donc la translation de vecteur :
$2\,\overrightarrow{H_1H_2} = 2\vec{u}$.
Dans l'espace l'image de M par $s_2 \circ s_1$ est le point M′ défini par $\overrightarrow{MM'} = 2\vec{u}$.
M′ est donc l'image de M par la translation de vecteur $2\vec{u}$.

2° *Décomposition d'une translation en produit de deux réflexions de plans parallèles* P_1 *et* P_2.

Réciproquement, soit t une translation de vecteur $\vec{u}$.
Prenons un plan P_1 de vecteur normal $\vec{u}$ et P un plan perpendiculaire à P_1.

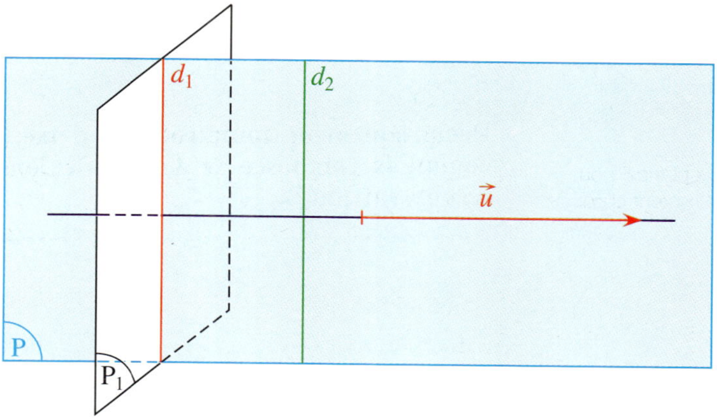

P et P_1 sont sécants selon une droite d_1.
L'application induite de t à P est la translation plane de vecteur $\vec{u}$.
Dans P il existe une droite d_2, parallèle à d_1, telle que $t_{\vec{u}} = s_{d_2} \circ s_{d_1}$.

Soit P_2 le plan perpendiculaire à P contenant d_2.
P_2 est parallèle à P et on a $t_{\vec{u}} = s_2 \circ s_1$.

On peut énoncer :

L'un des plans est arbitrairement choisi.

> ***Théorème***
> **La composée de deux réflexions par rapport à des plans parallèles est une translation.**
>
> **Réciproquement, toute translation peut être considérée comme la composée de deux réflexions par rapport à deux plans parallèles.**

6. IMAGES DE CONFIGURATIONS SIMPLES

Ce paragraphe résume et complète des résultats déjà signalés pour les quatre transformations (translation, homothétie, réflexion, rotation).

● Les quatre transformations conservent l'alignement, le barycentre et les angles géométriques.

CONSÉQUENCES

– L'image d'une droite (d'un plan) est une droite (un plan) ;
– ces transformations conservent la parallélisme de droites et de plans ;
– les images de deux droites orthogonales sont deux droites orthogonales.

● Par une translation et par une homothétie l'image d'une droite est une droite parallèle. Il en est de même pour un plan.

Attention, ces résultats sont faux en général pour une réflexion et une rotation.

● Les translations, réflexions et rotations sont des isométries, elles conservent les longueurs, les aires, les volumes et le produit scalaire.

Attention, les homothéties ne sont pas des isométries.

Une homothétie de rapport k multiplie
– les longueurs par $|k|$
– les aires par k^2
– les volumes par $|k|^3$.

TRANSFORMATIONS DE L'ESPACE

EXERCICES ET PROBLEMES

POUR SAVOIR FAIRE *Objectifs à atteindre*	Exercices appropriés
Définir et utiliser : – des translations – des homothéties – des réflexions – des rotations	 1 à 5 8 à 12 13 à 16 17 à 20
Reconnaître une transformation	6 et 7
Composer des transformations	21 à 27
Définir analytiquement une transformation	28 et 29

POUR CHERCHER *Sujets abordés*	Exercices appropriés
Démonstrations de résultats énoncés en information	30 à 34
Parallélisme et orthogonalité de droites et de plans	35 à 37
Étude de transformations de l'espace	38 à 57
Transformations de l'espace définies analytiquement	58 à 62

POUR SAVOIR FAIRE

Translation

1 Soit t une translation de vecteur $\vec{u}$ non nul.

a) Caractériser les plans P tels que $t(P) = P$.

b) Caractériser les droites D telles que $t(D) = D$.

2 On donne $\vec{u_1}$ et $\vec{u_2}$ deux vecteurs non colinéaires et on appelle t_1 et t_2 les translations de vecteurs $\vec{u_1}$ et $\vec{u_2}$.

Caractériser les plans P tels que :

$$t_2 \circ t_1(P) = P.$$

3 ABCDEFGH est un parallèlépipède, I, J et K sont les milieux de [AF], [FG] et [EF], L est le centre de la face BGHC.

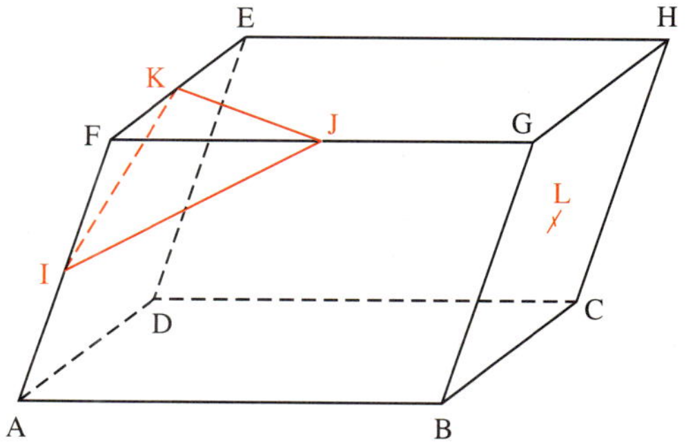

Définir la position des images de I, de K et de F par la translation de vecteur $\overrightarrow{JL}$.

4 Sur le parallélépipède on prend I centre de la face ABGF, J centre de la face ADEF et L le milieu de [GH].
Définir la position des images de J et de A par la translation de vecteur $\overrightarrow{IL}$.

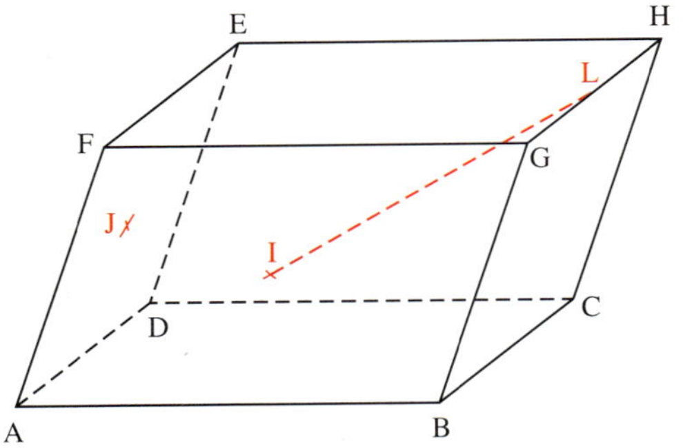

5 On donne un plan P, une droite D non parallèle à P et deux points A et B distincts.
Montrer qu'il existe un point M de P et un point N de D tels que :

$$\overrightarrow{MN} = \overrightarrow{AB}.$$

Transformations et barycentres

6 Soit A, B et C trois points, définir l'application qui à tout point M de l'espace associe le barycentre M′ du système (A ; 1), (B ; – 4), (C ; 2), et (M ; 5).

7 Même exercice que le précédent, avec M′ barycentre de (A ; 1), (B ; 2), (C ; – 3), (M ; 2).

Figures homothétiques

8 Soit deux sphères S_1 et S_2 de rayons respectifs r_1 et r_2.

1° Si $r_1 \neq r_2$, montrer qu'il existe deux homothéties qui transforment S_1 en S_2.

2° Si $r_1 = r_2$, montrer qu'il existe une translation et une symétrie centrale qui transforment S_1 en S_2.

9 À quelles conditions deux cubes C_1 et C_2 sont-ils homothétiques ? Combien existe-t-il alors d'homothéties h telles que $h(C_1) = C_2$? Discuter.

10 On considère un point A et une sphère S. Quel est l'ensemble des milieux de [AM] pour M élément de S ?

11 $\mathcal{P}$ est un parallélépipède de centre O.
On construit un octaèdre $\mathcal{R}$ de sommets les centres des faces de $\mathcal{P}$.

Les centres de gravité des faces de $\mathcal{R}$ sont les sommets d'un parallélépipède $\mathcal{P}'$.

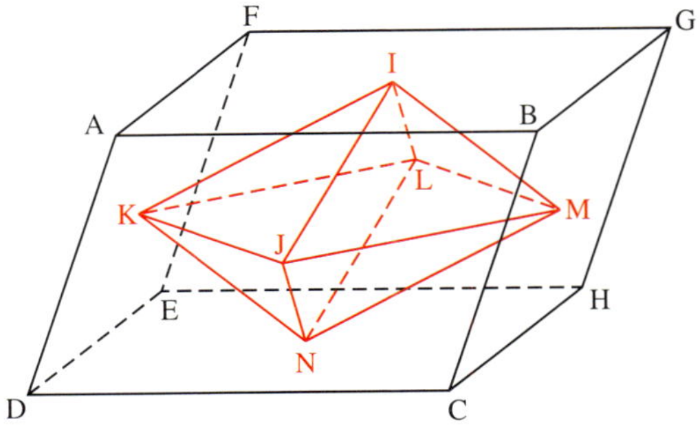

Exprimer $\overrightarrow{OA}$ en fonction de $\overrightarrow{OI}$, $\overrightarrow{OJ}$ et $\overrightarrow{OK}$.
Montrer que $\mathcal{P}'$ est l'image de $\mathcal{P}$ par une homothétie dont on donnera le centre et le rapport.
Quel est le rapport des volumes de $\mathcal{P}$ et $\mathcal{P}'$?

12 ***Le cuboctaèdre d'Archimède***
Le *cuboctaèdre d'Archimède* est un solide dont les sommets sont les milieux des arêtes d'un cube C.

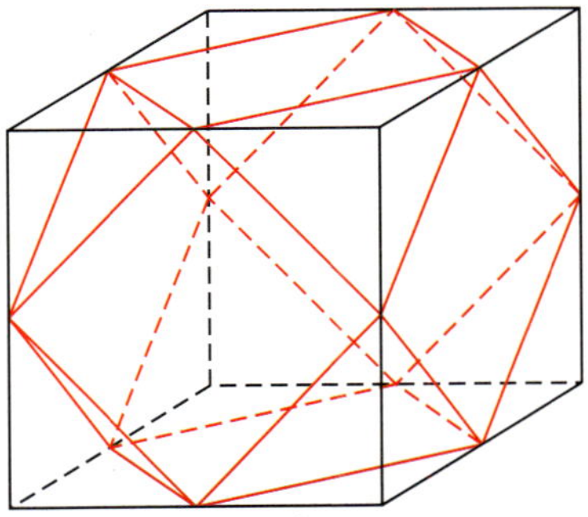

Montrer que les centres de gravité des huit faces triangulaires du cuboctaèdre sont les images des sommets du cube C par une homothétie dont on donnera le centre et le rapport. Quel est le solide S formé par les huit centres de gravité ? Quel est le rapport des volumes de S et C ?

Réflexions

13 I, J, K et L sont les milieux d'arêtes d'un cube (voir figure page 277).
On note s_1 la réflexion par rapport au plan (AEGC) et s_2 la réflexion par rapport à (IJKL).
Quelle est l'image de la face AEFB par s_1 ? par s_2 ? par $s_2 \circ s_1$? par $s_1 \circ s_2$?

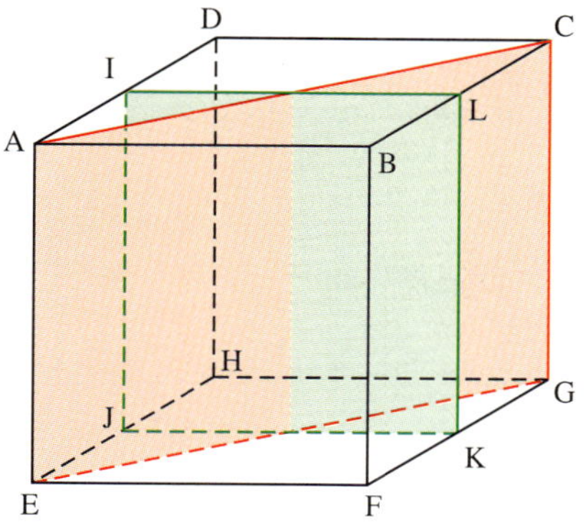

14 ABCD est un tétraèdre régulier ; soit I un point de [AB] et J un point de [BC].

Construire l'image de la droite (IJ) par la réflexion par rapport au plan médiateur de [BD], puis l'image de (IJ) par la réflexion par rapport au plan médiateur de [AC].

15 I, J, K, L, M et N sont les milieux d'arêtes d'un cube.

Montrer que les points I, J, K, L, M et N sont situés dans le plan médiateur P de [EB].
Construire les images des trois droites (ED), (EF) et (EH) par la réflexion de plan P.

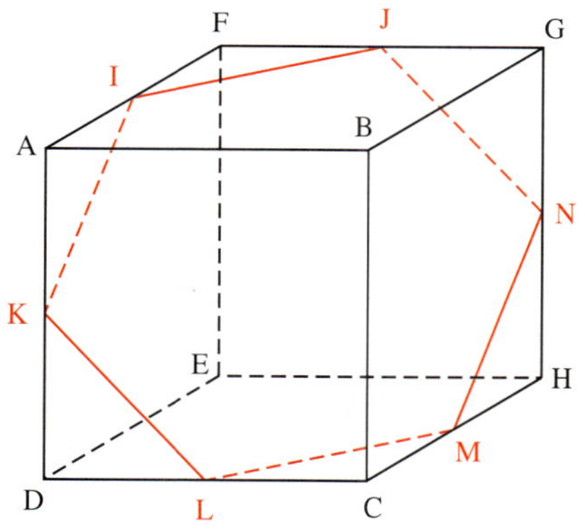

16 P_1 et P_2 sont deux plans sécants ; on appelle s_1 et s_2 les réflexions de plans P_1 et P_2.
À quelle condition a-t-on $s_1 \circ s_2 = s_2 \circ s_1$?

Rotations

17 Dans le cube ABCDEFGH, I et J sont les milieux respectifs de [AE] et [AB].

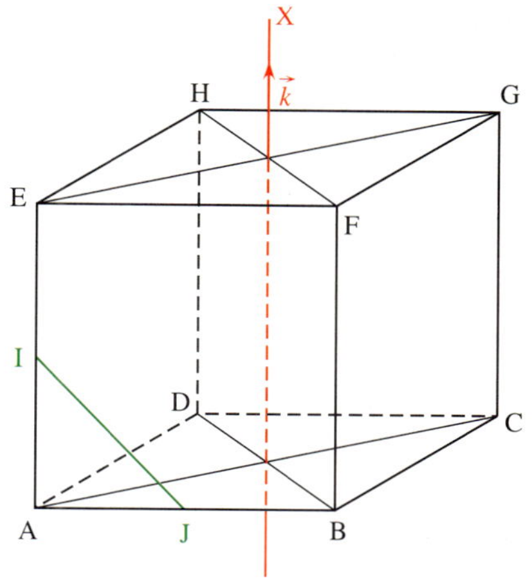

a) Tracer l'image de la droite (IJ) par la rotation d'axe $(X, \vec{k})$ d'angle $\frac{\pi}{2}$.

b) Même énoncé que *a*) avec le demi-tour d'axe X.

18 Soit ABCD un tétraèdre régulier. Définir l'angle de la rotation r telle que $r(B) = B$, $r(C) = C$ et $r(A) = D$ (l'unicité d'une telle rotation est admise).

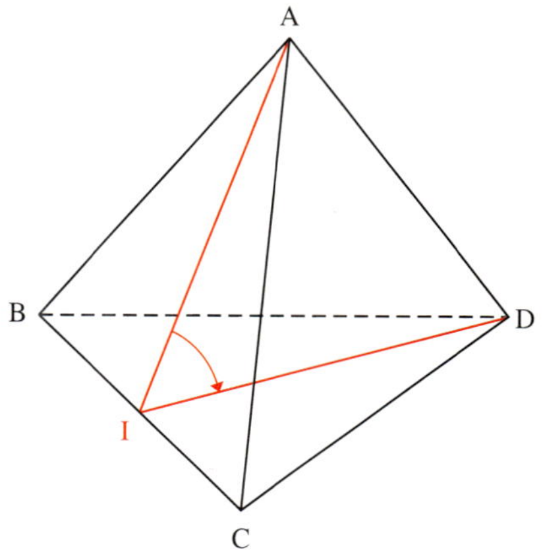

19 Soit A et B deux points distincts.
Quel est l'ensemble des axes des demi-tours r tels que $r(A) = B$?

20 Soit A et B deux points distincts.
Quel est l'ensemble des axes des quarts de tour r tels que $r(A) = B$?

Composées de transformations

21 Soit P_1 et P_2 deux plans parallèles, on désigne par s_1 et s_2 les réflexions de plans P_1 et P_2.
Définir les transformations $s_1 \circ s_2$ et $s_2 \circ s_1$.

22 Soit I_1 et I_2 deux points distincts, on appelle f_1 et f_2 les symétries de centres I_1 et I_2. Définir $f_1 \circ f_2$ et $f_2 \circ f_1$.

23 Définir la transformation composée de 2 demi-tours d'axes parallèles.

24 Soit I et J deux points distincts, on appelle h_1 l'homothétie de centre I et de rapport 2, h_2 l'homothétie de centre J et de rapport $\frac{1}{2}$.
Définir les transformations $h_1 \circ h_2$ et $h_2 \circ h_1$.

25 On donne un plan P et une droite D orthogonale à P, on appelle I l'intersection de D et de P.
On considère les trois transformations :
demi-tour d'axe D,
réflexion de plan P,
symétrie de centre I.
Montrer que la composée de deux quelconques de ces transformations est égale à la troisième.

26 P et Q sont deux plans perpendiculaires, D est leur intersection. On considère les deux réflexions de plans P et Q et le demi-tour d'axe D.
Montrer que la composée de deux quelconques de ces transformations est égale à la troisième.

27 ABCD est un tétraèdre régulier. On appelle I le milieu de [AB], J le milieu de [CD], K le milieu de [BC] et L le milieu de [AD].
Définir les images des sommets du tétraèdre par les demi-tours r_1 d'axe (IJ) et r_2 d'axe (KL).
Définir $r_2 \circ r_1$.

Géométrie analytique

L'espace est muni d'un repère orthonormal direct $(O, \vec{i}, \vec{j}, \vec{k})$.

28 Définir analytiquement les transformations suivantes :

a) la translation de vecteur $2\vec{i} - \vec{j} + 3\vec{k}$;

b) l'homothétie de centre I(1 ; – 2 ; 5) et de rapport $\frac{3}{2}$;

c) la réflexion par rapport au plan d'équation $y = 2$;

d) la réflexion par rapport au plan d'équation $y = z$;

e) le demi-tour d'axe $(O, \vec{i})$;

f) le quart de tour direct d'axe $(O, \vec{j})$.

29 Définir géométriquement les transformations qui au point M de coordonnées $(x ; y ; z)$ associe le point M′ de coordonnées $(x' ; y' ; z')$.

a) $\begin{cases} x' = 3 - x \\ y' = 2 - y \\ z' = -5 - z. \end{cases}$

b) $\begin{cases} x' = y \\ y' = x \\ z' = z. \end{cases}$ *c*) $\begin{cases} x' = x \\ y' = z \\ z' = y. \end{cases}$

Résultats des exercices dont le numéro est en couleur

2. Une condition nécessaire et suffisante est que $\vec{u}_1 + \vec{u}_2$ soit un vecteur de P.

3. L'image de I est le centre de ABCD et l'image de K le centre de DCHE.

5. N est l'intersection de D et de l'image de P par la translation de vecteur $\overrightarrow{AB}$.

6. Soit O un point donné, pout tout point M de l'espace :

$$\overrightarrow{OA} - 4\overrightarrow{OB} + 2\overrightarrow{OC} + 5\overrightarrow{OM} = 4\overrightarrow{OM'}.$$

En prenant pour origine G barycentre de (A ; 1), (B ; – 4) et (C ; 2) on obtient :

$$\overrightarrow{GM'} = \frac{5}{4}\overrightarrow{GM}.$$

La transformation est l'homothétie de centre G et de rapport $\frac{5}{4}$.

7. Pour un point O donné :

$$\overrightarrow{OA} + 2\overrightarrow{OB} - 3\overrightarrow{OC} + 2\overrightarrow{OM} = 2\overrightarrow{OM'}.$$

Prenons O = C, nous obtenons :

$$\overrightarrow{CA} + 2\overrightarrow{CB} = 2\overrightarrow{MM'},$$

d'où :

$$\overrightarrow{MM'} = \frac{1}{2}\overrightarrow{CA} + \overrightarrow{CB}.$$

La transformation est une translation.

8. Appelons O_1 et O_2 les centres de S_1 et S_2.
1° Si $r_1 \neq r_2$, il existe deux homothéties h telles que $h(S_1) = S_2$.

Les rapports d'homothéties sont $\frac{r_2}{r_1}$ et $-\frac{r_2}{r_1}$.

En coupant la figure par un plan contenant O_1 et O_2, on se ramène à chercher les homothéties planes qui échangent deux cercles.

11. Par définition de la somme vectorielle :

$$\overrightarrow{OA} = \overrightarrow{OI} + \overrightarrow{OJ} + \overrightarrow{OK}.$$

Soit a le centre de gravité de IJK, alors :

$$3\,\overrightarrow{Oa} = \overrightarrow{OI} + \overrightarrow{OJ} + \overrightarrow{OK}.$$

On en déduit $\overrightarrow{Oa} = \frac{1}{3}\,\overrightarrow{OA}$.

$\mathcal{P}'$ est l'image de $\mathcal{P}$ dans l'homothétie de centre O et de rapport $\frac{1}{3}$.

15. Les points I, J, K, L, M et N sont équidistants de B et E donc situés dans le plan médiateur de [EB].

Pour construire l'image de (EH) par exemple, il suffit de construire l'image de deux points. On sait que B est l'image de E par la réflexion de plan P. On construit T intersection de (EH) et de P. T est invariant, la droite cherchée est (BT).

On procède de même pour les autres droites.

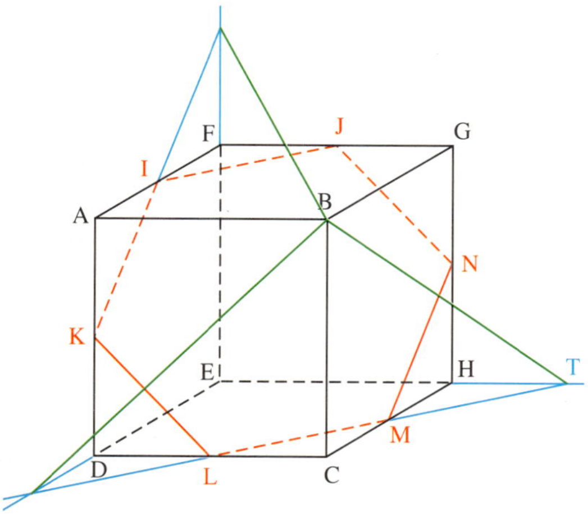

16. $s_2 \circ s_1$ et $s_1 \circ s_2$ sont des rotations d'angles opposés (quelle que soit l'orientation choisie sur l'axe).

L'angle α de la rotation doit donc vérifier :

$$\alpha = -\alpha + 2k\pi \quad \text{d'où} \quad \alpha = k\pi.$$

$s_2 \circ s_1$ ne pouvant pas être l'identité (P_1 et P_2 sont sécants), $s_2 \circ s_1$ est un demi-tour, d'où P_1 et P_2 sont perpendiculaires.

18. L'axe de la rotation est (BC), I est le milieu de [BC] ; posons a pour longueur de l'arête du cube :

$$AD = a,\ AI = ID = a\,\frac{\sqrt{3}}{2}.$$

$$\text{D'où : } 2 \times \frac{3a^2}{4}\cos\widehat{AID} = \frac{3a^2}{4} + \frac{3a^2}{4} - a^2 = \frac{a^2}{2}.$$

$$\cos\widehat{AID} = \frac{1}{3}.$$

Soit α cette valeur, $\alpha = 70{,}53°$.

L'angle de la rotation dépend de l'orientation de l'axe et de la position des points sur la figure ; en orientant l'axe dans le sens $\overrightarrow{IC}$ l'angle de la rotation est $-\alpha$.

20. Ensemble des tangentes au cercle intersection du plan médiateur de [AB] et de la sphère de diamètre [AB].

22. $f_1 \circ f_2$ est la translation de vecteur $2\overrightarrow{I_2I_1}$ et $f_2 \circ f_1$ la translation de vecteur $2\overrightarrow{I_1I_2}$.

29. *a*) $\frac{x'+x}{2} = \frac{3}{2}$, $\frac{y'+y}{2} = 1$, $\frac{z'+z}{2} = -\frac{5}{2}$,

donc symétrie de centre $I\left(\frac{3}{2}\,;1\,;-\frac{5}{2}\right)$.

b) Réflexion de plan d'équation $x = y$.

c) Réflexion de plan d'équation $y = z$.

POUR CHERCHER

Démonstrations de résultats énoncés en information

30 ***Conservation du barycentre***

a) Montrer que la translation et l'homothétie conserve le barycentre de n points massifs.

b) Soit P un plan et s la réflexion de plan P. On choisit un repère orthonormal $(O, \vec{i}, \vec{j}, \vec{k})$ tel que $(O, \vec{i}, \vec{j})$ soit un repère de P. Définir analytiquement s. En déduire que s conserve le barycentre de n points.

c) En utilisant les résultats du *b*), justifier qu'une rotation conserve le barycentre de n points.

31 ***Image de droites et de plans***

En utilisant la propriété de conservation du barycentre de n points massifs, justifier que pour une translation, une homothétie, une réflexion ou une rotation :

– l'image d'une droite est une droite,
– l'image d'un plan est un plan.

Établir de plus que ces transformations conservent le parallélisme.

32 ***Image d'un plan***

On donne un plan P et une transformation f qui conserve le produit scalaire.

On prend un point A de P et un point B extérieur à P tel que $\overrightarrow{AB}$ soit un vecteur normal à P.
On pose $A' = f(A)$ et $B' = f(B)$.

1° Définir P à l'aide de $\overrightarrow{AB}$ et justifier que $\overrightarrow{A'B'} \neq \vec{0}$.

2° Montrer que $f(P)$ est inclus dans le plan P′ orthogonal à $\overrightarrow{A'B'}$ en A′.

3° Montrer que f^{-1} conserve le produit scalaire, en déduire que $f(P) = P'$.

Que peut-on en conclure pour l'image d'un plan, pour l'image de deux plans parallèles, par une translation, une homothétie, une réflexion ou une rotation ?

33 ***Images de plans par réflexion***

Soit s une réflexion de plan P.

1° Montrer que pour tout plan Q perpendiculaire à P, $s(Q) \subset Q$.

En utilisant que $s \circ s$ est l'identité, établir que $s(Q) = Q$.

2° Soit R un plan parallèle à P, montrer que $s(R)$ est parallèle à P (on pourra raisonner par contradiction).

34 ***Images de plans par rotation***

Soit r une rotation d'axe $(D, \vec{k})$ et d'angle α.

1° Montrer que pour tout plan P orthogonal à D, $r(P) \subset P$.

2° En utilisant la rotation réciproque de r, montrer que $r(P) = P$.

Parallélisme et orthogonalité

Pour les exercices 35 à 37
f *est une translation, une homothétie, une réflexion ou une rotation. On considère une droite* D *et deux plans* P *et* Q. *Établir les propriétés énoncées.*

35 Si D est parallèle à P, alors $f(D)$ est parallèle à $f(P)$.

36 Si D est orthogonale à P, alors $f(D)$ est orthogonale à $f(P)$.

37 Si Q est perpendiculaire à P, alors $f(Q)$ est perpendiculaire à $f(P)$.

Études de transformations

38 ***Tétraèdre et octaèdre***

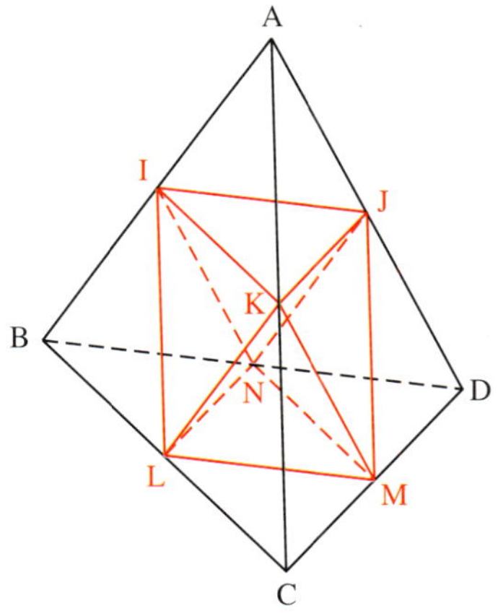

A, B, C, D sont 4 points non coplanaires, I, J, K, L, M, N sont les milieux des arêtes [AB], [AD], [AC], [BC], [CD], [BD] respectivement.

a) Montrer que les triangles IKJ et BCD sont homothétiques, ainsi que les triangles IKJ et LMN. Préciser le centre et le rapport de chaque homothétie.

b) Démontrer que les points A, B, C, D et les points I, J, K, L, M, N ont le même isobarycentre.

c) Montrer que l'octaèdre IJKLMN admet un centre de symétrie.

d) Les centres de gravité des faces de l'octaèdre distinctes des faces du tétraèdre, c'est-à-dire les faces (IJK), (ILN),(LKM) et (JNM) forment un tétraèdre A′B′C′D′. Montrer que A′B′C′D′ et ABCD sont homothétiques, préciser le centre et le rapport de cette homothétie.

39 ***Cube inscrit dans une pyramide***

On donne une pyramide de sommet S, et de base le carré ABCD (S n'est pas dans le plan ABCD).
On construit un cube ABCDEFGH situé dans le demi-espace limité par le plan (ABCD) et qui ne contient pas S.
Les droites (SE), (SF), (SG) et (SH) coupent le plan (ABCD) en E′, F′, G′ et H′.

Montrer que les droites orthogonales au plan (ABCD) menées par E′, F′, G′ et H′ coupent (SA), (SB) (SC) et (SD).

On appelle A′, B′, C′ et D′ les points d'intersection.
Montrer que A′B′C′D′E′F′G′H′ est un cube.

40 On considère dans l'espace quatre points non coplanaires A, B C, D tels que :

AC = AB = BC = BD = AD = a
(a réel positif donné).

1° *a*) I étant le milieu du segment [AB], montrer que les droites (IC) et (ID) sont perpendiculaires à la droite (AB).

b) Montrer que IC = ID, exprimer cette longueur en fonction de a.

2° Soit S_1 la réflexion par rapport au plan (ABC) et S_2 la réflexion par rapport au plan (ABD).

a) Quelle est la nature de la transformation

$R = S_1 \circ S_2$?

b) Déterminer en fonction de a la longueur x = CD pour que R soit un demi-tour.

41 Soit Δ_1 et Δ_2 deux droites distinctes de l'espace. On note R_1 et R_2 les demi-tours d'axes respectifs Δ_1 et Δ_2

Le but de l'exercice est de déterminer une condition nécessaire et suffisante portant sur Δ_1 et Δ_2 pour que $R_2 \circ R_1 = R_1 \circ R_2$.

1° On suppose que Δ_1 et Δ_2 sont sécantes en un point noté O et sont orthogonales. On note Δ la droite orthogonale en O au plan P contenant Δ_1 et Δ_2. On note P_1 et P_2 les plans passant par Δ et contenant respectivement Δ_1 et Δ_2.

a) Faire une figure.

b) On note S_P, S_{P_1} et S_{P_2} les réflexions par rapport aux plans respectifs P, P_1 et P_2.
Déterminer $S_P \circ S_{P_1}$ et $S_{P_2} \circ S_P$.

c) En déduire que $R_2 \circ R_1$ est le demi-tour R_Δ d'axe Δ.

d) Prouver que $R_2 \circ R_1 = R_1 \circ R_2$.

2° Réciproquement on suppose que :

$R_2 \circ R_1 = R_1 \circ R_2$.

Soit A un point de Δ_1 n'appartenant pas à Δ_2 et B l'image de A par R_2.

a) Montrer que la droite (AB) et la droite Δ_2 sont sécantes et orthogonales.

b) En utilisant la relation $R_2 \circ R_1 = R_1 \circ R_2$, prouver que $B = R_1(B)$.

c) En déduire que Δ_1 et Δ_2 sont sécantes et orthogonales.

BAC

42 Soit ABCD un tétraèdre régulier, G son isobarycentre et H l'isobarycentre du triangle ABD.
On note I, J, K et L les milieux respectifs des segments [AD], [BC], [AC] et [BD].

1° *a*) Démontrer que les droites (IJ) et (KL) sont concourantes en G.

b) Démontrer que la droite (CG) coupe le plan (ABD) en H.

c) Placer sur une figure les données précédentes.

2° Soit s_1 la réflexion par rapport au plan (BIC) et s_2 la réflexion par rapport au plan (ALC). On pose $r = s_2 \circ s_1$.

a) Montrer que (BIC) est le plan médiateur du segment [AD] ; en déduire les images de A et de D par s_1. Déterminer de même les images de B et de D par s_2.

b) Déterminer les images des points A, B, C, D et G par r.

c) Démontrer que r est une rotation dont on déterminera l'axe et l'angle.

43 Dans l'espace, on considère le cube de centre O représenté sur la figure ci-dessous :

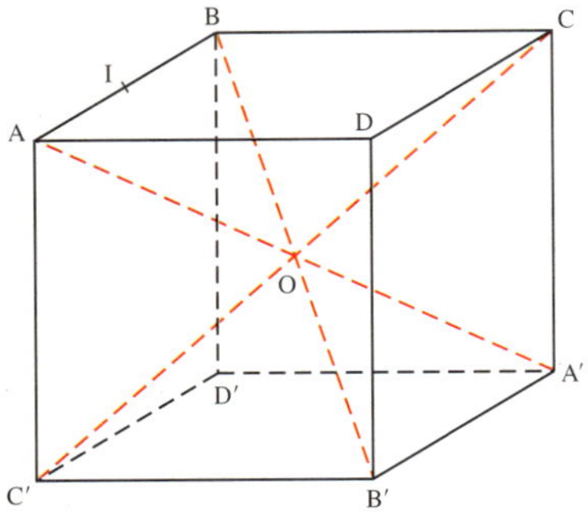

1° *a*) Démontrer que les plans (OAB) et (OBC) sont des plans de symétrie de ce cube.
Soit s_1 et s_2 les réflexions correspondantes.

b) Soit $f = s_1 \circ s_2$.
Préciser les images des huit sommets du cube par f.
Déterminer l'axe de la rotation f et montrer que les plans (ACD′) et (A′C′D) sont invariants par f.
En déduire l'angle de f.

2° Soit I le milieu du segment [AB].

a) Démontrer que la droite (OI) est un axe de symétrie du cube.
Soit r le demi-tour correspondant.

b) Indiquer la nature de $g = r \circ f$. Pour cela, on écrira r sous la forme $r = s_3 \circ s_1$, où s_3 est une réflexion dont on indiquera le plan.

c) Préciser les images des huit sommets du cube par g et déterminer enfin les éléments caractéristiques de g.

BAC

44 Dans l'espace orienté, on considère un tétraèdre régulier ABCD.
Les points I, J, K, L, M et N sont les milieux respectifs des segments [AB], [BC], [CD], [DA], [BD] et [AC].

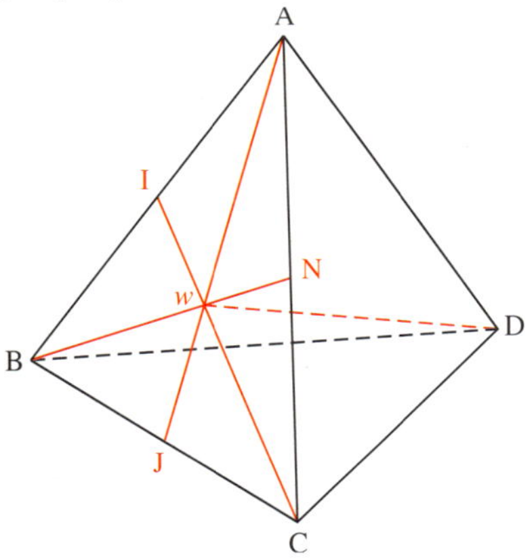

1° *a*) Démontrer que la droite (BC) est orthogonale au plan (ADJ).

b) Indiquer cinq autres orthogonalités démontrables de la même manière qu'au *a*).

c) Soit w l'isobarycentre des points A, B et C.
Démontrer que (Dw) est orthogonale au plan (ABC).

2° On considère la réflexion s par rapport au plan (ADJ) et la réflexion s' par rapport au plan (CDI). On pose $r = s \circ s'$.

a) Déterminer l'axe de la rotation r.

b) Déterminer les images par r de A, B et C.
En déduire une mesure de l'angle de r.

BAC

45 A, B, C, D, E, F, G, H sont les sommets d'un cube tel que ABCD soit une face horizontale, EFGH l'autre, et que la translation de vecteur vertical $\overrightarrow{AE}$ transforme B en F, C en G et D en H.
P désigne le plan horizontal passant par le centre O du cube, (ABC) celui passant par A, B et C, s_P la réflexion (ou symétrie orthogonale) par rapport à P.
I et J sont les centres respectifs des carrés ABCD et EFGH.

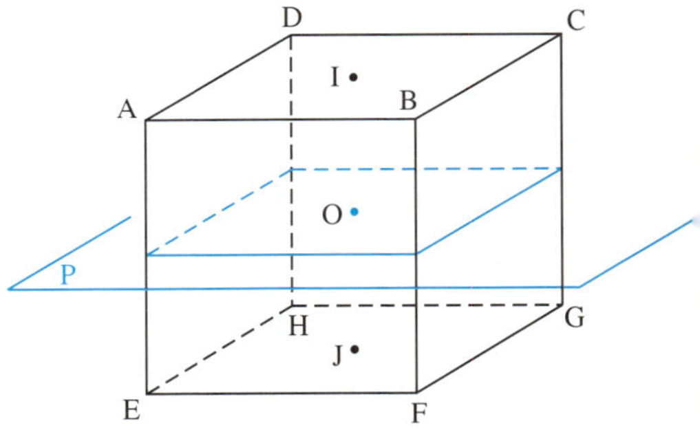

Il s'agit de déterminer les rotations de l'espace qui échangent {A, B, C, D} et {E, F, G, H}, autrement dit qui transforment tout sommet de l'une des faces horizontales en un sommet de l'autre.

1° *a*) On suppose que s est une réflexion transformant {A, B, C, D} en {E, F, G, H}. Déterminer s(I) et s(J).

b) Déduire qu'il existe une seule réflexion transformant {A, B, C, D} en {E, F, G, H}.

2° Pour toute rotation r échangeant {A, B, C, D} et {E, F, G, H} déterminer r(I), r(J) et r(O)
Déduire que l'axe de r passe par O, qu'il est horizontal et que r est un demi-tour.

3° Soit r un demi-tour d'axe horizontal L passant par O.

a) Déterminer $r \circ s_P(I)$ et $r \circ s_P(M)$ pour tout point M de L. Déduire que $r \circ s_P$ est la réflexion par rapport au plan vertical Q contenant L.

b) On note Δ la droite intersection des plans Q et (ABC). Montrer que (ABC) est invariant par s_Q. Quelle est la l'application induite de s_Q à ce plan (ABC) ?

c) Montrer que *r* est solution si et seulement si la symétrie orthogonale s_Δ par rapport à Δ, isométrie du plan (ABC), laisse invariant l'ensemble $\{A, B, C, D\}$.

4° Déduire les quatre demi-tours solutions.

46 1° Dans l'espace, on donne deux points A et B distincts.

a) Montrer que toute rotation R de l'espace transformant A en B a son axe D inclus dans le plan médiateur de [AB].

b) Réciproquement, soit D une droite du plan médiateur de [AB]. Montrer qu'il existe une rotation R et une seule d'axe D transformant A en B. On pourra introduire le projeté orthogonal K de A sur D.

2° Soit OABC un tétraèdre régulier.

a) Montrer qu'il existe une rotation R_1 et une seule d'axe (OC) transformant A en B.

b) Montrer que le projeté orthogonal K de A sur (OC) est le milieu de [OC].

c) Déterminer le cosinus de l'angle de la rotation R_1.

BAC

47 On considère un cube ABCDEFGH, on appelle O_1 et O_2 les centres respectifs des faces ADHE et BCGF.

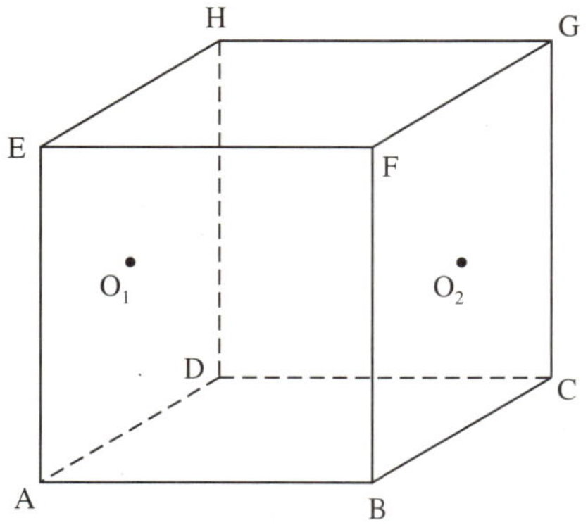

Soit N un point du segment [HF] et P un point du segment [AC] définis par :

$$\overrightarrow{HN} = k\overrightarrow{HF} \quad \text{et} \quad \overrightarrow{AP} = k\overrightarrow{AC} \quad \text{où} \quad k \in [0\,;1].$$

1° Montrer que N est barycentre du système des points pondérés $\{(H, 1-k), (F, k)\}$, et que P est barycentre du système des points pondérés $\{(A, 1-k), (C, k)\}$.

2° Soit *d* le demi-tour d'axe (O_1O_2).
Quelles sont les images par *d* des points A, C et P ?

3° I étant le milieu du segment [NP], montrer que $\overrightarrow{HN} + \overrightarrow{AP} = 2\overrightarrow{O_1I}$ puis que $\overrightarrow{HF} + \overrightarrow{AC} = 2\overrightarrow{O_1O_2}$.
En déduire que : $\overrightarrow{O_1I} = k\overrightarrow{O_1O_2}$, $k \in [0\,;1]$.
Quel est l'ensemble des points I lorsque *k* décrit l'intervalle [0 ; 1] ?

BAC

48 On considère un cube ABCDEFGH d'arête *a*.
On note I l'isobarycentre du triangle CFH.

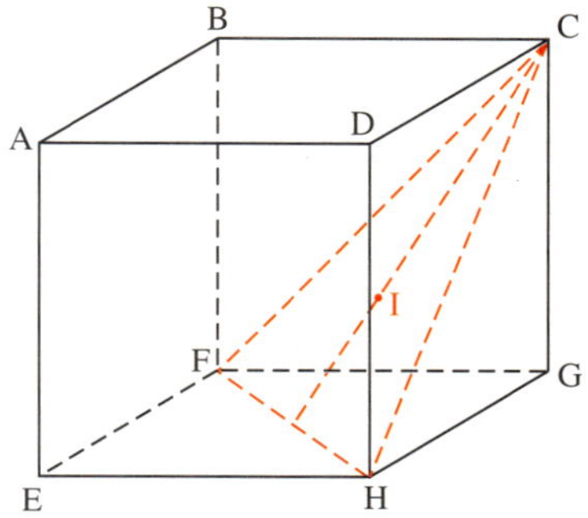

1° *a*) Montrer que le triangle CFH est équilatéral.

b) Prouver que les points A, G et I appartiennent au plan médiateur de [CH] et au plan médiateur de [CF].

c) En déduire que la droite (AG) est orthogonale au plan (CFH) et qu'elle passe par I.

2° On note P le plan contenant les droites (AB) et (HG) et P′ le plan contenant les droites (AD) et (FG).
On désigne par *s* et *s*′ les réflexions par rapport aux plans P et P′.

a) Déterminer l'intersection des plans P et P′.

b) Déterminer les images des points C, F et H par *s* et *s*′, puis par $s' \circ s$.

c) Indiquer la nature de $s' \circ s$ et déterminer ses éléments caractéristiques.

49 On considère un triangle équilatéral ABC dans l'espace $\mathscr{E}$.
Soit :

– O le centre de gravité du triangle ABC ;
– I un point extérieur au plan (ABC), équidistant de A, B et C ;
– J le symétrique de I par rapport au plan (ABC).

On suppose l'espace orienté et le plan (ABC) orienté de telle sorte que l'angle $(\overrightarrow{OA}, \overrightarrow{OB})$ admette $\frac{2\pi}{3}$ pour mesure.

On se propose de déterminer l'ensemble $\mathcal{R}$ des réflexions de l'espace qui transforment l'ensemble {A, B, C} en lui-même.

1° Soit S un élément de $\mathcal{R}$. On note P le plan de S.

a) Montrer que P passe nécessairement par O.

b) Montrer que I a pour image I ou J par S. Que peut-on en déduire pour P ?

c) On se place dans le cas où S(I) = I. Déterminer alors le plan P en considérant les différentes possibilités pour l'image de A.

2° En déduire l'ensemble $\mathcal{R}$.

3° Déterminer l'ensemble obtenu en composant 2 à 2 les éléments de $\mathcal{R}$.
Combien de transformations distinctes trouve-t-on ainsi ?
Préciser les demi-tours obtenus.

50 ABCDA′B′C′D′ est un cube.

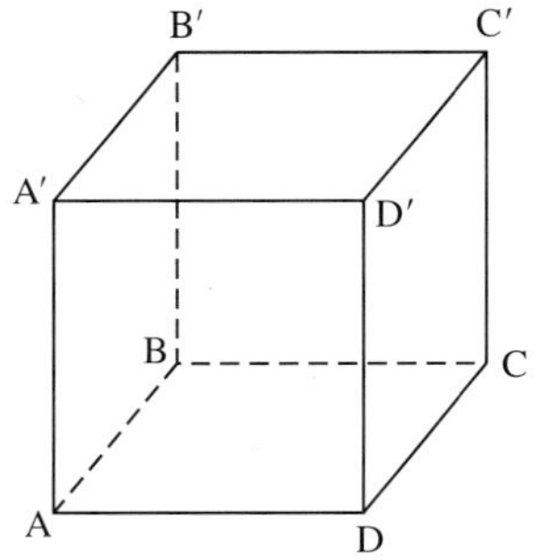

On note :

s_1 la réflexion de plan (AA′BB′) ;

s_2 la réflexion de plan (BB′CC′) ;

s_3 la réflexion de plan (CC′DD′) ;

s_4 la réflexion de plan (DD′AA′) ;

1° *a*) Montrer que $r' = s_2 \circ s_1$ est un demi-tour dont on précisera l'axe.

b) Déterminer de même la nature de $r'' = s_4 \circ s_3$.

2° *a*) On note s la réflexion de plan (BB′DD′).
Déterminer les réflexions s' et s'' telles que :

$$r' = s \circ s' \quad \text{et} \quad r'' = s'' \circ s.$$

b) En déduire que $t = r'' \circ r'$ est la translation de vecteur $2\overrightarrow{BD}$.

51 Dans l'espace orienté, on considère deux points distincts A et D et le plan P orthogonal en A à la droite (AD). On convient d'orienter P en choisissant pour vecteur normal le vecteur $\overrightarrow{AD}$.

Dans le plan P on considère deux points B et C tels que le triangle ABC soit équilatéral et le repère $(A, \overrightarrow{AB}, \overrightarrow{AC}, \overrightarrow{AD})$ soit direct.
On pose AB = BC = CA = a. On note I le milieu du segment [BC].

1° *a*) Placer les éléments précédents sur une figure (on représentera $\overrightarrow{AD}$ vertical ascendant).

b) Montrer que le plan (IAD) est le plan médiateur du segment [BC].

2° Soit s_1 la réflexion par rapport au plan (ABC) et s_2 la réflexion par rapport au plan (DBC).
On note $r = s_1 \circ s_2$.

a) Indiquer l'image de D par r et déterminer l'axe et l'angle de la rotation r.
Le plan (AID) sera orienté de telle sorte que $(\overrightarrow{AI}, \overrightarrow{AD})$ ait pour mesure $\frac{\pi}{2}$.

b) Déterminer en fonction de a la distance AD pour que l'angle de r admette pour mesure $\frac{\pi}{2}$.

52 L'espace est rapporté au repère orthonormal direct $(O, \vec{i}, \vec{j}, \vec{k})$.
Soit B un point de la droite de repère $(O, \vec{j})$ et C un point de la droite de repère $(O, \vec{k})$.
La droite Δ a pour repère $(B, \vec{i})$.
La droite D a pour repère $(C, \vec{j})$.

1° Montrer qu'il existe une droite L orthogonale à Δ et D, coupant Δ en B et D en un point A.

2° *a*) Soit P le plan médiateur de [AB].
Quelle est l'image de D dans la réflexion par rapport à P ?

b) Dans le plan $(O, \vec{i}, \vec{j})$ déterminer deux droites D'_1 et D'_2 telles que la droite (OB) ait pour image la droite Δ dans les réflexions d'axes D'_1 et D'_2.
En déduire qu'il existe deux plans P'_1 et P'_2 tels que la droite (OB) ait pour image la droite Δ dans les réflexions par rapport à P'_1 et P'_2.

c) En déduire qu'il existe deux rotations de l'espace, R_1 et R_2, transformant D en Δ.
Déterminer un repère de chacun des axes de ces rotations ?
Quel est l'angle de ces rotations ?

53 1° Dans l'espace, on considère une droite Δ et le demi-tour s d'axe Δ.
Étant donné deux points A et C, on note B et D leurs transformés par s. On note I le milieu de [AB] et J le milieu de [CD].
On suppose que A, B, C, D ne sont pas coplanaires.

a) Faire une figure.

b) Prouver que AC = BD et BC = AD.

2° Réciproquement, soit ABCD un tétraèdre tel que AC = BD et BC = AD. On note I et J les milieux respectifs de [AB] et [CD].

a) Montrer que :

$$BC^2 + BD^2 = 2BJ^2 + \frac{1}{2}CD^2 ;$$

$$AC^2 + AD^2 = 2AJ^2 + \frac{1}{2}CD^2.$$

b) En déduire que (IJ) est orthogonale à (AB).

c) Prouver de même que (IJ) est orthogonale à (CD).

d) Déterminer les images de A, B, C, D par le demi-tour *s* d'axe (IJ).

3° Soit ABCD un tel tétraèdre. On note K et L les milieux respectifs de [AC] et [BD] et G l'isobarycentre des points A, B, C et D.
Montrer que (IJ) et (KL) sont sécantes en G et que IKJL est un losange de centre G.
Placer ces points sur la figure.

BAC

54 Dans un plan P de l'espace, on considère un cercle C de diamètre [AB]. Soit Δ la droite passant par A orthogonale à P et S un point de Δ distinct de A.
On note I le projeté orthogonal de A sur la droite (BS).
Pour tout point M du cercle C on note H le projeté orthogonal de A sur la droite (MS).

1° Placer les données précédentes sur une figure, Δ étant placée verticalement.

2° Prouver que H appartient à la sphère Σ de diamètre [AS].

3° Dans cette question, on suppose que M est distinct de A et de B.
Prouver que la droite (MB) est orthogonale au plan (AMS).
En déduire que la droite (AH) est orthogonale au plan (BMS).

4° Montrer que H appartient au plan Π passant par I orthogonal à la droite (BS).

5° *a*) Déterminer l'intersection Γ de la sphère Σ et du plan Π.

b) Prouver que l'ensemble décrit par H lorsque M parcourt C est égal à Γ. A cet effet, étant donné un point N de Γ distinct de A, on pourra montrer que le plan (ANS) coupe le cercle C en A et en un autre point M.

55 Dans l'espace E, on donne un cube ABCDEFGH. Soit I le milieu de l'arête [HD] et J le point tel que D soit le milieu du segment [JH].

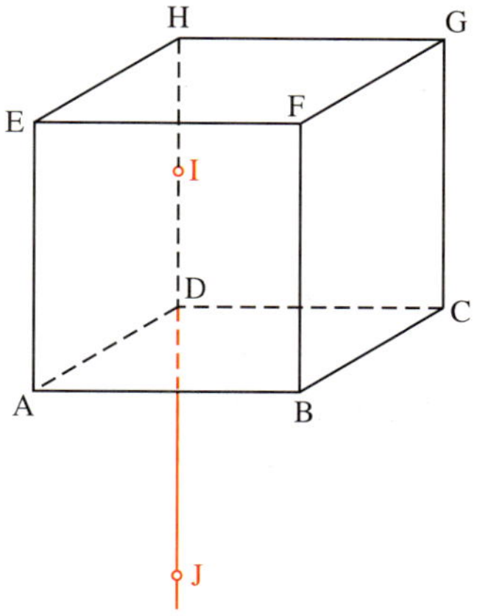

a) Établir que le plan (ACI) est le plan médiateur du segment [FJ].

b) Une isométrie *f* de l'espace E laisse les points A, C, I invariants et transforme F en J.
Démontrer que *f* est unique et la définir.

56 Dans l'espace, on considère trois points non alignés, A, B, C et un point O. On désigne par G l'isobarycentre des points A, B, C. Soit A′, B′, C′ les points définis par les relations :

$$\overrightarrow{OA'} = \overrightarrow{OB} + \overrightarrow{OC},$$
$$\overrightarrow{OB'} = \overrightarrow{OC} + \overrightarrow{OA},$$
$$\overrightarrow{OC'} = \overrightarrow{OA} + \overrightarrow{OB}.$$

a) Montrer que les segments [AA′], [BB′], [CC′] ont le même milieu I et calculer $\overrightarrow{OI}$ en fonction de $\overrightarrow{OG}$.

b) Soit A_1, B_1, C_1 les milieux respectifs des segments [BC], [CA], [AB].
Montrer qu'il existe une homothétie *f* de centre G et une seule transformant A en A_1, B en B_1, C en C_1 ; préciser le rapport de *f*.

c) Montrer qu'il existe une homothétie *g* de centre O et une seule transformant A_1 en A′, B_1 en B′, C_1 en C′ ; préciser le rapport de *g*.

d) Déterminer la nature de $g \circ f$; conclure.

57 ***Transformations conservant le cube***

On se propose de déterminer la section d'un cube par le plan médiateur d'une de ses diagonales et d'étudier l'effet sur cette section de transformations laissant le cube invariant.
On considère un cube de centre O et de diagonales [AG], [BH], [CE] et [DF].

On rappelle que ces diagonales se coupent en leur milieu O.

Soit M_1, M_2, M_3, M_4, M_5, M_6 les milieux respectifs des côtés [AB], [BF], [FG], [GH] ,[HD], et [DA].

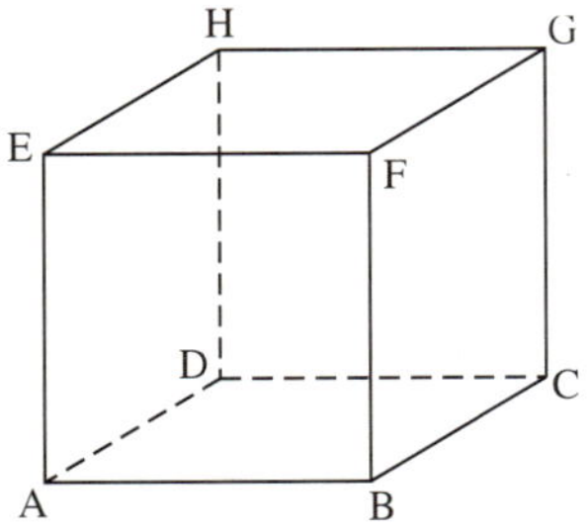

1° Montrer que les points M_j appartiennent au plan médiateur Π de C et E.
Ce plan coupe le cube suivant l'hexagone M_1M_2 $M_3M_4M_5M_6$. Placer cet hexagone sur une figure représentant le cube.

2° Soit σ la symétrie centrale par rapport à O. Montrer que le plan Π est invariant par σ. Déterminer les images des points M_j par σ.

3° *a*) Soit s la réflexion transformant A en F. Déterminer les images par s des sommets du cube.

b) Soit de même s' la réflexion transformant A en H. Déterminer les images par s' des sommets du cube.

c) Soit $r = s' \circ s$. Prouver que r est une rotation d'axe (CE), et que le plan Π est invariant par r. Déterminer les images par r des sommets du cube et des points M_j. Montrer que $r \circ r \circ r$ est l'identité.

d) Soit ρ la rotation dans le plan Π déterminée par r. On oriente le plan Π et on note θ une mesure de l'angle de ρ telle que $0 < \theta < 2\pi$. Déterminer les valeurs possibles de θ. En déduire que $M_1M_3M_5$ et $M_2M_4M_6$ sont des triangles équilatéraux de cente O.

4° A partir du 2° et 3°, prouver que $M_1M_2M_3M_4$ M_5M_6 est un hexagone régulier de centre O.

Point de vue analytique

58 Dans l'espace E rapporté à un repère orthonormal $(O, \vec{i}, \vec{j}, \vec{k})$, on donne les points $A(0\,;0\,;-2)$, $B(0\,;1\,;-1)$, $C(0\,;0\,;4)$, $D(0\,;-1\,;3)$.

Montrer qu'il existe un et un seul demi-tour noté f, tel que $f(O) = A$ et $f(B) = B$. Caractériser géométriquement ce demi-tour et donner sa représentation analytique.

59 L'espace orienté E est rapporté à un repère orthonormal direct $(O, \vec{i}, \vec{j}, \vec{k})$.

On désigne par Δ la droite de E, dirigée par $\vec{i}$, passant par le point A de coordonnées $(0\,;0\,;1)$ et par R la rotation d'axe Δ qui transforme le point O en le point O′ de coordonnées $(0\,;-1\,;1)$.

Trouver les coordonnées $(x_1\,;y_1\,;z_1)$ du point M_1 transformé d'un point M de coordonnées $(x\,;y\,;z)$ par la rotation R.

On désigne par T la translation de vecteur $\vec{i} + \vec{j} + \vec{k}$ et par V la transformation composée $V = T \circ R$.

Trouver les coordonnées $(x_2\,;y_2\,;z_2)$ du point M_2 transformé d'un point M de coordonnées $(x\,;y\,;z)$ où $M_2 = V(M)$.

60 Soit E l'espace rapporté au repère orthonormal $(O, \vec{i}, \vec{j}, \vec{k})$.
On considère l'application v de E dans E, qui, à tout point M de coordonnées $(x\,;y\,;z)$, associe le point M′ de coordonnées $(x'\,;y'\,;z')$ tel que :

$$\begin{cases} x' = -x + 2 \\ y' = z + 1 \\ z' = y + 1 \end{cases}$$

a) Soit $f = h_1 \circ v$, application composée de v par h_1, où h_1 est l'homothétie de centre $A(1\,;0\,;0)$ et de rapport 2. Démontrer que f admet un unique point invariant B.

b) Soit $r = h_2 \circ f$, application composée de f par h_2, où h_2 est l'homothétie de centre B et de rapport $\frac{1}{2}$. Démontrer que r est un demi-tour d'axe une droite D, que l'on précisera.

61 Soit E l'espace orienté, et soit $(O, \vec{i}, \vec{j}, \vec{k})$ un repère orthonormal de E.
On désigne par P le plan de E d'équation

$$x + y + z = 3$$

et par D la droite passant par le point A de coordonnées $(0\,;3\,;0)$, et dirigée par $\vec{j} - \vec{k}$.

1° Montrer que D est située dans P.

2° Montrer qu'il existe un unique plan P_1 tel que le demi-tour d'axe D soit la composée de la symétrie s_P orthogonale par rapport à P par la symétrie s_{P_1} orthogonale par rapport à P_1.

Donner une équation cartésienne de P_1.

3° Soit P_2 le plan parallèle à P_1 passant par O.

a) Donner une équation cartésienne de P_2.

b) Déterminer les coordonnées de l'image de A par la projection orthogonale sur P_2.

c) Déterminer sans nouveaux calculs $s_{P_2} \circ s_{P_1}$, où l'on désigne par s_{P_2} la symétrie orthogonale par rapport à P_2.

62 ***Points équidistants de deux droites***

On se propose dans ce problème d'étudier l'ensemble, noté Σ, des points de l'espace équidistants de deux droites D et D′ non coplanaires et orthogonales.

Première partie

1° *a*) Donner la condition nécessaire et suffisante pour qu'une réflexion s laisse invariante une droite donnée.
En déduire qu'il existe deux réflexions et deux seulement qui laissent simultanément invariantes les droites D et D′ :

– l'une par rapport au plan passant par D et orthogonal à D′ en B.
– l'autre par rapport au plan passant par D′ et orthogonal à D en A.

b) Montrer que Σ admet, en particulier, deux plans de symétrie et un axe de symétrie (AB).

2° Montrer que l'intersection de Σ avec l'un quelconque de ses plans de symétrie est une parabole dont on précisera le foyer et la directrice.

Deuxième partie

Dans cette partie, ainsi que dans la troisième, l'espace est rapporté à un repère orthonormal $R = (O, \vec{i}, \vec{j}, \vec{k})$.
La droite D passe par le point A de coordonnées $(0\,;0\,;1)$ et admet comme vecteur directeur $\vec{u}$ tel que $\vec{u} = \vec{i} + \vec{j}$.
La droite D′ passe par le point B de coordonnées $(0\,;0\,;-1)$ et admet comme vecteur directeur $\vec{v}$ tel que $\vec{v} = \vec{i} - \vec{j}$.

1° *a*) Vérifier que D et D′ sont orthogonales et non coplanaires.
Montrer que le point O appartient à Σ.

b) Montrer qu'une représentation paramétrique de D est :

$$\begin{cases} x = t \\ y = t \\ z = 1 \end{cases} \qquad t \in \mathbb{R}.$$

Soit M un point de coordonnées $(x\,;y\,;z)$ et P un point de D.
Exprimer MP^2.
En considérant MP^2 comme fonction de t, en déduire la distance de M à D.

c) Calculer de même la distance du point M à la droite D′.

d) En déduire que M appartient à Σ si et seulement si on a : $xy + 2z = 0$.

2° Déduire de cette relation que :

a) Les intersections de Σ avec les plans orthogonaux à la droite (AB) sont en général des hyperboles.
Préciser le cas d'exception.

b) La nature des intersections de Σ avec des plans orthogonaux à l'axe $(O, \vec{i})$ ou à l'axe $(O, \vec{j})$.

Troisième partie

Soit $M(t)$ le point de Σ admettant comme abscisse $x(t) = 4\cos t$ et pour ordonnée $y(t) = \sin t$ dans le repère $R = (O, \vec{i}, \vec{j}, \vec{k})$.
Lorsque t varie sur $\mathbb{R}$, le point M décrit une courbe Γ incluse dans Σ.

Construire la courbe Γ_z projection orthogonale de Γ sur le plan d'équation $z = 0$.
On prendra 2 cm pour unité.

13

CONIQUES

CONTENU

- Définition d'une conique par foyer et directrice
- Parabole
- Ellipse
- Hyperbole

ACTIVITÉS

ACTIVITÉ 1 Parabole

On considère une droite D et un point F non situé sur D.
Le but de cette activité est de déterminer l'ensemble P des points M du plan tels que $\frac{MF}{MH} = 1$ où H est le projeté orthogonal de M sur D.

A. Point de vue géométrique

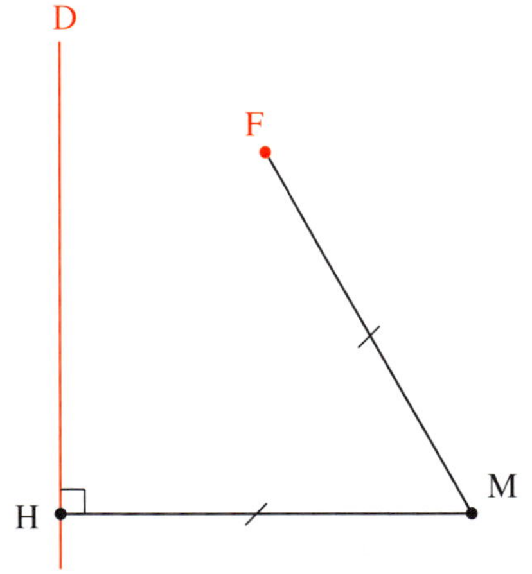

Construire plusieurs points M *tels que* MF = MH *et tracer dans chaque cas la hauteur issue de* M *du triangle* HMF.

Conjecturer la nature de l'ensemble P *des points* M *tels que* $\frac{MF}{MH} = 1$.

B. Point de vue analytique

On pose FK = 4 où K est le projeté orthogonal de F sur D.

On considère le repère orthonormal $(S, \vec{i}, \vec{j})$ avec S milieu de [FK] et $\vec{i}$ défini par $\overrightarrow{SF} = 2\vec{i}$.

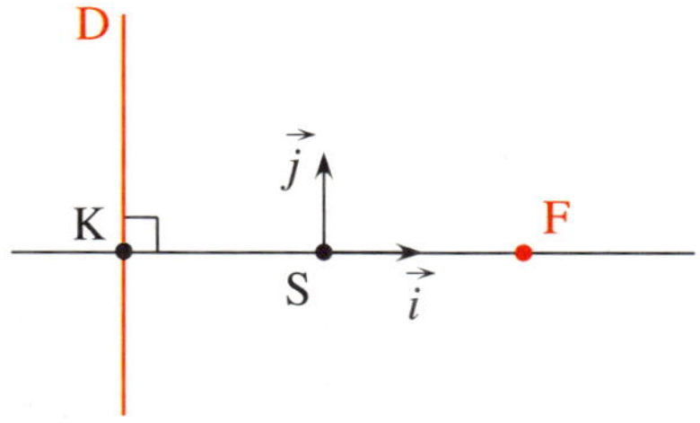

Soit $M(x\,;\,y)$. *Déterminer une relation entre* x *et* y *caractérisant les coordonnées d'un point* M *de* P.
La relation obtenue confirme-t-elle la conjecture faite au **A.** ?

Soit $M_0(x_0\,;\,y_0)$ un point de P. *Calculer les coordonnées de* H *en fonction de* x_0.
Donner une équation de la médiatrice de [HF] *en fonction de* x_0.
Démontrer que cette droite est tangente à P *en* M_0.

ACTIVITÉ 2 Ellipse

On considère les cercles $\mathscr{C}_a$ de centre O de rayon a et $\mathscr{C}_b$ de même centre de rayon b.

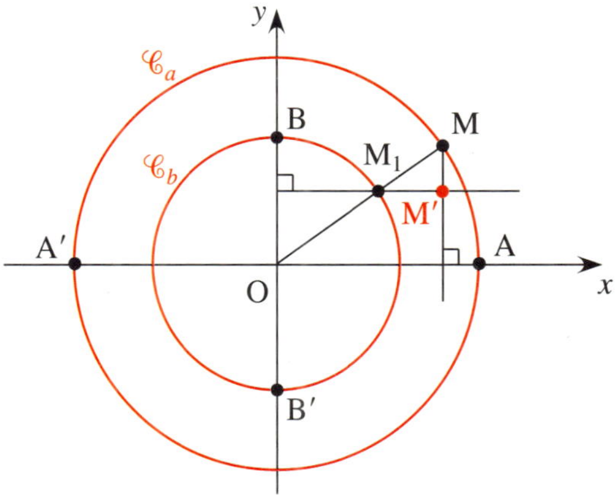

Soit M un point quelconque de $\mathscr{C}_a$.
Le point M_1 est l'intersection de $\mathscr{C}_b$ avec la demi-droite [OM).
Le point M′ est l'intersection de la perpendiculaire à (O*x*) passant par M avec la perpendiculaire à (O*y*) passant par M_1.

1° *Prendre plusieurs points* M *sur* $\mathscr{C}_a$ *et construire pour chacun d'eux le point* M′ *associé.*
Esquisser la courbe représentant l'ensemble des points M′ *lorsque* M *décrit* $\mathscr{C}_a$.

2° On considère le repère orthonormal $(O, \vec{i}, \vec{j})$ avec $\overrightarrow{OA} = a\vec{i}$ et $\overrightarrow{OB} = b\vec{j}$.

Montrer que les coordonnées (x,y) *de* M′ *vérifient l'égalité* $\dfrac{x^2}{a^2} + \dfrac{y^2}{b^2} = 1$.

ACTIVITÉ 3 Hyperbole

On considére un repère $(O, \vec{i}, \vec{j})$ et un point $M_0(x_0 ; y_0)$ fixé.

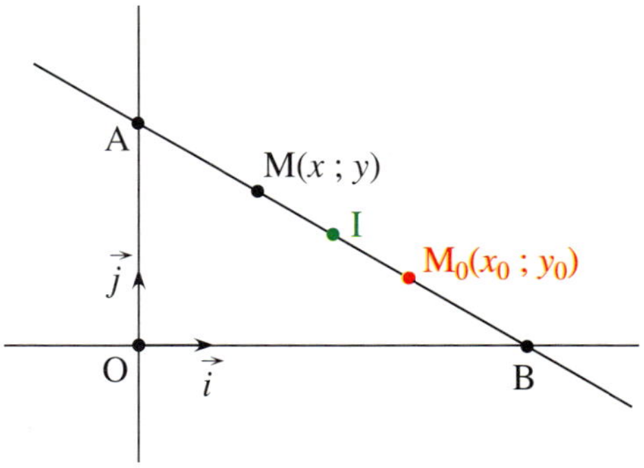

Une droite variable passant par M_0 coupe les axes en A et B.
On construit le point M tel que $[M_0M]$ et [AB] aient le même milieu.

1° *Construire plusieurs points* M *et esquisser la courbe* $\mathscr{C}$ *décrite par* M.

2° *Déterminer une équation d'une droite passant par* M_0.
Calculer les coordonnées de A *et* B *en fonction de* x_0, y_0 *et du coefficient directeur* a *de cette droite.*
En déduire les coordonnées de M *en fonction de* x_0 *et* y_0.
Donner alors une équation de la courbe $\mathscr{C}$ *décrite par* M.

CONIQUES

INFORMATION

1. GÉNÉRALITÉS

a Coniques du temps passé

Le nom d'**Appolonius de Perga** reste attaché à l'étude des coniques. Chronologiquement il est le troisième grand géomètre de l'école d'Alexandrie après Euclide et Archimède. On estime qu'il vécut approximativement entre – 250 et – 170 de notre ère.

Avant Appolonius les coniques étaient connues comme intersection d'un cône de révolution (d'où le nom de coniques) et d'un plan orthogonal à une génératrice de ce cône.
Selon la nature de l'angle au sommet, on obtenait :

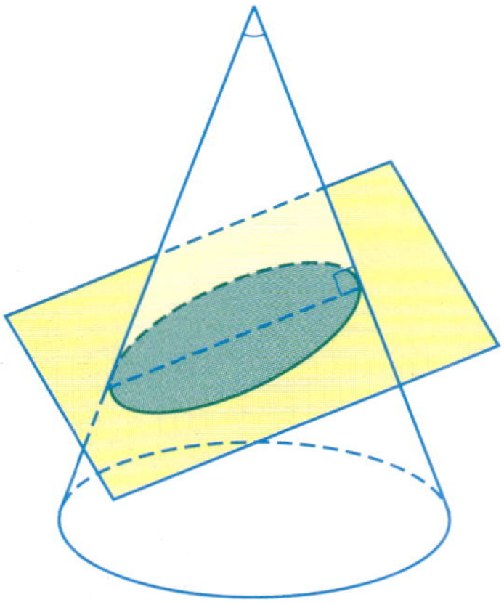

L'**oxytome** pour un angle aigu (ellipse)

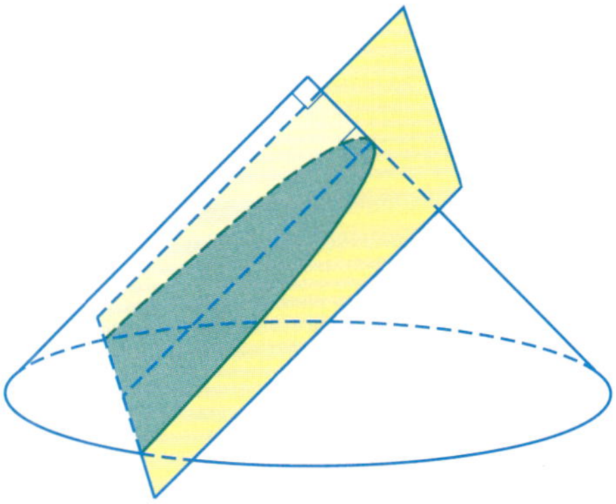

L'**orthotome** pour un angle droit (parabole)

L'**amblytome** pour un angle obtus (hyperbole)

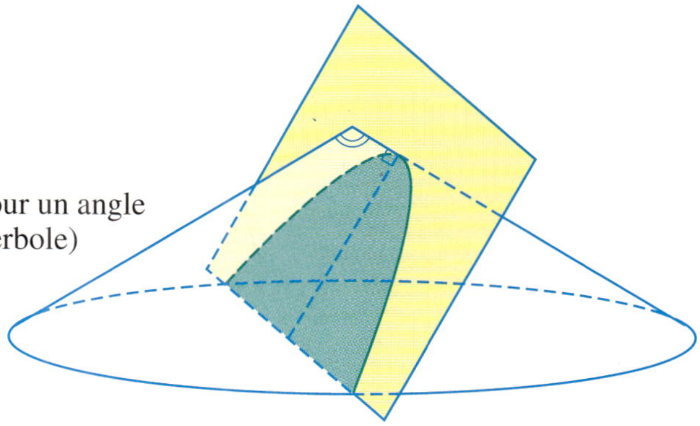

b Définition par foyer et directrice

Les coniques sont ici définies dans le plan par **foyer** et **directrice**.

On donne une droite D et un point F non situé sur D. À tout point M du plan, on associe son projeté orthogonal H sur D.

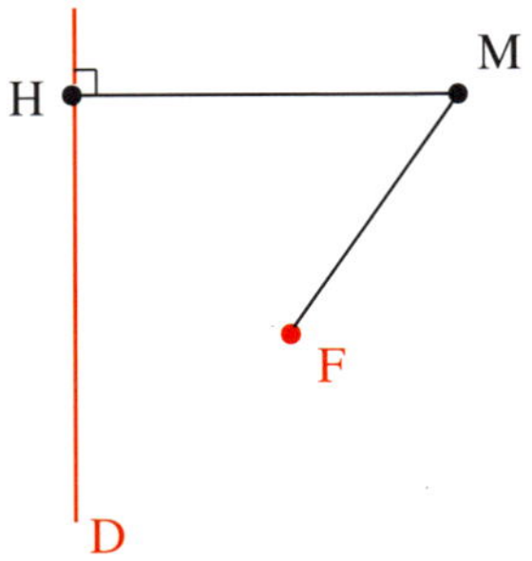

Exemples :

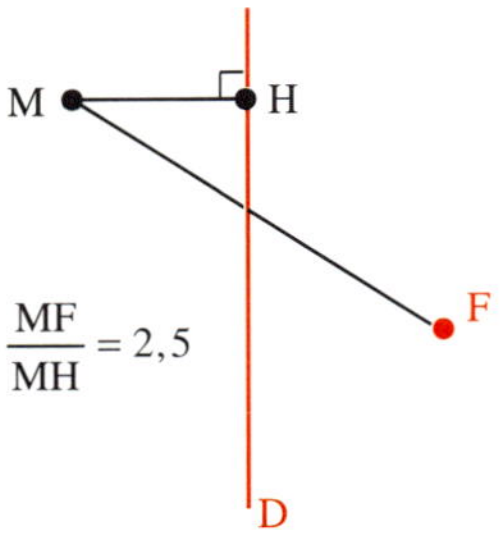

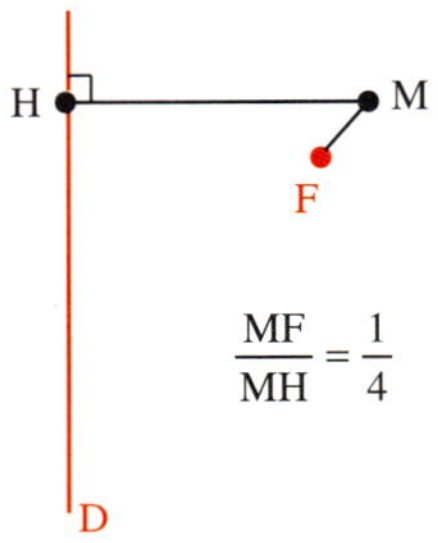

Nous nous proposons d'étudier les lignes de niveau :

$$\frac{MF}{MH} = e, \text{ avec } e \text{ réel strictement positif donné.}$$

L'étude qui suit permet de distinguer la nature des diverses courbes obtenues.

Définition

La conique de foyer F, de directrice D et d'excentricité e est l'ensemble des points M du plan tels que :

$$\frac{MF}{MH} = e, \text{ avec H projeté orthogonal de M sur D.}$$

Un tracé point par point, pour quelques valeurs de e est fait sur la figure ci-dessous.

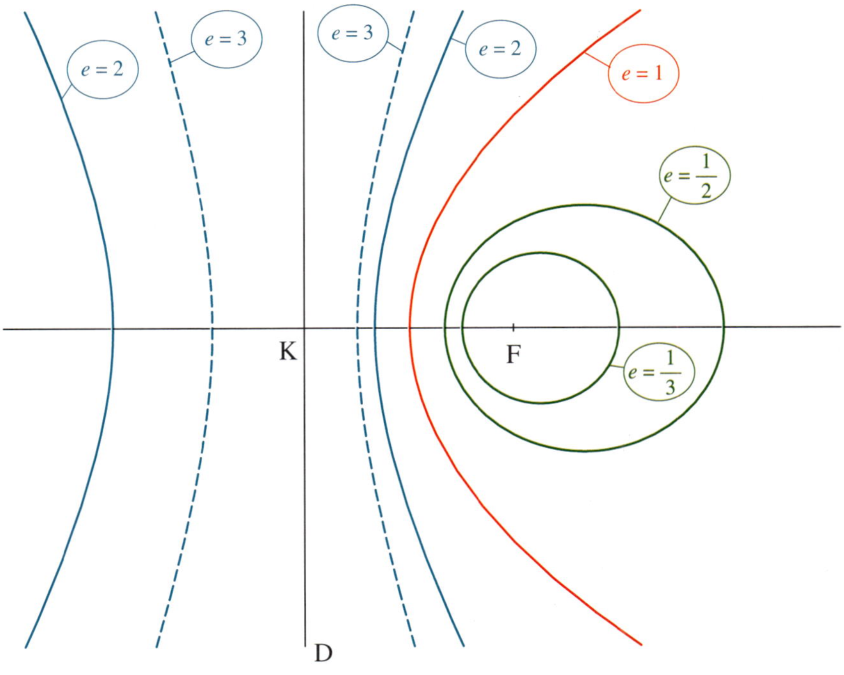

c Axe focal

La droite Δ orthogonale à D et passant par le foyer F est l'axe focal de la conique Γ.

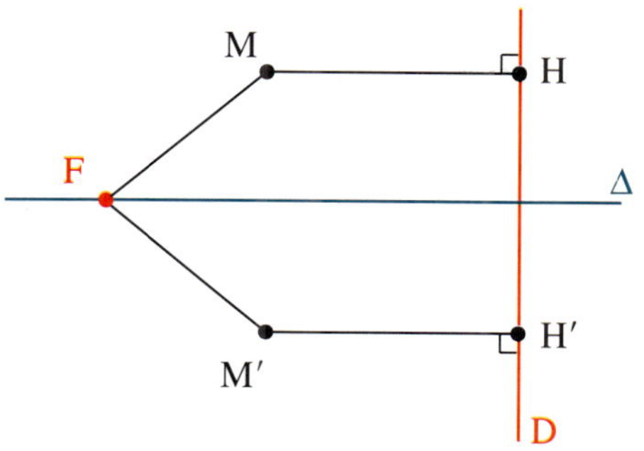

Si M′ est l'image d'un point M par la réflexion d'axe Δ, alors H′M′ = HM et M′F = MF. Donc, si M est un point de Γ, alors M′ est aussi un point de Γ.

> ***Propriété***
> **L'axe focal d'une conique est axe de symétrie de cette conique.**

d Sommets

Les points d'une conique situés sur l'axe focal sont appelés **sommets de la conique**.
Soit Γ une conique d'excentricité e ; cherchons ses sommets.
Appelons K le point d'intersection de la directrice D et de l'axe focal Δ.
Les sommets de Γ sont les points M de Δ qui vérifient :

MF = e MK. (1)

- **$e = 1$**

Le milieu S de [FK] est le seul point de l'axe focal qui vérifie (1)

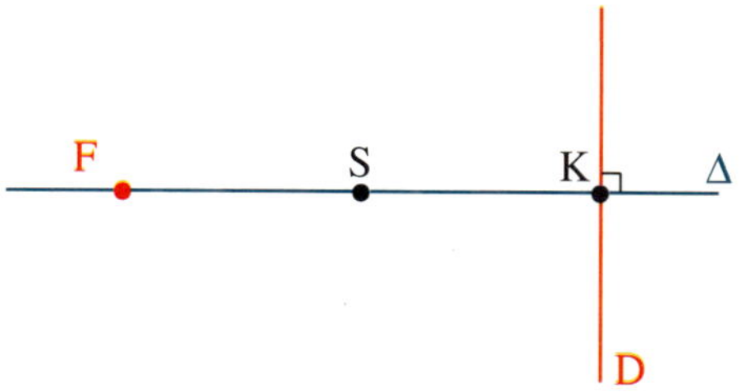

La parabole a déjà été étudiée en Analyse.

Nous justifierons au paragraphe 2 qu'il s'agit bien de la même courbe.

La conique Γ est appelée **parabole** et S est le sommet de la parabole.

- **$e \neq 1$**

$\begin{cases} M \in \Delta \\ \text{et} \\ MF = eMK \end{cases}$

est équivalent à :

$\begin{cases} \overrightarrow{MF} = -e\overrightarrow{MK} \\ \text{ou} \\ \overrightarrow{MF} = e\overrightarrow{MK} \end{cases}$

Deux points de Δ, A et A′ sont solutions de (1) et ces points sont définis par :

$$\begin{cases} \overrightarrow{AF} + e\,\overrightarrow{AK} = \vec{0} \\ \overrightarrow{A'F} - e\,\overrightarrow{A'K} = \vec{0} \end{cases}$$

autrement dit :
A est le barycentre de (F, 1) et (K, e)
A′ est le barycentre de (F, 1) et (K, – e).
Précisons la disposition des points A, A′, F et K sur l'axe focal.

Soit O le milieu de [AA′]. On a $\overrightarrow{OA'} = -\overrightarrow{OA}$.
Par définition du barycentre :

$$(1 + e)\,\overrightarrow{OA} = \overrightarrow{OF} + e\,\overrightarrow{OK} \qquad (2)$$

et

$$(1 - e)\,\overrightarrow{OA'} = \overrightarrow{OF} - e\,\overrightarrow{OK}.$$

$$(-1 + e)\,\overrightarrow{OA} = \overrightarrow{OF} - e\,\overrightarrow{OK} \qquad (3).$$

L'égalité (3) est obtenue en remplaçant $\overrightarrow{OA'}$ par $-\overrightarrow{OA}$ dans : $(1- e)\,\overrightarrow{OA'} = \overrightarrow{OF} - e\,\overrightarrow{OK}$.

En ajoutant et en retranchant membre à membre les égalités (2) et (3) nous obtenons d'une part

$2e\,\overrightarrow{OA} = 2\,\overrightarrow{OF}$, d'où $\overrightarrow{OF} = e\,\overrightarrow{OA}$, en particulier $OF = e\,OA$

d'autre part

$2\,\overrightarrow{OA} = 2e\,\overrightarrow{OK}$, d'où $\overrightarrow{OK} = \dfrac{1}{e}\,\overrightarrow{OA}$, en particulier $OK = \dfrac{1}{e}\,OA$.

Ce qui amène à envisager deux cas :

1° $\boldsymbol{e < 1}$, la conique est appelée **ellipse**, et :

$OF < OA < OK$, avec $AF < AK$.

Pour une ellipse un foyer est entre les sommets.

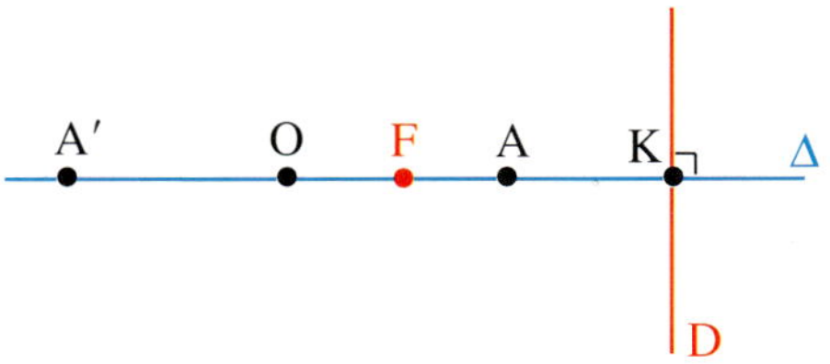

2° $\boldsymbol{e > 1}$, la conique est appelée **hyperbole**, et :

$OK < OA < OF$, avec $AF > AK$.

Pour une hyperbole un foyer est à l'extérieur des sommets.

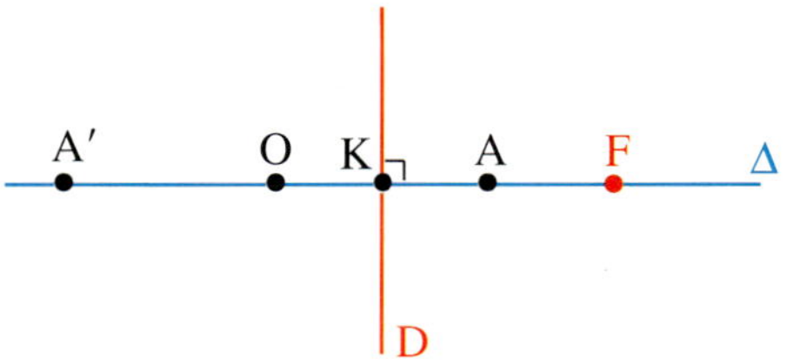

2. PARABOLE

a Équation réduite

Appelons P la parabole de foyer F et de directrice D.
La distance **FK = *p*** du foyer à la directrice est appelée **paramètre de la parabole**.
Le sommet S de P est le milieu de [FK].

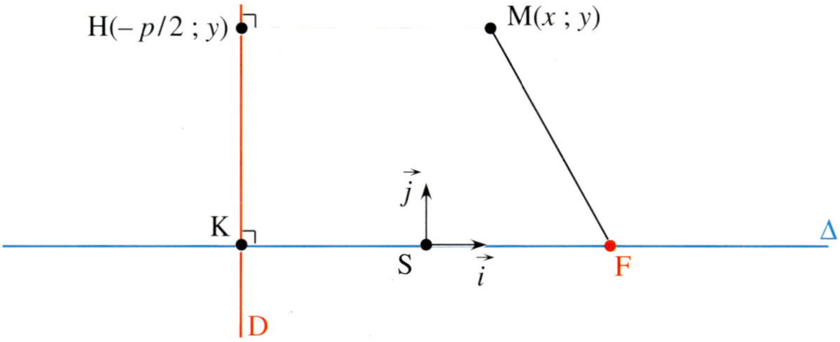

Prenons le repère orthonormal $(S, \vec{i}, \vec{j})$ tel que : $\overrightarrow{SF} = \frac{p}{2}\vec{i}$.

- les coordonnées de F sont $\left(\frac{p}{2} ; 0\right)$.
- une équation de D est $x = -\frac{p}{2}$.

Pour tout point $M(x ; y)$ du plan :

$$MH^2 = \left(x + \frac{p}{2}\right)^2 \quad \text{et} \quad MF^2 = \left(x - \frac{p}{2}\right)^2 + y^2.$$

Or M est un point de la parabole P si et seulement si $MH^2 = MF^2$:

$$\left(x + \frac{p}{2}\right)^2 = \left(x - \frac{p}{2}\right)^2 + y^2 \text{ ce qui donne : } \mathbf{2px = y^2}.$$

Remarque :
L'équation trouvée est de la forme :
$x = ky^2$
donc P est bien une parabole (au sens donné en Analyse), d'axe de symétrie l'axe focal.

Réciproquement, on vérifie que dans un repère orthonormal, la courbe d'équation $2px = y^2$ est la parabole de foyer $F\left(\frac{p}{2} ; 0\right)$ et de directrice d'équation $x = -\frac{p}{2}$.

> ***Théorème***
> **La parabole de sommet S, de paramètre *p*, a pour équation dans le repère $(S, \vec{i}, \vec{j})$, (où $(S, \vec{i})$ est l'axe focal) : $2px = y^2$.**

Cette équation est appelée **équation réduite** de la parabole P.

b Tracé de P

La parabole P a pour foyer F, pour sommet S et pour directrice D

$\overrightarrow{KS} = \overrightarrow{SF} = \frac{p}{2}\vec{i}$,

p est le paramètre.

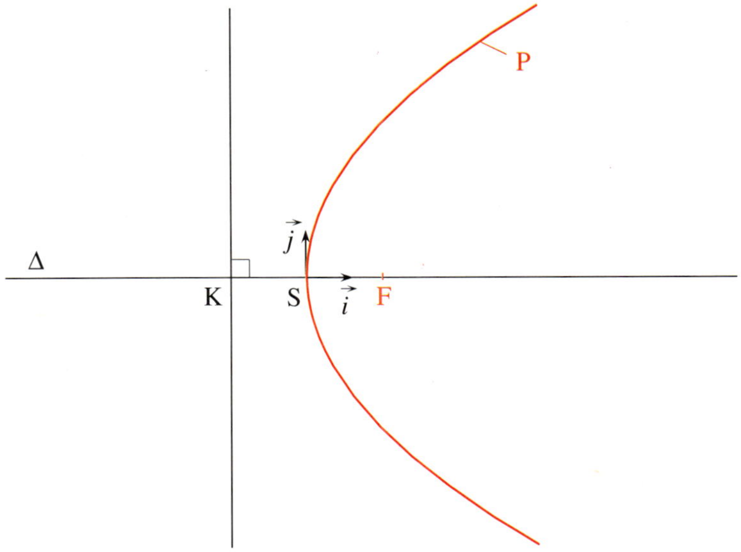

3. ELLIPSE ET HYPERBOLE

a Équation

Appelons Γ la conique de foyer F, de directrice D et d'excentricité e ; A et A′ sont les sommets de Γ et O le milieu de [AA′].

On note :

$$\mathbf{OA = OA' = \mathit{a} \quad et \quad OF = \mathit{c}.}$$

De OF = eOA et OK = $\frac{1}{e}$OA, nous déduisons :

$c = ea$, donc :

$$\boxed{e = \frac{c}{a}} \quad \text{et} \quad \boxed{\mathrm{OK} = \frac{a}{e} = \frac{a^2}{c}}.$$

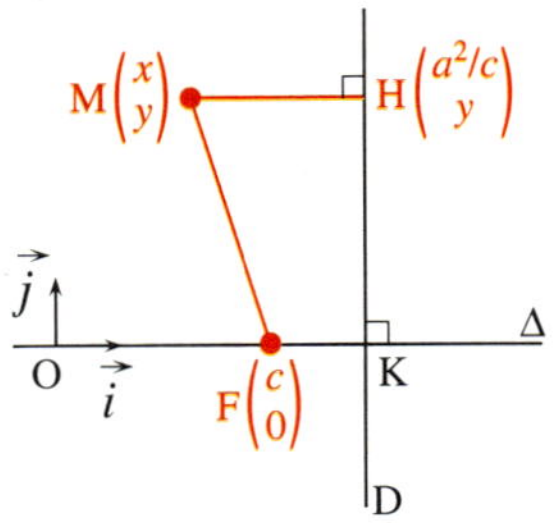

Dans le repère orthonormal $(O, \vec{i}, \vec{j})$ tel que $\overrightarrow{OA} = a\vec{i}$.

- **Les coordonnées de F sont $(c\ ;\ 0)$,**
- **une équation de D est $x = \frac{a^2}{c}$.**

Pour tout point M du plan :

$$\mathrm{MH}^2 = \left(x - \frac{a^2}{c}\right)^2 \quad \text{et} \quad \mathrm{MF}^2 = (x-c)^2 + y^2.$$

Or M est un point de la conique Γ, si et seulement si : $\mathrm{MF}^2 = e^2\,\mathrm{MH}^2$.

Ce qui donne successivement $\left(\text{puisque } e^2 = \frac{c^2}{a^2}\right)$:

$$(x-c)^2 + y^2 = \frac{c^2}{a^2}\left(x - \frac{a^2}{c}\right)^2$$

$$x^2 - 2cx + c^2 + y^2 = \frac{c^2}{a^2}\left(x^2 - 2\frac{a^2}{c}x + \frac{a^4}{c^2}\right)$$

$$x^2\left(1 - \frac{c^2}{a^2}\right) + y^2 = a^2 - c^2$$

$$\left(\frac{a^2 - c^2}{a^2}\right)x^2 + y^2 = a^2 - c^2$$

On rappelle que $e = \frac{c}{a}$.

et puisque $e \neq 1$, $a^2 - c^2 \neq 0$ d'où en divisant par $a^2 - c^2$ chaque membre, l'équation de Γ peut s'écrire

$$\boxed{\frac{x^2}{a^2} + \frac{y^2}{a^2 - c^2} = 1} \qquad \text{(C)}$$

b Symétries

D'après l'équation (C) de la conique Γ :

$$\frac{x^2}{a^2} + \frac{y^2}{a^2 - c^2} = 1,$$

on vérifie que si $M(x; y)$ est élément de Γ, alors $M_1(x; -y)$, $M_2(-x; y)$ et $M_3(-x; -y)$ sont aussi éléments de Γ.

Le fait que l'axe focal de Γ est un axe de symétrie a déjà été constaté.

On peut en déduire que la conique Γ a :

- deux axes de symétries :
l'axe focal,
la médiatrice de [AA′] appelé **axe non focal**,

- un centre de symétrie :
le milieu O de [AA′], appelé **centre de la conique**.

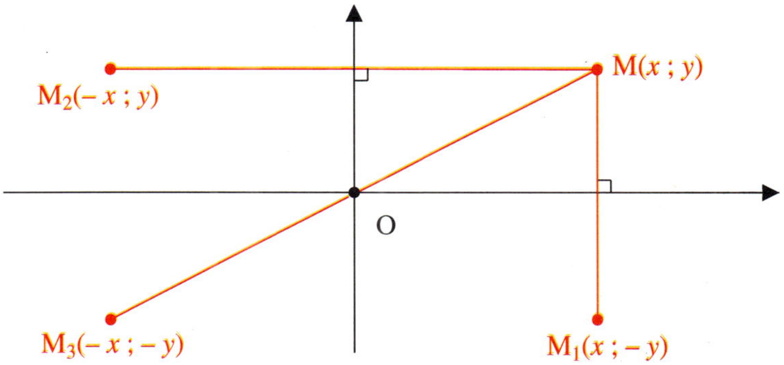

CONSÉQUENCES

Une ellipse et une hyperbole sont dites **coniques à centre**.
La conique Γ admettant un centre de symétrie O, il existe une directrice D′ associée à un foyer F′, images respectives de D et F par la symétrie de centre O, tels que :

Γ est l'ensemble des points M du plan vérifiant :

$$MF' = e\,MH',$$

où H′ est le projeté orthogonal de M sur la directrice D′.

Ellipse $\left(e < 1 \text{ avec } e = \frac{c}{a}\right)$ **:**

$OA = a$ et $OF = c$.

$OK = \frac{a^2}{c}$.

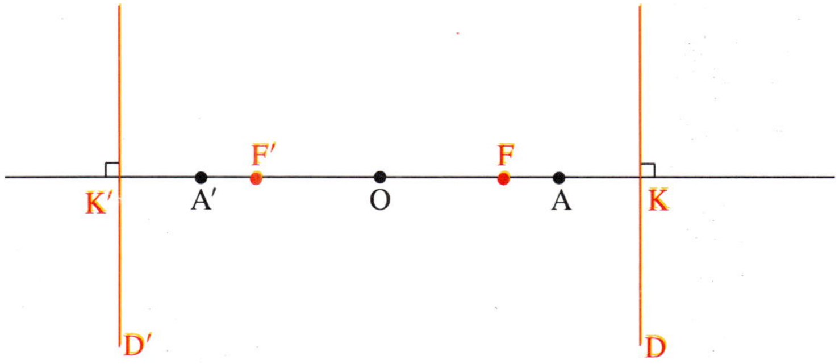

Hyperbole $\left(e > 1 \text{ avec } e = \dfrac{c}{a}\right)$ **:**

OA = a et OF = c.

OK = $\dfrac{a^2}{c}$.

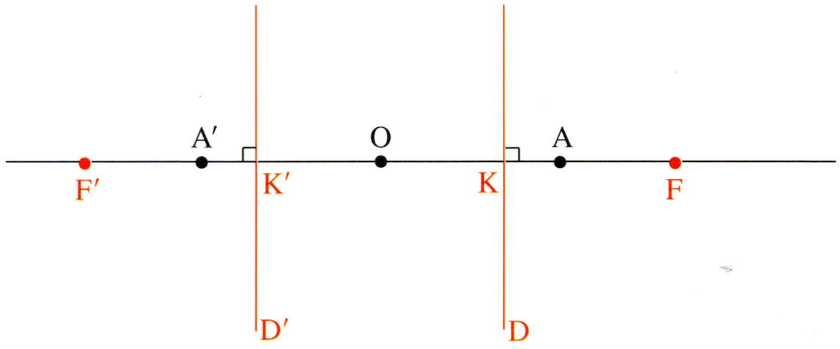

c Tracé de l'ellipse

Dans le repère $(O, \vec{i}, \vec{j})$ la conique Γ a pour équation :

$$\frac{x^2}{a^2} + \frac{y^2}{a^2 - c^2} = 1. \qquad \text{(C)}$$

Pour une ellipse, $e < 1$

c'est-à-dire $\dfrac{c}{a} < 1$, soit donc $c < a$, d'où $a^2 - c^2 > 0$.

On pose $\boxed{b^2 = a^2 - c^2}$; d'où $a > b$.

L'équation de l'ellipse dans le repère $(O, \vec{i}, \vec{j})$ s'écrit :

$$\boxed{\frac{x^2}{a^2} + \frac{y^2}{b^2} = 1}.$$ Elle est appelée **équation réduite** de l'ellipse.

La partie de la courbe située dans le premier quadrant, c'est-à-dire pour $x \geqslant 0$ et $y \geqslant 0$, est la représentation graphique de la fonction :

$$f : [0 ; a] \to \mathbb{R}$$
$$x \mapsto \frac{b}{a}\sqrt{a^2 - x^2}.$$

Étudions les variations de cette fonction :

▶ Justifier la dérivabilité sur $[0 ; a[$.

f est dérivable sur $[0 ; a[$ et pour tout x de cet intervalle :

$$f'(x) = \frac{-bx}{a\sqrt{a^2 - x^2}}.$$

On en déduit les variations de f.

x	0		a
$f'(x)$	0	−	‖
$f(x)$	b	↘	0

La fonction f n'est pas dérivable en a ; cependant sa représentation graphique admet une tangente en A(a ; 0), qui est parallèle à l'axe des ordonnées, car :

$$\lim_{x \to a} \frac{f(x) - f(a)}{x - a} = -\infty.$$

En effet :

Attention : $x < a$ donc $\sqrt{(x-a)^2} = |x - a| = a - x$.

$$\frac{f(x) - f(a)}{x - a} = \frac{b}{a} \times \frac{\sqrt{a^2 - x^2}}{x - a} = -\frac{b}{a}\sqrt{\frac{a^2 - x^2}{(x-a)^2}}$$

$$= \frac{b}{a}\sqrt{\frac{a+x}{a-x}} = -\frac{b}{a}\sqrt{x+a} \times \frac{1}{\sqrt{a-x}}.$$

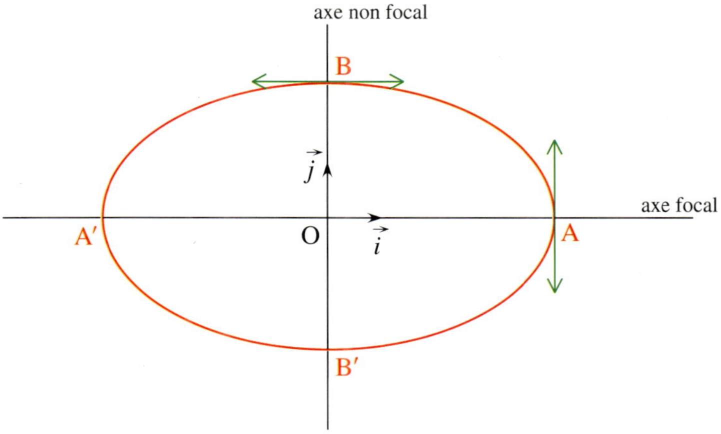

On complète le tracé dans les trois autres quadrants en utilisant les symétries. Deux points de l'ellipse sont situés sur l'axe non focal de l'ellipse : les points B(0 ; b) et B′(0 ; – b).

$$\begin{cases} \text{[AA']} \text{ est appelé } \textbf{grand axe} \text{ de l'ellipse, sa longueur est } 2a \\ \text{[BB']} \text{ est appelé } \textbf{petit axe} \text{ de l'ellipse, sa longueur est } 2b. \end{cases}$$

Théorème

L'ellipse E de centre O, de grand axe $2a$ et de petit axe $2b$, admet pour équation

$$\frac{x^2}{a^2} + \frac{y^2}{b^2} = 1, \text{ (avec } b^2 = a^2 - c^2 \text{ et } OF = OF' = c)$$

dans un repère orthonormal $(O, \vec{i}, \vec{j})$, où $\vec{i}$ est un vecteur directeur du grand axe tel que $\overrightarrow{OA} = a\vec{i}$.
Cette équation est appelée équation réduite de E.

REMARQUE

L'ellipse est inscrite dans le rectangle de côté $2a$ et $2b$.

$AA' = 2a \qquad BB' = 2b \qquad b^2 = a^2 - c^2.$

Justifier que le cercle de centre B de rayon *a* coupe [AA′] en F et F′.

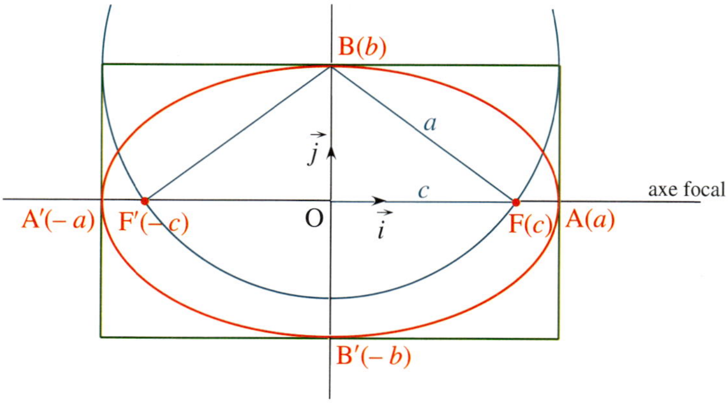

On a $b < a$: l'axe focal est le grand axe.

d Tracé de l'hyperbole

Dans le repère orthonormal $(O, \vec{i}, \vec{j})$ la conique Γ a pour équation :

$$\frac{x^2}{a^2} + \frac{y^2}{a^2 - c^2} = 1. \qquad \text{(C)}$$

Pour une hyperbole, $e > 1$

c'est-à-dire $\frac{c}{a} > 1$, soit donc $c > a$, d'où $c^2 - a^2 > 0$.

Dans le cas de l'hyperbole, il n'y a pas de condition d'ordre entre *a* et *b*.

On pose $\boldsymbol{b^2 = c^2 - a^2}$.

L'équation de l'hyperbole dans le repère $(O, \vec{i}, \vec{j})$ s'écrit :

$$\boldsymbol{\frac{x^2}{a^2} - \frac{y^2}{b^2} = 1}.$$ Elle est appelée **équation réduite** de l'hyperbole.

La partie de la courbe située dans le premier quadrant, c'est-à-dire pour $x \geqslant 0$ et $y \geqslant 0$, est la représentation graphique de la fonction :

$$f : [a\,;+\infty[\;\to\; \mathbb{R}$$
$$x \;\mapsto\; \frac{b}{a}\sqrt{x^2 - a^2}.$$

Étudions les variations de cette fonction :

f est dérivable sur $]a\,;+\infty[$ et pour tout x de cet intervalle :

$$f'(x) = \frac{bx}{a\sqrt{x^2 - a^2}}.$$

On en déduit les variations de f.

x	a	$+\infty$
$f'(x)$	‖	$+$
$f(x)$	0	$\nearrow +\infty$

Comme pour l'ellipse, on démontre que la représentation graphique admet une tangente en A$(a\,;0)$ qui est parallèle à l'axe des ordonnées.

De plus, puisque $0 < a \leqslant x$, on peut écrire :

$$f(x)=\frac{bx}{a}\sqrt{1-\frac{a^2}{x^2}}$$

$$\lim_{x\to+\infty}\sqrt{1-\frac{a^2}{x^2}}=1 \quad \text{et} \quad \lim_{x\to+\infty} f(x)=+\infty.$$

Formons :

$$f(x)-\frac{bx}{a}=\frac{bx}{a}\left[\sqrt{1-\frac{a^2}{x^2}}-1\right]$$

$$f(x)-\frac{bx}{a}=\frac{b}{a}\left[\sqrt{x^2-a^2}-x\right]$$

On multiplie le numérateur et le dénominateur par $\sqrt{x^2-a^2}+x$.

$$f(x)-\frac{bx}{a}=\frac{b}{a}\,\frac{x^2-a^2-x^2}{\sqrt{x^2-a^2}+x}$$

$$f(x)-\frac{bx}{a}=\frac{-ab}{\sqrt{x^2-a^2}+x}$$

d'où il résulte que : $\lim_{x\to+\infty}\left(f(x)-\frac{bx}{a}\right)=0$

donc la droite d'équation $y=\frac{bx}{a}$ est une asymptote de l'hyperbole H.

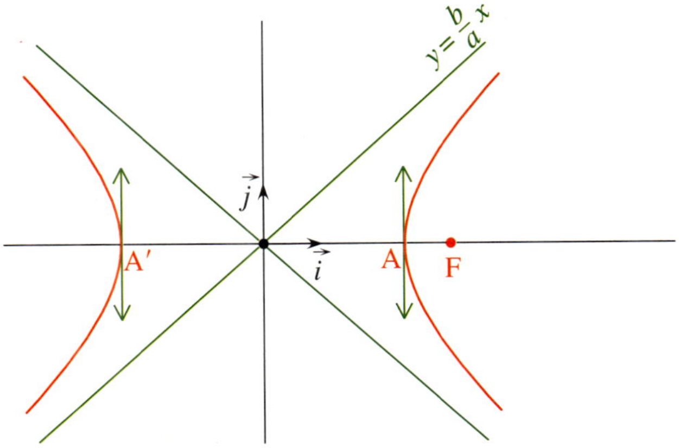

On complète le tracé dans les trois autres quadrants par symétries.

Aucun point de l'hyperbole n'est situé sur l'axe non focal.

L'axe focal est celui qui coupe l'hyperbole en ses deux sommets A et A′.

Théorème

L'hyperbole H de centre O, d'axe focal $2a$, de foyers F et F′ tels que OF = OF′ = c admet pour équation

$$\frac{x^2}{a^2}-\frac{y^2}{b^2}=1,\ (\text{avec } b^2=c^2-a^2)$$

dans un repère orthonormal $(O, \vec{i}, \vec{j})$, où $\vec{i}$ est un vecteur directeur de l'axe focal tel que $\overrightarrow{OA}=a\vec{i}$.

Cette équation est appelée équation réduite de H.

De plus H admet deux asymptotes d'équations :

$$y=\frac{b}{a}x \quad \text{et} \quad y=-\frac{b}{a}x.$$

REMARQUE

AA′ = $2a$

BB′ = $2b$

$b^2 = c^2 - a^2$.

Expliquer la construction de F et F′.

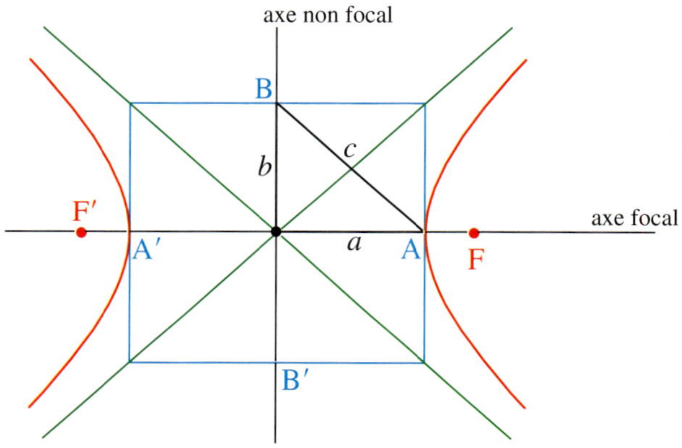

Les asymptotes à l'hyperbole sont les diagonales du rectangle de centre O de côtés $2a$ et $2b$.
L'hyperbole est extérieure à ce rectangle.

e Problèmes réciproques

Nous venons de voir :
qu'une ellipse admet une équation réduite de la forme :

$$\frac{x^2}{a^2}+\frac{y^2}{b^2}=1, \qquad (1)$$

qu'une hyperbole admet une équation réduite de la forme :

$$\frac{x^2}{a^2}-\frac{y^2}{b^2}=1. \qquad (2)$$

Réciproquement, toute équation de la forme (1) (resp. de la forme (2)), est-elle celle d'une ellipse (resp. d'une hyperbole) ?

Soit α **et** β **deux nombres réels strictement positifs**, et $(O, \vec{i}, \vec{j})$ un repère orthonormal.

1° Quel est l'ensemble E des points dont les coordonnées vérifient :

(3) $\dfrac{x^2}{\alpha^2}+\dfrac{y^2}{\beta^2}=1$ **?**

- Si $\alpha = \beta$, l'équation (3) s'écrit :
  $x^2 + y^2 = \alpha^2$;

E est le cercle de centre O et de rayon α.

- Si $\alpha \neq \beta$, l'équation (3) est celle d'une ellipse de centre O, et dont les axes sont ceux du repère.

Pour $\alpha > \beta$ — L'axe focal est l'axe des abscisses et $FF' = 2c$ avec $c^2 = \alpha^2 - \beta^2$.

Les coordonnées de F sont $(c;0)$ et la directrice associée à F a pour équation $x = \dfrac{\alpha^2}{c}$.

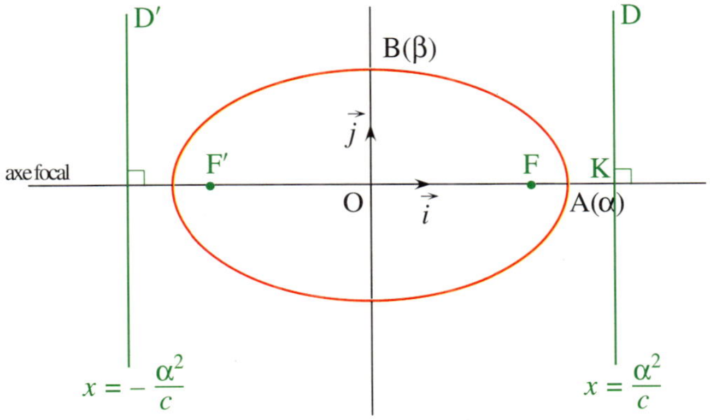

Ellipse d'équation $\dfrac{x^2}{\alpha^2}+\dfrac{y^2}{\beta^2}=1$, avec $\alpha > \beta$

Pour $\alpha < \beta$ — L'axe focal est l'axe des ordonnées et $FF' = 2c$ avec $c^2 = \beta^2 - \alpha^2$.

Les coordonnées de F sont $(0;c)$ et la directrice associée à F a pour équation $y = \dfrac{\beta^2}{c}$.

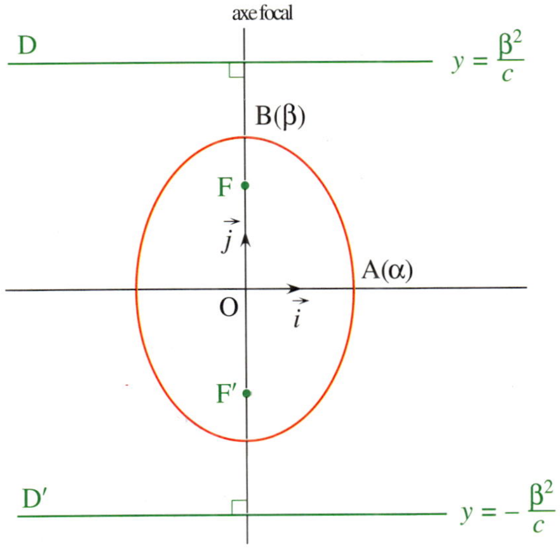

Ellipse d'équation $\dfrac{x^2}{\alpha^2}+\dfrac{y^2}{\beta^2}=1$, avec $\alpha < \beta$

2° Quel est l'ensemble H des points dont les coordonnées vérifient :

(4) $$\frac{x^2}{\alpha^2} - \frac{y^2}{\beta^2} = 1 \ ?$$

▶ Comment écrire une équation réduite d'une hyperbole d'axe focal, l'axe des ordonnées ?

Cette équation est celle d'une hyperbole de centre O, d'axe focal l'axe des abscisses, avec $AA' = 2\alpha$ et $FF' = 2c$ si on pose $c^2 = \alpha^2 + \beta^2$.

4. CERCLE PRINCIPAL D'UNE ELLIPSE

a Définition

Soit E une ellipse de grand axe $AA' = 2a$ et de petit axe $BB' = 2b$.

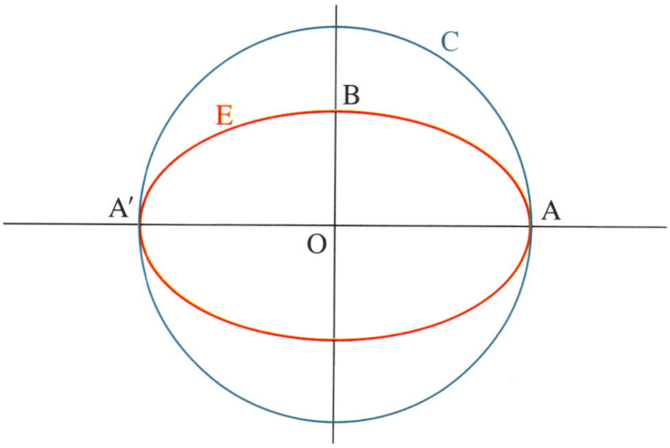

Le cercle C de centre O, de diamètre [AA′] est appelé **cercle principal de l'ellipse**.

Prenons un repère orthonormal $(O, \vec{i}, \vec{j})$ avec O milieu de [AA′] et $\vec{i}$ vecteur directeur de (AA′) tel que $\overrightarrow{OA} = a\vec{i}$.

Une équation cartésienne de C dans ce repère est :

$x^2 + y^2 = a^2$, que l'on peut écrire $\frac{x^2}{a^2} + \frac{y^2}{a^2} = 1$.

Un représentation paramétrique de C est : $\begin{cases} x = a \cos t \\ y = a \sin t \\ t \in [0\ ;\ 2\pi] \end{cases}$

b Affinité orthogonale

On multiplie les ordonnées par le rapport $\frac{b}{a}$.

La transformation f du plan muni d'un repère orthonormal $(O, \vec{i}, \vec{j})$, qui à tout point $M(x\,;y)$ associe le point $M'(x'\,;y')$ tel que : $\begin{cases} x' = x \\ y' = \frac{b}{a}y \end{cases}$ est **l'affinité orthogonale d'axe $(O, \vec{i})$ et de rapport $\frac{b}{a}$.**

M′ est également défini par

$\overrightarrow{mM'} = \frac{b}{a}\,\overrightarrow{mM}$,

avec m projeté orthogonal de M sur l'axe des abscisses.

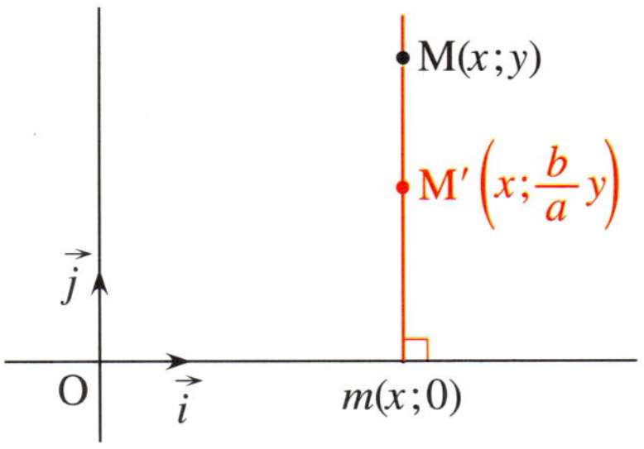

c Image du cercle principal par affinité orthogonale

Soit $M(x\,;y)$ un point de C et soit $M'(x'\,;y')$ l'image de M par l'affinité f précédente.

On a : $\frac{x^2}{a^2}+\frac{y^2}{a^2}=1$ et $\begin{cases} x' = x \\ y' = \frac{b}{a}y \end{cases}$

ce qui équivaut à :

$$\frac{x'^2}{a^2}+\frac{y'^2}{b^2}=1 \quad \text{(équation de l'ellipse E).}$$

L'image du cercle principal de l'ellipse E par l'affinité f est l'ellipse E.

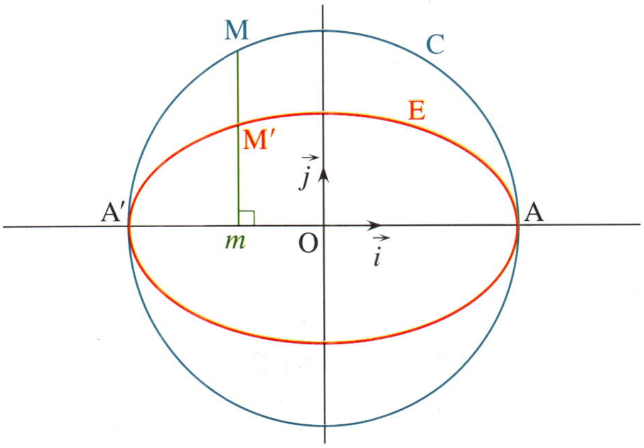

Nous en déduisons de plus, une représentation paramétrique de l'ellipse E :

$$\begin{cases} x' = x \\ y' = \frac{b}{a}y \end{cases} \quad \text{donne} \quad \begin{cases} x' = a\cos t \\ y' = b\sin t. \end{cases}$$

Finalement :

Théorème

Dans un repère orthonormal, $\begin{cases} x = a\cos t \\ y = b\sin t \\ t \in [0\,;\,2\pi] \end{cases}$

est une représentation paramétrique de l'ellipse E, d'équation réduite

$$\frac{x^2}{a^2}+\frac{y^2}{b^2}=1.$$

d Aire de l'ellipse

La demi-ellipse E′ intersection de l'ellipse E avec le demi-plan : $y \geqslant 0$, est la représentation graphique de la fonction :

$$\begin{aligned} g : [-a\,;\,a] &\to \mathbb{R} \\ x &\mapsto \frac{b}{a}\sqrt{a^2 - x^2}. \end{aligned}$$

Le demi-cercle C′, intersection du cercle principal C de E avec le demi-plan : $y \geqslant 0$, est la représentation graphique de la fonction :

$$\begin{aligned} h : [-a\,;\,a] &\to \mathbb{R} \\ x &\mapsto \sqrt{a^2 - x^2}. \end{aligned}$$

Donc, pour tout $x \in [-a\,;a]$, $g(x) = \frac{b}{a}h(x)$.

L'aire de la région limitée par E′ et l'axe des abscisses est :

$$\mathrm{A} = \int_{-a}^{a} g(x)\,\mathrm{d}x = \frac{b}{a}\int_{-a}^{a} h(x)\,\mathrm{d}x.$$

Or $\int_{-a}^{a} h(x)\,\mathrm{d}x = \frac{1}{2}\pi a^2$ (aire d'un demi-disque) donc $\mathrm{A} = \frac{1}{2}\pi a b$.

L'aire de la région limitée par l'ellipse E, de grand axe $2a$ et de petit axe $2b$ est πab.

Exercice résolu

Dans un plan muni d'un repère orthonormal $(\mathrm{O}, \vec{i}, \vec{j})$ (unité 1 cm) on considère les courbes $\mathscr{C}$ et $\mathscr{C}'$ d'équations respectives :

$$\mathscr{C} : 16x^2 - 9y^2 - 64x - 54y - 161 = 0$$
$$\mathscr{C}' : 20x^2 + 36y^2 - 80x - 216y - 316 = 0.$$

1° *a*) Trouver l'équation réduite de $\mathscr{C}$. Préciser sa nature.

***b*) Déterminer les éléments remarquables de $\mathscr{C}$ (foyers, sommets, directrices, asymptotes éventuelles).**

***c*) Tracer $\mathscr{C}$.**

2° Même énoncé qu'au 1° avec $\mathscr{C}'$.

1° *a*) On transforme l'équation pour obtenir une différence ou une somme de carrés.
Pour $\mathscr{C}$ on obtient successivement $16(x^2 - 4x) - 9(y^2 + 6y) - 161 = 0$

$$16(x-2)^2 - 9(y+3)^2 = 144$$

$$\frac{(x-2)^2}{9} - \frac{(y+3)^2}{16} = 1.$$

On pose $\mathrm{I}(2\,;-3)$, $\mathrm{X} = x - 2$ et $\mathrm{Y} = y + 3$.

Dans le repère $(\mathrm{I}, \vec{i}, \vec{j})$ l'équation de $\mathscr{C}$ est $\frac{\mathrm{X}^2}{9} - \frac{\mathrm{Y}^2}{16} = 1$.

On reconnaît l'équation d'une hyperbole de centre I.

b) On donne les coordonnées et les équations dans le repère $(\mathrm{I}, \vec{i}, \vec{j})$.
L'axe focal de l'hyperbole $\mathscr{C}$ est $(\mathrm{I}, \vec{i})$ avec $a = 3$.
Les sommets sont $\mathrm{A}(3\,;0)$, $\mathrm{A}'(-3\,;0)$.
Les foyers F et F′ sur l'axe focal sont définis par $\mathrm{IF} = \mathrm{IF}' = c$.
Or $c^2 = 9 + 16 = 25$. On a donc $\mathrm{F}(5\,;0)$, $\mathrm{F}'(-5\,;0)$.
Soit K l'intersection de la directrice D associée à F avec l'axe focal.

$$\frac{\mathrm{AF}}{\mathrm{AK}} = e = \frac{c}{a}\ ;\ \text{d'où}\quad \mathrm{AK} = \frac{\mathrm{AF}}{e} = \frac{6}{5}.$$

Pour une hyperbole, K est situé entre les sommets

K a pour abscisse $3 - \dfrac{6}{5} = 1{,}8$.

On peut aussi utiliser l'égalité $\mathrm{IK} = \dfrac{a^2}{c} = \dfrac{9}{5} = 1{,}8$.

Les directrices D et D′ ont pour équations respectives $\mathrm{X} = 1{,}8$ et $\mathrm{X}' = -1{,}8$.

Les asymptotes ont pour équations $\mathrm{Y} = \dfrac{4}{3}\mathrm{X}$ et $\mathrm{Y} = -\dfrac{4}{3}\mathrm{X}$.

c) Voir figure ① au bas de la page.

2° *a*) On donne les coordonnées et les équations dans le repère $(\mathrm{I}, \vec{i}, \vec{j})$.
Équation réduite de $\mathscr{C}'$

$$\frac{\mathrm{X}^2}{36} + \frac{\mathrm{Y}^2}{20} = 1 \quad \text{dans le même repère } (\mathrm{I}, \vec{i}, \vec{j}).$$

$\mathscr{C}'$ est donc une ellipse.

b) $\mathscr{C}'$ a pour centre I, pour axe focal $(\mathrm{I}, \vec{i})$.
Les sommets de $\mathscr{C}'$ sont $\mathrm{A}(6\,;0)$, $\mathrm{A}'(-6\,;0)$ car $a = 6$.
Les foyers de $\mathscr{C}'$ sont $\mathrm{F}(4\,;0)$, $\mathrm{F}'(-4\,;0)$ car $c^2 = a^2 - b^2 = 16$.

L'excentricité $e = \dfrac{2}{3}$ d'où $\mathrm{AK} = \dfrac{\mathrm{AF}}{e} = 2 \times \dfrac{3}{2} = 3$.

On a aussi $\mathrm{IK} = \dfrac{a^2}{c} = \dfrac{36}{4} = 9$.

K est extérieur au segment [AA′] car $\mathscr{C}'$ est une ellipse. L'abscisse de K est donc 9.
Les directrices D et D′ ont pour équations respectives $\mathrm{X} = 9$ et $\mathrm{X}' = -9$.

L'ellipse coupe l'axe non focal en $\mathrm{B}\left(0\,;\sqrt{20}\right)$ et en $\mathrm{B}'\left(0\,;-\sqrt{20}\right)$.

c) Voir figure ② ci-dessous.

①

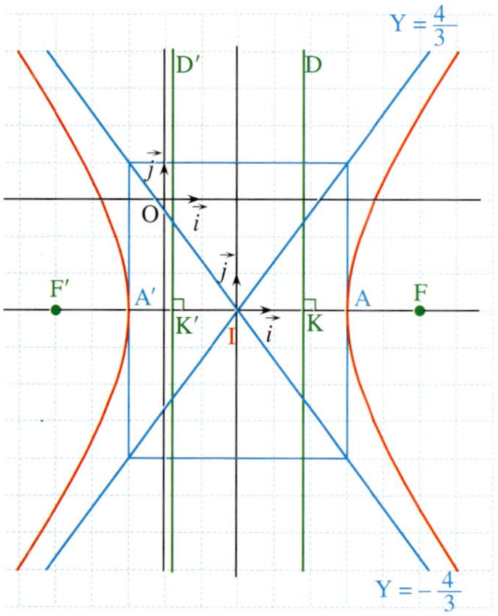

②

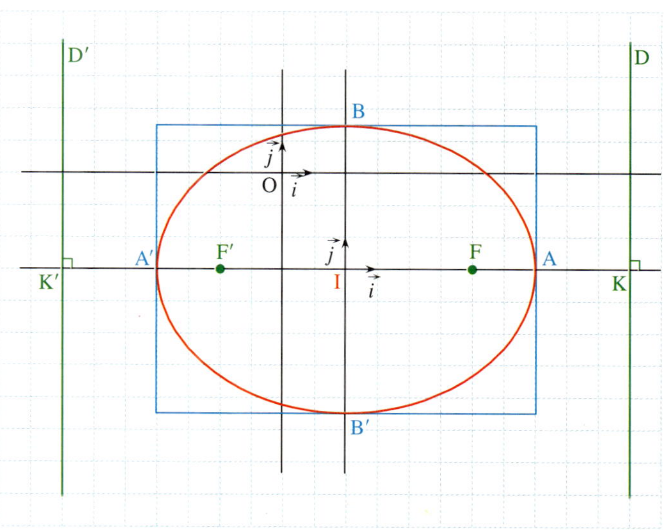

CONIQUES

EXERCICES ET PROBLÈMES

POUR SAVOIR FAIRE *Objectifs à atteindre*	Exercices appropriés
Définir une conique par foyer et directrice	1 et 2
Définir géométriquement • une parabole • une ellipse • une hyperbole • une conique à centre	 3 à 7 11 et 12 16 à 18 22 à 24
Utiliser les équations cartésiennes • d'une parabole • d'une ellipse • d'une hyperbole • d'une conique quelconque	 8 à 10 13 à 15 19 à 21 25
Utiliser les équations paramétriques d'une conique	26 à 28

POUR CHERCHER *Sujets abordés*	Exercices appropriés
Équation réduite d'une conique	29 à 31
Réunion de coniques	32 à 36
Propriétés de l'ellipse	37
Régionnement	38
Coniques et transformations	39 à 41
Problèmes divers	42 à 50
Coniques et complexes	51 à 61
Famille de courbes	62 à 66
Coniques et similitudes	67

POUR SAVOIR FAIRE

1 ***Tracé***

Soit D une droite et F un point non situé sur D. Tracer les coniques de foyer F, de directrice D et d'excentricité e pour $e = 2{,}5$; $e = 1{,}5$; $e = 0{,}8$; $e = 0{,}2$.

2 ***Foyer, directrice***

Soit F un point et D une droite ne passant pas par F. Montrer que pour tout point M distinct de F et non situé sur D, il passe une conique et une seule de directrice D et de foyer F.

Peut-on déterminer la nature de cette conique suivant les positions de M ?

Parabole

3 ***Ensemble de points***

Soit D une droite et M un point non situé sur D. Quel est l'ensemble des foyers des paraboles de directrice D et passant par M ?

4 *Tracé d'une parabole*

Une ficelle de longueur AH est fixée au sommet A de l'équerre, et au point F de la feuille de papier. Le crayon maintient cette ficelle tendue. L'équerre se déplace le long de la règle.
Expliquer cette construction.

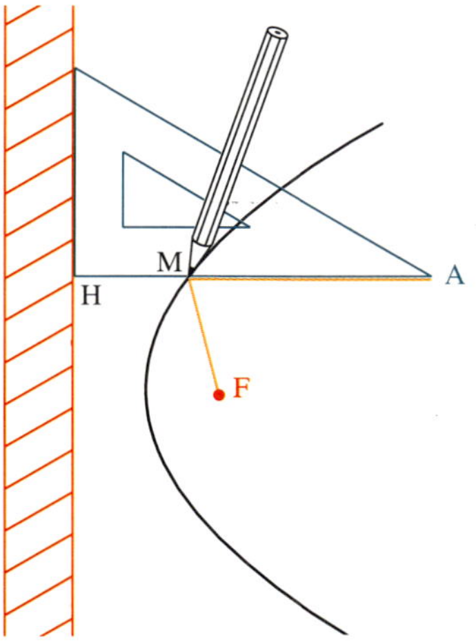

5 *Construction de la directrice*

Construire la directrice d'une parabole dont on connaît :

a) Le foyer F et le sommet S.

b) L'axe Δ, le foyer F ($F \in \Delta$) et un point M ($M \notin \Delta$) (2 solutions).

c) L'axe Δ, le foyer F ($F \in \Delta$) et le paramètre p ($p > 0$) (2 solutions).

d) Le foyer F et deux points A et B dans les cas suivants :

– F est le milieu de [AB] (2 solutions) ;

– le triangle AFB est isocèle : FA = FB (2 solutions) ;

– A, B et F sont quelconques mais non alignés (2 solutions).

6 *Construction du foyer*

Construire le foyer d'une parabole dont on connaît :

a) La directrice D et le sommet S ($S \notin D$).

b) La directrice D, l'axe Δ et le paramètre p ($D \perp \Delta$ et $p > 0$).

c) La directrice D, l'axe Δ et un point A, discuter l'existence ($D \perp \Delta$, $A \notin D$).

d) La directrice D et deux points A et B, discuter l'existence ($A \notin D$ et $B \notin D$).

7 *Ensemble de points*

Soit D une droite et F un point non situé sur D. Quel est l'ensemble des centres M des cercles tangents à D et passant par F ?

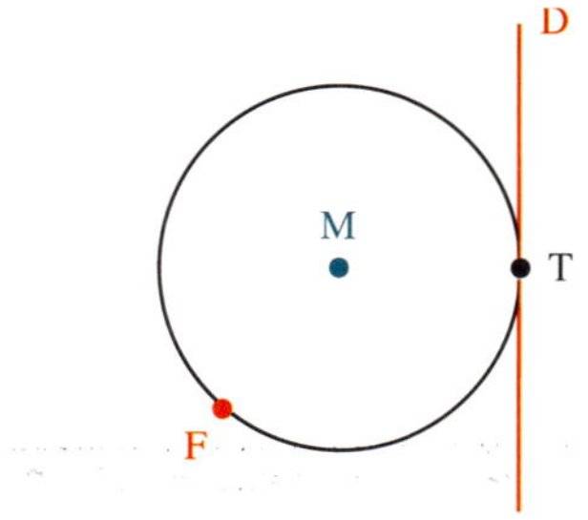

Pour les exercices 8 à 10
Un repère orthonormal du plan est donné.

8 *Détermination des éléments géométriques*

Déterminer le foyer, la directrice, le sommet et le paramètre des paraboles d'équation :

a) $x = y^2$. *b*) $x = 3y^2$.
c) $y = 2x^2$. *d*) $y = -x^2$.

9 *Équation réduite*

Déterminer l'équation réduite des paraboles dont une équation est :

a) $y^2 + 2y - x - 5 = 0$.

b) $x^2 - 3x + 2y - 2 = 0$.

c) $3y^2 + 6y - 2x + 4 = 0$.

Préciser les coordonnées du sommet.

10 *Équation*

Construire la parabole P de foyer F et de directrice D. Donner une équation de P.

a) F(1 ; 1) D : $x = 4$.

b) F(2 ; – 3) D : $y = 2$.

c) F(– 2 ; 4) D : $y = x$.

Ellipse

11 *Constructions d'ellipses*

Construire les éléments remarquables d'une ellipse dont on connaît :

a) Trois sommets. Préciser les positions relatives de ces points.

b) Les foyers F, F′ et le grand axe $2a$.

c) Les foyers F, F′ et le petit axe $2b$.

12 Étant donné un rectangle, montrer qu'il existe une ellipse et une seule inscrite dans le rectangle et dont les axes sont parallèles aux côtés du rectangle.

Construire géométriquement les foyers de cette ellipse.

Pour les exercices 13 à 15

Un repère orthonormal du plan est donné.

13 ***Détermination des éléments géométriques***

Définir les foyers, les sommets, les directrices et l'excentricité des ellipses d'équations :

a) $\dfrac{x^2}{9}+\dfrac{y^2}{4}=1.$

b) $4x^2+y^2=1.$

c) $\dfrac{(x-1)^2}{9}+\dfrac{(y+2)^2}{16}=1.$

d) $3x^2+5y^2=3.$

14 ***Équation réduite***

Déterminer l'équation réduite des ellipses définies par :

a) $4x^2+9y^2-36=0.$

b) $x^2+3y^2+2x-3=0.$

c) $5x^2+4y^2+8y-5=0.$

d) $x^2+4y^2+2x+8y=0.$

15 Écrire l'équation réduite des ellipses de foyers F et F′ et demi-grand axe a avec :

a) F(3 ; 0), F′(– 3 ; 0), $a=5$.

b) F(4 ; 2), F′(– 4 ; 2), $a=5$.

c) F(1 ; – 3), F′(5 ; – 3), $a=3$.

Hyperbole

16 On connaît un foyer F et les deux sommets A et A′ d'une hyperbole. Préciser les positions relatives de ces points.

Construire les directrices et les asymptotes de cette hyperbole.

17 ***Asymptotes***

Soit H l'hyperbole d'équation réduite :

$$\frac{x^2}{a^2}-\frac{y^2}{b^2}=1.$$

Vérifier qu'une équation de la réunion des asymptotes de H est :

$$\frac{x^2}{a^2}-\frac{y^2}{b^2}=0.$$

18 On donne deux droites D et D′ sécantes en O, et A un point distinct de O situé sur une bissectrice de D et D′.

Montrer qu'il existe une hyperbole et une seule admettant D et D′ pour asymptotes et passant par A. Construire les foyers de cette hyperbole.

Pour les exercices 19 à 21

Un repère orthonormal du plan est donné.

19 ***Détermination des éléments géométriques***

Définir les foyers, les sommets, les directrices, l'excentricité et les asymptotes des hyperboles d'équations :

a) $\dfrac{x^2}{9}-\dfrac{y^2}{16}=1.$ *b)* $\dfrac{y^2}{4}-\dfrac{x^2}{9}=1.$

c) $\dfrac{(x-2)^2}{9}-\dfrac{(y+1)^2}{16}=-1.$ *d)* $4x^2-5y^2=10.$

20 ***Équation réduite***

Déterminer l'équation réduite des hyperboles définies par :

a) $x^2-y^2+4=0.$

b) $4x^2-9y^2-6=0.$

c) $5x^2-y^2+10x-2=0.$

d) $3x^2-2y^2-6x+8y-3=0.$

21 Écrire l'équation réduite des hyperboles de foyers F et F′ et de demi-grand axe a avec :

a) F(5 ; 0), F′(– 5 ; 0), $a=3$.

b) F(10 ; – 2), F′(– 10 ; – 2), $a=8$.

c) F(1 ; 3), F′(– 9 ; 3), $a=7$.

Coniques à centre

22 On donne deux points distincts S et S′. Montrer que pour tout point M (distinct de S et S′), non situé sur trois droites ni sur un cercle à préciser, il existe une conique à centre et une seule passant par M et admettant S et S′ pour sommets (de l'axe focal ou non).

Indication : on pourra utiliser l'équation réduite des coniques à centre.

23 Γ est une conique de centre O de foyers F et F′, les sommets situés sur l'axe focal sont A et A′. On donne $OF = OF' = c$ et $OA = OA' = a$, préciser dans chaque cas, la nature de la conique Γ et la position de ses directrices.

a) $a = 2, \quad c = 5.$

b) $a = 3, \quad c = 2.$

c) $a = 6, \quad c = 3.$

d) $a = 5, \quad c = 2.$

e) $a = 7, \quad c = 3.$

24 Les notations sont les mêmes que dans l'exercice précédent, de plus on appelle K et K′ les points d'intersection des directrices et de l'axe focal.

Pour chacun des cas suivants, préciser la nature de Γ et la position des foyers.

a) $a = 3, \quad OK = 5.$

b) $a = 2, \quad OK = 4.$

c) $a = 5, \quad OK = 2.$

d) $a = 6, \quad OK = 5.$

25 ***Équations***

Un repère orthonormal $(O, \vec{i}, \vec{j})$ du plan est donné.

Déterminer la nature de l'ensemble des points dont on donne une équation. Lorsque cet ensemble est une conique déterminer ses foyers, ses sommets et éventuellement ses asymptotes :

a) $4x^2 + 9y^2 = 1.$

b) $\dfrac{x^2}{3} - \dfrac{y^2}{5} = 1.$

c) $3(x-2)^2 + \dfrac{(y+1)^2}{4} = 1.$

d) $5x^2 + 5y^2 - 4 = 1.$

e) $y^2 - 4x^2 = 0.$

f) $x^2 + 3y^2 + 2 = 0.$

g) $xy = -4.$

h) $y^4 - 3x^2 = 0.$

i) $4x^2 + 3y^2 + 8x + 6y + 20 = 0.$

Pour les exercices 26 à 28

Un repère $(O, \vec{i}, \vec{j})$ *orthonormal du plan est donné.*

26 Reconnaître la courbe définie par

$$\begin{cases} x = \cos 2t \\ y = \sin t \\ t \in \mathbb{R}. \end{cases}$$

27 Montrer que la courbe définie par

$$\begin{cases} x = a\dfrac{e^t + e^{-t}}{2} \\ y = b\dfrac{e^t - e^{-t}}{2} \\ t \in \mathbb{R} \end{cases}$$

est incluse dans une hyperbole de centre O.

28 Montrer que la courbe définie par

$$\begin{cases} x = \dfrac{a(1-t^2)}{1+t^2} \\ y = \dfrac{2bt}{1+t^2} \\ t \in \mathbb{R} \end{cases}$$

est une ellipse de centre O.

Résultats des exercices dont le numéro est en couleur

2. Soit H le projeté orthogonal de M sur D, MH ≠ 0 et MF ≠ 0. Il existe une conique et une seule de directrice D, de foyer F et d'exentricité $\frac{MF}{MH}$.

Appelons P la parabole de directrice D et de foyer F.

- Pour M∈P, la conique passant par M est la parabole P.

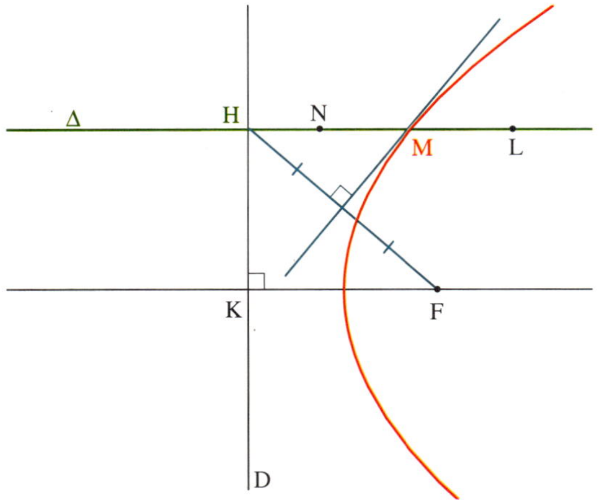

Une droite Δ perpendiculaire à D coupe D en H et P en M. La médiatrice de [HF] passe par M et partage Δ en deux demi-droites :

- pour N∈Δ, "extérieur à P", on a NF > NH ; la conique passant par N est une hyperbole ;
- pour L∈Δ, "intérieur à P", on a LF < LH ; la conique passant par L est une ellipse.

3. Cercle de centre M et tangent à D, privé du point de contact.

5. *b)* D est tangente au cercle de centre M et de rayon MF et elle est orthogonale à Δ.

6. *c)* Posons $d = d(A, D)$ et $d' = d(A, \Delta)$

si $d > d'$: 2 solutions ; 1 seule si A∈Δ ;

si $d = d'$: 1 solution ;

si $d < d'$: 0 solution.

8. *b)* $p = \frac{1}{6}$, d'où $F\left(\frac{1}{12}\ ;\ 0\right)$; D : $x = -\frac{1}{12}$; sommet A(0 ; 0).

9. *b)* $-2\left(y - \frac{17}{8}\right) = \left(x - \frac{3}{2}\right)^2$.

10. *b)* $(x-2)^2 + (y+3)^2 = (y-2)^2$

d'où $y = -\frac{x^2 - 4x + 9}{10}$.

12. Si les dimensions du rectangle sont $2a$ et $2b$, l'ellipse est celle d'équation réduite $\frac{x^2}{a^2} + \frac{y^2}{b^2} = 1$, d'où l'unicité.

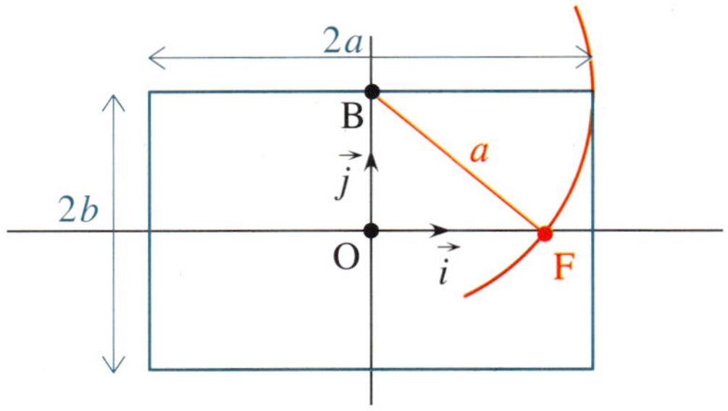

On trace le foyer F en remarquant que :

$$BF^2 = OB^2 + OF^2 = b^2 + c^2 = a^2.$$

13. *b)* L'axe focal est l'axe des ordonnées.

Demi-axes : 1 et $\frac{1}{2}$, $\quad c = \frac{\sqrt{3}}{2}$.

Foyers : $F\left(0\ ;\ \frac{\sqrt{3}}{2}\right)$, $\quad F'\left(0\ ;\ -\frac{\sqrt{3}}{2}\right)$.

Sommets : A(0 ; 1), $\quad$ A′(0 ; – 1),

$B\left(\frac{1}{2}\ ;\ 0\right)$, $\quad B'\left(-\frac{1}{2}\ ;\ 0\right)$.

Excentricité : $e = \frac{\sqrt{3}}{2}$.

Directrices : $y = \frac{2}{\sqrt{3}}$, $\quad y = -\frac{2}{\sqrt{3}}$.

15. *a)* $b^2 = a^2 - c^2 = 25 - 9 = 16$

$$\frac{x^2}{25} + \frac{y^2}{16} = 1.$$

16.

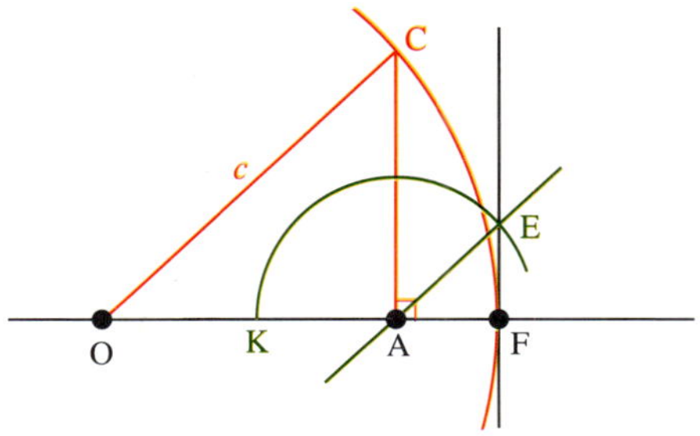

Pour une hyperbole $b^2 = c^2 - a^2$.
On connaît a et c, on construit b.
D'autre part, AF = e AK, si K est l'intersection de la directrice D et de l'axe focal $\dfrac{OC}{OA} = \dfrac{AF}{AK}$.

On a tracé (AE) // (OC) et K est sur le cercle de centre A et de rayon AE.

17. $\dfrac{x^2}{a^2} - \dfrac{y^2}{b^2} = 0$

équivaut à

$$\frac{b^2}{a^2}x^2 - y^2 = 0$$

$$\left(y - \frac{b}{a}x\right)\left(y + \frac{b}{a}x\right) = 0.$$

18.

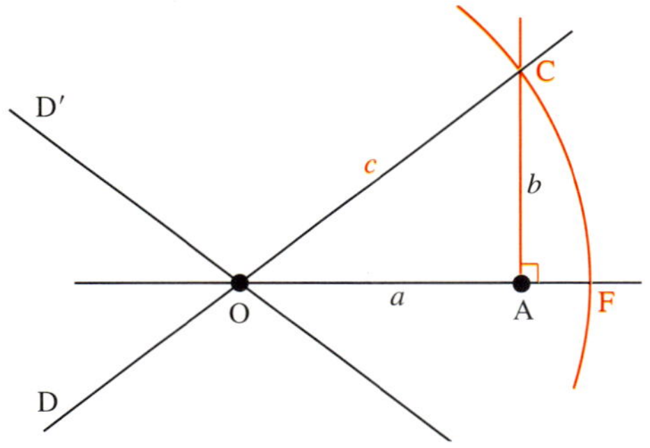

D a pour équation $y = \dfrac{b}{a}x$ et $c^2 = a^2 + b^2$. Pour obtenir F on trace le cercle de centre O de rayon OC.

Remarque : si l'on place A sur l'autre bissectrice on obtient 2 branches d'hyperbole situées dans 2 autres angles.

19. *c*) L'axe focal est l'axe des ordonnées.
Avec un changement d'axes on peut écrire :

$$\frac{Y^2}{16} - \frac{X^2}{9} = 1$$

$$b = 3 \text{ et } a = 4\ ;\ c = 5,\ \ e = \frac{5}{4}.$$

Centre : I(2 ; – 1).
Foyers : F(2 ; 4) et F′(2 ; – 6).
Sommets : A(2 ; 3) et A′(2 ; – 5).
Directrices : $y = \dfrac{11}{5}$ et $y = -\dfrac{21}{5}$.
Asymptotes :

$$x - 2 = \frac{3}{4}(y+1) \text{ et } x - 2 = -\frac{3}{4}(y+1).$$

20. *d*) $(y-2)^2 - \dfrac{(x-1)^2}{\frac{2}{3}} = 1.$

21. *b*) $\dfrac{x^2}{64} - \dfrac{(y+2)^2}{36} = 1.$

22. Soit $M(x_0\ ;\ y_0)$ un point non situé sur la droite (SS′), les perpendiculaires en S et S′ à (SS′), ni sur le cercle de diamètre [SS′].

Le repère $(O, \vec{i}, \vec{j})$ est orthonormal avec O milieu de [SS′], et $\overrightarrow{OS} = a\vec{i}$.

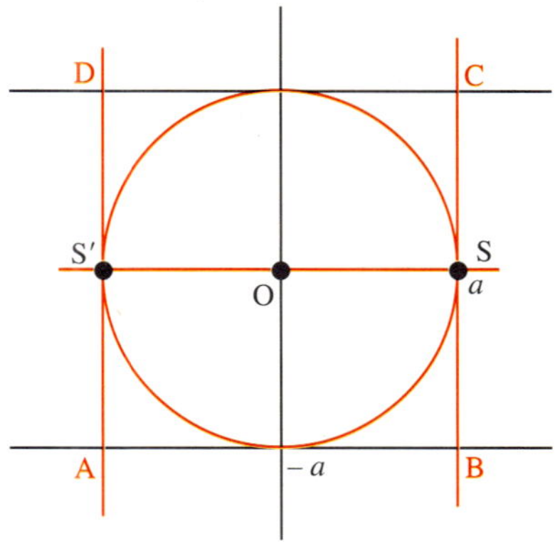

1° Si M est extérieur à la bande limitée par (AD) et (BC) alors il existe une hyperbole et une seule passant par $M(x_0\ ;\ y_0)$ et d'axe focal (SS′). Il reste à calculer b (positif) à partir de l'équation

$$\frac{x_0^2}{a^2} - \frac{y_0^2}{b^2} = 1.$$

2° Si M est intérieur au carré ABCD, c'est une ellipse d'axe focal (SS′).

3° Si M est intérieur à la bande et extérieur au carré c'est une ellipse d'axe non focal (SS′).

24. *c*) K ∈ [OA], donc Γ est une hyperbole.
On peut calculer c, sans utiliser la formule

$$OK = \frac{a^2}{c}.$$

En effet $\dfrac{AF}{AK} = \dfrac{c}{a}$, $\dfrac{c-5}{3} = \dfrac{c}{5}$ d'où $c = 12{,}5$.

27. $\dfrac{x^2}{a^2} - \dfrac{y^2}{b^2} = 1$ avec $x > 0$.

POUR CHERCHER

Équation réduite

29 Soit les courbes H et E, ensembles des points M dont les coordonnées $(x\,;y)$ vérifient :

$$H : 4x^2 - 9y^2 + 8x + 54y - 113 = 0.$$

$$E : 16x^2 + 9y^2 + 32x - 54y - 47 = 0.$$

Trouver les équations réduites de H et E.
Vérifier que H et E ont le même centre de symétrie.
Trouver les axes de symétrie de H et de E ainsi que leurs foyers.
Reconnaître les courbes H et E.

30 L'unité graphique est le centimètre.
E est la conique d'équation :

$$16x^2 + 25y^2 + 96x - 256 = 0.$$

H est la conique d'équation :

$$16x^2 - 25y^2 + 96x - 256 = 0.$$

a) Déterminer la nature, le centre, les sommets (éventuellement les asymptotes) de chacune des coniques E et H.

b) Tracer E et H.

c) Représenter la courbe C d'équation :

$$16x^2 + 25y|y| + 96x - 256 = 0.$$

31 On note E l'ensemble des points $M(x\,;y)$ tels que

$$x^2 + 4y^2 - 2|x| - 3 = 0.$$

Étudier et construire E. En particulier, préciser les axes de symétrie, les points où les tangentes sont parallèles aux axes.

Réunion de coniques

32 Faire l'étude et la représentation graphique de la courbe $\mathscr{C}$ d'équation

$$y = 2\sqrt{|x^2 - 2x - 3|}.$$

Soit $\mathscr{C}'$ l'image de $\mathscr{C}$ dans la symétrie orthogonale par rapport à l'axe des abscisses. Montrer que $\mathscr{C} \cup \mathscr{C}'$ est constitué de deux coniques dont on recherchera les foyers, les directrices et l'excentricité.

33 On considère l'ensemble Γ des points M dont les coordonnées $(x\,;y)$ satisfont à la relation :

$$\frac{y^4}{16} = x^4 - 2x^2 + 1.$$

Démontrer que Γ est la réunion de deux coniques. On dessinera ces deux coniques après avoir déterminé leurs axes, leurs sommets, leurs foyers et les asymptotes éventuelles.

34 *a*) Construire l'ensemble C des points M de coordonnées $(x\,;y)$ vérifiant

$$9y^2 = |-4x^2 + 16x + 20|.$$

On prendra pour unité un centimètre.

b) Préciser les éléments de symétries de C.

35 On considère la courbe Γ d'équation :

$$y = \sqrt{|x^2 - 6x + 5|}.$$

Montrer que Γ est la réunion de parties de coniques dont on précisera les éléments caractéristiques.

36 1° Soit Γ l'ensemble des points du plan dont les coordonnées $(x\,;y)$ vérifient :

$$16x^4 + 81y^4 + 72x^2y^2 - 1296y^2 = 0.$$

Montrer que Γ est la réunion de deux coniques Γ_1 et Γ_2.
(On remarquera que le membre de gauche est une différence de deux carrés.)

2° Représenter Γ après avoir précisé le centre et les sommets des coniques Γ_1 et Γ_2.

Propriétés de l'ellipse

37 On considère le cercle C d'équation :

$$x^2 + y^2 - 4x - 6y + 9 = 0.$$

1° Déterminer le centre et le rayon de ce cercle. Le construire.

2° On transforme C par une affinité orthogonale d'axe (Ox) et de rapport $\frac{1}{3}$.

a) Donner une équation de la figure transformée C′ obtenue.

b) Interpréter le résultat obtenu et construire C′.

c) Calculer l'aire de C′.

Régionnement

38 Résoudre graphiquement l'inéquation :

$$|(|x|-1)(|y|-1)| \leqslant 1.$$

(Étudier les symétries de cet ensemble.)

Coniques et transformations

39 *a*) Construire la courbe C d'équation :

$$9x^2 + 16y^2 = 144.$$

On précisera sa nature, son centre et ses sommets.

b) Soit h la transformation du plan P qui au point M de coordonnées $(x\ ;\ y)$ fait correspondre le point M_1 de coordonnées :

$$\begin{cases} x_1 = x \\ y_1 = \dfrac{4}{3}y. \end{cases}$$

Soit C_1 la transformée de C par l'application h. Montrer que C_1 est un cercle de centre O.

40 Soit, dans un repère orthonormal $(O, \vec{i}, \vec{j})$, la courbe E d'équation $4x^2 + y^2 - 4 = 0$ et les points A(1 ; 0) et B(0 ; 2).

a) Reconnaître E et en donner les éléments caractéristiques (centre, sommets, foyers, directrices). Tracer E.

b) M étant un point quelconque de E, montrer que l'isobarycentre M′ des points A, B et M est l'image de M par une transformation que l'on précisera.

c) Quel est l'ensemble F des points M′ quand M décrit E ? Préciser ses éléments caractéristiques. Tracer F.

N.B. : toute solution, analytique ou non, sera acceptée.

41 Soit une droite D et un point M non situé sur D.

a) Quel est l'ensemble des foyers des paraboles passant par le point M et ayant pour directrice D ?

b) Montrer que le sommet d'une parabole est l'image de son foyer par une affinité orthogonale d'axe D et de rapport $\frac{1}{2}$ (voir information § 4b).

En déduire que l'ensemble des sommets des paraboles passant par A et de directrice D est une ellipse E privée d'un point.

Déterminer les axes, les sommets et les foyers de E. Construire E.

Définition géométrique

42 Soit $\mathcal{D}$ une droite du plan, F un point dont la distance à $\mathcal{D}$ est égale à 2,25 (unité : 1 cm) et Δ la droite passant par F et perpendiculaire à $\mathcal{D}$.

a) Déterminer l'ensemble E des points M du plan tels que $\dfrac{MF}{MH} = 0{,}8$, H étant le projeté orthogonal de M sur $\mathcal{D}$.
Donner la nature de E. Préciser les directrices, les foyers et les sommets A et A′ situés sur Δ. Représenter E sur un dessin.

b) Déterminer une équation cartésienne de E dans un repère orthonormal formé par Δ et la médiatrice de [AA′].

43 Soit $\mathscr{C}$ la courbe d'équation :

$$x^2 - 3y^2 + 8x + 12y + 16 = 0.$$

a) Démontrer que $\mathscr{C}$ est une conique dont on précisera les éléments caractéristiques : centre, axes de symétrie, foyers, directrices, asymptotes, excentricité. Tracer $\mathscr{C}$.

b) Soit D la droite d'équation $y - 3 = 0$.
On désigne par $d(M, D)$ la distance du point M à la droite D. Soit P le point de coordonnées (– 4 ; 6) ; $d(M, P)$ désigne la distance de M à P.

Quel est l'ensemble des points M tels que :

$$d(M, P) = 2d(M, D)\ ?$$

44 Dans le plan P on définit les trois points :

$$A(1\ ;\ 0), \quad B\left(\frac{3}{2}\ ;\ \frac{1}{2}\right), \quad C\left(\frac{3}{2}\ ;\ -\frac{1}{2}\right)$$

et la droite D dont une équation est : $x = 1$.

1° Déterminer les coordonnées de point G tel que $\overrightarrow{CG} = \overrightarrow{AB}$.
Quelle est la nature du quadrilatère ABGC ?

2° On note Γ l'ensemble des points M de P de coordonnées $(x\ ;\ y)$, qui vérifient la relation :

$$-MA^2 + MB^2 + MC^2 = 2(x-1)^2.$$

a) Montrer que B et C appartiennent à Γ.

b) Montrer que Γ est l'ensemble des points M de P tels que : $MG = \sqrt{2}\, d(M, D)$, où $d(M, D)$ désigne la distance de M à la droite D.

c) En déduire la nature de Γ et préciser ses éléments remarquables.
Représenter Γ dans un repère $(O, \vec{i}, \vec{j})$.

45 FGH est un triangle équilatéral de côté de longueur l.
Soit $\mathscr{H}$ l'hyperbole de foyer F, de directrice (GH)

1° Déterminer les sommets S et S′ de cette hyperbole (on remarquera que S et S′ sont sur la hauteur issue de F dans le triangle FGH), son centre O et le deuxième foyer F′.
Calculer, en fonction de l, la distance des sommets $2a$ et la distance des foyers $2c$.

2° On choisit le repère orthonormal $(O, \vec{i}, \vec{j})$ où O est le centre de l'hyperbole et $\vec{i}$ un vecteur unitaire de la demi-droite [OF).
Écrire une équation de $\mathcal{H}$. Donner l'allure de $\mathcal{H}$.

46 Soit D une droite du plan et F un point dont la distance à D est égale à 3, l'unité étant le centimètre. Soit Δ la droite passant par F et orthogonale à D.

On considère θ un réel tel que $0 \leqslant \theta < \frac{\pi}{2}$.

1° Soit Γ_θ l'ensemble des points M du plan tels que $\frac{\text{MF}}{\text{MH}} = \cos\theta$, H désignant le projeté orthogonal de M sur la droite D.
Donner suivant les valeurs de θ la nature de Γ_θ.

2° Tracer Γ_0, cas où θ = 0.

3° *a*) Soit $\theta = \frac{\pi}{3}$. Déterminer les sommets A et A′ de $\Gamma_{\frac{\pi}{3}}$ situés sur Δ, le centre O et le deuxième foyer F′ de $\Gamma_{\frac{\pi}{3}}$. Tracer $\Gamma_{\frac{\pi}{3}}$.

b) Déterminer une équation cartésienne de $\Gamma_{\frac{\pi}{3}}$ dans le repère orthonormal $(O, \vec{u}, \vec{v})$ où O est le centre de $\Gamma_{\frac{\pi}{3}}$ et $\vec{u}$ un vecteur unitaire de la droite Δ.

47 Dans un plan P rapporté à un repère orthonormal $(O, \vec{i}, \vec{j})$, on considère la droite D d'équation $x = 1$ et le point F(3 ; 0).
Soit H le projeté orthogonal sur D d'un point M(x ; y).

1° Déterminer une équation cartésienne de l'ensemble $\mathcal{H}$ des points M vérifiant : $\text{MF} = \sqrt{3}\,\text{MH}$.

2° Reconnaître cet ensemble $\mathcal{H}$; indiquer la position de ses sommets et l'équation de ses asymptotes.

3° Déterminer par le calcul le nombre de points d'intersection de $\mathcal{H}$ et de la droite d'équation $y = mx$; on discutera selon les valeurs du paramètre réel m.

48 Dans le plan muni d'un repère orthonormal $(O, \vec{i}, \vec{j})$ on considère l'ensemble E des points M dont les coordonnées (x ; y) vérifient la relation

$$(x-1)^2 + (y-1)^2 = \left(\frac{x+y-4}{2}\right)^2 \quad (1).$$

a) Interpréter géométriquement les deux membres de (1). En déduire que E est une conique en donnant une définition géométrique de E. Montrer que O est centre de E, et préciser ses éléments : foyers, directrices, excentricité, axe focal.

b) On définit une transformation f du plan orienté qui à chaque point M d'affixe z associe le point M′ d'affixe z' définie par

$$z' = \frac{1-\mathrm{i}}{2}z.$$

Quelle est la nature de la transformation f ? Préciser les éléments caractéristiques de f.

3° Déterminer l'image de E par f ; on précisera les éléments remarquables de cette image.

49 On donne dans le plan deux points fixes distincts F et A. On considère les ellipses E dont un foyer est F et A le sommet de l'axe focal le plus voisin de F.

1° *a*) Quel est l'ensemble des points O centres des ellipses E ?

b) Soit O un point de cet ensemble et soit D la perpendiculaire en O à la droite (AF). Construire (au moyen du compas seulement) les sommets B et B′ de l'ellipse E appartenant à D.

2° *a*) Soit B un sommet du petit axe d'une ellipse E ; montrer que B appartient à une parabole P de foyer F dont on déterminera la directrice D.

b) Déterminer la partie de P qui est l'ensemble des points B.

Tangentes à une parabole

50 Le plan est rapporté à un repère orthonormal $(O, \vec{i}, \vec{j})$.
On considère la parabole P d'équation : $y = x^2$.

1° Déterminer les coordonnées du foyer F de P.

2° Démontrer que par tout point M du plan de coordonnées (a ; b) telles que $b < a^2$, on peut mener deux tangentes à P.
On désigne par N_1 et N_2 les points de contact.
Démontrer que N_1 et N_2 ont pour abscisses respectives :

$$x_1 = a + \sqrt{a^2 - b} \quad \text{et} \quad x_2 = a - \sqrt{a^2 - b}.$$

3° Démontrer que si les droites (FN_1) et (FN_2) sont orthogonales alors le point M appartient à la courbe C d'équation :

$$16y^2 + 24y - 16x^2 + 1 = 0.$$

4° Démontrer que C est une hyperbole et vérifier que F est un foyer de C.

5° Tracer les courbes P et C dans un même repère.

BAC

Coniques et complexes

Le plan complexe est muni d'un repère orthonormal direct $(O, \vec{u}, \vec{v})$.

51 On considère la courbe Γ d'équation

$$y^2 = 3x^2 - 6x - 1.$$

a) Déterminer la nature de Γ, ses éléments de symétrie, ses asymptotes. Construire Γ.

b) On note z le nombre complexe de partie réelle x et de partie imaginaire y, $|z|$ le module de z et $\bar{z}$ le complexe conjugué de z. Montrer que Γ est l'ensemble des points M du plan dont l'affixe z vérifie :

$$|z + 2\bar{z} + 1| = \sqrt{3}\,|z + \bar{z}|.$$

52 On appelle M le point d'affixe z. On désigne par F l'ensemble des points M du plan tels que

$$\frac{z - i}{\bar{z} + 4 + i} \text{ soit imaginaire pur.}$$

Montrer que F est inclus dans une conique que l'on tracera.

53 À tout point M d'affixe $z = x + iy$, on associe le point M′ d'affixe $z' = x' + iy'$ tels que

$$z' = (3 + 2i)z + 3i\bar{z} - 1.$$

a) Quelle est l'équation cartésienne de l'ensemble des points M tel que O, M et M′ soient alignés ?

b) On obtient une conique ; préciser sa nature et ses éléments remarquables.

54 Déterminer l'ensemble des points M de coordonnées x et y et d'affixe $z = x + iy$ tels que :

$$\arg(z) + \arg(z - 1) = \frac{\pi}{2} + 2k\pi.$$

55 On désigne par j et $\bar{j}$ les racines cubiques de l'unité autres que 1.

$$j = \cos\frac{2\pi}{3} + i\sin\frac{2\pi}{3}.$$

1° Vérifier que si z est un nombre complexe

$$\varphi(z) = (z - j)(z - \bar{j}) = 1 + z + z^2.$$

2° On désigne par z l'affixe de M dans le plan complexe. Déterminer et construire les ensembles suivants.

a) E ensemble des points M tels que $\varphi(z)$ soit réel.

b) F ensemble des points M tels que $\varphi(z)$ soit imaginaire pur.

3° Déterminer l'ensemble $E \cap F$. Justifier le résultat obtenu.

56 φ désignant un paramètre réel vérifiant $-\frac{\pi}{2} < \varphi < \frac{\pi}{2}$, on considère l'équation :

$$\text{(E)} \qquad z^2 - \frac{2}{\cos\varphi}z + \frac{5}{\cos^2\varphi} = 4.$$

a) Trouver les racines complexes z' et z'' de l'équation (E)

b) Soit M′ et M″ les images de z' et z'' dans le plan complexe.
Montrer que M′ et M″ décrivent, quand φ varie dans $\left]-\frac{\pi}{2} ; \frac{\pi}{2}\right[$, une branche d'hyperbole que l'on dessinera.

57 *a*) Déterminer l'ensemble E des points M du plan dont l'affixe z vérifie :

$$10z\bar{z} + 3(z^2 + \bar{z}^2) = 4$$

où $\bar{z}$ est le complexe conjugué de z. Indiquer ses foyers F et F′ ainsi que ses directrices.

b) Soit *f* la composée de l'homothétie de centre O et de rapport 2 et de la rotation de centre O et d'angle $\pi/2$.
Déterminer l'équation de E′ image de E par *f*.

c) Montrer que E′ est une ellipse de foyers *f*(F) et *f*(F′). Comparer les excentricités de E et E′.

d) Construire E et E′ sur un même dessin.

58 Le plan P est rapporté à un repère orthonormal $(O, \vec{u}, \vec{v})$ (unité : 3 cm).

1° Soit H l'ensemble des points M du plan dont les coordonnées $(x ; y)$ vérifient l'équation :

$$3x^2 - y^2 + 2x + 1 = 0.$$

Montrer que H est une hyperbole dont on déterminera le centre, les sommets et les asymptotes.

2° Déterminer l'ensemble E des points M d'affixe Z tels que les points A, M et M′ d'affixes respectives 1, Z et Z^4 soient alignés. (On pourra poser $Z = x + iy$ et exprimer le complexe $1 + Z + Z^2 + Z^3$ en fonction de x et y).
Construire l'ensemble E.

59 1° On considère l'hyperbole H d'équation :

$$y^2 - x^2 = 1.$$

a) Déterminer ses sommets et ses asymptotes.

b) Tracer cette hyperbole.

2° Soit α un nombre réel appartenant à l'intervalle $\left]-\frac{\pi}{2} ; \frac{\pi}{2}\right[$.

Résoudre dans $\mathbb{C}$ l'équation :

$$z^2\cos^2\alpha - z\sin 2\alpha + 2 - \cos^2\alpha = 0. \quad \text{(E)}$$

3° Soit M l'image dans le plan complexe de la solution de (E) dont la partie imaginaire est positive.

a) Démontrer que M appartient à l'hyperbole H définie au 1°.

b) Déterminer le sous-ensemble de H décrit par M lorsque α décrit l'intervalle $\left]-\frac{\pi}{2} ; \frac{\pi}{2}\right[$.

60 Au point M d'affixe $z = x + iy$, où x et y sont réels, on fait correspondre le point M′ d'affixe $z' = z^2 + 2z$.

1° *a*) Calculer les coordonnées $(x' ; y')$ du point M′ en fonction des coordonnées $(x ; y)$ du point M.

b) Montrer que l'ensemble H des points M du plan tels que z' soit imaginaire pur est une hyperbole dont on précisera le centre, les sommets et les asymptotes.
Tracer H.

2° Soit Ω le point d'affixe -1.
Déterminer les points M du plan tels que le quadrilatère OMM′Ω soit un parallélogramme.

61 Le plan complexe est muni d'un repère orthonormal direct $(O, \vec{u}, \vec{v})$.
À tout point M du plan d'affixe z, $z \neq 0$, on associe le point M′ d'affixe

$$z' = \frac{1}{2}\left(z + \frac{1}{z}\right).$$

1° On pose $z = x + iy$ où x et y sont réels.

a) Exprimer en fonction de x et y la partie réelle x' et la partie imaginaire y' de z'.

b) Déterminer l'ensemble E des points M tels que M′ appartienne à l'axe réel.

2° On suppose que M décrit le cercle de centre O et de rayon 2. On écrit alors z sous la forme $z = 2e^{it}$, $t \in [0 ; 2\pi[$.

a) Exprimer x' et y' en fonction de t.

b) En déduire que M′ décrit une conique C dont on déterminera le centre et les sommets.

Famille de courbes

Le plan est muni d'un repère orthonormal $(O, \vec{i}, \vec{j})$.

62 On considère l'ensemble Γ_λ des points M dont les coordonnées $(x ; y)$ vérifient l'équation :

$$y^2 = -2x^2 + 2\lambda x + 1 - \lambda^2 \quad (\lambda \in \mathbb{R}).$$

Préciser suivant les différentes valeurs de λ, la nature de Γ_λ et ses éléments remarquables.

63 Soit m un nombre réel. Déterminer selon les valeurs de m la nature de Γ_m ensemble des points M du plan de coordonnées x et y telles que :

$$(m-1)y^2 + mx^2 + 2y + 3 = 0.$$

Tracer la courbe $\Gamma_{1/2}$.

64 À tout réel $m \in]0 ; 1[$, on associe la conique E_m d'équation $y^2 = 2x - \frac{x^2}{m}$.

a) Construire la courbe $E_{3/4}$.

b) Quelle est la nature de E_m ? Déterminer par leurs coordonnées, le centre et les sommets de E_m.
Déterminer et tracer la courbe S constituant l'ensemble des sommets du grand axe de E_m quand m varie dans l'intervalle indiqué.

c) Déterminer et tracer la courbe C constituant l'ensemble des foyers de E_m quand m varie dans l'intervalle indiqué.

65 Dans un plan rapporté à un repère orthonormal $(O, \vec{i}, \vec{j})$, (unité 2 cm), on considère la famille des courbes C_m d'équation :

$$2mx^2 - 8mx - (m-1)y^2 + 12m - 2 = 0,$$

m étant un paramètre réel.

1° Discuter selon les valeurs de m la nature de C_m.

2° Déterminer les valeurs de m pour lesquelles C_m est :

a) un cercle ;

b) une hyperbole équilatère (c'est-à-dire dont les asymptotes sont orthogonales).

Construire ces deux courbes.

66 ***Famille de coniques***

Le plan est rapporté à un repère orthonormal $(O, \vec{i}, \vec{j})$. Soit D la droite d'équation $x = 6$ et F le point de coordonnées (8 ; 0).

Soit θ un nombre réel tel que : $0 \leqslant \theta < \frac{\pi}{2}$.

On désigne par Γ_θ l'ensemble des points M du plan tels que : $\frac{MF}{MH} = \frac{1}{\cos\theta}$ où H est le projeté orthogonal de M sur D.

1° Préciser la nature de Γ_θ suivant les valeurs de θ.

2° Construire la courbe correspondant à $\theta = 0$.

3° *a*) Écrire une équation cartésienne de la courbe $\Gamma_{\pi/6}$ correspondant à $\theta = \frac{\pi}{6}$.

b) Préciser les éléments caractéristiques de cette courbe (foyers, sommets, éléments de symétrie, asymptotes).

c) Construire la courbe $\Gamma_{\pi/6}$.

4° Soit C le cercle de centre O et de rayon 10.

a) Écrire une équation cartésienne de la courbe E transformée de C par l'affinité orthogonale d'axe de la droite d'équation $y = 0$ et de rapport $\frac{3}{5}$.

b) Préciser les foyers de E.

67 ***Coniques et similitudes***

Dans un plan P rapporté à un repère orthonormal $(O, \vec{i}, \vec{j})$, on considère la courbe C_m d'équation :

$$y^2 = mx^2 - (m-1)x - 3(2m+1)$$

où m désigne un nombre réel donné.

1° Vérifier que le point A(3 ; 0) appartient à la courbe C_m, quel que soit le réel m.

2° Dans cette question, on suppose m non nul.

a) Montrer que la courbe C_m est une conique à centre. Montrer que le centre I_m de C_m a pour couple de coordonnées $((m-1)/2m ; 0)$. Préciser suivant la valeur de m, s'il s'agit d'une ellipse ou d'une hyperbole.

b) Construire les courbes C_{-1} et C_1 (figure 1).

3° Soit (a, b) un couple de nombres complexes. T est la transformation du plan P, qui à tout point M d'affixe z associe le point M′ d'affixe z' défini par $z' = az + b$.

a) Déterminer a et b pour que le point A(3 ; 0) ait pour image par T le point A′(3 ; – 3) et que le point B(– 3 ; 0) ait pour image par T le point B′(– 3 ; 3).
Préciser alors la nature de T et ses éléments caractéristiques.

Dans la suite du problème, T *est la transformation ainsi déterminée.*

b) Justifier que l'ensemble C'_{-1}, transformé de C_{-1} par T, est un cercle dont on précisera le centre et le rayon.

c) Exprimer les coordonnées x' et y' du point M′ en fonction des coordonnées x et y du point M, puis x et y en fonction de x' et y'.

d) En déduire une équation de C'_1 transformée de C_1 par T. Construire la courbe C'_1 (sur la figure 1).

4° *a*) On donne la droite D d'équation $y = 5x - 21$.
D′ est l'ensemble transformé de D par T.
Déterminer une équation de D′.

b) U et V (U d'ordonnée positive) sont les points communs à C_1 et D, U′ et V′ leurs images par T.
Déterminer les couples de coordonnées des points U, V, U′ et V′.

c) Soit S la surface limitée par la courbe C_1 et le segment [UV]. Hachurer sur la figure 1 la surface S et son image S′ par T.
Calculer l'aire de S′ donnée par :

$$\mathcal{A}(S') = \int_{3/2}^{9} \left[-\frac{9}{x} - \left(\frac{2}{3}x - 7 \right) \right] dx.$$

En déduire l'aire de S.

5° *Dans cette question, on étudie le cas où* m = 0.

a) Quelle est la nature de la courbe C_0 ?
Faire une deuxième figure, représentant la courbe C_0 (figure 2).

b) On appelle G le barycentre de la famille {(A, 2), (B, 1), (M, 1)}. M décrit C_0. On appelle γ_0 la courbe alors décrite par G.
Démontrer que γ_0 est l'ensemble transformé de C_0 par une homothétie de centre $I_{-1}(1 ; 0)$, dont on précisera le rapport.
On appelle M_1 et M_2 les points de C_0 d'abscisses respectives 4 et 7, dont les ordonnées sont positives. Construire les barycentres G_1 et G_2 correspondants.

c) On appelle C'_0 l'image par T de C_0.
On appelle γ'_0 l'image par T de γ_0.
Démontrer que γ'_0 est l'image de C'_0 par une homothétie que l'on précisera.
Construire les images par T des points M_1, M_2, G_1, G_2 et les courbes γ_0 et γ'_0.

INDEX

Imprimé en France par I.M.E. - 25110 Baume-les-Dames
Dépôt légal : Août 1992
N° édition : 4208
N° impression : 8398